混凝土结构常见构造问题处理措施

陈雪光　著

中国建筑工业出版社

图书在版编目（CIP）数据

混凝土结构常见构造问题处理措施/陈雪光著. —北
京：中国建筑工业出版社，2016.7
ISBN 978-7-112-19462-9

Ⅰ．①混…　Ⅱ．①陈…　Ⅲ．①混凝土结构-建筑
工程-工程施工-技术措施　Ⅳ．①TU755

中国版本图书馆 CIP 数据核字（2016）第 113839 号

混凝土结构的构造问题不但施工技术人员应重视，工程设计的技术人员更应重视，在设计时如对构造问题考虑不周，在施工时已很难处理或者无法处理，设计院的结构工程师不但应"重计算"也应"重构造"。

当前采用"平法制图规则"绘制的施工图设计文件不再表示常见的构造做法，要求施工时参照相应图集中的详图，这就要求施工技术人员正确地理解构造做法。本书根据最新标准、规范和规程编写，并结合工程经验和习惯做法，对常见构造问题提出处理措施。除文字描述外还附以相应的构造图，方便读者阅读。本书不仅适合施工技术人员，也适合设计院的结构工程师在工程设计、处理现场混凝土结构构造问题时提供参考。

责任编辑：李春敏　曾　威
责任设计：谷有禝
责任校对：王宇枢　李欣慰

混凝土结构常见构造问题处理措施
陈雪光　著
*
中国建筑工业出版社出版、发行（北京西郊百万庄）
各地新华书店、建筑书店经销
霸州市顺浩图文科技发展有限公司制版
北京市安泰印刷厂印刷
*
开本：787×1092 毫米　1/16　印张：19½　字数：425 千字
2016 年 8 月第一版　2017 年 5 月第三次印刷
定价：**50.00** 元
ISBN 978-7-112-19462-9
（28726）

前　言

　　混凝土结构的构造问题应引起结构设计、施工工程技术人员和监理工程师等专业技术人员的重视，在工程设计中不但要认真进行结构的整体力学分析，还应采用正确的构造处理措施，保证结构在各种荷载作用下的安全性，因此在建筑结构设计中既要"重计算"也要"重构造"。国家标准设计图集《混凝土结构施工图平面整体表示方法制图规则和构造详图》（G101 系列图集）为国内广大设计单位提供了一种全新的施工图设计文件制图规则，该规则因有可降低设计成本、缩短设计周期等优点，受到设计单位欢迎并用其规则编制施工图设计文件。虽然在施工图设计文件中不一定绘制相应的构造详图，而要求施工企业参照标准设计图集中的详图使用，但设计单位的结构工程师应避免因设计考虑不周而造成在施工中很难处理或无法处理的结构构造问题，埋下工程结构的安全隐患。构造问题不仅仅是施工的事，设计时就应该考虑到某些构造做法的可行性，因此保证工程结构的安全应从源头——设计做起。许多有关混凝土结构的构造要求基本是在设计规范、规程中作了相应规定，而施工规范、施工验收规范中并没有相应规定，国家标准设计系列图集（如：G101、G329 等）中的构造详图均为常见的构造示意图，不能包含所有混凝土结构的构造要求，当引用其图集中的部分节点构造做法时，需设计人员在施工图设计文件中指明具体节点和要求，而特殊的节点及图集中不包括的节点做法应绘制相应的详图图样，不能认为国家标准设计图集中的节点详图构造是万能的，适用所有现浇混凝土结构的节点构造处理问题。

　　《混凝土结构施工图平面整体表示方法制图规则和构造详图》（G101 系列图集）从1996 年开始使用，至今已有 20 年了，广大工程技术人员对"平法"制图规则已基本掌握，也在使用中积累了很丰富的实践经验，但由于施工技术人员、监理工程师等专业水平参差不齐，对相关图集中的构造做法理解也不尽相同，难免在工程中处理不当而给结构留下安全隐患。我国建筑工程设计文件编制深度规定在施工图设计文件中允许引用标准设计图集中的相关做法，因此在施工图设计文件中引用国家标准设计图集或地方标准设计图集的现象非常普遍，这就要求相关的工程技术人员认真学习和了解相应图集。随着科技的进步，以及国家标准、规范、规程和标准设计图集的不断修编，混凝土结构的构造做法也有了很多变化，一些构造要求在以前的施工中是正确、符合当时规范要求的，但现在未必符合现行的规范规定，只有不断地学习、掌握新的知识和规定，在工程中正确使用，才能最大程度上减少结构的安全隐患，保证工程结构的可靠性。在工程建设的各个环节上的工程技术人员，不但要学会正确的构造处理措施，还应通过工程实践提高结构专业的理论水平。

　　本书是根据我国 2010 年后修编的有关混凝土结构设计和施工标准、规范和规程编写的，并结合本人在工程中的设计经验，参考相应的试验研究成果和在施工中处理构造问题的成功实践，力求给出常见构造问题的处理措施，目的是与同行共同学习和提高。本书共分七章，基本包括了从基础至地上经常采用的结构体系中的构造问题处理措施。所谓"常见构造问题"是指在现浇混凝土结构中经常遇到的大量普遍性的构造处理问题。为方便读者对这些构造问题的理解和正确处理，除文字描述外还附以相应的构造图表达处理措施。本书可使工程技术人员通过理论的学习和探讨提高专业技术水平，加深对现行标准、规范和规程的理解，正确地处理混凝土的结构构造问题，希望对读者有一定的借鉴和帮助。

　　本书可供建筑结构技术人员学习和参考，不但适合作为施工企业土建工程师、监理公司土建工程师、房地产等企业相关工程技术人员的学习材料，也适合工程设计单位的结构工程师在工程设计中参考和借鉴，并可为施工现场处理混凝土结构构造问题提供参考。

　　限于本人的水平及对现行国家和行业标准、规范和规程的学习理解深度，书中难免有不妥之处，热盼读者给予指正，不胜感谢。

2016 年 5 月

目　　录

第1章 纵向钢筋锚固、连接、保护层厚度

1.1 受拉钢筋的锚固处理措施

根据现行的《混凝土结构设计规范》GB 50010—2010（以下简称新《混凝土规范》）的规定，钢筋的锚固分为"基本锚固长度"和"锚固长度"两种，与《混凝土结构设计规范》GB 50010—2002（以下简称原《混凝土规范》）中的锚固要求不完全相同，在设计、施工和监理等建设活动中，应注意区分避免混淆。

1）受拉钢筋的基本锚固长度

根据现行《混凝土规范》第8.3.1条规定，当计算中充分利用钢筋的抗拉强度时，钢筋的基本锚固长度 l_{ab} 按下式计算：

普通钢筋
$$l_{ab} = \alpha \frac{f_y}{f_t} d$$

预应力钢筋
$$l_{ab} = \alpha \frac{f_{py}}{f_t} d$$

从现行《混凝土规范》给出的计算公式可以看到，受拉钢筋的基本锚固长度 l_{ab} 是由钢筋抗拉强度设计值 f_y、混凝土轴心抗拉强度设计值 f_t 决定，并与锚固钢筋的直径和外形有关。式中分母项反映出混凝土设计强度值对粘结锚固强度的影响，当混凝土强度等级高于 C60 时，仍按 C60 取值（原《混凝土规范》规定，混凝土强度等级高于 C40 时，按 C40 取值）。通过试验研究证明，高强度混凝土的锚固性能有所增强，原《混凝土规范》规定混凝土强度等级最高为 C40 偏于保守，为了充分利用混凝土强度提高对锚固的有利影响，应提高到 C60。

不同的钢筋外形也影响基本锚固长度，钢筋的锚固外形系数 α 是经过对各类钢筋进行系统粘结锚固试验研究和可靠度分析得出的，现行《混凝土规范》给出了钢筋的锚固外形系数 α 表，并删除原规范中锚固性能很差的刻痕钢丝的外形系数（表 1.1-1）。预应力螺纹钢筋通常采用后张法，并端部采用专用螺母锚固，因此，现行《混凝土规范》未列出锚固长度的计算方法。

钢筋的锚固外形系数 α 表 1.1-1

钢筋类型	光圆钢筋	带肋钢筋	螺旋肋钢丝	三股钢绞线	七股钢绞线
α	0.16	0.14	0.13	0.16	0.17

注：光圆钢筋末端应做180°弯钩，弯后平直段长度不应小于3d，但作受压钢筋时可不做弯钩。

2）受拉钢筋的锚固长度

在工程中实际的锚固长度 l_a 为钢筋基本锚固长度 l_{ab} 乘锚固长度修正系数 ζ_a 后的数值。修正系数可以根据锚固条件连乘。但为了保证可靠的锚固，在任何情况下受拉钢筋的最小锚固长度不应小于 $0.6l_{ab}$（原《混凝土规范》为 0.7）及 200mm（原《混凝土规范》为 250mm）。

根据现行《混凝土规范》第 8.3.1 条规定，受拉钢筋的锚固长度 l_a 按下式计算，且不应小于 200mm：

$$l_a = \xi_a l_{ab}$$

式中　ξ_a——锚固长度修正系数。

现行《混凝土规范》第 8.3.2 条规定，纵向受拉普通钢筋的锚固长度修正系数 ζ_a 应根据钢筋的锚固条件按下列规定取用：

1　当带肋钢筋的公称直径大于 25mm 时取 1.10；

2　环氧树脂涂层带肋钢筋取 1.25；

3　施工过程中易受扰动的钢筋取 1.10；

4　当纵向受力钢筋的实际配筋面积大于其设计计算面积时，修正系数取设计计算面积与实际配筋面积的比值，但对有抗震设防要求及直接承受动力荷载的结构构件，不应考虑此项修正；

5　锚固区保护层厚度为 $3d$ 时修正系数可取 0.80，保护层厚度为 $5d$ 时修正系数可取 0.70（现行《混凝土规范》新增规定），中间按内插取值，此处 d 为纵向受力带肋钢筋的直径。

规范中规定的不同锚固条件下钢筋的锚固长度修正系数，是通过试验研究并参考工程经验和国外标准而确定的。

粗直径带肋钢筋由于相对肋高减小，对锚固作用的影响会降低，因此，当直径大于 25mm 时锚固长度增加 10％；

环氧树脂涂层带肋钢筋由于钢筋表面光滑，对锚固有不利影响，根据试验分析和参考国外有关标准的有关规定，锚固长度增加 25％。在一般工业和民用建筑中此类钢筋使用的极少，通常会在较恶劣的四、五类环境中采用。

施工扰动通常是指采用滑模或施工期间用纵向受力钢筋作为承重依托时，对钢筋锚固作用的不利影响，锚固长度应增加 10％。此项修正应根据施工方式确定是否增加。

设计文件标注的构件实际受力钢筋配筋面积往往由于构造等原因而比计算值大，钢筋的实际应力值小于强度设计值，锚固长度可以按比例减小，修正系数取决于实际配筋的富余量，设计文件应有注明或应由设计工程师确认。但是要注意此项修正不能用于抗震结构构件和直接承受动力荷载结构中的受力钢筋锚固。

3）锚固长度范围内的构造要求

现行《混凝土结构设计规范》第 8.3.1 条规定，当锚固钢筋保护层厚度≤5d 时，锚固长度范围内应配置横向构造钢筋，其直径不应小于 $d/4$；对梁、柱等杆状构件间距不应大于 5d，对板、墙等平面构件间距不大于 10d，且均不应小于 100mm，此处 d 为锚固钢筋的直径。

当混凝土保护层厚度不大时，在钢筋锚固长度范围内配置构造钢筋（可以是箍筋或者横向钢筋），其目的是防止混凝土保护层劈裂时钢筋锚固突然部分失效，构造钢筋的直径按锚固钢筋的最大直径计算，间距按最小直径计算。

需要说明的是：对于有抗震设防要求框架结构中的梁、柱节点纵向受力钢筋的锚固方式和锚固要求，根据具体情况有特指的规定。

从基本锚固长度计算公式中看到，纵向受拉钢筋的基本锚固长度 l_{ab} 与混凝土抗拉设计强度 f_t 有关，混凝土强度等级的大小影响基本锚固长度的计算结果，在工程中如何确定混凝土的强度等级，是常有分歧的问题，并且也是纵向受拉钢筋能否有效地在支座内可靠锚固的问题。纵向受拉钢筋的锚固长度中的混凝土强度等级，应按支座的混凝土强度等级考虑，而不应按构件本身的混凝土强度等级。如：竖向构件中纵向受力在基础中的锚固长度应是按基础混凝土的强度等级。在高层建筑中柱、墙的混凝土强度等级均会比基础高，若按竖向构件的混凝土强度等级采用基本锚固长度就会偏小。框架梁纵向钢筋在框架柱中的基本锚固长度应按柱的混凝土强度等级采用。当支座不是混凝土构件时，基本锚固长度应按构件的混凝土强度等级考虑，如砌体结构的楼面梁在支座的锚固。

处理措施

按现行《混凝土规范》给出的受力钢筋抗拉锚固计算公式及有关规定，列出受拉钢筋基本锚固长度和锚固长度表供参考使用（表 1.1-2、表 1.1-3）；

1. 普通受拉钢筋基本锚固长度 l_{ab}

表 1.1-2

钢筋种类	混凝土强度等级							
	C25	C30	C35	C40	C45	C50	C55	≥C60
HPB300	34d	30d	28d	25d	24d	23d	22d	21d
HRB335	33d	29d	27d	25d	23d	22d	21d	21d
HRB400 HRBF400 RRB400	40d	35d	32d	29d	28d	27d	26d	25d
HRB500 HRBF500	48d	43d	39d	36d	34d	32d	31d	30d

注：因 C20 作为结构混凝土使用较少，因此未列入。

2. 普通受拉钢筋锚固长度 l_a

表 1.1-3

钢筋种类	钢筋直径	混凝土强度等级							
		C25	C30	C35	C40	C45	C50	C55	≥C60
HPB300	—	34d	30d	28d	25d	24d	23d	22d	21d
HRB335	≤25	33d	29d	27d	25d	23d	22d	21d	21d
	>25	36d	32d	30d	28d	25d	24d	23d	23d
HRB400 HRBF400 RRB400	≤25	40d	35d	32d	29d	28d	27d	26d	25d
	>25	44d	39d	35d	32d	31d	30d	29d	28d
HRB500 HRBF500	≤25	48d	43d	39d	36d	34d	32d	31d	31d
	>25	53d	47d	43d	40d	37d	35d	34d	33d

注：1. C20 作为结构混凝土使用较少，因此未列入；

2. 未考虑保护层厚度的修正系数；

3. 未考虑环氧树脂涂层带肋钢筋。

3. 光圆钢筋作为受力钢筋时，末端应做 180°弯钩，弯后平直段长度不应小于 $3d$，基本锚固长度及锚固长度是包括弯钩在内的投影长度。

4. 受拉钢筋锚固长度修正系数 ζ_a 可连乘，最小锚固长度 l_a 在任何情况下均不应小于 $0.6l_{ab}$ 及 200mm 两者较大值。

5. 当受拉钢筋锚固区保护层厚度为 3 倍钢筋直径时，可用表 1.1-2 数值乘 0.8，当为 5 倍时，可乘 0.7，保护层为中间值时可采用直线插入法。

1.2 受压钢筋的锚固长度

现行《混凝土规范》第 8.3.4 条规定，混凝土结构中的纵向受压钢筋，当计算中充分利用钢筋的抗压强度时，受压钢筋的锚固长度应不小于相应受拉锚固长度的 0.7 倍。

柱及桁架上弦等构件中的受压钢筋也存在着锚固问题。受压钢筋的锚固长度是根据试验研究及可靠度分析，并参考国外规范确定的。在工程中不太容易根据施工图设计文件确定哪些纵向受力钢筋是受压，所以施工时不能凭自己的理解确定受压钢筋而决定其锚固长度，在水平风荷载、往复水平地震作用下，框架柱中的纵向受力钢筋不一定都是受压钢筋。而在桁架的上弦杆、某些腹杆通常是简单的二力杆，一般内力都是压力。

处理措施

1. 构件中的纵向受压钢筋按不小于相应受拉钢筋的锚固长度 0.7 倍（$0.7l_a$ 或 $0.7l_{aE}$）确定。

2. 设计文件中若未明确标注构件的纵向受压钢筋时，应咨询设计方确定，不可自行决定某些钢筋为受压钢筋，确定其最小锚固长度。

3. 受压钢筋不应采用端部弯钩和一侧贴焊锚筋的锚固措施。

4. 受压钢筋锚固区长度范围内应根据锚固钢筋保护层厚度，按相应受拉钢筋的要求设置横向构造钢筋。

5. 受压钢筋采用光圆钢筋时，锚固端不需要做180°弯钩。

1.3 钢筋端部的弯钩和机械锚固处理措施

在钢筋末端设置弯钩和机械锚固是减小锚固长度的有效方式，其原理是利用受力钢筋端部的锚头（弯钩、弯折、贴焊锚筋、螺栓锚头或焊接锚板等）对混凝土的局部挤压而加大锚固承载能力。锚头对混凝土的局部挤压保证了机械锚固不会发生锚固破坏，而在锚头前必须要有一定的直线锚固长度，以控制锚固钢筋的滑移，使构件不会发生较大裂缝、变形。

根据近年的试验研究及施工方便并参考国外规范，现行《混凝土规范》第8.3.3条规定了几种端部弯钩和机械锚固的形式：钢筋端部设置弯钩、贴焊锚筋、焊端锚板和螺栓锚头等，见图1.3钢筋端部弯钩和机械锚固形式。

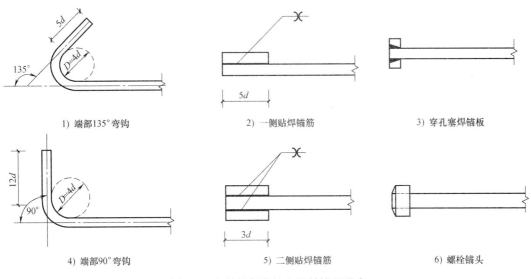

1）端部135°弯钩 　　2）一侧贴焊锚筋 　　3）穿孔塞焊锚板

4）端部90°弯钩 　　5）二侧贴焊锚筋 　　6）螺栓锚头

图1.3　钢筋端部弯钩和机械锚固形式

图例4）端部90°弯钩、5）二侧贴焊锚筋和6）螺栓锚头，是现行《混凝土结构设计规范》新增的三种钢筋端部弯钩和机械锚固形式。

根据对端部锚头和锚板的试验研究并参考国外的有关规范，端部采用机械锚固时，锚板的局部受压与承压面积有关，因此要求锚板或锚头应有最小的投影面积。

端部采用焊接的锚筋或锚板时，其焊接要求应符合《钢筋焊接及验收规程》JGJ 18中的相关规定。

机械锚固因局部受压承载力与锚固区的混凝土厚度及约束程度有很大关系，锚头布置得较集中会对局部受压承载力有一定影响，因此要求锚头在纵、横两个方向宜错开设置，并应留有一定的最小净距。钢筋端部弯钩和机械锚固的技术要求见表1.3。

锚固形式	技术要求
端部 90°弯钩	末端 90°弯钩,弯钩内径 $4d$,弯后直段长度 $12d$
端部 135°弯钩	末端 135°弯钩,弯钩内径 $4d$,弯后直段长度 $5d$
一侧贴焊锚筋	末端一侧贴焊长 $5d$ 同直径钢筋
二侧贴焊锚筋	末端两侧贴焊 $3d$ 同直径钢筋
端部焊锚板	末端与厚度 d 的锚板穿孔塞焊
螺栓锚头	末端旋入螺栓锚头

处理措施

1. 普通钢筋采用端部弯钩或机械锚固措施时，锚固长度（包括弯钩或锚固端头在内的投影长度），可取受拉钢筋基本锚固长度的 0.6 倍（$0.6l_{ab}$）。锚固形式应符合图 1.3 要求，技术要求应符合表 1.3 的规定。

2. 采用焊接锚固的焊缝、螺栓锚固的螺纹长度应满足承载力要求。

3. 螺栓锚头和焊接锚板的净承压面积不应小于锚固钢筋截面积的 4 倍（总投影面积的 5 倍），对于方形锚板边长为 $2d$，对于圆形锚板直径为 $2.25d$（d 为锚固钢筋的直径）。

4. 螺栓锚头和焊接锚板的钢筋净距不宜小于 $4d$（d 锚固为钢筋的直径），否则要考虑群锚效应的不利影响。

5. 端部钢筋弯钩及一侧贴焊锚筋的情况用于截面侧边、角部的偏置锚固时，锚头偏置方向应向截面内侧倾斜。

6. 受压钢筋不应采用端部弯钩和一侧贴焊锚筋的锚固措施。

7. 承受动力荷载的预制构件，应将纵向受力普通钢筋末端焊接在钢板或角钢上，其他构件中受力普通钢筋的末端也可通过焊接钢板或型钢实现锚固。

1.4 抗震构件纵向受拉钢筋最小锚固长度

在地震作用下，需要考虑抗震设防要求的结构构件，其纵向受力钢筋在混凝土中的锚固端可能位于拉、压反复受力状态或拉力大小交替变化状态，由于可能产生的锚固强度退化，锚固段的滑移量偏大，钢筋的粘结锚固性能比静力粘结锚固性能偏弱。为了保证在反复地震作用下的钢筋与其周围混凝土间具有必要的粘结锚固性能，根据我国的大量试验并参考国外的有关规范，在静力要求的纵向受拉钢筋基本锚固长度 l_{ab} 和锚固长度 l_a 基础上，对一～三级抗震等级的构件乘以不同的增大系数 ζ_{aE}。

根据现行《混凝土规范》第 11.1.7 条及新《高规》第 6.5.5 条规定，纵向受拉钢筋的锚固长度和基本锚固长度按以下计算：

纵向受拉钢筋的锚固长度 $\quad l_{aE} = \zeta_{aE} l_a$

纵向受拉钢筋的基本锚固长度 $\quad l_{abE} = \zeta_{aE} l_{ab}$

ζ_{aE} 为纵向受拉钢筋抗震锚固修正系数，对一、二级抗震等级为 1.15，对于三级抗震等级为 1.05，对于四级抗震等级为 1.0。

修正系数就旧规范没变化，但是应注意，现行《混凝土规范》的锚固措施分为基本锚固长度和锚固长度两种，在构造应用时要求是不同的，特别是在抗震节点的受拉钢筋的锚固措施与旧规范是有区别的。对于框架结构中的梁、柱纵向受力钢筋的锚固，属特定的节点，另有具体规定。

处理措施

按现行规范规定的抗震受拉钢筋锚固计算公式及有关规定，列出抗震受拉钢筋基本锚固长度和抗震锚固长度表供参考（表 1.4-1）。

1. 普通钢筋受拉抗震基本锚固长度 l_{abE}

普通钢筋受拉抗震基本锚固长度 l_{abE}　　　　　　　　　　表 1.4-1

钢筋种类	抗震等级	混凝土强度等级							
		C25	C30	C35	C40	C45	C50	C55	≥C60
HPB300	一、二级	39d	35d	32d	29d	28d	26d	25d	24d
	三级	36d	32d	29d	26d	25d	24d	23d	22d
HRB335	一、二级	38d	33d	31d	29d	26d	25d	24d	24d
	三级	35d	31d	28d	26d	24d	23d	22d	22d
HRB400 HRBF400	一、二级	46d	40d	37d	33d	32d	31d	30d	29d
	三级	42d	37d	34d	30d	29d	28d	27d	26d
HRB500 HRBF500	一、二级	55d	49d	45d	41d	39d	37d	36d	35d
	三级	50d	45d	41d	38d	36d	34d	33d	32d

2. 一、二级普通受拉钢筋抗震锚固长度 l_{aE}

一、二级普通受拉钢筋抗震锚固长度 l_{aE}　　　　　　　　　　表 1.4-2

钢筋种类	抗震等级	混凝土强度等级							
		C25	C30	C35	C40	C45	C50	C55	≥C60
HPB300	—	39d	35d	32d	29d	28d	26d	25d	24d
HRB335	≤14	38d	33d	31d	29d	26d	25d	24d	24d
HRB400 HRBF400	≤25	46d	40d	37d	33d	32d	31d	30d	29d
	>25	51d	45d	40d	37d	36d	35d	33d	32d
HRB500 HRBF500	≤25	55d	49d	45d	41d	39d	37d	36d	35d
	>25	61d	54d	49d	46d	43d	40d	39d	38d

注：1. C20 作为结构混凝土使用的较少，因此未列入；

2. 本表为考虑锚固钢筋保护层修正系数；

3. 本表未考虑环氧树脂涂层带肋钢筋；

4. 考虑施工过程中对受拉钢筋的扰动，还应在表中数值乘 1.10 修正系数。

3. 三级普通受拉钢筋抗震锚固长度 l_{aE}

三级普通受拉钢筋抗震锚固长度 l_{aE} 表 1.4-3

钢筋种类	抗震等级	混凝土强度等级							
		C25	C30	C35	C40	C45	C50	C55	≥C60
HPB300	—	$36d$	$32d$	$29d$	$26d$	$25d$	$24d$	$23d$	$22d$
HRB335	≤14	$35d$	$30d$	$28d$	$26d$	$24d$	$23d$	$22d$	$22d$
HRB400 HRBF400	≤25	$42d$	$37d$	$34d$	$30d$	$29d$	$28d$	$27d$	$26d$
	>25	$46d$	$41d$	$37d$	$34d$	$33d$	$32d$	$30d$	$29d$
HRB500 HRBF500	≤25	$50d$	$45d$	$41d$	$38d$	$36d$	$34d$	$33d$	$32d$
	>25	$56d$	$49d$	$45d$	$42d$	$39d$	$37d$	$36d$	$35d$

注：同表 1.4-2 注。

1.5 光圆钢筋锚固末端的构造处理措施

光圆钢筋由于表面较光滑、锚固强度较低，因此在末端应做 180°弯钩而加大锚固载能力，在构件中纵向受拉钢筋末端均应采取这样的构造作法。

作为受压钢筋末端、楼板边支座处的上部构造钢筋端部采用 90°弯折后，楼（屋）面板中的分布钢筋等不需要做 180°弯钩。

剪力墙中的分布钢筋、楼板中的温度分布钢筋与上部受力钢筋搭接连接时、均应采取末端弯折 180°的作法。根据国家标准《钢筋混凝土用钢 第 2 部分：热轧带肋钢筋》GB1499.2 修订，今后不再生产 HPB235 级的光圆钢筋，而 HRB300 级钢筋直径也限制为 14mm，构件中的纵向受力钢筋均要求采用 400MPa 和 500MPa 的带肋钢筋，光圆钢筋若作为分布钢筋或构造钢筋时，在端部也宜做 180°弯钩。

处理措施

1. 光圆钢筋末端做 180°弯钩时，弯折直径不小于 2.5 倍钢筋直径 d，弯后平直段长度应不小于 $3d$；

2. 锚固长度应按含 180°弯钩的水平投影长度计算，不包括弯折后的 $3d$。见图 1.5。

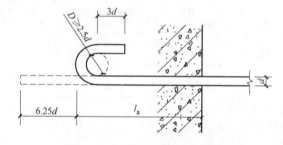

图 1.5 光圆钢筋末端弯钩作法

1.6 纵向受力钢筋采用弯折锚固的处理措施

按现行《混凝土规范》规定计算出的基本锚固长度和锚固长度，均是直线锚固的最小长度，在工程中因支座的尺寸不能满足直线锚固长度要求，也可以采用弯折锚固的方式，特别是在框架结构楼层的框架梁纵向受力钢筋，在端支座宽度通常均不能满足直线锚固长度的尺寸要求，采用弯折锚固时必须保证足够的水平投影长度，且应采取90°弯折锚固。弯折后还应保证有足够的投影长度才能满足锚固的要求。不能采用水平段不足的部分用弯折后的直线段补齐的做法，弯折后的直线段应在节点核心区内。不需要计算弯折前的水平段与弯折后的直线段之和不小于直线锚固长度的要求。若框架梁的纵向受力钢筋在端支座可以满足直线锚固长度时，还应过支座中心线 $5d$，不能因保护层厚度较大而采取乘折减系数减小锚固长度的作法，通常采用弯折锚固时，弯折前的投影长度是按基本锚固长度（l_{ab}、l_{abE}）计算，而不是按锚固长度（l_a、l_{aE}）计算。

柱纵向受力钢筋在基础中的锚固若能满足直线锚固要求时，为保证固定在设计位置上，钢筋端部宜设置90°的弯钩，当基础的高度不能满足纵向受力钢筋的直线锚固时，可以采用90°的弯折锚固形式，并保证足够的弯折前直线段投影长度及弯折后直线段的投影长度，也不需要两者相加之和不小于直线锚固长度要求。

独立桩承台中的下部钢筋网片、承台梁纵向钢筋在端部也应满足锚固长度的要求，当直线锚固长度不能满足要求时，也可以采取弯折锚固的作法。弯折锚固是钢筋在支座内锚固的一种形式，必须要保证弯折前水平段投影长度要求。设计时应考虑钢筋直径的选择，施工时发现水平段不能满足规定的要求时，应请设计方的结构工程师解决，不应采用"水平段不够，竖直段凑"的作法。

处理措施

1. 楼层框架梁上、下纵向受力钢筋在端支座采用90°弯折锚固时，水平段投影长度应不小于 $0.4l_{ab}$（$0.4l_{abE}$）并设置柱远端竖向钢筋内侧弯折，弯折后的投影长度为 $15d$，$0.4l_{abE}$（$0.4l_{ab}$）基本锚固长度见表 1.6-1。

基本锚固长度 $0.4l_{abE}$（$0.4l_{ab}$）　　　　　　　　　　　　　　　　表 1.6-1

钢筋种类	抗震等级	混凝土强度等级							
		C25	C30	C35	C40	C45	C50	C55	≥C60
HPB300	一、二级	$16d$	$14d$	$13d$	$12d$	$12d$	$10d$	$10d$	$10d$
	三级	$14d$	$13d$	$12d$	$10d$	$10d$	$10d$	$9d$	$9d$
	四级非抗震	$14d$	$12d$	$11d$	$10d$	$10d$	$9d$	$9d$	$8d$
HRB335	一、二级	$15d$	$13d$	$12d$	$12d$	$10d$	$10d$	$10d$	$10d$
	三级	$14d$	$12d$	$11d$	$10d$	$10d$	$9d$	$9d$	$9d$
	四级非抗震	$13d$	$12d$	$11d$	$10d$	$9d$	$9d$	$8d$	$8d$

钢筋种类	抗震等级	混凝土强度等级							
		C25	C30	C35	C40	C45	C50	C55	≥C60
HRB400 HRBF400 RRB400	一、二级	18d	16d	15d	13d	13d	12d	12d	12d
	三级	17d	15d	14d	12d	12d	11d	11d	10d
	四级非抗震	16d	14d	13d	12d	11d	11d	11d	10d
HRB500 HRBF500	一、二级	22d	20d	18d	16d	16d	15d	14d	14d
	三级	20d	18d	16d	15d	14d	14d	14d	14d
	四级非抗震	19d	17d	16d	14d	14d	13d	12d	12d

注：牌号 RRB400 级钢筋不得用于抗震设防的框架梁。

2. 柱在基础中采用弯折锚固时，弯折前的投影长度不应小于 $0.6l_{abE}$（$0.6l_{ab}$），弯折后的投影长度为 15d。$0.6l_{abE}$（$0.6l_{ab}$）基本锚固长度见表 1.6-2。

基本锚固长度 $0.6l_{abE}$（$0.6l_{ab}$） 表 1.6-2

钢筋种类	抗震等级	混凝土强度等级							
		C25	C30	C35	C40	C45	C50	C55	≥C60
HPB300	一、二级	23d	21d	19d	17d	17d	16d	15d	14d
	三级	22d	20d	17d	16d	15d	14d	14d	13d
	四级非抗震	20d	18d	17d	15d	14d	14d	13d	13d
HRB335	一、二级	22d	20d	19d	17d	16d	15d	14d	14d
	三级	21d	19d	17d	16d	14d	14d	13d	13d
	四级非抗震	20d	17d	16d	15d	14d	13d	13d	13d
HRB400 HRBF400 RRB400	一、二级	28d	24d	22d	20d	19d	19d	18d	17d
	三级	25d	22d	20d	20d	19d	19d	18d	17d
	四级非抗震	24d	21d	19d	17d	17d	16d	16d	15d
HRB500 HRBF500	一、二级	33d	29d	27d	24d	23d	22d	22d	21d
	三级	30d	27d	25d	23d	22d	20d	20d	19d
	四级非抗震	30d	26d	23d	22d	20d	19d	19d	18d

注：牌号 RRB400 级钢筋不得用于抗震设防的框架柱。

3. 桩承台下部钢筋、承台梁的上下纵向受力钢筋采用弯折锚固时，从桩内侧算起的水平段投影长度不小于 25d 并伸至承台边 90°弯折，弯折后的投影长度为 10d。

1.7 纵向受力钢筋的连接处理措施

钢筋的连接通常采用的形式为：搭接连接、机械连接、焊接连接三种，各种连接形式有各自的优缺点并适用于不同的工程条件。因各种类型的钢筋接头的传力性能（强度、变形、恢复力和破坏形态等），均不如直接传力的整根钢筋好，且任何形式的钢筋连接都会破坏传力性能，因此，钢筋的连接接头位置设置在受力较小处，并要限制在构件同一跨度或同一层高内的接头数量；避开结构的关键受力部位，并对钢筋的连接接头应有一定的限制，如：梁柱的端部节点区和节点核心区，同一连接区段的范围及接头面积百分率、某种连接方式的钢筋直径限制等。

在结构的关键传力部位及重要构件宜优先采用机械连接接头，剪力墙的端柱及约束边缘构件中的纵向钢筋，也应优先采用机械连接。通常施工图设计文件中，对构件中纵向受拉钢筋的连接方式，按钢筋的直径区分是否需要机械连接等会有规定，一些重要的构件及关键部位也会要求须采用机械连接。目前我国钢筋的机械连接技术已比较成熟，质量和性能均有保证，因此构件中较粗直径的受力钢筋宜采用机械连接。

旧的设计规范对结构的重要部位受力钢筋连接皆要求焊接，目前施工中采用现场钢筋焊接连接，质量较难保证。焊接工人的技术水平、素质等参差不齐，对焊接内在的质量问题仅凭肉眼观察无法有效检出。通过近些年国内外的多次地震灾害中观察到，构件中的纵向受力钢筋多处是在焊接处拉断，一些发达国家的同行也建议，应避免在现场进行钢筋的焊接连接。我国多数项目仍按传统做法对较粗直径钢筋、重要部位构件中的受拉钢筋连接采用焊接。按现行的《高规》的规定，结构重要部位的构件中纵向受拉钢筋，应优先采用机械连接。

绑扎搭接连接是传统且简单的钢筋连接方法，宜选择在构件受力较小处，有足够的搭接长度，有足够的混凝土强度和保护层厚度，连接质量才会有所保证，这种连接方式不会出现如焊接和机械连接的人为失误的可能。但在抗震构件中内力较大部位，在反复地震作用下，钢筋会有滑动的可能，较粗直径钢筋在连接端部处易产生较宽的裂缝。较粗的钢筋采用搭接连接方式，钢筋的浪费较大，且在钢筋的密集区混凝土的浇筑质量不易保证，影响钢筋与混凝土间的握裹力。

受力钢筋各种连接形式的优缺点 表 1.7

连接形式	机理	优点	缺点
绑扎搭接	利用钢筋与混凝土之间的粘结锚固作用实现传力	应用较广泛,连接形式简单	受力钢筋较粗时,较浪费,且连接区段内易发生较宽的裂缝
机械连接	利用钢筋连接器实现连接	简便、可靠	需注意连接器钢筋的净距、保护层厚度,比焊接成本高
焊接连接	利用热加工熔融钢筋实现连接	节省钢筋、接头成本低	接头连接质量稳定性差,受人工能力影响较大

处理措施

1. 构件中纵向受力钢筋的连接宜选择在受力较小处。

2. 在同一根受力钢筋上宜少设接头，如同一跨度或同一层高内的接头数量不宜超过两个以上接头。

3. 纵向受力钢筋的接头宜避开结构的关键受力部位，如抗震结构中的柱端、梁端的箍筋加密区范围。若不能避开时可选择采用机械连接接头，并限制在同一连接区段内接头面积百分率不宜大于50%。

4. 在结构中的重要构件和关键传力部位，纵向受力钢筋不宜设置连接接头。

5. 轴心受拉及小偏心受拉杆件的纵向受力钢筋不得采用绑扎搭接（如屋架的下弦、悬挂的杆件等）。

6. 允许采用绑扎搭接的受拉钢筋直径不宜大于25mm，受压钢筋直径不宜大于28mm。

7. 需要进行疲劳验算和直接承受动力荷载的构件，其纵向受拉钢筋不得采用绑扎搭接接头，也不宜采用焊接接头（如吊车梁等）。

1.8 纵向受力钢筋绑扎搭接区段长度及接头面积百分率

在同一构件中相邻的纵向受力钢筋采用绑扎搭接连接时，接头应相互错开。钢筋的搭接长度 l_l 与钢筋的锚固长度 l_a 和在同一连接区段内的接头面积百分率有关，钢筋绑扎搭接接头连接区段的长度为1.3倍搭接长度，见图1.7同一连接区段内纵向受拉钢筋的绑扎搭接接头。即搭接连接的钢筋端部距离保持一定的间距，应大于30%的搭接长度，首尾相接形式的搭接布置会在搭接端面引起应力集中和局部的裂缝，施工中应坚决避免。凡搭接接头中点位于该连接区段长度内的搭接接头均属于同一连接区段。同一连接区段内纵向受力钢筋搭接接头面积百分率，为混凝土构件同一部位该区段内搭接接头的纵向受力钢筋与全部纵向受力钢筋截面面积的比值。

同一连接区段内的全部纵向受力钢筋对不同的构件计算方法不同，对于柱类构件系指截面中的全部纵向钢筋，而对于梁、板、墙构件系指在截面内同一部位的全部受力钢筋。即梁、板的上部和下部钢筋、墙的内和外侧钢筋分别计算接头面积百分率。

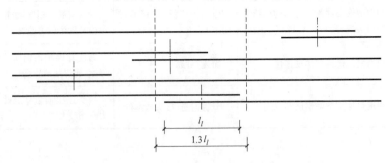

图1.8　同一连接区段内纵向受拉钢筋的绑扎搭接接头

处理措施

1. 受拉钢筋搭接接头面积百分率规定：

1) 对梁类、板类及墙类构件，不宜大于25%。

2）对柱类构件，不宜大于 50％。

3）若施工时确有必要增大受拉钢筋搭接接头面积百分率时：

（1）梁类构件，不宜大于 50％；

（2）对板、墙、柱及预制构件的拼接处，可根据实际情况放宽。

2. 纵向受压钢筋的搭接长度，不应小于纵向受拉钢筋的 70％，且不应小于 200mm。

3. 纵向受拉钢筋的绑扎搭接接头的搭接长度不应小于 300mm。

4. 粗、细钢筋采用搭接连接时，搭接长度按较细直径的钢筋计算。

5. 在同一搭接区段内的不同直径钢筋采用搭接连接时，按较细的钢筋截面面积计算接头面积百分率。

1.9 纵向受力钢筋绑扎搭接长度处理措施

纵向受力钢筋搭接长度的计算方法反映了接头面积百分率的影响，现行《混凝土结构设计规范》GB 50010—2010 中规定的计算方法，是根据有关试验研究和可靠度分析，并参考了国外有关规范的作法确定的。搭接长度是随接头面积的百分率加大而增加的，由于搭接接头受力后，相互搭接的两根钢筋会产生相对的滑移，而且搭接长度越小滑移会越大。为使接头充分受力的同时变形刚度不会太差，因此就需要相应地增大搭接长度。

首先应先计算出钢筋的基本锚固长度 l_{ab}，然后计算钢筋的锚固长度 l_a、l_{aE}，搭接长度 l_l、l_{lE} 应根据同一连接区段内的接头百分率按下式计算：

$$l_l = \zeta_l l_a$$

$$l_{lE} = \zeta_l l_{aE}$$

式中 ζ_l——纵向受拉钢筋搭接长度修正系数，按表 1.9-1 取用。

其接头面积百分率不宜大于 50％。

纵向受拉钢筋搭接长度修正系数 表 1.9-1

钢筋搭接接头面积百分率（％）	≤25	50	100
ζ_l	1.2	1.4	1.6

注：当接头面积百分率为表 1.9-1 的中间值时，也可以采用直线内插法取用。

直径不相同的钢筋在同一搭接区段采用绑扎搭接连接时，按较细钢筋截面积计算接头面积百分率及搭接长度。这是因为钢筋通过接头传力时，均是按受力较小的细直径钢筋考虑承载受力，而粗直径钢筋一般有较大的赘余量。这个原则对其他方式的连接同样适用。

在地震往复作用下，在有抗震设防构造要求的混凝土构件中的纵向受力钢筋，会处于受拉、受压受力状态或拉力大小交替的变化状态，钢筋在混凝土中的粘结性能比在静力荷载作用下弱很多，对允许采用搭接接头的钢筋，应采用抗震搭接长度，取受拉钢筋抗震锚固长度乘以受拉钢筋搭接长度修正系数，其接头面积百分率不宜大于 50%。

处理措施

1. 纵向受拉钢筋间的绑扎搭接长度除按上面公式计算外，且不应小于 300mm。

2. 抗震等级为四级及非抗震纵向受拉钢筋最小搭接长度 l_l、l_{lE} 可按表 1.9-2 内数值采用。四级抗震不得采用同一截面 100% 的搭接连接，且不应采用牌号 RRB400 级钢筋。

3. 抗震等级为一～三级纵向受拉钢筋的最小搭接长度 l_{lE} 可按表 1.9-3、表 1.9-4 内数值采用。

抗震等级为四级及非抗震纵向受拉钢筋搭接长度 l_l、l_{lE} 表 1.9-2

钢筋牌号	钢筋直径 (mm)	混凝土强度等级											
		C30			C35			C40			C45		
		同一连接区段内纵向受力钢筋接头面积百分率(%)											
		≤25	50	100	≤25	50	100	≤25	50	100	≤25	50	100
HPB300	≤14	36d	42d	48d	34d	39d	45d	30d	35d	40d	29d	34d	38d
HRB335	≤14	35d	41d	46d	32d	38d	43d	30d	35d	40d	28d	32d	37d
HRB400 HRBF400 RRB400	≤25	42d	49d	56d	38d	45d	51d	35d	41d	46d	34d	39d	45d
	>25	47d	55d	62d	42d	49d	56d	38d	45d	51d	37d	43d	50d
HRB500 HRBF500	≤25	52d	60d	69d	47d	55d	62d	43d	50d	58d	41d	48d	54d
	>25	56d	66d	75d	52d	60d	69d	48d	56d	64d	44d	52d	59d

钢筋牌号	钢筋直径 (mm)	混凝土强度等级								
		C50			C55			≥C60		
		同一连接区段内纵向受力钢筋接头面积百分率(%)								
		≤25	50	100	≤25	50	100	≤25	50	100
HPB300	≤14	28d	32d	37d	26d	31d	35d	25d	29d	34d
HRB335	≤14	26d	31d	35d	25d	29d	34d	25d	29d	34d
HRB400 HRBF400 RRB400	≤25	32d	38d	43d	31d	36d	41d	30d	35d	40d
	>25	36d	42d	48d	35d	41d	46d	34d	39d	45d
HRB500 HRBF500	≤25	38d	45d	51d	37d	43d	50d	36d	42d	50d
	>25	42d	49d	56d	41d	48d	54d	40d	46d	53d

注：1. 混凝土强度等级≤C25 时未列入；
    2. 本表未考虑保护层修正系数、施工过程中受扰动的修正系数；
    3. 抗震设防的构件纵向受力接头面积百分率不宜大于 50%；
    4. 本表中的钢筋种类不包括环氧树脂涂层带肋钢筋；
    5. 表中的 d 为搭接钢筋的公称直径，当搭接钢筋直径不同时，按较小钢筋直径计。

钢筋牌号	钢筋直径(mm)	混凝土强度等级												
		C30		C35		C40		C45		C50		C55		≥C60	
		同一连接区段内纵向受力钢筋接头面积百分率(%)													
		≤25	50	≤25	50	≤25	50	≤25	50	≤25	50	≤25	50	≤25	50
HPB300	≤14	38d	45d	35d	41d	31d	36d	30d	35d	29d	34d	28d	32d	26d	31d
HRB335	≤14	36d	42d	34d	39d	31d	36d	29d	34d	28d	32d	26d	31d	26d	31d
HRB400 HRBF400	≤25	44d	52d	41d	48d	36d	42d	35d	41d	34d	39d	32d	38d	31d	36d
	>25	49d	57d	44d	52d	41d	48d	40d	46d	38d	45d	36d	42d	35d	41d
HRB500 HRBF500	≤25	54d	63d	49d	57d	46d	53d	43d	50d	41d	48d	40d	46d	38d	45d
	>25	59d	69d	54d	63d	50d	59d	47d	55d	44d	52d	43d	50d	42d	49d

注：1. 本表未考虑保护层修正系数、施工过程中受扰动的修正系数；

2. 本表中的钢筋种类不包括环氧树脂涂层带肋钢筋。

钢筋牌号	钢筋直径(mm)	混凝土强度等级												
		C30		C35		C40		C45		C50		C55		≥C60	
		同一连接区段内纵向受力钢筋接头面积百分率(%)													
		≤25	50	≤25	50	≤25	50	≤25	50	≤25	50	≤25	50	≤25	50
HPB300	≤14	42d	49d	38d	45d	35d	41d	34d	39d	31d	36d	30d	35d	29d	34d
HRB335	≤14	40d	46d	37d	43d	35d	41d	31d	36d	30d	35d	29d	34d	29d	34d
HRB400 HRBF400	≤25	48d	56d	44d	52d	40d	46d	38d	45d	27d	43d	36d	42d	35d	41d
	>25	54d	63d	48d	56d	44d	52d	43d	50d	42d	49d	40d	46d	38d	45d
HRB500 HRBF500	≤25	59d	69d	54d	63d	49d	57d	47d	55d	44d	52d	43d	50d	42d	49d
	>25	65d	76d	59d	69d	55d	64d	52d	60d	48d	56d	47d	55d	46d	53d

注：同表 1.9-3。

1.10　有抗震设防要求的现浇混凝土框架梁、柱纵向受力钢筋的连接措施

抗震结构的框架梁、柱在地震中要承受反复地震作用，框架梁作为在地震作用下的主要耗能构件，因此要保证有足够的延性。框架柱作为承重的竖向构件，在地震作用下也应具有一定的延性且塑性铰的出现要晚于框架梁，并满足"强柱弱梁""大震不倒"的设计原则。因此，应根据结构的抗震等级、连接部位等规定纵向钢筋的连接方法，也是保证抗震设计原则的重要方面。

框架梁端、框架柱端在地震作用下容易出现塑性铰的部位，因此抗震构造要求此部位箍筋需作加密处理，预计到在大震作用下，塑性铰内的受拉、受压钢筋将均会发生屈服且会进入钢筋的强化阶段，为了避免各类钢筋接头削弱钢筋在该部位应具有的屈服后的伸长

率，任何类型的钢筋连接接头宜尽量避开梁端、柱端的箍筋加密区部位，通常该部位称作"纵向受力钢筋非连接区"，在工程中确实无法避开时，可采用与母材等强度并具有足够伸长率的高质量机械连接接头，且接头面积百分率不宜超过 50%。在特别重要的构件中（如：框支柱、框支梁、转换大梁等）宜采用Ⅰ级连接接头。

处理措施

1. 框架柱：抗震等级为一、二级及三级的底层，宜采用机械连接接头，也可以采用绑扎搭接接头或焊接接头。抗震等级为三级的其他部位及抗震等级为四级时，可采用绑扎搭接接头或焊接接头。

2. 框支梁、框支柱：宜采用机械连接接头。

3. 框架梁：抗震等级为一级宜采用机械连接接头，抗震等级为二、三、四级时可采用绑扎搭接接头或焊接接头。

4. 有抗震设防要求的混凝土结构构件，纵向受力钢筋连接接头宜选择在受力较小处其接头面积百分率不宜超过 50%。

5. 有抗震设防要求的纵向受力钢筋绑扎搭接接头，不应设置在框架梁端、柱端箍筋加密区范围内，当无法避开时，可采用机械连接，接头面积百分率不宜大于 50%。

1.11 梁、柱类构件纵向受力钢筋搭接范围内的构造处理措施

现浇钢筋混凝土梁、柱类构件中的纵向受力钢筋，若采用绑扎搭接连接时，在搭接区域范围内应配置构造钢筋（箍筋），此构造措施对纵向受力钢筋的传力非常重要，因此，搭接长度范围内构造钢筋的配置要求与受拉钢筋锚固长度范围内保护层厚度较小时，需配置附加构造钢筋的要求相同。即构造钢筋（箍筋）的直径按搭接钢筋较大直径取值，间距按较小搭接钢筋直径取值。其作法见图 1.11-1 纵向受拉钢筋搭接连接范围箍筋加密构造作法。

受压钢筋搭接区域配置箍筋构造要求，比原《混凝土结构设计规范》更严格了，构造要求与受拉钢筋相同。根据工程经验，为了防止较粗钢筋在搭接端头的局部挤压产生裂缝，规定了在受压搭接接头的端部增加配置箍筋的规定。其作法见图 1.11-2 受压钢筋搭接连接范围箍筋加密构造作法。

通常施工图设计文件中均会对不同直径的受力钢筋连接方式作出规定，对结构的关键部位、重要构件还会提出特殊要求。当前钢筋的机械连接方式已较成熟，且连接质量也有保证，较粗直径的受力钢筋尽量不采用绑扎搭接连接，采用机械连接或焊接连接。梁、柱类的纵向受力钢筋只要采用绑扎搭接连接方式，无论该构件是否考虑抗震构造措施，均应在钢筋连接范围内设置箍筋加密。当柱类构件中较粗的纵向受力钢筋采用绑扎搭接连接方式时，应按受压钢筋考虑搭接范围箍筋的加密处理措施。

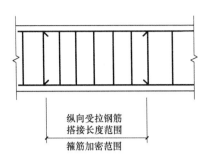

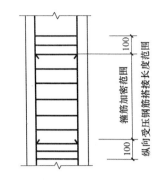

图 1.11-1 纵向受拉钢筋搭接连接范围 箍筋加密构造作法

图 1.11-2 受压钢筋搭接连接范围 箍筋加密构造作法

处理措施

1. 纵向受力钢筋绑扎搭接连接范围内，加密箍筋的直径不应小于搭接钢筋较大直径的 $d/4$（d 为较大钢筋直径）；

2. 加密区箍筋间距不应大于搭接钢筋较小直径的 $5d$，且不应大于100mm；

3. 当受压钢筋直径大于 25mm 时，还应在搭接接头两个端面外 100mm 范围内各设置两道箍筋。

1.12 纵向受力钢筋的机械连接类型及性能

钢筋的机械连接是通过钢筋与连接件间的机械咬合，将一端钢筋的力传到另一端钢筋的连接方式。用于机械连接的钢筋应符合现行国家标准《钢筋混凝土用钢 第 2 部分：热轧带肋钢筋》GB 1499.2 及《钢筋混凝土用余热处理钢筋》GB 13014 的要求。钢筋连接的质量应符合现行行业标准《钢筋机械连接技术规程》JGJ 107 的规定。

由于受力钢筋的机械连接有不需要大型设备、用电量少，连接方便、快捷，人为的影响质量因素少，接头质量较好且稳定，有利于控制工程质量和减短施工工期等诸多有利因素，是目前许多建设工程中较大直径钢筋连接的主要形式。接头连接件的受力性能不应低于母材，试件检验时受拉破坏不应发生在连接件上。

机械连接类型

1. 挤压套筒连接接头

通过机械挤压力使连接用钢套筒产生塑性变形，并与带肋钢筋紧密咬合形成的接头，此类接头在建筑工程中使用的较早，目前常用在预制装配结构构件中钢筋的连接。

2. 滚轧直螺纹连接接头

通过对钢筋的端头直接滚轧或剥肋后制作的直螺纹，与连接件的螺纹咬合而形成的连接接头。

3. 镦粗直螺纹连接接头

通过对钢筋端头的镦粗后制作的直螺纹，与连接件的螺纹咬合而形成的连接接头。

4. 锥螺纹接头

通过对钢筋的端头特殊加工的锥形螺纹，与连接件的锥形螺纹咬合而形成的连接接头。

5. 熔融金属充填套筒连接接头

采用高热剂反映产生熔融金属充填在钢制的连接套筒内，将被连接的钢筋连接在一起而形成的接头。

6. 水泥灌浆充填套筒连接接头

采用特制的无收缩水泥砂浆充填在钢制的连接套筒中，待连接套筒内的砂浆硬化后形成的接头。

目前在我国的建筑工程中，常用的钢筋机械连接接头主要为螺纹连接和挤压套筒连接（冷挤压）等类型。

机械连接接头性能等级

钢筋机械连接接头性能根据抗拉强度、残余变形及在高应力和大变形条件下的反复拉、压性能的差异，分为三个性能等级：

Ⅰ级——接头的抗拉强度等于被连接钢筋的实际拉断强度，或者不小于 1.10 倍钢筋抗拉强度标准值，残余变形小且具有高延性和反复拉压性能；

Ⅱ级——接头的抗拉强度不小于被连接钢筋抗拉强度的标准值，残余变形小且具有高延性和反复拉压性能；

Ⅲ级——接头的抗拉强度不小于被连接钢筋屈服强度的标准值的 1.25 倍，残余变形小且具有高延性和反复拉压性能。

接头连接件的性能（连接件或连接套筒）：其屈服承载力和抗拉承载力的标准值，不应小于被连接钢筋的屈服承载力和受拉承载力标准值的 1.10 倍。

机械连接接头的分级为结构设计人员根据结构的重要性及接头的应用部位，选择不同的等级提供了使用条件，根据国内外的钢筋机械连接技术的新成果和发展趋势，最高等级的接头定为Ⅰ级。Ⅰ级接头除在抗震设计的框架梁端、框架柱端的箍筋加密区以外的任何范围使用时，可不受接头面积百分率的限制。它也为某些特殊要求需钢筋在同一截面实施 100％连接创造了条件。如：滑模或提升模板施工中竖向钢筋和水平钢筋的连接；装配式结构的接头处钢筋的连接；钢筋笼的对接和分段施工或新旧工程结构连接处钢筋的连接等。Ⅰ级、Ⅱ级接头均属高质量接头，在结构使用的部位均没有限制，只是在同一连接区段内（35d）接头面积百分率限制不同，在工程中可尽量选用Ⅱ级接头并控制接头面积百分率不大于 50％，这比在同一连接部位采用 100％的Ⅰ级接头更经济合理。

机械连接接头的形式较多且受力性能也不相同，根据受力性能分级有利结构的重要性和接头在构件中的位置、接头面积百分率的不同选用使用的场合也不同，应合理地选用接头的等级。在同一连接区范围必须使用100％的钢筋接头时，必须使用Ⅰ级接头，采用50％钢筋连接时宜优先采用Ⅱ级接头。接头的分级有利于降低材料和接头成本；也有利于施工在现场抽检的接头不合格时，可按不同等级接头的使用部位和接头面积百分率来限制确定是否降级处理。

1.13　纵向受力钢筋机械连接接头应用处理措施

机械连接为避免在接头处的相对滑移变形影响，纵向受力钢筋的机械连接接头宜相互错开，连接区段长度范围为35d（d为被连接的钢筋直径，当被连接的钢筋直径不同时，d为较小的钢筋直径），不再要求大于500mm，见图1.13钢筋机械连接区段长度范围。凡是接头中点在连接区段范围内均属同一区段。机械连接接头的应用原则：接头宜相互错开，

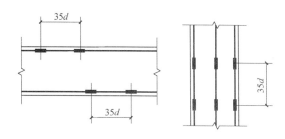

图1.13　钢筋机械连接区段长度范围

尽量避开受力较大部位。由于受力最大部位受拉钢筋传力的重要性，因此有必要控制该处机械连接接头的面积百分率。而对于板、墙等平面构件以及钢筋间距较大的构件、装配式构件的连接处，可根据实际情况适当放宽接头面积百分率。通常施工图设计文件均会对不同的构件中纵向受力钢筋机械连接的钢筋直径、接头位置、接头百分率和接头性能等级提出要求。

由于连接套筒的直径较大，特别是冷挤压连接套筒，对其保护层厚度要求有所放松，最小保护层厚度"宜"满足规范规定的要求，而不是"应"满足，但是一般不应小于15mm。连接接头处的箍筋间距仍应满足相应的构造要求。当连接件的长度较小时，箍筋的布置可尽量避开连接件，而在连接件的两侧加密箍筋的间距，避免箍筋的保护层不满足现行规范规定的最小厚度。连接件之间的横向净距不宜小于25mm。

应该说明的是任何形式的连接均不如整根钢筋的受力性能好，也均受到人工操作的不利影响，当在同一连接区段内的机械连接接头面积百分率大于50％时，应选择在内力较小的部位且选择Ⅰ级接头；Ⅰ级接头的检测和试件满足强度的合格条件，与拉断点的位置有关，当接头的强度等于被连接钢筋的实际抗拉强度标准值，接头的断点位于钢筋被认定试件合格。当试件的拉断点位于接头（机械连接长度范围），试件的实测抗拉强度应满足大于1.10倍的钢筋的抗拉强度标准值，被认定为合格。这是我国目前行业标准的强制性规定，对Ⅰ级接头的检测应注意此项规定。

处理措施

1. 有抗震设防的混凝土结构中，要求充分利用纵向受拉钢筋的强度或对构件延性要求较高的部位（如：框架梁、柱，剪力墙中的约束边缘构件，框支梁、柱等），应优先采用Ⅰ、Ⅱ级机械连接接头。接头面积百分率不应大于50%。

2. Ⅰ级接头在同一连接区段内的100%连接，可用在对不要求充分利用纵向受拉钢筋的强度（受力较小的部位）或对延性要求不高的构件或部位。

3. 接头宜避开有抗震设防的混凝土结构中的梁端、柱端的箍筋加密区，无法避开时，应采用Ⅱ级或Ⅰ级接头，接头面积百分率不宜大于50%。

4. 构件中的纵向受力钢筋当应力较高，对延性要求不高的构件（如：非抗震的框架梁、柱，抗震结构中的非框架梁，无抗震构造要求的基础梁、筏板等）或部位，可采用Ⅲ级接头，但同一连接区段内的接头面积百分率不应大于25%，并选择在受力较小部位。

5. 对直接承受动力荷载的混凝土结构构件，位于同一连接区段内的接头面积百分率不应大于50%。

6. 对纵向受拉钢筋应力较小的部位或纵向受压钢筋，接头面积百分率可不限制。

1.14 纵向受力钢筋焊接接头的处理措施

钢筋焊接连接接头方式具有节约钢材、施工成本低等优点，但受到人工能力的影响等因素通常焊接质量不易得到保证，因此，在钢筋工程焊接施工前，对参加焊接钢筋的工人必须进行现场条件下的焊接工艺试验，经检验合格后方准许参加施工。焊接建筑工程中的钢筋焊接连接通常有六种焊接方法，即闪光接触对焊、电弧焊、电渣压力焊、电阻电焊、气压焊和压力埋弧焊。

钢筋的对接焊接宜采用闪光接触对焊，并应将带肋钢筋的纵肋对纵肋摆放和焊接。两根同牌号、直径不相同的钢筋采用对焊时，其径差不得大于4mm；采用电渣压力焊或气焊时，径差不得大于7mm，电渣压力焊可用于现浇混凝土构件中竖向或斜向（倾斜度不大于10°）钢筋间的焊接。帮条焊和搭接焊宜采用双面焊，当双面焊有困难时也可采用单面焊。当环境温度低于－5℃的条件下采用焊接时，应采取有效的焊接工艺确保焊接质量，当环境温度低于－20℃时，不宜进行各种焊接，在低温条件下的焊接，由于钢筋的急剧升温和降温，焊接质量不易得到保证。

焊接封闭箍筋的抗震性能较好，可用于重要工程以及对混凝土约束要求较高的工程，施工图设计文件会提出特殊要求，焊接箍筋的工艺应为闪光对焊，并应在专用的焊接设备上在加工厂内进行焊接，并对每个箍筋的焊点数量和焊点位置提出明确的规定要求。

不同牌号的钢筋可焊性及焊后的力学性能影响有差别，对细晶粒钢筋（HRBF）、余热处理钢筋（RRB）的焊接应有更严格的控制要求，对较粗钢筋（直径大于28mm）的焊接质量不易保证，焊接工艺要求需从严。各种形式的焊接均应符合《钢筋焊接机验收规程》JGJ 18 中的相关规定。

当前施工现场的钢筋焊接连接质量较难保证，通常不能采取有效的检验方法，仅凭简单的外部观察不能检查到焊接的内在质量问题。在近些年国内外地震灾害调查中均可以发现钢筋在焊接处拉断的情况。美国、英国等标准也提出应尽量避免在施工现场采用电焊的钢筋连接方式。钢筋的焊接可采用在工厂内选择有可靠工艺的方式进行，在施工现场尽量减少钢筋的焊接连接，若有少量的钢筋在施工现场焊接，应有可靠的检测方式。柱中的纵向钢筋可采用对焊，但是不应采用搭接焊接。对于高强度钢筋的焊接应采取有效的预热措施，防止钢筋的较快的升温和降温使接头位置在反复荷载作用下发生脆断；纵向受力钢筋的焊接接头避免选择在构件可能出现塑性铰的位置。如：抗震设防的框架梁、柱端，框支梁、转换大梁、框支柱，剪力墙底部加强区的约束边缘构件等。

处理措施

1. 纵向受力钢筋的焊接接头应相互错开。钢筋焊接接头连接区段的长度范围为 $35d$，（d 为连接钢筋的较小直径），且不小于 500mm，凡焊接接头中点位于连接区段的长度范围内者均属于同一连接区段。见图 1.14 钢筋焊接连接区段长度范围。

2. 细晶粒热轧带肋钢筋（HRBF）以及直径大于 28mm 的普通热轧带肋钢筋（HRB），其焊接应经试验确定；余热处理钢筋（RRB）不宜焊接。

3. 纵向受拉钢筋的接头面积百分率不宜（原规范为不应）大于 50％，对预制构件的拼接处，可根据实际情况放宽。纵向受压钢筋的接头百分率可不受限制。

4. 直接承受吊车荷载的钢筋混凝土吊车梁、屋面梁及屋架下弦的纵向受拉钢筋，应采用闪光接触对焊，并去掉接头的毛刺及卷边；同一连接区段内接头面积百分率不应大于 25％，连接区段长度应取 $45d$（d 为钢筋较大直径）。

5. 每个箍筋的焊点数量应为一个，焊点的位置宜设置在箍筋肢的中部，距箍筋弯折处的位置不宜小于 100mm。

6. 柱箍筋的焊点可设置在箍筋肢的任一边，箍筋安装时应使焊点位置相互错开；梁箍筋的焊点不应设置在箍筋肢的两个侧面。

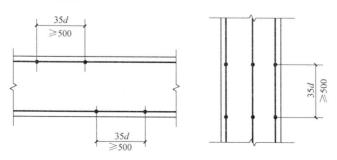

图 1.14　钢筋焊接连接区段长度范围

1.15 钢筋末端弯钩和弯折的处理措施

在建筑工程中钢筋的末端通常要求设置弯钩或弯折，当弯折后的直线段≤12d时称为弯钩，而当弯折后的直线段＞12d时称为钢筋的弯折。钢筋的末端设置弯钩一般均是构造要求，构造弯钩有三种形式：90°、135°、180°。钢筋弯钩、弯折后均要求有一定长度的直线段或投影长度，直线段长度应按有关现行国家和行业标准的规定执行，在施工中应符合设计文件或国家及地方编制的标准图集中的具体规定。

钢筋末端的90°弯钩一般用于柱纵向钢筋的底部、剪力墙水平分布钢筋在边缘构件的端部、悬臂构件上部受力钢筋的端部、楼（屋）板上部钢筋在边支座的端部、梁中纵向受力钢筋采用弯折锚固作法等。钢筋末端为135°的弯钩常用于箍筋的端部、一般楼面梁纵向钢筋端部的机械锚固等。钢筋末端180°弯钩用于受力及构造光圆钢筋的端部，若在剪力墙中的竖向和水平分布钢筋采用光圆钢筋，钢筋的搭接末端也应采用180°弯钩。HPB235级钢筋已经不再作为建筑工程的材料，目前规范允许使用的光圆钢筋仅有HPB300级一种。

钢筋的弯折通常用于梁中的弯起钢筋（有抗震设防要求的框架梁中的纵向受力钢筋不得采用弯起钢筋）、梁中有集中力处的附加横向抗剪吊筋、板柱结构体系中的抗冲切附加钢筋、板筏基础中的抗冲切附加钢筋、梁纵向受力钢筋在端支座的弯锚及框架结构在顶层边支座梁柱的纵向钢筋搭接、悬臂梁上部钢筋等。

并不是所有钢筋的末端均要求设置弯钩或弯折，通常带肋受力钢筋在支座内满足直线锚固长度要求后，不需要在端部设置弯钩。钢筋弯折后的长度有两种规定：弯折后包括弯弧在内的投影长度和弯折后的直线段长度，两种规定说法不同计算长度也不相同，为避免在施工中搞错，需认真理解这两种构造要求的区别。

带肋钢筋的端部按锚固或构造要求设置的90°、135°弯钩，弯折时为避免在钢筋在弯曲加工和受力时钢筋受弯曲部位表面产生裂纹和在钢筋的弯曲内侧混凝土局部受压破坏，对钢筋的最小弯曲半径应做规定（图1.15）。

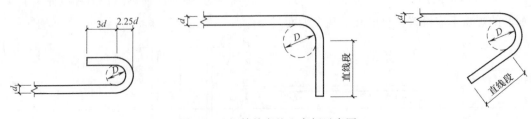

图 1.15　钢筋的弯钩和弯折示意图

处理措施

1. 在钢筋的末端可不设置弯钩的纵向钢筋：

1）绑扎骨架中满足直线锚固长度要求的带肋受力钢筋。

2）焊接骨架和焊接网片中的光圆受力钢筋。

3）绑扎骨架中的受压光圆钢筋。

4）绑扎骨架中楼（屋）面板的分布钢筋。

5）绑扎骨架中梁内不受力的架立钢筋。

6）绑扎骨架中按构造配置的梁柱纵向附加钢筋。

2. 末端均需作带135°弯钩的封闭式箍筋，弯钩后的直线段长度要求（d 为箍筋直径）：

1）梁中的箍筋弯钩后的直线段长度：

有抗震设防要求的框架梁   ≥10d 和 75mm 的较大值

抗扭梁   ≥10d

无抗震设防要求的框架梁   ≥5d

非框架梁（次梁）   ≥5d

2）柱中的箍筋弯钩后的直线段长度：

有抗震设防要求的框架柱   ≥10d 和 75mm 的较大值

柱中全部纵向受力钢筋配筋率超过3%时 ≥10d

其他情况   ≥5d

3. 钢筋最小弯钩、弯折内径 D 要求：

1）带肋钢筋的弯钩、弯折为 90°、135°时，最小弯折内径 D 见表 1.15；

钢筋最小弯钩、弯折内径 D 表 1.15

钢筋牌号	钢筋直径 d		
	6～25	28～40	＞40～50
HRB335	4d	4d	5d
HRB400、HRBF400（RRB400）	4d	5d(4d)	4d
HRB500、HRBF500	6d	7d	8d

2）光圆箍筋弯折处及末端为 180°弯钩时，弯曲直径应不小于受力钢筋直径，且也不应小于箍筋直径的 2.5 倍。

1.16 普通钢筋保护层最小厚度规定

混凝土保护层的最小厚度与构件的受力钢筋粘结锚固性能、构件的耐久性有密切的关系，确定保护层的最小厚度是为保证握裹层混凝土对受力钢筋可靠的锚固，使受力钢筋能充分发挥其强度。根据我国对混凝土结构耐久性的研究和调研，并参考了国外相应的标准和规范，《混凝土结构设计规范》GB 50010—2010 对保护层的最小厚度做出新的规定，系指最外层钢筋表面至混凝土表面的距离。最新的规定可以使构件在设计使用年限内能保护钢筋不会发生锈蚀而危及结构的安全。

混凝土保护层最小厚度应根据结构构件所处耐久性环境类别，调整其数值，现行规范考虑得更为细致。鉴于工程调查分析的结果及可持续发展的需要，对一般情况下混凝土结构的保护层厚度仅作微调，比旧规范规定稍有增大；而对恶劣环境下的保护层厚度，则增加幅度较大。

从混凝土碳化、脱钝和钢筋锈蚀的耐久性角度考虑，不再以纵向受力钢筋的外边缘计算保护层的厚度，而是以混凝土构件中最外层钢筋的外边缘（包括箍筋、构造筋、分布筋、钢筋网片等）计算保护层厚；为了简化保护层最小厚度的表达，现行规范根据混凝土碳化反应的差异和结构的重要性，按平面构件（板、墙、壳）及杆件类构件（梁、柱、杆）分为两类规定保护层的最小厚度值，混凝土强度等级统一按 C30 以上取值。考虑混凝土碳化速度的影响，设计使用年限为 100 年的混凝土结构，最小保护层的厚度还应加大。为保证基础钢筋的耐久性，钢筋混凝土基础应设置垫层，基础中钢筋的最小保护层厚度应从垫层的顶面算起，其厚度仍按原规范规定不变。

工程的设计文件一般均会对保护层的最小厚度提出明确的要求，虽然新规范不再把最小保护层厚度列为强制性条文，但在施工中也不得随意加大或减小保护层的厚度，特别是在梁的上、下面和柱的保护层，会影响纵向配置的钢筋面积。剪力墙中的竖向和水平分布钢筋，考虑到拉结钢筋端部的最小保护层厚度能得到满足，可适当加大最小保护层的厚度，但不宜大于 50mm。剪力墙边缘构件中的拉筋属箍筋，其端部的保护层厚度应满足最小要求。

处理措施

1. 设计使用年限为 50 年的混凝土结构，构件中普通钢筋最外层保护层最小厚度应符合表 1.16 中的规定。

混凝土保护层的最小厚度（mm）　　　　　　　　　　　表 1.16

环境类别	板、墙、壳	梁、柱、杆
一	15	20
二 a	20	25
二 b	25	35
三 a	30	40
三 b	40	50

注：1. 当混凝土的强度等级不大于 C25 时，表中的保护层厚度值应增加 5mm；
　　2. 有垫层的基础，钢筋的保护层厚度不应小于 40mm。

2. 混凝土构件中纵向受力钢筋的保护层厚度不应小于钢筋的公称直径。

3. 设计使用年限为 100 年的结构，构件中普通钢筋最外层保护层最小厚度应不小表 1.16 中数值的 1.4 倍。

1.17　减小保护层厚度的处理措施

根据工程经验，有充分的依据并采取了有效的综合措施，且能够提高构件的耐久性能，保护层厚度可以适当减小。

构件的表面有可靠的防护层是指表面的抹灰，或其他各种有效的保护性涂料层，如采用水泥砂浆的抹面、聚合物水泥砂浆的抹面，在外表面有建筑的装饰作法，如贴墙面砖、石材等。地下室外墙有建筑的防水和防腐作法，也可以起到保护钢筋不受锈蚀的作用，外侧的保护层厚度可适当放松要求。许多设计单位的施工图设计文件要求地下室外墙外侧与土接触面的保护层厚度为 50mm，主要是根据《地下工程防水技术规范》中相关规定提出的要求。地下室外墙一般均有建筑的主动防水层和防水保护层，有腐蚀介质的环境中，还要采取防腐措施，它们均可以使混凝土构件不直接接触土和地下水，对地下室墙内的钢筋有很好的保护作用，可以防止钢筋的锈蚀并增强构件的耐久性。但对防水要求较高的地下室外墙，保护层厚度不应减小。

由于工厂化生产的预制构件，混凝土振捣密实度较好，养护也能得到保证，并在出厂时有严格的检验，有较好的质量保证，保护层厚度也可以适当减小。

在混凝土中掺加阻锈剂，应经试验检验效果良好，并应在使用前确定有效的工艺参数。市场上的阻锈剂种类很多，应按《钢筋阻锈剂应用技术规程》JGJ/T 92 的规定，根据环境类别和环境作用等级选用。

环氧树脂涂层或镀锌钢筋或采取阴极保护处理等防锈措施时，可以保证结构在使用年限内的耐久性要求，在民用建筑和一般工业建筑中，环氧树脂涂层或镀锌钢筋使用得不多，通常在较恶劣的四、五类环境中使用，钢筋的防锈处理均可以增强混凝土构件的耐久性，因此保护层厚度可以适当减小。

要特别说明的是，保护层厚度可适当减小仅考虑了结构的耐久性能满足可靠性的要求，从受力钢筋与混凝土的粘结锚固性能方面，没有特别的情况时尽量不减小。若在工程中减小保护层的厚度，还应考虑满足防火最小保护层厚度的要求。

处理措施

采用下列处理措施后，混凝土的保护层厚度可以适当地减小：

1. 构件的表面有可靠的防护层。

2. 工厂化生产的预制构件，并能保证预制混凝土的质量。

3. 在混凝土中掺加阻锈剂或采用阴极保护处理等防锈措施。

4. 地下室外墙采用了可靠的建筑防水、防腐作法时，与土壤接触一侧的钢筋保护层厚度可以适当地减小，但不应小于 25mm。

5. 采用环氧树脂涂层或镀锌等防锈措施的钢筋。

1.18 保护层厚度较大时的处理措施

当梁、柱、墙中纵向受力钢筋的保护层较厚时，如：构件中配置了较粗的纵向受力钢筋，框架结构顶层端节点和角节点梁、柱纵向受力钢筋弯弧以外的区域（该部位的纵向受力钢筋的弯弧内径比楼层要求的更大些），四、五类环境中的部分构件，刚性防水混凝土，预应力混凝土构件，防止混凝土表面的磨损和撞击部位等，宜采取有效的防护措施对混凝土进行拉结，防止混凝土剥落、坠落伤人并保证构件的安全及耐久性。所谓保护层厚度较大是根据《混凝土结构设计规范》GB 50010—2010 规定，当梁、柱、墙保护层厚度大于 50mm 时（原规范指梁、柱保护层厚度大于 40mm），才称作保护层厚度较大。施工图设计文件中对混凝土保护层最小厚度均会提出具体要求，在施工中不应随意加大构件中纵向受力钢筋保护层的厚度，会影响结构的安全及构件截面有效计算高度。如果确有必要加大混凝土保护层厚度，应征得原结构设计工程师的意见并采取一定的措施。

从结构的耐久性及钢筋与混凝土的粘结锚固性能方面考虑，混凝土保护层厚大些是有某种好处的，但会造成构件表面产生裂缝影响美观及使用年限。因此，当保护层厚度较大时，可采用纤维混凝土或在保护层内设置防裂钢筋网片等措施，这样做不仅可以防止混凝土破碎后的剥落，还可以减小裂缝的宽度。为保证防裂钢筋网片不会成为引导钢筋锈蚀的通道，应对其网片采取有效的绝缘和定位措施，并要求网片也应有一定的保护层厚度，并在设计文件中会做出明确的规定。

处理措施

1. 当柱、梁、墙中纵向受力钢筋保护层厚度不小于 50mm 时，按设计文件的要求须采取有效的构造措施，可采用纤维混凝土浇筑。

2. 也可以在保护层厚度内设置防裂、防剥落钢筋网片，网片宜采用焊接网片，也可以采用绑扎网片，保护层厚度不应小于 25mm。见图 1.18-1 保护层内钢筋网片的设置。

3. 在框架结构顶层端节点和角节点梁、柱纵向受力钢筋弯弧以外的区域，采用构造钢筋网片。见图 1.18-2 边、角节点钢筋网片的设置。

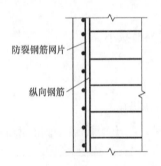

图 1.18-1 保护层内钢筋网片的设置

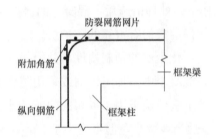

图 1.18-2 边、角节点钢筋网片的设置

1.19 并筋的根数及等效直径处理措施

现行《混凝土结构设计规范》GB 50010—2010 新增规定：构件中的钢筋可采用并筋的配置形式。一些发达国家的标准中早已允许采用绑扎并筋的配筋形式，我国某些行业标准中也早有此类的规定。所谓"并筋"，就是将直径相同或直径接近相同种类和相同强度等级 2～3 根钢筋经绑扎成的钢筋束，用一根等效直径的钢筋来替代，并用并筋的重心作为等效钢筋的重心。此条规定是为解决构件中需要配置较多的普通钢筋数量太多，按常规的钢筋摆放方式无法满足钢筋的间距要求，而引起设计和施工的困难，或因大直径钢筋规格不全，无法满足构件中的配筋要求等因素而做出的规定。

并筋的试验表明，并筋的承载能力与原各单根钢筋承载力的总和相同，但由于并筋的密集使钢筋与混凝土间的握裹力不足而影响并筋的受力性能（三并筋影响稍大），这种影响可以用并筋的等效直径来表达，即并筋可以看作截面积相等的单根钢筋。等效钢筋的直径按截面积相等的原则换算。

构件中采用并筋的配筋形式时，施工图设计文件应特别注明并筋的锚固长度、搭接要求、保护层厚度及构件中非贯通钢筋的截断长度等要求。由于现行的《混凝土结构设计规范》对并筋的构造作法规定得不很详细，设计和施工时可参照《全国民用建筑工程设计技术措施》（2009）混凝土结构分册中附录 E 的规定使用。

处理措施

采用并筋的配筋形式应符合下列规定：

1. 采用并筋的钢筋应采用热轧带肋钢筋。

2. 直径 28mm 以下采用并筋时，单根钢筋数量不应超过 3 根；直径 32mm 采用并筋时，单根钢筋数量不应超过 2 根；直径 36mm 及以上时，不应采用并筋。

3. 相同直径的二并筋等效直径为 1.41 倍单根钢筋的直径，相同直径的三并筋等效直径为 1.73 倍单根钢筋的直径。

4. 并筋中的钢筋应具有相同的牌号和等级，当不同直径的钢筋采用并筋形式时，钢筋的直径比不应大于 1.2，等效直径按截面积相等的原则换算；

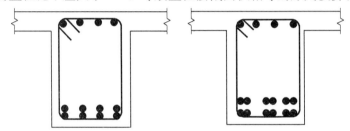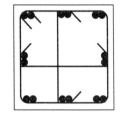

图 1.19-1 梁、柱二并筋示意图

5. 二并筋可按水平或竖向排列，见图 1.19-1 梁、柱二并筋示意图；三并筋可按品字形排列，见图 1.19-2 梁、柱三并筋示意图。

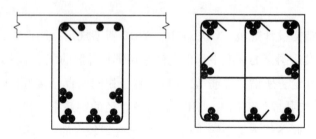

图 1.19-2　梁、柱三并筋示意图

1.20　并筋的锚固长度、搭接连接及保护层厚度的处理措施

并筋的重心可作为等效钢筋的重心，其基本锚固长度 l_{ab} 应根据等效直径按本章第 1.1 条中普通钢筋的基本锚固长度计算公式确定。纵向受力并筋的锚固方式不应采用弯折锚固，宜采用直线锚固方式，因锚固长度会较长，并筋的配筋方式不适用于端支座尺寸较小的梁等水平构件；在框架梁或连续梁的上部配置的钢筋采用三并筋方式，在跨内不需要通长设置而需要截断时，应延伸至该钢筋充分利用强度的截面以外 $1.2l_a$ 处截断。柱采用并筋的方式配筋时，对二并筋和三并筋的基本锚固长度分别需增大。

纵向受拉钢筋的并筋采用绑扎搭接连接时，按每个单根钢筋错开逐次搭接的连接方式，且钢筋的端面位置应保持一定间距，应避免首尾相连的搭接布置，这种搭接方式会在搭接的端面产生应力集中和局部裂缝。搭接长度按单根钢筋分别计算，接头面积百分率按在同一连接区段内，单根搭接接头的钢筋与所有单根钢筋的截面面积比值计算。当搭接钢筋的端面距离不大于搭接长度的 30% 时，均属位于同一连接区段的绑扎搭接连接接头。不同直径的钢筋在同一区段内搭接连接时，按较细钢筋的截面积计算接头面积百分率和搭接长度。受压的并筋采用绑扎搭接方式连接时可不分批截断，当等效直径大于或等于 32mm 时，在搭接的端部应设置四道直径不小于 12mm 的箍筋，且间距不应大于 100mm。

并筋的保护层厚度除满足最小保护层厚度外，还应满足不小于并筋的等效直径的要求。并筋间的水平及垂直方向的净距，应该满足混凝土浇筑的施工要求，且不应小于并筋的等效直径。

处理措施

1. 并筋的基本锚固长度 l_{ab}，应按等效直径的普通钢筋计算确定，且不宜采用弯折锚固方式。

2. 并筋的搭接长度按单根钢筋分别计算，在同一跨度或层高范围内任意截面有绑扎搭接连接时，单根钢筋的数量不应超过 4 根，每个单根钢筋只能绑扎搭接连接一次。

3. 绑扎搭接的钢筋端面净距应大于 0.3 倍搭接长度，见图 1.20-1 绑扎错开逐次搭接方式。凡是搭接连接的中点位于 1.3 倍的搭接长度范围内，均属同一连接区段。

4. 在柱中并筋的基本锚固长度应增大系数至 1.2（二并筋）或 1.3（三并筋）。

5. 并筋的保护层厚度 c 从并筋的实际外轮廓计算，除满足最小保护层厚度外，还应满足不小于并筋等效直径 d' 的要求，净距也应从并筋的实际外轮廓计算，见图 1.20-2 并筋的保护层及间距。

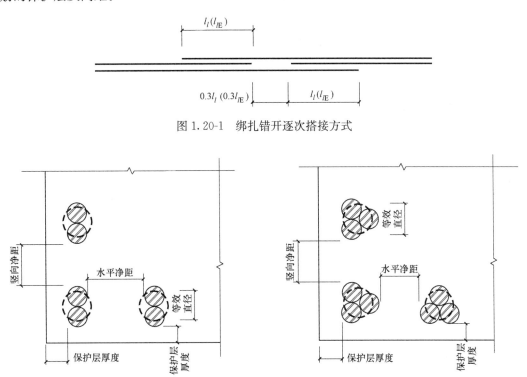

图 1.20-1　绑扎错开逐次搭接方式

图 1.20-2　并筋的保护层及间距

第2章 柱及梁柱节点构造处理措施

2.1 框架梁柱中间节点核心区混凝土强度等级不同处理措施

框架结构包括纯框架结构及框架-抗震墙中的框架部分。由于纯框架结构抗侧刚度一般较差，抗震设防时仅有单一防线，在地震区通常不会设计成高度较高的框架结构建筑。为保证结构体系应具有必要的抗震承载力、抗侧力刚度、整体和局部稳定性、延性及耗能等方面的性能，高度较高的建筑常被设计成框架-抗震墙体系。其中，抗震墙作为主要的抗侧力构件，在抗震时为第一道防线，框架部分作为第二道防线，以提高结构的抗震性能和安全度，属多道抗震防线线的结构体系。

框架结构的抗震设计应遵守强柱弱梁、强剪弱弯、节点更强的原则。框架节点核心区时框架柱与框架梁交接处重叠的部分且受力是比较复杂，特别是在地震反复作用下，节点刚度会逐渐退化，节点核心区要承担很大的剪力、弯矩和轴向力，因此必须采取有效的措施防止混凝土过早的剪切破坏和压碎等脆性破坏，在遭遇大震时节点和节点核心区需要仍具有一定的延性，晚于框架梁的破坏，实现大震不倒的设计理念。

2002以前版的《高层建筑混凝土结构技术规程》曾规定，柱与梁、楼板的混凝土强度等级不应超过两级（一级为50MPa），一般节点核心区混凝土强度等级不同时处理方式比较容易。现行国家标准和行业标准不再有这样的限制混凝土级差规定。当前，还有很多设计文件要求节点核心区的混凝土强度等级不应低于柱的等级，在工程中当柱采用较高的混凝土强度等级时，楼板、梁也采用与柱的混凝土强度等级相同，并同时浇筑节点核心区混凝土。此种作法可以采用，但是比较浪费，不能提高整个结构的安全度，且水平构件混凝土强度等级太高对抗弯构件的承载力贡献很小，还易出现混凝土收缩裂缝。另一种作法是节点核心区采用与柱相同混凝土强度等级浇筑，而梁、楼板二次浇注混凝土。如图2.1的施工方法，在以前较多的设计文件均要求采用此种方法浇筑节点核心区的混凝土，此种作法会给节点核心区带来不利的影响，特别是在抗震设计中，主要有下面几个问题：

1. 目前工程中均采用商品混凝土，坍落度均较大，在节点核心区先采用强度等级较高的柱混凝土浇筑，支模板比较难，先浇筑的混凝土若振捣会流淌得较远，或振捣不充分造成核心区混凝土不密实，框架梁中有很不容易处理的施工缝，该部位是梁端内力较大处和箍筋加密区范围，是潜在出现塑性铰的部位，处理不好对抗震不利，也不利于形成强节点。

2. 节点核心区混凝土的用量较少，施工组织有很大的困难。采用商品混凝土时，强度等级不同的部位应在混凝土初凝前完成浇筑，不太容易做到，且节点区的整体性较差对抗震不利，如产生施工冷缝很难处理，且施工质量不易保证。

3. 采用柱强度等级的混凝土浇筑节点核心区时，为保证该范围混凝土能振捣密实，会在梁端设置斜向隔离钢筋网片或钢板网，抗震设计的框架梁端箍筋间距较小。当箍筋的肢数较多时，斜向隔离钢筋网片不易放置在准确位置也不易固定，达不到设计设想的目的。

当节点核心区周边有梁时，且梁有足够的宽度，会使节点核心区的混凝土受到较好的约束，混凝土的极限强度和应变均会有较大提高，对抗震有利。对节点核心区承载力提高的主要影响因素是，梁、楼板与柱混凝土强度等级相差的程度及对节点核心区的约束程度，框架梁宽度大于柱截面宽度的 1/2 时，对柱节点核心区约束效果较好。许多发达国家早就对梁、楼板的混凝土强度等级低于柱做过试验，用梁、楼板的强度等级混凝土浇筑节点核心区，是通过采用提高核心区混凝土的强度等级的"折算强度"，对节点核心区的抗剪承载力和抗竖向承载力进行验算，且有些国家还编制在规范之中。国内许多研究者也认为，采用"折算强度"验算梁柱节点核心区承载力，是解决该范围混凝土一次浇筑问题较好的办法。

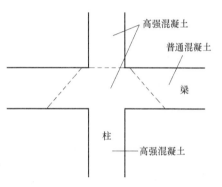

图 2.1-1　梁柱节点核心区不正确
的混凝土浇筑方法

处理措施

1. 当框架柱和框架梁的混凝土的强度等级不超过一级，或不超过两级但是节点四周均有框架梁时，可按框架梁的混凝土强度等级同时浇筑节点核心区混凝土。

2. 当不满足上述要求，框架柱的混凝土强度等级不大于 C60 时，可按《全国民用建筑工程设计技术措施》2009（混凝土结构）附录 A 推荐的方法，采用梁柱节点混凝土"折算强度"的较小值验算节点核心区的承载力，满足要求即可以采用梁、板混凝土强度等级同时浇筑节点核心区混凝土。此"折算强度"计算及节点核心区混凝土承载力的验算应由设计者完成。

3. 当采用"折算强度"不能满足承载力要求时，可以通过在梁端增加高度与梁高相同的水平腋，特别是梁的宽度不大于柱宽的 1/2 时，对节点核心区的约束效果会更好，另配置附加构造端竖筋钢筋和箍筋，作法见图 2.1-2 梁端水平加腋配筋示意图和图 2.1-3 梁宽小于柱宽 1/2 水平加腋示意图。

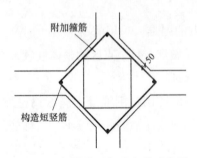

图 2.1-2　梁端水平加腋配筋示意图

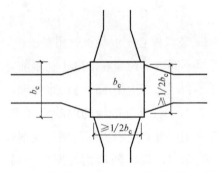

图 2.1-3　梁宽小于柱宽 1/2 水平加腋示意图

2.2　框架梁柱边节点核心区混凝土强度等级不同处理措施

对于边柱和角柱节点通常有两种情况，即外侧有悬挑梁板和无悬挑梁板，有悬挑梁板时，根据悬挑方向的长度与柱在悬挑方向的截面尺寸来确定按中柱或边柱和角柱来处理。边柱和角柱的竖向荷载一般均小于中柱，在大部分工程设计文件中边柱和角柱的截面尺寸与中柱基本相同，也有些工程略小些。在抗震结构设计中，框架柱的截面面积基本是根据不同的抗震等级由轴压比决定的，因此边柱和角柱的承载能力均有不同程度的富余。设计者为防止在施工时出现错误，同层的中柱、边柱和角柱的混凝土强度等级是相同的，因此其承载力有较多的富余量。当框架柱的混凝土强度等级高于梁板时，即使不考虑梁、板对节点核心区的约束作用，按梁、板的混凝土强度等级浇筑节点核心区，验算也能满足强度和承载力的要求。当边柱和角柱的荷载较大，或者边柱和角柱的截面尺寸较小时，其承载力的富余量不多。通常在框架结构中的边跨，框架梁外侧与框架柱外侧平齐，为使结构更安全，即使验算可以满足承载力要求，也要求框架梁、柱中心线的距离不应大于柱宽的 1/4，若不满足此项要求，宜在梁端增设水平腋并配置构造钢筋，可按图 2.2-1 边、角柱加大梁柱节点核心区面积示意图处理。在高层建筑中，当框架梁与框架柱中心线之间的距离大于柱该方向截面尺寸的 1/4 时，设计时不但要考虑偏心对结构的不利影响，而且梁端必须设置水平腋加强对节点核心区的约束。

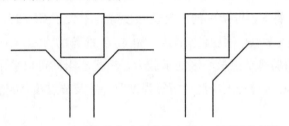

图 2.2-1　边、角柱加大梁柱节点核心区面积示意图

处理措施

1. 当边柱或角柱外侧有悬挑梁板时，悬挑长度等于或大于该方向柱截面尺寸的 2 倍

（图 2.2-2），可按 2.1 条的中柱方法处理。

2. 不满足上条要求的无梁或有梁楼板的边柱或角柱，设计者按《全国民用建筑工程设计技术措施》2009（混凝土结构）附录 A 推荐的方法进行验算。

3. 角柱或边柱的荷载较大或截面尺寸小于中柱时，框架梁、柱中心线的距离大于柱宽的 1/4 时，均宜按图 2.2-1 设置梁端加腋。

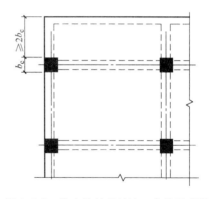

图 2.2-2　按中柱处理的边、角柱示意图

2.3　框架节点核心区水平箍筋太密集的处理措施

在水平荷载作用下，由于框架结构的节点核心区的受力状态比较复杂，为使框架梁和框架柱中的纵向受力钢筋有可靠的锚固条件，框架节点核心区的混凝土应具有良好的约束性，所以在节点区除按结构计算的需要配置足够水平箍筋外，对于高层建筑还应根据框架柱的轴压比满足最小体积配箍率的要求，现行的《高层建筑混凝土结构技术规程》JGJ 3 中对框架节点区的配箍特征值和体积配箍率有明确的规定，其目的就是要保证在地震的作用下，实现"强柱弱梁节点更强"的设计理念。节点核心区箍筋的作用与柱端有所不同，其构造要求与柱端也有所区别，因此在工程中节点核心区的水平箍筋比较密集，特别是有抗震设防要求的框架结构，节点核心区的箍筋直径有时会比柱端箍筋加密区的箍筋直径还大，均需采用复合箍筋。该区域还有框架梁和框架柱中的纵向受力钢筋穿过，给施工带来了很多不便。在国外有的规定在节点核心区可以采用两个 U 形箍筋对面交错搭接连接的作法，在我国以往有的工程也采用过此类作法，并要求箍筋的搭接长度应满足抗震的搭接长度 l_{lE} 的要求，这样的作法我国还无研究成果证明是可行且安全的。我国的现行标准规定，箍筋不应采用绑扎搭接连接，由于节点核心区的重要性，为保证整体结构的安全，该区域内的水平箍筋应按施工图设计文件的规定配置，不可以随意减少。根据近些年来地震灾害的调查发现，许多框架节点核心区未按设计文件要求配置足够的箍筋，造成节点核心区混凝土被压碎、剪切破坏，灾后无法修复，有些甚至造成房屋倒塌。在施工中当节点核心区的箍筋肢数较多，混凝土浇筑困难会影响混凝土对箍筋的握裹作用，可采用除最外侧矩形箍筋及菱形或多边形箍筋应为整体封闭箍筋外，中间部分的箍筋可以采用拉结钢筋代替箍筋的作法，但是要满足最大肢距和最小体积配箍率的要求。

对非抗震设防要求的框架，其节点核心区的水平箍筋构造要求相对宽松些，特别是节点周边均设置了框架梁时，节点核心区的水平箍筋作法可以更简单。根据我国工程经验并参考国外的有关规范的规定，当节点四边有梁时，由于除四角以外的节点周边柱纵向钢筋不存在过早压屈的危险，因此可不设置复合箍筋，只设置矩形封闭箍筋。

处理措施

1. 框架结构的节点核心区无论是否有抗震设防要求，均必须设置水平箍筋。

2. 有抗震设防要求的框架节点核心区中的水平箍筋，应按施工图设计文件要求配置复合箍筋，见图 2.3-1 有抗震设防要求的复合箍筋。不可因施工困难而随意减少肢数和加大箍筋间距。

3. 非抗震设防要求的框架节点核心区，水平箍筋的间距不宜大于 250mm，对于四面有框架梁与框架柱相连的节点核心区，不需要设置复合箍筋，可仅沿节点的周边设置矩形水平箍筋，见图 2.3-2 无抗震设防要求的箍筋。其他情况应按施工图设计文件的要求配置。

4. 不应采用两个 U 形箍筋对面交错搭接的配置方式。

5. 采用拉结钢筋代替柱中部箍筋时，外围矩形箍筋及菱形或多边形箍筋应为整体封闭箍筋，拉结钢筋的端部弯钩需满足 135°抗震设计直线段不小于 10d 和 75mm 两者较大值，非抗震时不小于 5d，宜同时拉住柱纵向受力钢筋和最外围箍筋。见图 2.3-3 柱中部拉结钢筋代替箍筋作法，拉结钢筋的端部弯钩作法同封闭箍筋。

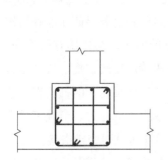

图 2.3-1　有抗震设防要求的复合箍筋

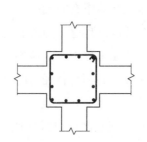

图 2.3-2　无抗震设防要求的箍筋

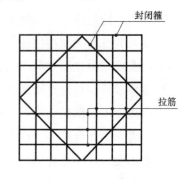

图 2.3-3　柱中部拉结钢筋代替箍筋

2.4　框架柱中拉结钢筋的构造要求

在抗震结构中，框架柱中当箍筋肢数较多时，应允许除最外侧矩形箍筋及菱形或多边形箍筋应为整体封闭箍筋外，柱中部可以采用拉结钢筋代替箍筋。拉结钢筋的作法可采用同时拉住柱纵向钢筋和外围箍筋、紧靠柱纵向钢筋处拉住外围箍筋，也可以只拉住柱的纵向钢筋。

拉结钢筋同时拉住柱纵向钢筋和箍筋，使柱的纵向钢筋与箍筋形成一个钢筋笼，对柱身的混凝土加以约束，在大震的情况下，柱箍筋混凝土保护层将会剥落，而钢筋笼会对其以内的混凝土起到很好的约束作用，由于拉结钢筋的直径一般不会太大，同时拉住柱纵向受力钢筋和外围箍筋可以减少外围箍筋的"无支长度"，在大震的情况下，可以增加框架柱的延性，防止框架柱先于其他水平构件破坏而倒塌。

拉结钢筋只拉住外围箍筋的作法，在施工中并不很难，通常拉结钢筋的直径不会很大，端部作135°弯钩也是可行的，应采用紧靠在柱纵向钢筋处拉住外围箍筋的作法，这样做的主要目的是为减少外围箍筋的"无支长度"，"无支长度"的减少可以大大地提高箍筋对柱混凝土的约束作用，这也是国外比较通行的作法。

当柱中的箍筋能对纵向钢筋形成比较好的固定和约束作用时，且封闭箍筋的肢距及柱纵向钢筋的最大间距均可以满足现行规范的有关规定，柱中部用拉结钢筋代替箍筋仅拉住柱纵向钢筋的作法也是可行的，但在抗震设计时最好紧靠柱纵向钢筋拉住箍筋。按现行国家标准允许柱截面内的箍筋采用拉结钢筋替代，若施工图设计文件未特殊注明时，应征得设计者同意后方可实施。

处理措施

1. 抗震设计柱中部用拉结钢筋代替箍筋时，两端部应做135°弯钩，且弯钩的直线段长度不小于10d（d为拉结钢筋的直径）和75mm两者较大值。

2. 拉结钢筋应尽量同时拉住柱纵向钢筋和外围箍筋，见图2.4-1。

3. 当拉结钢筋仅拉住柱外围箍筋时，其位置应紧靠柱纵向钢筋，见图2.4-2。

4. 柱中部采用拉结钢筋代替箍筋及拉结要求，应有设计工程师认可（其影响框架柱箍筋加密区的体积配箍率的计算）。

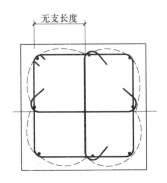

图2.4-1 同时拉柱纵向钢筋和外围箍筋

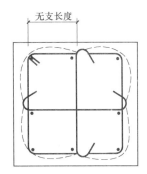

图2.4-2 紧靠柱纵向钢筋拉外围箍筋

2.5 框架柱顶层边节点柱纵向钢筋的连接处理措施

在框架结构顶层端节点和角节点处，框架柱外侧纵向受力钢筋与框架梁上部纵向受力钢筋应采用搭接，此处节点不要理解为梁、柱中纵向钢筋的相互锚固问题。根据我国顶层足尺端节点抗震性能的试验结果及现行的《混凝土结构设计规范》GB 50010—2010的规定，节点处有两种搭接作法，即"弯折搭接"作法和"直线搭接"作法，也可以采用框架梁上部纵向受力钢筋与框架柱外侧竖向钢筋合并的作法。

弯折搭接作法——在梁宽范围以内的柱外侧纵向钢筋与梁上部纵向钢筋搭接，搭接长度不应小于 $1.5l_{ab}$ 或 $1.5l_{abE}$（有抗震设防要求时），梁宽范围以外的柱外侧纵向钢筋可伸入到现浇板内，其伸入长度与伸入到梁内相同。当柱外侧钢筋纵向钢筋的配筋率大于 1.2% 时（需施工单位进行计算），伸入梁内的柱外侧纵向钢筋宜分两批截断，其截断点之间的距离不宜小于 $20d$（d 为柱外侧纵向钢筋的直径）。

"弯折搭接"作法的优点是搭接长度较小，由于框架梁上部纵向钢筋和框架柱外侧纵向钢筋在搭接长度内均有 $90°$ 弯折，这种弯折对搭接传力的有效性发挥了重要的作用，节点处的负弯矩塑性铰将出现在柱端，梁的上部纵向钢筋不伸入柱内，施工比较方便。但是，施工时应注意，柱外侧纵向钢筋深入梁内搭接应考虑钢筋间的净距，若柱外侧纵向钢筋不能均在梁上部第一排搭接时，部分钢筋可放置在第二排，钢筋加工时一定要进行放样设计。若钢筋净距不能满足要求，影响钢筋与混凝土间的握裹力，也会影响两种材料共同工作。

直线搭接作法——将柱外侧纵向钢筋伸至柱顶，而梁上部纵向钢筋应伸至节点外边后向下弯折，弯折后的投影长度不小于 $1.7l_{ab}$ 或 $1.7l_{abE}$（有抗震设防要求时）后截断。当梁上部纵向钢筋的配筋率大于 1.2% 时（需施工单位进行计算），应分两批截断，其截断点之间的距离不宜小于 $20d$。通过近几年的分析和研究表明，顶层的节点延性需求比中间层节点小，根据抗震的震害调查结果也显示顶层的震害通常比中间层的震害偏轻，为了施工方便，现行的《混凝土结构设计规范》GB 50010—2010 取消了顶层端节点柱外侧纵向钢筋在节点顶部向内弯折 $12d$ 的要求，改为柱外侧纵向钢筋伸至柱顶后截断与梁上部纵向钢筋下弯后直线搭接。

"直线搭接"作法的优点是柱顶的水平纵向钢筋较少，特别是取消了柱外侧纵向钢筋在节点顶部向内弯折 $12d$ 的要求，节点处仅有梁的上部纵向钢筋，方便混凝土自上而下地浇筑，更能保证混凝土的密实性。其缺点是在浇筑柱混凝土到梁下的水平施工缝前，应将梁上部纵向钢筋预留在柱内，对梁上部钢筋的定位及混凝土保护层厚度要求得更准确。施工时还应注意，梁上部纵向钢筋弯折前无水平段投影长度要求，因此，钢筋加工时也应考虑到与柱纵向钢筋的净距问题。

梁上部钢筋与柱纵向钢筋合并的作法可以方便施工，柱钢筋弯折到梁上部并与梁上部钢筋连接，这种作法可以避免像"直线搭接"时梁的上部钢筋弯折后伸入柱内长度较大，而容易出现不易固定及位置不准确的问题，采用这种构造作法时还应考虑到，柱外侧竖向钢筋的截面面积不宜少于梁上部钢筋，梁上部钢筋多于柱的外侧钢筋可单独配置，可以节约钢筋，并且对顶层边节点的整体性和抗震性能的发挥较好。

在顶层端节点处，不能采用如同梁上部纵向钢筋在中间楼层节点的锚固作法，这种作法不能满足顶层端节点和角节点处抗震受弯承载力的要求。

施工图设计文件中应对顶层端节点和角节点钢筋的搭接作法作出规定，在国家标准图集的 11G101-1 中均有两种构造作法的详图，可参考选用。倘若施工图设计文件未作出明确规定时，应征得原设计的结构工程师的同意，选择其中一种作法。

处理措施

1. 采用"弯折搭接"的搭接方式时，框架柱外侧纵向钢筋伸入框架梁内的长度从梁底算起不小于 $1.5l_{ab}$ 或 $1.5l_{abE}$，且不宜少于柱外侧钢筋面筋的 65% 伸至梁内，其余钢筋当位于柱顶第一层时，钢筋伸至柱内边后向下弯折 $8d$ 后截断（d 为弯折钢筋的直径）；当位于第二层时，可伸至柱内边后截断不向下弯折，见图 2.5-1 柱外侧纵向钢筋伸入梁内的作法；当现浇混凝土屋面板厚度不小于 100mm 时，梁范围以外的钢筋也可伸到现浇板内，其伸入长度与伸入到梁内相同，见图 2.5-2 从梁底算起 $1.5l_{ab}$ 或 $1.5l_{abE}$ 超过柱内侧边缘作法。

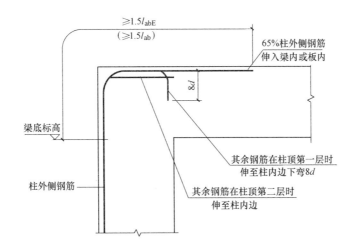

图 2.5-1　柱外侧纵向钢筋伸入梁内作法

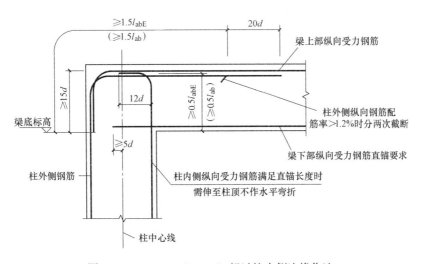

图 2.5-2　$1.5l_{abE}$（$1.5l_{ab}$）超过柱内侧边缘作法

框架柱外侧纵向钢筋伸入框架梁内的长度从梁底算起的 $1.5l_{ab}$ 或 $1.5l_{abE}$ 未超过柱内侧边缘时，其水平段不小于 $15d$（d 为柱外侧钢筋的直径），且宜伸至柱内侧边缘，见图 2.5-3。钢筋当位于柱顶第一层时，钢筋伸至柱内边后向下弯折 $8d$ 后截断（d 为弯折钢筋的直径），梁范围以外的钢筋也可伸到现浇板内。

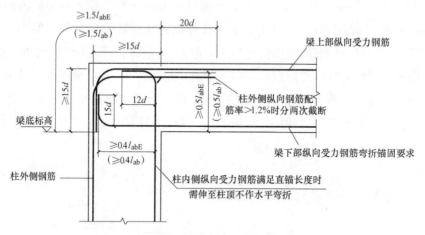

图 2.5-3　$1.5l_{abE}$（$1.5l_{ab}$）未超过柱内侧边缘作法

梁上部纵向钢筋伸至柱外侧钢筋内侧下弯至梁底，且弯折后的垂直段水平投影长度不小于 $15d$（d 为梁上部弯折钢筋直径）。

2. 采用"直线搭接"的搭接方式时，柱外侧纵向钢筋伸至柱顶部后不需水平弯折。梁上部纵向钢筋伸至柱外侧钢筋内侧下弯，弯折后的投影长度不小于 $1.7l_{ab}$ 或 $1.7l_{abE}$，当未到框架梁底部时应至少延伸至梁底。当梁上部纵向钢筋分两批截断时，可首先截断第二排钢筋，见图 2.5-4。

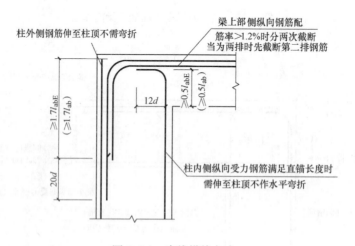

图 2.5-4　直线搭接方式

3. 柱内侧纵向钢筋伸至柱顶满足直锚长度 l_a 或 l_{aE} 时，可不需水平弯折，但需伸至柱顶。当不满足直锚长度时，竖直段应不小于 $0.5l_{ab}$ 或 $0.5l_{abE}$，且伸至柱顶后水平弯折投影长度不小于 12d。

4. 梁下部钢筋在柱内的锚固长度满足直锚 l_a 或 l_{aE} 时，需过柱中心线不小于 5d（d 为钢筋直径）不需要向上弯折。当柱宽不满足直锚长度时可采用向上 90°弯折方式锚固，弯折水平段的投影长度不应小于 $0.4l_{ab}$ 或 $0.4l_{abE}$，且伸至梁上部钢筋下弯竖直段内侧上弯，弯折后的竖直段投影长度不应小于 15d（d 为弯折钢筋直径）。

5. 采用合并搭接连接的构造作法，将柱外侧竖向钢筋伸至柱顶后弯折到梁上部钢筋第一排的位置，并与梁上部通长钢筋连接；梁上部多出的钢筋应可放置在第一排，或设计文件要求放置在第二排时，在柱外侧竖向钢筋处向下弯折后的投影长度不小于 15d，且应伸至框架梁的底板处，见图 2.5.5 合并搭接作法。

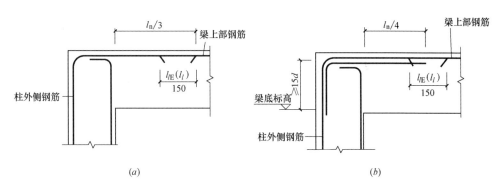

图 2.5.5　合并搭接作法

（a）框架梁上部钢筋一排；（b）框架梁上部钢筋两排

6. 框架顶层端节点钢筋的搭接方式应由设计工程师指定，若设计文件未明确注明搭接方式，对抗震等级为一级及跨度较大和屋面荷载较大的二级框架，宜优先选用"弯折搭接"的搭接方式。当框架梁和框架柱的配筋率较高时，可以优先采用"直线搭接"的搭接方式。

2.6　框架柱顶层中间节柱钢筋的锚固处理措施

框架中柱在顶层其纵向钢筋应锚固在框架梁或楼板中。锚固长度自框架梁底算起，当顶层框架梁的截面高度≥柱纵向钢筋的直线锚固长度时（l_a、l_{aE}），在梁的宽度范围内柱纵向钢筋应伸至柱顶部不需要水平弯折，梁宽度范围外的柱纵向钢筋应伸至柱顶部并水平弯折。

当梁的截面高度不能满足柱纵向钢筋直锚长度时，可采用 90°水平弯折锚固措施。当屋面板为装配整体或现浇屋面板的厚度≤100mm 时，应向柱内侧水平弯折；现浇屋面板的厚度＞100mm 时，应向柱外侧水平弯折锚固在梁或屋面板内。

当梁截面高度不能满足柱纵向钢筋直锚长度时，也可以采用在柱纵向钢筋的端部焊接锚头（锚板）等机械锚固措施。

采用水平弯折时，均应满足在梁内有足够竖向锚固长度的要求，并伸至柱顶再 90° 水平弯折锚固，弯折后应保证有一定的水平投影长度才符合 90° 水平弯折锚固措施。采用机械锚固措施时，也应满足在梁内有足够竖向锚固长度。

处理措施

1. 梁宽度范围内的柱纵向钢筋若满足直线锚固长度，应伸至柱顶部，可不做 90° 水平弯折；柱纵向钢筋在梁宽度以外时，应伸至柱顶部并做 90° 水平弯折，弯折后的水平段包括弯弧段投影长度不小于 $12d$，见图 2.6-1 直线锚固措施。

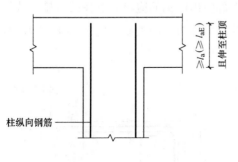

图 2.6-1　直线锚固措施

2. 采用 90° 水平弯折锚固措施时，弯折前的竖直段投影长度应不小于 $0.5l_{abE}$（$0.5l_{ab}$），并伸至柱顶水平弯折，包括弯弧段投影长度不小于 $12d$，见图 2.6-2 所示 90° 水平弯折锚固措施；

3. 柱纵向钢筋端部采用焊接锚头或锚板的机械锚固时，竖直段投影长度应不小于 $0.5l_{abE}$（$0.5l_{ab}$）并伸至柱顶。采用机械锚固时应符合相应的形式及技术要求，作法见图 2.6-3 机械锚固措施。

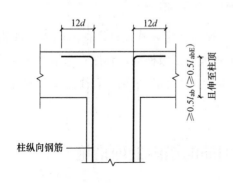

图 2.6-2　90°水平弯折锚固措施

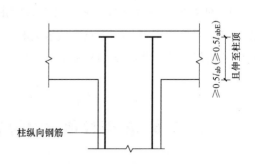

图 2.6-3　机械锚固措施

2.7　框架柱变截面时纵向钢筋的处理措施

框架柱根据受力和轴压比等要求，截面尺寸通常沿纵向自下而上减小，在变截面处有一侧收进、两侧同时收进或四边同时收进等方式，下柱纵向受力钢筋根数伸入上柱直径和数量应满足上柱的受力和构造要求。在上、下柱内纵向受力钢筋采用搭接连接方式时应在上柱范围内，搭接长度应按上柱纵向钢筋计算。有些标准图集允许在下柱连接，主要是考虑当柱较长时，难免在同一层高范围内柱纵向钢筋有两个接头。处理方式有两种：纵向钢筋坡形连接方式和上柱纵向钢筋在下柱内锚固方式。

上、下柱截面尺寸变化不大时，下柱纵向钢筋可采用坡形弯折伸入上柱内连接，当采用绑扎搭接连接时，钢筋直径不宜大于25mm，并应在上柱端箍筋加密区以上处开始搭接，同一搭接区段范围内接头面积百分率不宜大于50％，搭接范围内箍筋应加密。当搭接钢筋直径较大时，应按受压钢筋要求在搭接端部100mm范围内设置两道箍筋。采用焊接或机械连接时，尽量避开柱端箍筋加密区，无法避开时接头面积百分率不宜大于50％。

当上、下柱截面尺寸变化较大、下柱纵向受力钢筋不能满足坡形弯折伸入上柱时，可采用下柱内纵向钢筋在楼层框架梁内锚固，且保证一定的竖直长度和弯折90°后的水平长度，上柱纵向钢筋伸入下柱内锚固。

柱截面变化坡度＞1/6时，采用上、下柱纵向钢筋锚固方式；柱截面变化坡度≤1/6时，柱纵向钢筋采用坡形连接方式。

处理措施

1. 上、下柱截面变化坡度≤1/6时，下柱纵向钢筋可弯折伸入上柱内连接，并应满足上柱内钢筋的截面面积、根数等构造要求。柱截面的单侧收进及双侧收进，见图2.7-1柱纵向钢筋坡形连接作法。

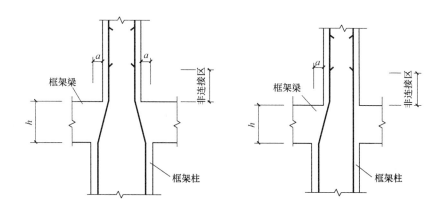

图2.7-1　柱纵向钢筋坡形连接作法（a/h≤1/6）

2. 上下柱截面变化坡度＞1/6时，下柱纵向钢筋在楼层的框架梁内锚固：

1）当下柱纵向钢筋伸入上层框架梁内锚固长度不小于$1.2l_{aE}$（$1.2l_a$）时，可伸至梁顶面不作水平弯折。柱四角及在框架梁范围以外的柱纵向钢筋，应伸至梁顶面作90°向节点核心区内水平弯折，弯折后水平段的投影长度不小于$12d$。上柱纵向钢筋在下柱内的锚固长度，从楼面算起不应小于$1.2l_{aE}$（$1.2l_a$），见图2.7-2下柱纵向钢筋直锚作法。

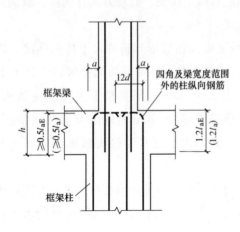

图 2.7-2 下柱纵向钢筋直锚作法（a/h＞1/6）

2）当上层框架梁高度不满足要求时可采用弯折锚固，柱纵向钢筋伸入梁内的竖直长度应≥0.5l_{abE}（0.5l_{ab}）并伸到梁顶部作 90°水平弯折，弯折后水平段的投影长度不小于 12d；当一侧收进时另一侧柱纵向钢筋应在上、下柱内通长设置，而一侧收进且无框架梁时，水平段从上柱边算起水平段长度不应小于 l_{aE}（l_a）。上柱纵向钢筋在下柱内的锚固长度，从楼面算起不应小于 1.2l_{aE}（1.2l_a），见图 2.7-3 下柱纵向钢筋弯锚作法。

3. 梁柱节点核心区的水平箍筋尺寸及配置构造应满足下柱要求。

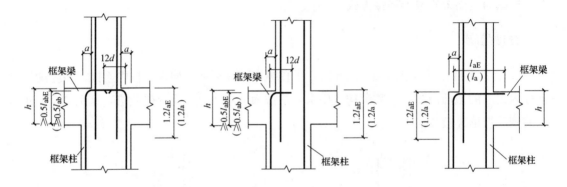

图 2.7-3 下柱纵向钢筋弯折锚固作法（a/h＞1/6）

2.8 钢筋混凝土柱保护层厚度改变处纵向钢筋处理措施

钢筋混凝土构件中纵向受力钢筋的保护层厚度，是为满足构件耐久性和对受力钢筋有效锚固的要求而限定的最小值。当构件的使用环境不同时，对保护层厚度的要求也不同，有特殊要求时，保护层的厚度还会适当加大。保护层的厚度在变化处，均应满足各自环境下的最小保护层厚度的要求。现行《混凝土结构设计规范》GB 50010—2010 对构件中钢筋最小保护层厚度的规定是从最外侧钢筋算起，与旧规范规定有所不同，且也要求保护层最小厚度不应小于受力钢筋的公称直径。虽然现行规范规定保护层厚度不再是强制性条文，设计文件也会要求施工时需满足最小保护层厚度的要求，但施工时须遵守此条文的规定。现行规范对各类环境下保护层最小厚度要求与旧规范相比稍有增大，特别是在恶劣环境时增大的较多，施工时应注意现行规范与旧规范规定的不同。还应注意，当柱中纵向受力钢筋的保护层厚度大于 50mm 时，应对保护层采取有效的防裂、防剥落措施。

在同一层高范围内保护层厚度不应变化，当在同一层高范围内有不同的耐久性要求时，保护层厚度可按较大值采用，保护层厚度变化可设置在节点核心区内。为方便施工要求加大或减小保护层的厚度时，首先要满足耐久性的最小保护层厚度的要求，要加大保护层的厚度时，应向原设计结构工程师进行咨询，因纵向受力钢筋保护层厚度的加大，会使柱计算有效高度 h_0 的减少，使原来的配筋量不足而影响结构的安全。施工时不应随意加大或减少柱纵向钢筋的保护层厚度。当柱的纵向受力钢筋采用机械连接时，连接器的最小保护层厚度不应小于 15mm。没有可靠的措施及保证，保护层厚度不应随意减小。

处理措施

1. 在任何情况下，柱钢筋保护层厚度均应满足在不同环境类别或特殊要求时的最小要求。当纵向钢筋直径较粗时，还应满足保护层厚度不小于纵向钢筋直径的要求。

2. 当柱纵向钢筋的保护层厚度大于 50mm 时，可采用在保护层内增加钢板网、钢筋网片等有效措施，网片钢筋的保护层厚度不应小于 25mm。

3. 纵向钢筋保护层厚度的改变处，宜选择在楼层节点处核心区内，如首层的框架节点、室外地面处的地下框架节点处等。

4. 纵向钢筋在保护层改变处保护层厚度变化不大时（坡度不大于 1∶6），可采用图 2.8-1 纵向钢筋在保护层厚度变化处的坡形弯折，当保护层的厚度变化较大时（坡度大于 1∶6），可以采用图 2.8-2 上柱的纵向受力钢筋锚固在下柱的作法。

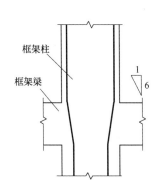

图 2.8-1　柱纵向钢筋在保护层
厚度变化处的坡形弯折

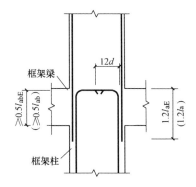

图 2.8-2　上柱的纵向受
力钢筋锚固在下柱

2.9　框架柱纵向受力钢筋连接的处理措施

在工程中，柱中纵向钢筋均需要连接，目前常用的连接方式有三种，在本书第 1 章已叙述了各种连接方式的受力机理和优缺点，设计文件中未作特殊要求的部位可根据工程的具体情况选择。但对于轴心受拉及小偏心受拉的柱，其纵向受力钢筋不得采用绑扎搭接连接。若某些柱不能判断是否为轴心受拉或小偏心受拉时，应咨询该工程的结构工程师确认。绑扎搭接连接对钢筋的直径要求比旧规范要求得更严格了，钢筋直径基本是降低了一级，受拉钢筋直径不宜大于25mm，受压钢筋直径不宜大于28mm。非抗震时的搭接部位及在同一截面接头数量与抗震要求也不相同。框架柱无论是否有抗震设防要求，在钢筋搭接范围内均需要采取箍筋加密处理措施。认为非抗震设计时，纵向受力钢筋搭接范围内不需要箍筋加密的理解是不正确的。梁和柱类构件的纵向受力钢筋，只要采用绑扎搭接连接时，在连接区范围内均需作箍筋加密处理措施。

特别应注意的是，抗震设计的柱纵向钢筋的接头面积百分率应按受拉钢筋考虑，而采用绑扎搭接连接时，搭接范围内的箍筋加密处理措施应按受压钢筋处理，如当纵向钢筋直径大于25mm时，在搭接钢筋的两个端面外100mm范围内各设置两道箍筋。当前工程中机械连接的作法已很成熟，质量也可以得到保证，较粗的钢筋连接宜选用机械连接和对焊连接，对于细晶粒热轧带肋钢筋和直径大于28mm普通热轧带肋钢筋，不宜采用对焊连接。若确实需要时应通过试验确定，并应有严格的检查制度和方法。

处理措施

1. 非抗震时，柱中纵向受力钢筋的搭接连接位置可以从基础顶面或楼面开始，柱每边的钢筋数量不多于4根时，可以一次搭接；柱每边的钢筋为5～8根时，可分两次搭接；柱每边钢筋为8～12根时，可分为三次搭接，见图2.9-1非抗震柱纵向钢筋的搭接方案。

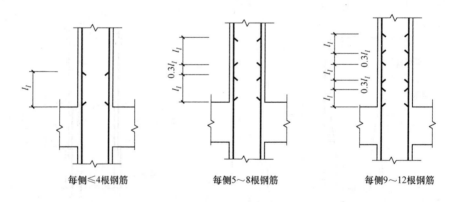

每侧≤4根钢筋　　　　每侧5～8根钢筋　　　　每侧9～12根钢筋

图2.9-1　非抗震柱纵向钢筋的搭接

2. 抗震时搭接位置应错开，在非连接区不得采用搭接连接接头，同一搭接区域范围内接头数量不宜超过全截面钢筋总数的50%。当柱钢筋总数为4根时，可在同一截面搭接连接，见图2.9-2抗震柱纵向钢筋的搭接连接。

3. 抗震时采用焊接连接方式，应采用对焊接头并宜在非连接区外进行焊接接长，同一连接区域内焊接接头面积百分率不宜大于50%，错开间距不小于35d（d为较小钢筋直径）和500mm两者较大值，见图2.9-2抗震柱纵向钢筋连接。

4. 抗震采用机械连接方式时，宜在非连接区外接接长，同一连接区域内机械连接接头面积百分率不宜大于 50%，错开间距不小于 35d（d 为较小钢筋直径）。当无法避开非连接区域时可采用等强度机械连接，接头面积百分率不宜大于 50%，见图 2.9-2 抗震柱纵向钢筋连接。

5. 采用搭接连接时，连接区范围内应采用箍筋加密，箍筋直径不应小于 d/4（d 为较大钢筋直径），间距不应大于 5d（d 为较小钢筋直径），且不应大于 100mm。纵向受力钢筋直径大于 25mm 时，还应在搭接接头的两个端面外 100mm 范围内各设置两道箍筋。

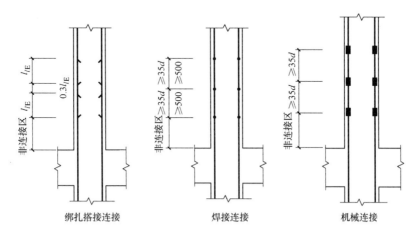

图 2.9-2　抗震柱纵向钢筋连接

2.10　框架顶层端节点钢筋构造处理措施

框架结构顶层端节点、角节点处的框架梁上部纵向钢筋，及框架柱外侧纵向钢筋在节点角部要求弯弧内径均要求比其他部位大，混凝土的保护层厚度会较大，因此在该处还应设置附加构造钢筋。这个构造要求在施工时通常被忽略，钢筋的弯弧内径仍按楼层处边节点的作法，并且未设置附加构造钢筋的作法是不正确的。加大此处梁柱纵向钢筋弯弧内径的目的，是在水平地震往复作用时，防止节点内弯折的钢筋弧度较小而发生局部混凝土被压碎。现行国家标准设计图集 11G101-1 中明确规定了弯折弧度的要求，并规定根据纵向钢筋的直径不同，分别采用不同的弯折内径要求。由于顶层端节点梁柱纵向钢筋弯折内半径加大，节点区的外角会出现较大的素混凝土区，钢筋的保护层厚度也会大于 50mm，因此在该处应设置附加构造钢筋来防止混凝土保护层开裂和剥落。当有框架边梁的纵向钢筋在边柱外侧通过（通常此处均设置纵向框架梁），保护层厚不大于 50mm 时，角部的防裂构造钢筋可以不设置。

处理措施

1. 框架结构顶层端节点，框架梁的上部纵向钢筋及框架柱外侧纵向钢筋，其弯折弧内半径应满足：当钢筋直径≤25mm时，不宜小于6d；当钢筋直径＞25mm时，不宜小于8d（d框架梁的上部纵向钢筋及框架柱外侧纵向钢筋的直径），见图2.10-1纵向钢筋弯弧内径最小要求。

2. 当框架柱外侧纵向钢筋的直径≥25mm时，在顶层端节点外侧上角处，至少要设置不少于3根10mm的附加钢筋，其间距不大于150mm并与主筋绑扎牢固。在角部设置一根10mm的附加角筋，附加钢筋的保护层厚度不应小于25mm，也不应大于50mm。当设有框架边梁且保护层厚度不大于50mm时，可以取消此构造钢筋的作法。见图2.10-2角部附加构造钢筋措施。

3. 楼层框架梁在端支座采用弯折锚固时，纵向受力钢筋弯折处的弯弧内半径应满足：当钢筋直径≤25mm时，不宜小于4d；当钢筋直径＞25mm时，不宜小于6d的最小要求。

顶层边、角节点：d≤25　r=6d，d＞25，r=8d
其他部位：d≤25　r=4d，d＞25，r=6d

图2.10-1　纵向钢筋弯弧内径最小要求

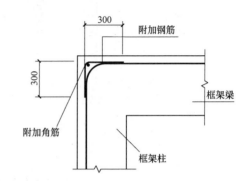

图2.10-2　角部附加构造钢筋措施

2.11　框架柱箍筋、拉结钢筋及非螺旋圆形箍筋处理措施

根据我国现行标准的有关规定，柱最外侧的箍筋应设计成封闭式的箍筋，并且在末端应做成135°弯钩，还应保证弯钩后有足够长度的直线段。这不仅是对有抗震要求框架柱的构造规定，对非抗震要求的柱，其箍筋也应该做成封闭式的。它们之间的区别是弯钩后的直线段长度要求不同。有些工程中对非抗震要求的柱，其箍筋端部未做成封闭式的，这种作法是不正确的。对封闭箍筋弯折后直线段长度的要求，其目的是加强在荷载或地震作用下箍筋对柱混凝土的约束作用，抗震框架柱箍筋弯折后的直线段长度要求比非抗震更长。

在圆形柱中的箍筋宜采用螺旋式，比非螺旋式箍筋对箍筋内混凝土的约束更好，但加工条件受到限制时，也可做成人工加工的封闭式，但是应保证端部有足够的搭接长度，且施工时应沿竖向错开排布，不应将搭接部位在竖向均放在同一位置。竖向钢筋沿圆柱周边的排布位置应注意，在箍筋端部弯钩处必须有纵向钢筋。然而，在某些工程中虽然非螺旋箍筋按矩形箍筋做成了封闭式并采用了搭接，但是搭接长度不满足构造要求，在箍筋的搭接弯钩处无紧贴的纵向钢筋等，这些作法均是不正确的。

对于高层建筑中的框架柱，当柱的全部纵向钢筋的配筋率大于3％时，旧《高层建筑混凝土结构技术规程》JGJ3曾规定应将箍筋焊接成封闭箍筋，这种作法经常易将箍筋与柱的纵向受力钢筋焊接在一起，会使钢筋变脆，影响柱纵向钢筋的强度，对抗震不利，且费时、费工，增加造价，对质量有害而无利。国外很多国家的规范已无此类的规定了，现行《高层建筑混凝土结构技术规程》也不再有此规定，而改为当柱的全部纵向钢筋的配筋率大于3％时，只需要做成带135°弯钩的封闭箍，且末端的直线段不小于10倍的箍筋直径即可；若采用焊接封闭箍筋也是可以的，应特别注意箍筋的加工不宜在现场焊接，且不应采用搭接焊接，宜采用对焊连接，与柱纵向钢筋的固定应采用绑扎，避免采用箍筋与柱纵向钢筋焊接固定的作法；在柱的截面中心可以用拉结钢筋代替部分箍筋，可按施工图设计文件的要求实施，拉结钢筋的弯钩及直线段长度作法同柱箍筋。

处理措施

1. 有抗震要求框架柱中的箍筋应设计成封闭式，末端应做成135°弯钩，且弯钩后的直线段长度不应小于10d（d为箍筋直径），也不应小于75mm，见图2.11-1箍筋弯钩作法。

2. 无抗震要求时柱中周边的箍筋应设计成封闭式，末端也应做成135°弯钩，且弯钩后的直线段长度不应小于5d（d为箍筋直径）。

3. 当柱中的全部纵向钢筋的配筋率超过3％时，可采用绑扎封闭箍筋，箍筋的末端应做成135°弯钩，且弯钩后的直线段长度不应小于10倍的箍筋直径；采用焊接封闭箍筋时，应在工厂焊接，焊点位置宜设置在箍筋的中部，距弯折部位不小于10d，且每个箍筋允许有一个焊接接头。

4. 采用代替柱中部箍筋的拉接钢筋时，其端部作法与非焊接箍筋相同，其拉结方式应根据设计文件的规定，见图2.11-2拉结钢筋弯钩作法。

5. 圆柱中的非螺旋箍筋其搭接长度应满足$l_1 \geq l_{aE}$（l_a）的要求，且不小于300mm。有抗震设防要求时，带肋钢筋弯钩后的直线段不小于10倍的箍筋直径，无抗震设防要求

图2.11-1　箍筋弯钩作法

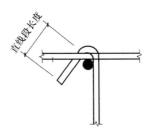

图2.11-2　拉结钢筋弯钩作法

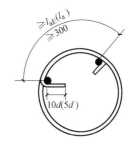

图2.11-3　圆形箍筋弯钩及搭接作法

时不小于5倍的箍筋直径。采用光圆钢筋时端部应做180°弯钩，直线段长度不小于3d。在弯钩处必须排布一根纵向钢筋与其绑扎。搭接位置应沿柱竖向逐个错开排布，见图2.11-3圆形箍筋弯钩及搭接作法。

2.12　框架角柱的特殊构造措施

在钢筋混凝土框架结构体系中，角柱的受力条件比其他部位的柱要差，特别是在地震时角柱的水平约束条件不好，只有两个方向对节点核心区有约束，在水平地震作用下角柱的轴力会加大，并会有扭转内力。在历次的震害中表明，角柱的破坏程度往往比边柱和中柱更严重，通常是伴有扭转的斜向压弯破坏，为防止在地震时发生这样的破坏，在设计时会按双向地震作用计算，考虑双向偏心，对角柱进行斜向的压弯承载力验算。除计算考虑角柱的对抗震不利计算外，还应采取构造措施，如箍筋全高加密，使两个方向的箍筋的配置按短柱要求。因此现行规范规定，一、二级抗震等级的框架角柱，箍筋按构造要求应全高加密，以增强箍筋对柱受压区混凝土的约束能力。

此外，角柱的斜截面压弯能力也应增强，在高层建筑中角柱的截面均较大，柱中的纵向钢筋的排列不应均匀布置，当前各设计院的施工图设计文件均按"平法"绘制，并未注明柱纵向钢筋的间距及排布方式。因此，角柱的纵向钢筋布置除满足最大间距外，尽可能地将纵向钢筋布置在角部，或将较粗的钢筋布置在角部。

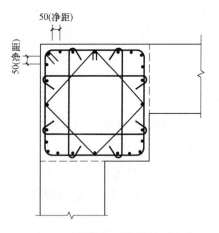

图2.12　角柱纵向钢筋的排列构造

处理措施

1. 抗震等级为一、二级的框架角柱箍筋应全高加密。

2. 角柱纵向受力钢筋应满足间距不宜大于200mm的规定，在此条件下，钢筋尽可能地布置在角部，但钢筋的净距不应小于50mm，见图2.12角柱纵向钢筋的排列构造。

3. 将直径较大的钢筋布置在角部，或在角部采用"并筋"的配筋方式，但要注意"并筋"的构造规定。

2.13　抗震框架柱节点箍筋加密区间距及肢距构造措施

有抗震设防要求的框架柱，在底层柱的上端及其他各层的两端应设置箍筋加密区，箍筋加密区范围的规定是根据试验结果和震害调查而做出的，该范围的尺寸相当于柱端潜在塑性铰区的范围再加一定的富余量，是保证"强节点"设计理念的一种构造措施。柱端箍筋加密区的范围与抗震等级无关，且也不是一个固定值，应根据工程的具体情况和柱的长度而确定。目前的施工图设计文件均采用"平法"绘制，并未表达出柱箍筋加密区的范围，应由施工企业通过计算确定，而在有些项目建设中不考虑工程的具体情况统一取500mm，这样的作法是不符合规范规定，也是不正确的。在设计时还应考虑到，柱端箍筋加密区箍筋的间距与柱纵向钢筋的直径有关，不考虑抗震等级也不考虑柱纵向钢筋的直径，箍筋加密间距均采用@100未必能满足现行规范中的强制性规定。

柱端加密区的箍筋除对间距的规定，还有箍筋肢距的要求，这是在施工时常被忽略的问题，采用"平法"绘制的施工图设计文件通常未提出柱箍筋加密区的肢距要求，有抗震设防要求的框架柱应根据抗震等级满足加密区箍筋肢距的规定。对箍筋肢距作出的限制是为了保证潜在塑性铰区内箍筋对混凝土和柱内纵向受压钢筋的有效约束，也是保证"强节点"的一个重要构造措施，因此柱纵向钢筋的排布应考虑柱端箍筋加密范围对肢距的要求。当柱截面内配置有菱形、八字形等与外围箍筋不平行的箍筋形式时，箍筋的肢距计算可以考虑斜向箍筋的作用。

现浇混凝土柱施工时，应符合施工混凝土浇筑的高度要求，当柱较高时采用自由落体浇筑，混凝土会发生离析现象并影响混凝土的浇筑质量和强度，有效的方法是采用导管将混凝土直接引到柱的底部，随混凝土浇筑将导管逐渐地提升。因此，柱箍筋的配筋形式应考虑混凝土浇筑工艺和浇筑高度的要求，在柱截面的中心部位留出浇筑混凝土所用的导管空间，以方便混凝土浇筑的施工。对于截面较大的柱或长矩形柱，应与设计单位商量留出不止一个插导管的位置。在柱截面中采用箍筋肢距平均的布置方式，箍筋的肢距会很密集，对混凝土的浇筑及质量有很大的影响。

普通的框架柱纵向钢筋不需要将每根纵向钢筋在两个方向均拉结，在满足承载力计算需要、符合箍筋加密范围肢距和体积配箍率的要求时，可以每隔一根纵向钢筋在两个方向有箍筋约束，即"隔一拉一"的作法。在柱的截面中心部位不一定均采用封闭箍筋，可以采用拉结钢筋代替部分箍筋。拉结钢筋与柱纵向钢筋采用绑扎时，若不能同时拉住柱纵向钢筋和封闭箍筋时，不宜采用仅拉住柱纵向钢筋的方式，宜紧靠柱纵向钢筋并拉住最外侧封闭箍筋的作法，可以减小外侧封闭箍的"无支"长度，在罕遇地震时箍筋对芯部混凝土约束更好。

处理措施

1. 楼层及顶层框架柱端箍筋加密区的范围：

1) 矩形柱截面的长边尺寸（圆柱的直径）。

2) 柱净高的1/6。

3) 500mm。

按以上三者最大值采用，详见图2.13-1框架柱端箍筋加密区范围。

2. 箍筋加密区范围内箍筋的肢距：

1）一级抗震等级不宜大于 200mm。

2）二、三级抗震等级不宜大于 250mm 和 20 倍箍筋直径的较大值。

3）四级抗震等级不宜大于 300mm。

3. 节点核心区内水平箍筋当设计文件无特殊规定时，应按柱端箍筋加密区范围的直径和间距、肢距要求设置。

4. 在柱端箍筋加密范围内，柱纵向钢筋不宜采用连接，不应采用绑扎搭接连接。若确有需要应采用机械连接或对焊连接，且在同一连接区段内接头面积百分率不宜大于 50%。

5. 在柱截面的中部宜留出不小于 300mm×300mm 的空间，详见图 2.13-2 柱截面内预留下导管的空间。较大截面的柱可预留多个空间。

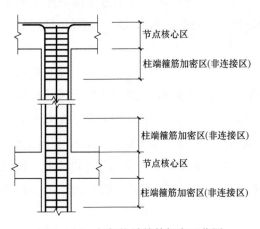

图 2.13-1　框架柱端箍筋加密区范围

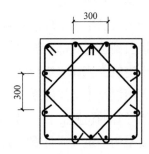

图 2.13-2　柱截面内预留下导管的空间

2.14　抗震框架底层柱根部箍筋构造处理措施

有抗震设防要求框架柱的上、下柱端设置箍筋加密区的构造规定，是为了提高柱端塑性铰区的延性，对混凝土提供约束，防止柱中纵向受力钢筋压屈和保证受剪承载力的目的。箍筋加密区的范围，是根据试验及震害调查所获得的柱端塑性铰区的范围适当增大后确定的。底层柱的上端及其他各层柱的两端是在地震时出现塑性铰的潜在位置，为保证抗震设计的"强柱、弱梁、强节点"，因此抗震构造措施要求在此位置设置箍筋加密区范围。而底层柱的柱根部加密区范围与楼层不同，应是柱根以上 1/3 柱净高范围。在施工中不应混淆其底层柱根部与楼层柱两端的加密区范围概念，也不应按楼层柱端的箍筋加密区长度处理箍筋加密措施。

底层柱根系指框架柱底层的嵌固部位。根据住房和城乡建设颁发的《建筑工程设计文件编制深度规定》（2008 年版）中要求，在施工图设计文件的结构总说明中，应注明建筑结构抗震整体计算分析时的嵌固部位。嵌固部位不一定就是框架柱的底层柱根位置，抗震设计时有地下室时，根据地下一层与上部的刚度比确定首层楼板是否满足嵌固要求而确定。当设有一层地下室，且地下室顶板不能作为上部结构的嵌固部位时，基础顶面则是嵌固部位，但基础顶面它并不是框架柱底层柱根部位。当地下室多于一层时，地下室的顶板处能作为上部结构的嵌固部位，这时地下室顶板既是上部结构的嵌固部位也是底层柱根部位，对框架柱地下室顶部处就是框架柱底层柱根部位。底层柱的柱根部箍筋加密区均应从地下室顶板算起，而不是从基础的顶面算起。有些工程没有地下室，而在首层地面附近设置地下框架梁，基础顶面至地下框架梁间应箍筋全高加密，底层柱根应从地下框架梁顶面算起。对于无地下室的框架柱，当基础埋深较浅时，基础顶面就是底层柱根部位。有刚性地面时，除柱端箍筋加密区外尚应在刚性地面上、下各500mm的高度范围内加密箍筋。设计文件宜注明框架柱底层柱根部位，并注明柱根箍筋加密区范围，避免施工时不能准确地确定底层柱根位置。

震害调查表明，在大震时底层柱根部的剪切和弯曲破坏是造成建筑倒塌的主要原因之一。加强柱根部的抗震构造措施，其目的也是为实现"强柱弱梁"防止在底层柱根先出现塑性铰，增强柱根的抗剪能力提高柱的延性，防止在大震时柱根破坏而造成房屋的整体倒塌。

处理措施

1. 当无地下室时，底层柱的柱根部系指基础顶面，见图2.14-1。当有地下框架梁时，应从地下框架梁顶面算起。

2. 当有地下室时，底层柱的柱根部系指地下室顶面处，见图2.14-2。

3. 当框架柱设置在转换层的大梁上时，底层柱的柱根部系指转换大梁的顶面处，见图2.14-3。

4. 底层柱柱根部箍筋加密区范围为柱根以上本层柱的1/3净高范围，且不小于柱截面长边尺寸及500mm三者较大值。

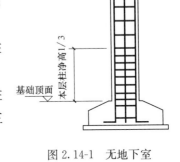

图2.14-1　无地下室

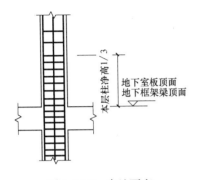

图2.14-2　有地下室

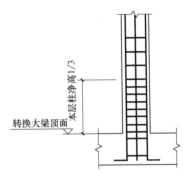

图2.14-3　在转换大梁上

2.15　抗震钢筋混凝土柱在刚性地面处箍筋构造处理措施

抗震设计的框架结构若无地下室时，首层楼面及室外地面均会采用刚性地面，虽然刚性地面不是结构的嵌固部位，在水平地震作用下刚性地面对柱有很强的侧向约束作用，为防止该处产生剪切破坏，构造要求在该处柱在一定范围内箍筋需要做加强处理，通过震害调查，发现很多框架柱因在此处未作箍筋加强措施而产生了剪切破坏，而采用箍筋加强措施的柱，此处基本没有发现破坏或破坏不严重。我国现行的有关规范和规程均规定，当框架柱遇刚性地面时，除柱端需要箍筋加密外尚应取刚性地面上、下各 500mm 范围内箍筋加密，当室内外有高差时，室外也是刚性地面，加密范围应从各自的地面算起。此项规定是加强刚性地面处框架柱防止剪切破坏的抗震构造措施，通常施工图设计文件中均会有此项要求。施工时应注意柱在地面的标高位置及地面的作法，通常结构专业的施工图无法确定其标高及地面作法，应结合建筑专业的施工图设计文件来确定。

所谓刚性地面，系指在地面处无地下框架梁，无地下室的首层楼板的地面处，地面的刚性作法或设置了现浇的混凝土的地面。由于地面平面内的刚度较大，在水平力的作用下平面内的变形很小，对框架柱起到一定的约束作用。除现浇的混凝土地面外，其他的硬质地面达到一定的厚度也属于刚性地面。如石材地面、沥青混凝土地面、有一定厚度的混凝土垫层的地砖地面、室外混凝土散水等。判别是否是刚性地面的原则，主要是根据平面内的刚度大小及对框架柱的约束程度。当在施工时不易判别时，应向设计工程师咨询，明确地面性质后再采取相应的构造措施。特别要注意的是当室内外有较大高差时，边柱和角柱的刚性地面与室内不相同，不能简单地按室内方法处理。在施工中应根据建筑专业的设计文件找到刚性地面的标高，避免构造作法的遗漏。

在首层的地面处，柱内的纵向受力钢筋不宜采用接头，但无法避开时，可采用机械连接，且接头面积的百分率不宜超过 50%。

当在首层刚性地面处的柱箍筋加密范围与底层柱根部的箍筋加密重叠时，不需要重复设置加密箍筋，可按最大的箍筋直径和最小间距合并设置。但要注意的是，加密范围必须同时满足框架柱底层柱根部和刚性地面上、下各 500mm 范围内箍筋加密的要求。

处理措施

1. 框架柱在刚性地面上、下各 500mm 范围内设置箍筋加密区，其箍筋的直径和间距按框架柱节点区加密的构造要求，见图 2.15-1 中柱箍筋加密区范围。

2. 当框架的边柱遇室内外标高不同，且均为刚性地面时，柱中的箍筋加密区应按各自的地面上、下 500mm 确定，见图 2.15-2 边柱、角柱箍筋加密区范围；当仅框架柱一侧为刚性地面时，可按中柱构造要求设置箍筋加密区。

3. 框架柱中的纵向受力钢筋不宜在刚性地面处连接，当无法避开时，应采用机械连接的方式，且接头的面积百分率不超过50％。

4. 当框架柱在刚性地面的构造加密区与底层柱根部的加密区重叠时，可不重复设置箍筋加密，可将两者合并设置，但需满足各自的加密要求。

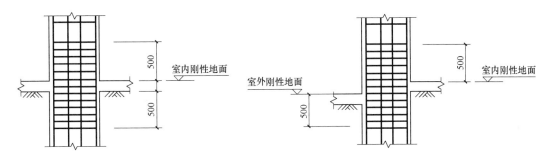

图 2.15-1 中柱箍筋加密区范围　　　　图 2.15-2 边柱、角柱箍筋加密区范围

2.16 框架柱中设置芯柱的构造处理措施

在有抗震设防要求的框架柱中，为了提高框架柱的抗压承载力和变形能力，在框架柱中设置的附加小柱称之为芯柱，试验研究和工程实践都证明，在框架柱内设置的芯柱在大震情况下，可以有效减小柱的压缩变形，并具有良好的延性和耗能能力。有效地改善在高轴压比的情况下的抗震性能，特别是当柱的净高与柱长边之比为3～4的短柱及此比值不大于2的超短柱中，设置芯柱对约束柱横向变形能力、改善抗震性能更明显。根据国内外的研究成果表明，此类框架柱易产生粘结型剪切破坏和对角斜拉型剪切破坏，在柱截面中部设置配筋的芯柱且配筋量满足一定要求时，不但可以提高柱受压承载力，在大变形情况下附加芯柱可以有效减小柱的压缩，柱的延性有不同程度的提高，从而避免在大震时发生这样的破坏，在设计时对柱的轴压比限值也可适当放宽。因此，在工程中会出现设置附加芯柱的框架柱和框支柱等。采用"平法"制图规则编制的施工图设计文件，芯柱只标注纵向钢筋及箍筋，而不标注芯柱的截面尺寸，施工时应根据工程实际构造要求情况确定芯柱的截面尺寸，并方便框架梁中纵向钢筋在柱节点核心区通过。

在框架柱、框支柱内设置的芯柱，纵向钢筋的配筋率及箍筋不会过大，在高轴压比的情况下，更有利于提高柱的变形能力，避免发生脆性破坏，延缓倒塌。芯柱内的纵向钢筋和箍筋是按构造要求配置的，为了方便框架梁纵向钢筋在柱内的通过，芯柱应该设置在框架柱的中心部位，并应有足够的截面尺寸。现行《建筑抗震设计规范》对核心柱的最小截面尺寸做出了规定，其纵向钢筋的连接和锚固与框架柱的构造要求相同；芯柱内单独设置箍筋，其构造要求与框架柱相同。芯柱通常是在框架柱或框支柱的一段范围内设置，其纵向钢筋应锚固在相应的上、下层的柱内。

处理措施

1. 附加芯柱应设置在柱截面内的中部，矩形截面不宜小于边长的1/3，圆柱不小于直径的1/3，且不小于250mm，见图2.16-1芯柱最小截面尺寸要求。

2. 附加芯柱内的箍筋不应利用该框架柱内的复合箍筋作为芯柱的箍筋，应单独配置芯柱的箍筋。

3. 附加芯柱内纵向钢筋在柱的上、下楼层的框架柱中锚固，其锚固长度不小于l_{aE} (l_a)，作法与框架柱内的纵向受力钢筋相同，见图2.16-2芯柱纵向钢筋在上下层内的锚固。

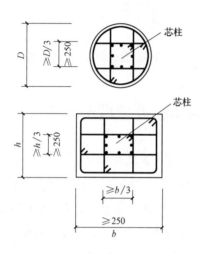

图2.16-1　芯柱最小截面尺寸要求

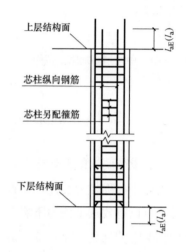

图2.16-2　芯柱纵向钢筋在上下层内的锚固

2.17　框架柱纵向受力钢筋采用绑扎搭接处箍筋处理措施

在抗震结构中，框架柱纵向受力钢筋连接宜采用机械连接接头，并避开柱端箍筋加密区。在高层建筑中，根据现行《高规》规定，当抗震等级为一级和二级以及三级的底层，宜采用机械连接接头，也可以采用绑扎搭接和焊接的接头；三级抗震等级的其他部位和四级抗震等级，可以采用绑扎搭接和焊接接头。《高规》中规定的"宜"是表示有所选择，在有条件的情况下首先应选择机械连接接头。采用绑扎搭接接头时，应选择在柱端箍筋加密区以外的连接区范围。柱纵向钢筋采用焊接接头时，应采用对焊连接不应采用搭接焊接方式。特别要避免在现场电焊连接，现场焊接接头由于突然的升温和降温，使被焊接的钢筋变脆且质量较难以保证。国内外地震灾害的调查表明，当遭遇大震及罕遇地震时，纵向受力钢筋多是在焊接处拉断，因此纵向钢筋尽量不要选择在箍筋加密区范围内采用焊接连接的方式。

绑扎搭接连接的方式施工比较简单，也是在当前工程中采用较多的连接方式。但是由于在抗震结构中不允许纵向受拉钢筋在非连接区域内采用绑扎搭接连接，较粗的钢筋也不宜采用绑扎搭接连接。柱类构件纵向受理钢筋在绑扎搭接范围内需采取配置横向构造钢筋（箍筋）的处理措施，横向构造钢筋的配置对保证搭接钢筋的传力非常重要，其作法与纵向受拉钢筋在锚固区内的保护层厚度不大于 $5d$ 的要求相同，构造钢筋的直径按搭接钢筋的最大直径取值；间距按最小钢筋直径取值。在施工图设计文件中应对此构造作法提出明确的要求。根据多年来的工程经验，当搭接连接的纵向受压钢筋直径较大时，为防止粗钢筋在搭接端头的局部产生挤压裂缝，还应在搭接接头的端部加配箍筋。柱中的纵向钢筋是否受压，应咨询该项目的结构工程师。抗震设计的柱在地震的往复作用下，其纵向钢筋处于拉、压交替的受力状态，因此柱纵向钢筋采用绑扎搭接时，应按纵向钢筋受压考虑附加横向钢筋的处理措施。

处理措施

1. 柱中纵向受拉钢筋在搭接连接范围内箍筋应加密，箍筋的直径不应小于较大纵向钢筋直径的 1/4，间距不应大于较小搭接钢筋直径的 5 倍，且不应大于 100mm，见图 2.17-1 纵向受拉钢筋搭接范围内箍筋加密。

2. 柱中纵向受压钢筋在搭接范围内加密箍筋的直径及间距要求同上，当纵向受压钢筋直径大于 25mm 时，还应在搭接两个端面外 100mm，范围内各设置两道箍筋，见图 2.17-2 纵向受压钢筋直径大于 25mm 构造作法。

图 2.17-1　纵向受拉钢筋搭接范围内箍筋加密

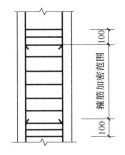

图 2.17-2　纵向受压钢筋直径大于 25mm 构造作法

2.18　柱中纵向钢筋在上下层根数不同时处理措施

框架柱根据承载力计算要求而配置的纵向受力钢筋，在同一层配置的纵向钢筋与相邻层可能直径相同根数不同，当下层比上层根数多时，钢筋截断后应锚固在上层的柱内。而在纯框架结构中，由于顶层柱的轴向压力变小，相应的弯矩较大，通常是大偏心受压构件，若配置在顶层的纵向受力钢筋直径不变时，根数会比下层增多。顶层比下层多出的纵向钢筋应锚固在下柱中。柱中纵向钢筋根数不同的变化处，应尽量使钢筋的直径相同根数增加或减少配置方式，纵向钢筋应本着"能通则通"的原则，避免钢筋的直径与根数全部不同，特别是在抗震框架中，不应采取下柱纵向钢筋在楼层处全部截断锚固，上柱纵向钢筋全部锚固在下柱的作法，其锚固方式宜采用直线锚固。

处理措施

1. 当下柱的钢筋根数多于上柱时，下柱多出的钢筋应锚固在上柱内，锚固长度不小于 l_{aE}（l_a），见图 2.18-1 下柱多出纵筋在上柱内锚固。

2. 当上柱的钢筋根数多于下柱时，上柱多出的钢筋应锚固在下柱内，锚固长度不小于 $1.2l_{aE}$（$1.2l_a$），见图 2.18-2 上柱多出纵筋在下柱内锚固。

图 2.18-1　下柱多出纵筋在上柱内锚固

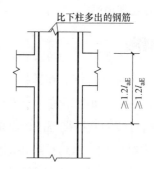

图 2.18-2　上柱多出纵筋在下柱内锚固

2.19　转换柱（框支柱）的构造要求及处理措施

在高层建筑中，由于建筑的使用功能要求，通常会在建筑的下部几层设置大空间，部分剪力墙或框架柱不能落在基础上，使部分竖向构件不连续，这样的结构体系属复杂高层建筑抗侧力构件不连续体系。因此，会在竖向不连续的变化处设置转换层，部分不能连续的剪力墙需要在转换层的大梁上生根，这种承托不连续剪力墙的转换大梁称为框支梁，承托不落地的框架柱的大梁称为托柱转换大梁，而支承框支梁和托柱转换大梁的柱称作转换柱（现行《高规》将"框支柱"修改为"转换柱"）；在水平荷载或地震作用下，转换层上下的结构侧向刚度对构件的内力影响比较大，会导致构件中的内力突变，使部分构件提前破坏。为防止这种构件的破坏，对这样的竖向构件除计算应满足强度要求外，构造措施也更为严格，而且框支柱要比一般的框架柱的断面尺寸要大些。

现行的《高规》中规定，当建筑有抗震设防要求时，部分框支剪力墙结构在地面以上设置转换层的位置应符合相应的规定，8 度设防时不宜超过 3 层，7 度设防时不宜超过 5 层。超过此项规定时属"高位转换"，竖向特别不规则，已超出现行国家和行业标准的有关规定，应进行抗震超限审查通过后方可进行施工图设计。部分框支剪力墙结构的转换层设置在 3 层及以上时，框支柱和落地剪力墙底部加强区的抗震等级，应比主体结构提高一级抗震等级（已经为特一级的不再提高）。这足以说明框支柱、落地剪力墙底部加强区的重要性。框支柱中的箍筋及加密区的构造要求都有强制性的规定。在施工图的设计文件中，都会对框支柱的抗震等级和构造要求有特殊的说明和规定。

转换柱中的纵向钢筋在两个方向均应拉结，在转换层处转换柱中的纵向钢筋不能全部截断或水平锚固在框支层的楼板内，在上部剪力墙范围内的转换柱纵向钢筋还要向上延伸过渡至少一层。

由于转换柱是重要的受力构件，承担着较大的弯矩和剪力，因此从设计和施工均都要求采取更高的加强措施，抗震设计时箍筋宜采用连续复合螺旋箍筋，非抗震设计时宜采用普通复合螺旋箍筋或井字复合箍筋；普通复合螺旋箍筋和井字复合箍筋每层端部均有末端锚固弯钩，在承受反复循环荷载下产生的大变形时，常由于混凝土的破碎，末端锚固弯钩失效，丧失了对混凝土的约束作用也失去了抗剪承载能力。连续复合螺旋箍筋因端部无弯钩，能承担更大的变形且承载能力不下降。目前，在许多工程中均采用了这类机械加工的连续复合螺旋箍筋，其抗震性能、方便施工、经济效益、安全性能均有良好的表现。当连续复合螺旋箍筋的肢距不能满足现行的规范规定时，可采用附加拉结钢筋等措施。

采用"平法"绘制的施工图设计文件中，一般均未注明转换柱中纵向钢筋的最大间距和最小间距的要求，施工中应注意规范的规定或图集中的构造详图作法。转换柱及框支梁、托柱转换大梁这样重要的构件宜绘制构件详图，表达特殊的构造作法及要求，避免参照某些图集中的示意图作法而影响质量和安全。

处理措施

1. 转换柱中纵向受力钢筋的间距，当有抗震设防要求时，不宜大于 200mm；无抗震设防要求时，不宜大于 250mm，且均不应小于 80mm。

2. 框支柱中在上部墙体范围内的纵向受力钢筋，应伸入上部混凝土墙内不少于一层，其余纵向钢筋应锚入梁内或板内。钢筋锚入梁板内的长度，从柱边算起不少于 l_{aE}（有抗震设防要求时）或 l_a（无抗震设防要求时）。边节点的作法见图 2.19-1，中间节点的作法见图 2.19-2；在节点区内水平箍筋和拉结钢筋，应拉住每根柱纵向受力钢筋。

3. 框支柱中的纵向受力钢筋的接头，宜采用机械连接，也可以采用焊接连接。抗震设计应优先采用机械连接。

4. 有抗震设防要求时，框支柱内的箍筋应采用螺旋复合箍筋或井字复合箍筋，箍筋的直径不小于 10mm，间距不应大于 100mm 和 6 倍纵向钢筋的较小值，并应沿框支柱竖向全高加密。

5. 无抗震设防要求时，框支柱内的箍筋宜采用螺旋复合箍筋或井字复合箍筋，箍筋的直径不小于 10mm，并应沿框支柱竖向全高间距不应大于 150mm。

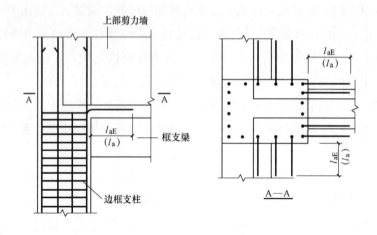

图 2.19-1　框支边柱纵向钢筋的节点作法

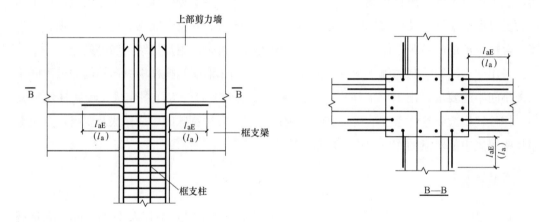

图 2.19-2　框支中柱纵向钢筋的节点作法

2.20　框架梁端部有竖向加腋时柱端部箍筋加密区处理措施

　　在框架结构体系中，由于楼面有较大的荷载，梁端的抗剪承载力不能满足设计要求，通常会在梁端部加大截面做竖向加腋处理，因为梁端的竖向加腋，使柱沿竖向刚度不再是均匀的，抗震设计时框架柱下端的箍筋加密区还从梁的底部开始算起则不能满足"强节点"的构造要求。从震害的调查结果表明，该处由于箍筋加密区的构造范围不明确，而使塑性铰出现在了梁腋的根部。梁与柱相交部位属框架节点核心区，该区域应按核心区的要求配置箍筋，从梁竖向加腋的底部开始才是柱箍筋加密区范围起算点。对于这样的特殊作法一些标准设计图集中没有相应的构造节点详图，通常应在施工图设计文件中绘出节点详图或提出构造作法要求。

柱端箍筋加密区长度应取柱截面长边尺寸、柱净高的 1/6 和 500mm 三者较大值，当柱净高与截面长边尺寸之比≤4 时（从梁竖向加腋的底部算起），属短柱应按短柱构造要求箍筋沿柱竖向全高加密。

处理措施

1. 柱端部箍筋加密区的长度应从梁竖向加腋的底部开始算起，见图 2.20 柱端箍筋加密区长度；柱与梁竖向加腋相交的区域属节点核心区，按节点核心区配置柱的水平箍筋。

2. 柱端箍筋加密区的长度按普通框架柱的三条要求的最大值采用，柱净高的 1/6 应从梁典型尺寸的底部算起，柱下端箍筋加密范围应从竖向加腋的底部处算起。

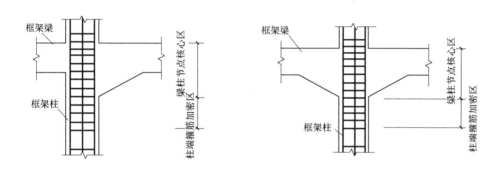

图 2.20　柱端箍筋加密区长度

2.21　抗震设计框架柱错层节点构造处理措施

错层结构属竖向布置不规则结构体系，当相邻两侧楼板标高相差较大时，被称为有较大的错层。较大的错层系指楼层错层刚度大于相邻的梁高，或者两侧楼板横向共用一根框架梁，楼板的竖向净距大于支承的框架梁宽度的 1.5 倍。如果楼板的竖向净距不大于支承的框架梁宽度的 1.5 倍，但是楼板的竖向净距大于纵向框架梁高时，仍被认为是错层结构。当错层的楼板面积大于本楼层总面积的 30% 时，也应被看作是楼面错层。

抗震设计时，错层部位的竖向抗侧力构件受力很复杂，更容易产生较多的应力集中，特别是错层的框架结构更为不利，很容易形成在同一楼层内既有短柱也有长柱的情况，也容易形成长柱和短柱交替出现的不规则体系。在高层建筑中尽量不采用错层结构。当错层部位不能设置防震缝形成两个独立结构单元时，对错层处的框架柱截面尺寸、混凝土强度等级、抗震等级和抗震构造措施等要求，施工图设计文件会明确注明。对于高层建筑结构这些要求均是强制性的规定。错层节点核心区的柱水平箍筋配置是根据整体分析承载力要求确定的，通常比柱端箍筋加密区高，一般是间距相同箍筋的直径更大。在实际工程中应注意节点核心区的范围，不再是简单的梁柱重叠区域。

当框架一侧设置框架梁而另一侧无框架梁时，抗震设计时的柱端箍筋加密区范围是不相同的，不应与楼层两侧同时设置框架梁柱端箍筋加密区范围计算方法相同。在工程中这样的节点虽然不多，但是作法不正确对抗震时不利的，特别是有些标准设计图集并无此类节点的构造作法详图，施工图设计文件也未注明该处的具体作法，因此设计和施工均应重视框架柱在两个方向净高计算高度不相同的问题，正确处理该柱的箍筋加密区尺寸。

处理措施

1. 抗震设计时的错层柱截面高度不应小于 600mm，混凝土强度等级不应低于 C30，柱箍筋应沿竖向全高加密配置。

2. 抗震等级应提高一级，已是特一级时可不再提高。

3. 当局部错层且在错层部位的设置型钢或钢管来提高框架柱的抗震性能时，应注意型钢及钢管的固定，其长度及在端部的作法应在施工图设计文件明确表达。

4. 错层部位的框架柱节点核心区，不应按框架梁柱重叠部分而分别考虑，应从错层处较高梁的顶面至较低梁的底面范围作为节点核心区，见图 2.22-1 错层框架节点核心区范围。

5. 对于穿层柱，柱端箍筋加密区范围的柱净高计算，应按该柱的竖向几何尺寸计算，而不应按标准楼层计算。

6. 一侧无框架梁时，计算柱端箍筋加密区范围的柱净高应按各方向楼层的高度计算，见图 2.22-2 一侧无框架梁柱净高计算示意图。

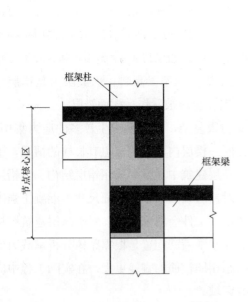

图 2.21-1　错层框架节点核心区范围

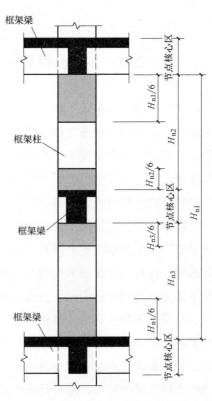

图 2.21-2　一侧无框架梁柱净高计算示意图

2.22 异形柱纵向受力钢筋及箍筋构造处理措施

异形柱中的纵向受力钢筋连接接头，可采用焊接、机械连接或绑扎搭接。但接头位置宜在受力较小处。由于异形柱的截面较小，纵向受力钢筋的直径也并不大，因此采用机械连接的可能性偏小，因此现行《混凝土异形柱结构技术规程》JGJ 149 规定，当焊接连接的质量有保证的条件下，宜优先采用焊接。目的是方便钢筋的布置和施工。并有利于混凝土的浇筑的密实性。当纵向钢筋直径≥16mm 时宜优先采用机械连接。这里所说的异形柱系指异形柱框架结构，其截面为十字形、T 形和 L 形等，且截面的肢厚不小于 200mm，肢长与肢厚比值不大于 4 的竖向构件。不应把异形柱误认为短肢剪力墙。在普通框架结构中的异形柱，不宜按异形柱框架结构考虑。

异形柱的纵向受力钢筋的保护层厚度，应符合现行的国家标准《混凝土结构设计规范》中的规定。由于较高的混凝土强度等级具有较好的密实性，考虑到《混凝土异形柱结构技术规程》JGJ 149 中规定，异形柱截面尺寸不允许出现负偏差的要求，当处在一类环境且混凝土强度等级较高时，保护层的最小厚度允许适当地减小。

在异形柱截面内，纵向受力钢筋的直径宜相同，但是其直径也不宜过大和过小。异形柱肢厚度有限，当纵向受力钢筋直径太大，会造成粘结强度不足及节点核心区钢筋设置困难。钢筋直径太小时，在相同箍筋间距的情况下，由于箍筋间距 S 与纵向受力钢筋直径 d 的比值增大，使柱的延性下降，故也不宜采用。因此在设计或施工中要求钢筋代换的时，要注意钢筋直径的选用问题。

根据对 L 形、T 形和十字形截面双向偏心受压柱截面上的应力及应变的分析表明：在不同弯矩作用方向角 α 时，截面任一端部的钢筋均可能受力最大，为适应弯矩作用方向角的任意性，所以纵向受力钢筋宜采用相同直径同一牌号且强度等级相同的钢筋。

异形柱内的箍筋应采用复合封闭箍，箍筋端部的弯钩形式及弯钩端平直段长度要求与普通框架柱相同。但不允许采用有内折角的箍筋。有抗震设防要求时箍筋加密范围与普通框架柱相同，但对于三级抗震等级的角柱，箍筋加密范围取柱全高，这一点比普通框架柱箍筋加密要求更为严格。当异形柱中的纵向受力钢筋采用绑扎搭接接头时，搭接长度范围内箍筋应加密且要满足一定的构造要求。

处理措施

1. 异形柱中的纵向受力钢筋的连接接头可采用有质量保证的焊接连接、机械连接或绑扎搭接连接，接头的位置宜设置在构件受力较小处。

2. 在层高范围内异形柱中的每根纵向钢筋接头数不应超过一个。

3. 处于一类环境且混凝土强度等级不低于 C40 时，异形柱纵向受力钢筋的混凝土保护层最小厚度允许减少 5mm。

4. 在同一异形柱的截面内，纵向受力钢筋宜采用同一牌号且强度等级相同，直径也宜相同，其直径不应小于 14mm，也不应大于 25mm。

5. 异形柱应采用封闭式复合箍筋，见图 2.22-1 正确的箍筋形式，严禁采用有内折角的箍筋，见图 2.22-2 错误的箍筋形式。其末端应做成 135°的弯钩，直线段不小于 10 倍的箍筋直径及 75mm 两者中的较大值。

6. 当采用拉结钢筋与箍筋共同形成的复合箍筋时，拉筋钢筋的端部应按箍筋的作法弯折成 135°弯折，平直段长度同箍筋，拉结钢筋应至少紧靠纵向钢筋并钩住箍筋。

7. 当柱中的纵向受力钢筋采用绑扎搭接接头时，在搭接长度范围内箍筋直径不应小于搭接钢筋较大直径的 1/4，箍筋间距不应大于搭接钢筋较小直径的 5 倍，且不应大于 100mm。

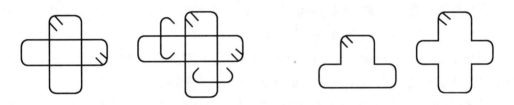

图 2.22-1　正确的箍筋形式　　　　　　图 2.22-2　错误的箍筋形式

2.23　异形柱纵向受力钢筋顶层节点处理措施

异形柱框架结构中的异形柱，其纵向受力钢筋在顶层边、角节点的搭接及在中间的锚固规定有自身的特殊性，与普通框架结构的作法不完全相同。顶层边、角节点柱的内侧钢筋及中间节点的纵向钢筋均应全部伸至柱顶，并可以采用直锚方式或伸至柱顶后分别向内、外弯折锚固，并应保证足够弯折前的竖直长度和弯折后的水平投影长度。对弯弧的内半径也有最小值的控制要求。锚固在柱顶、梁、板内的长度均从梁底边缘处算起。

由于异形柱的截面比较小，在顶层边、角节点处，柱的纵向受力钢筋一般不采用"直线搭接"方式而采用"弯折搭接"方式。根据国家现行的《混凝土结构设计规范》中规定并考虑异形柱的特点，《混凝土异形柱结构技术规程》JGJ 149 对顶层端节点柱外侧纵向受力钢筋沿节点外侧与梁上部纵向钢筋的搭接长度要求，其构造作法与普通框架柱的"弯折搭接"方式不同，长度也有所增加。因柱及梁的截面较小纵向钢筋的根数也较少，因此，伸入梁内的柱外侧纵向受力钢筋的截面面积的百分率也有所调整。要特别注意，异形柱的顶层端节点的钢筋连接作法，与普通框架的作法是不一样的，施工时要注意异形柱框架与普通框架在此处作法的区别。

混凝土异形柱结构体系与普通混凝土框架结构体系不完全相同，特别是节点的构造作法有较大差异，设计施工时应遵守《混凝土异形柱结构技术规程》JGJ 149 中的规定执行。现行的国家标准设计图集 G101、G329 中的构造详图均不适用混凝土异形柱结构，应参考有关混凝土异形柱结构的标准设计图集。

处理措施

1. 顶层中间节点柱纵向钢筋直线锚固长度不足时，可采用 90°弯折锚固方式。弯折前的竖直段投影长度不应小于 $0.5l_{aE}$（$0.5l_a$）并伸至柱顶，弯折后的水平段投影长度不应小于 $12d$，见图 2.23-1 柱纵向钢筋在顶层的弯折锚固。

2. 顶层端节点异形柱内侧的纵向受力钢筋和顶层中间节点处柱的全部纵向钢筋，均应伸至柱顶，锚固长度满足 l_{aE}（l_a）可不水平弯折且应伸至柱顶；但在框架梁宽度外的柱纵向钢筋应伸至屋面板顶部水平弯折 $12d$（d 为纵向受力钢筋的直径）投影长度。

3. 顶层端节点处，异形柱外侧纵向钢筋可与梁上部纵向钢筋搭接（弯折搭接），搭接长度不应小于 $1.6l_{aE}$（$1.6l_a$），且伸入柱内边的长度不小于 1.5 倍的梁高，见图 2.23-2 柱外侧钢筋与梁上部纵向钢筋搭接［普通框架为 $1.5l_{abE}$（$1.5l_{ab}$）］；且伸入梁内的柱外侧纵向钢筋截面面积不宜少于柱外侧全部纵向钢筋面筋的 50%（普通框架为 65%）。

4. 在梁宽范围以外的柱外侧纵向钢筋可伸入现浇板内，伸入长度应与伸入梁内的长度相同。

5. 梁上部钢筋应伸至柱外侧钢筋内边下弯，弯折后的投影长度不小于 $15d$，且应伸至框架梁底部标高处。

6. 钢筋的弯弧内半径，对顶层边、角节点和顶层中间节点分别不宜小于 $6d$ 和 $5d$（d 为纵向受力钢筋的直径）。

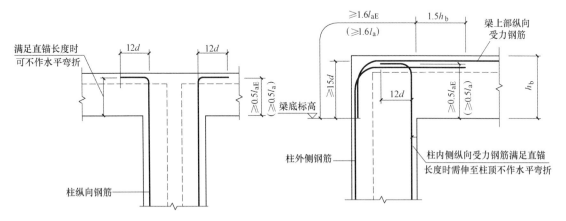

图 2.23-1　柱纵向钢筋在顶层的弯折锚固　　　图 2.23-2　柱外侧钢筋与梁上部纵向钢筋搭接

第 3 章　剪力墙构造处理措施

3.1　剪力墙水平分布钢筋在转角处搭接处理措施

在剪力墙的转角处及端部都设有端柱或者边缘构件，边缘构件的箍筋间距都比较密集。当剪力墙的厚度较小时，在剪力墙转交的阳角处水平分布钢筋宜弯折贯通排布设置。如果墙的外侧水平分布钢筋在此范围采用搭接，会造成在此位置水平分布钢筋太密，使混凝土对钢筋不能很好地形成"握裹力"。"握裹力"的降低影响两种材料共同工作的效果，从而使该部位的承载能力达不到设计要求，结构的整体安全性就会受到影响。施工中宜尽量避免在此处搭接连接。通常构造要求水平分布钢筋在剪力墙的阳角的边缘构件以外搭接连接，这种作法会给施工带来一定的不方便，但是对构件的受力及混凝土与钢筋的共同工作更合理。在剪力墙转角的阳角处，外侧水平分布钢筋宜在墙端外角处弯入翼墙，并与翼墙外侧水平分布钢筋在边缘构件以外搭接连接。

当于剪力墙的厚度较厚时，外侧的水平钢筋也可在边缘构件内搭接连接，并保证满足搭接长度的要求。但要注意的是，边缘构件的宽度与墙厚相同时（暗柱），它不是剪力墙的支座，而是墙体的一部分，与剪力墙的端部设置端柱的情况不同，因此水平分布钢筋在边缘构件内的搭接连接应满足搭接长度的要求，而不是锚固长度的要求。当剪力墙的端部设置的是端柱（框架柱），且宽度不小于墙厚的 2 倍时，可以认为端柱是剪力墙的竖向支座，剪力墙中的水平分布钢筋可以在端柱内锚固。将此概念搞清楚后，水平钢筋的搭接连接和锚固的概念就清楚了。结构的整体安全除需要正确的计算分析等因素外，还要靠合理的构造措施作保证。

非正交的剪力墙（交角大于 90°），在墙体相交的位置会设置暗柱，此暗柱通常不是剪力墙的边缘构件，剪力墙的外侧水平分布钢筋不应在该处截断或搭接，应连续通长配置。剪力墙阴角内侧的水平分布钢筋不应贯通连续排布，应截断后伸至远端并水平弯折且保证一定的水平投影长度。

处理措施

1. 在剪力墙转角的阳角处，宜优先选择外侧水平分布钢筋在边缘构件外的翼墙内搭接连接。抗震等级为一、二级的底部加强区时，搭接连接的接头位置应错开，同一截面连接的钢筋数量不宜超过总量的 50%，错开净距不宜小于 500mm，见图 3.1-1 阳角墙外侧水平分布钢筋在边缘构件外搭接连接。其他情况可以在同一截面连接。抗震设计时的搭接长度不应小于 $1.2l_{aE}$，非抗震设计时不应小于 $1.2l_a$。

2. 墙的内侧水平分布钢筋应伸至边缘构件的远端，并在边缘构件中的竖向分布钢筋内侧作水平弯折，弯折后的水平段投影长度不小于 $15d$（d 为水平分布钢筋的直径）。

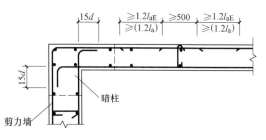

图 3.1-1　阳角墙外侧水平分布钢筋在暗柱外搭接

3. 非正交剪力墙外侧水平分布钢筋在转角处不宜截断应连续通过，搭接位置宜选择在暗柱以外。内侧水平分布钢筋宜截断配置，截断后应伸至剪力墙的远端，在墙竖向钢筋内侧水平弯折。从墙的内折点算起总长度不小于 l_{aE}（l_a），且水平段投影长度不小于 $15d$，见图 3.1-2 非正交转角水平分布钢筋搭接。

4. 当水平分布钢筋接头选择在转角处搭接时，其搭接长度抗震设计不应小于 l_{lE}，非抗震设计时不应小于 l_l，见图 3.1-3 水平分布钢筋在边缘构件内搭接。

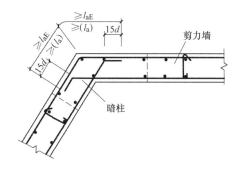

图 3.1-2　非正交转角水平分布钢筋搭接

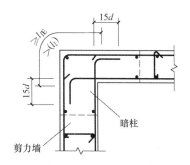

图 3.1-3　外侧水平分布钢筋在边缘构件内搭接

3.2　剪力墙水平分布钢筋在端柱内锚固处理措施

在框架-剪力墙结构体系中，一字形剪力墙的端部及转角处均设置有端柱（边框柱），端柱的断面尺寸一般都与框架柱基本相同，且宽度不小于两倍剪力墙的厚度。剪力墙的端柱可以是剪力墙竖向支座并对剪力墙起到约束作用，端柱的截面高度通常不会小于截面的宽度。根据现行《高规》的规定，剪力墙中的水平分布钢筋应全部锚固在端柱内，锚固作法与伸入暗柱或其他边缘构件的搭接连接的作法不同。锚固的方式可以采用直线锚固、90°弯折锚固和机械锚固。当端柱的截面尺寸满足直线锚固长度时，水平分布钢筋的端部可以不弯折。采用 90°弯折锚固时，弯折前需满足一定长度的水平段，弯折后要满足一定的水平投影长度。但当剪力墙的一侧与端柱相平时，剪力墙外侧（与端柱相平一侧）水平分布钢筋宜弯折到端柱竖向钢筋内侧锚固，外侧水平分布钢筋不适合采用机械锚固方式。墙肢水平分布钢筋在端柱内的锚固需要端柱的截面有足够的尺寸，端柱的截面尺寸不能满足规定的要求时，水平分布钢筋不能在端柱中锚固，而是采取构造连接处理。

处理措施

1. 剪力墙的水平分布钢筋应全部按受拉钢筋要求在端柱内锚固，当直线锚固长度满足 l_{aE}（l_a）时，钢筋端部可不设弯钩，见图 3.2-1 水平分布钢筋在端柱内直线锚固。

2. 剪力墙水平分布钢筋在端柱内的锚固需要求端柱有足够的尺寸，端柱的截面宽度不小于墙肢厚度 2 倍，端柱的截面高度不小于截面宽度，见图 3.2-2 端柱尺寸的限制。

3. 当水平锚固长度不满足时，也可以采用 90°弯折锚固时，弯折前的水平段投影长度抗震设计应满足 $\geq 0.6l_{abE}$，非抗震设计应满足 $\geq 0.6l_{ab}$。弯折后的水平段投影长度应不小于 $15d$，见图 3.2-3 水平分布钢筋在端柱内弯折锚固。

4. 当采用机械锚固时，钢筋应伸至端柱的对边再做机械锚固头，且水平段长度应 $\geq$ $0.6l_{abE}$（$0.6l_{ab}$）。当剪力墙的一侧与端柱相平时，相平一侧的水平分布钢筋宜弯折至端柱竖向钢筋内侧锚固，不适合采用机械锚固，应改用其他的锚固方式，并满足锚固长度及强度的要求。

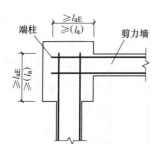

图 3.2-1　水平分布钢筋在边框柱内直线锚固

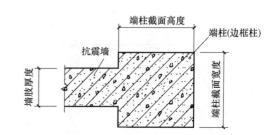

图 3.2-2　端柱尺寸的限制

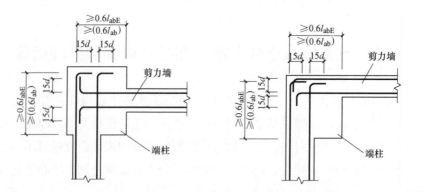

图 3.2-3　水平分布钢筋在边框柱内弯折锚固

3.3　一字形、带翼缘剪力墙水平分布钢筋端部处理措施

根据现行《建筑抗震设计规范》的规定，剪力墙的端部及洞口两侧均要设置边缘构

件。边缘构件的形式有暗柱、端柱、翼缘墙和转角柱（翼墙）。抗震设计时剪力墙中的边缘构件分为两种，即约束边缘构件和构造边缘构件。当边缘构件的宽度及翼缘墙的厚度与剪力墙相同时，通常称其为"暗柱"，设有"暗柱"的剪力墙与设有端柱的剪力墙不同，"暗柱"是剪力墙的一部分，不能看作是剪力墙的支座，因此，剪力墙中的水平分布钢筋伸入暗柱内满足锚固长度的作法是不正确的。

在一字形剪力墙的端部，水平分布钢筋应与边缘构件中的箍筋在同一个平面内伸至端部水平弯折。当墙的厚度较小不能满足水平弯折的长度尺寸时，也可以在墙的端部设置U形水平钢筋，与剪力墙中的水平分布钢筋搭接连接，并满足搭接长度的规定。

两侧均带翼墙的剪力墙，墙内的水平分布钢筋不应在翼缘墙内锚固，而应伸至翼缘墙内竖向分布钢筋的内侧向外水平弯折，弯折后的投影长度应满足一定的要求。剪力墙端部仅一侧的边缘构件到洞口边时，不应按一字形墙的端部处理方式，伸至边缘构件远端水平弯折，可在边缘构件的竖向钢筋外侧弯折，也可在竖向钢筋的内侧弯折。

在框架-剪力墙结构体系中，一字形剪力墙的端部通常设有端柱的，当端柱的截面尺寸满足一定的要求时，可以认为边框柱是剪力墙的支座剪力墙的端柱通常于本层的框架柱断面尺寸相同，可以理解为剪力墙的水平支座，墙中的水平分布钢筋可以锚固在端端柱内，并需要满足锚固长度的要求。其作法按本章第3.2条处理。

抗震设计时剪力墙中的边缘构件是剪力墙中很重要的部分，特别是剪力墙的约束边缘构件，是保证剪力墙具有较好的延性和耗能能力的构件，正确地按构造要求处理好剪力墙与边缘构件或暗柱的构造措施，使剪力墙在水平荷载（或地震）作用下才能有效正常的工作，确保结构的安全，成为有效的抗侧力构件。

处理措施

1. 剪力墙的水平分布钢筋应与暗柱的箍筋放置在同一层面上，不应重叠放置，不需要伸至暗柱的箍筋内侧。

2. 剪力墙的水平分布钢筋应伸至一字形墙端部或洞口边水平弯折，可在边缘构件竖向钢筋的内侧也可在外侧，弯折后的水平投影长度不应小于 $10d$（d 为水平分布钢筋直径）。见图 3.3-1 一字墙端部水平分布钢筋作法一。

3. 当墙的厚度较薄或洞口边未设置边缘构件时，可采用 U 形钢筋与水平分布钢筋搭接连接，抗震设计时搭接长度不小于 l_{lE}，非抗震设计时不小于 l_l。见图 3.3-2 一字墙端部水平分布钢筋作法二。

4. 剪力墙端部两侧有翼缘墙时，水平分布钢筋应伸至翼缘墙的远端，在竖向钢筋的内侧向两侧水平弯折，弯折后的水平段投影长度不小于 $15d$（d 为水平分布钢筋直径），见图 3.3-3 两侧有翼缘墙的端部作法。

5. 剪力墙端部一侧边缘构件到洞口边缘时，墙中水平分布钢筋应伸至边缘构件远端后水平弯折 $15d$，见图 3.3-4 一侧有翼缘墙的端部作法。

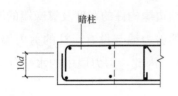

图 3.3-1 一字墙端部水平分布钢筋作法一

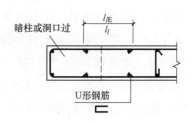

图 3.3-2 一字墙端部水平分布钢筋作法二

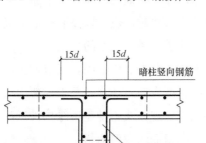

图 3.3-3 两侧有翼缘墙的端部作法

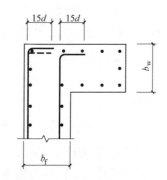

图 3.3-4 一侧有翼缘墙的端部作法

3.4 剪力墙斜向相交及墙厚度不同时处理措施

剪力墙不是 90° 相交而是斜向相交时均会在交点设置暗柱，水平分布钢筋在墙内应按"能通则通"的原则贯通，不能连续贯通的水平分布钢筋，应伸至墙的远端竖向钢筋内侧水平弯折，弯折后需满足一定的水平段。在交点处水平分布钢筋是满足连接构造要求而不是满足锚固长度的要求。

当相交两侧的剪力墙厚度不相同时，在相交部位也会设置暗柱，水平分布钢筋也应本着"能通则通"的原则贯通，较厚的墙中不能贯通的水平分布钢筋，应伸至节点远端的竖向分布钢筋内侧水平弯折，弯折后的水平段应满足一定的水平投影长度。较薄墙中不贯通的水平分布钢筋应伸入较厚墙中一定长度。

处理措施

1. 非正交的剪力墙水平分布钢筋，直线方向的应贯通设置，斜向相交墙中的水平分布钢筋应伸至直线墙远端竖向钢筋内侧水平弯折不小于 $15d$ 水平投影长度（d 为水平分布钢筋直径），见图 3.4-1 斜向水平分布钢筋构造作法。

2. 两侧墙厚不相同时，直线方向的水平分布钢筋应贯通布置，厚墙不能贯通的钢筋伸至垂直墙的远端竖向分布钢筋内侧水平弯折，弯折后的水平投影长度不小于 $15d$（d 为水平分布钢筋直径）。较薄墙内不贯通的水平分布钢筋，抗震设计时应伸至较厚墙内满足不小于 $1.2l_{aE}$，非抗震设计时不小于 $1.2l_a$，见图 3.4-2 水平分布钢筋构造作法。

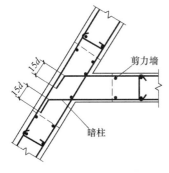

图 3.4-1　斜向水平分布钢筋构造作法

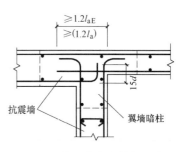

图 3.4-2　水平分布钢筋构造作法

3.5　剪力墙水平分布钢筋搭接连接处理措施

剪力墙作为建筑结构在水平荷载（地震作用）下的抗侧力构件，除满足计算外构造要求也是保证达到设计目的的一种有效措施。剪力墙是由边缘构件、连梁或暗梁和墙肢组成的抗侧力构件，墙肢中的水平分布钢筋通常直径不会太大，因此连接的方式通常采用搭接连接。当水平分布钢筋的直径不小于16mm时宜采用机械连接或对焊连接。抗震设计时为防止剪力墙在大震情况下底部首先出现塑性铰，造成建筑的严重破坏或倒塌破坏，因此，按规定需设置剪力墙的底部加强区。根据现行《高规》的有关规定，抗震等级为一、二级剪力墙底部加强区的水平分布钢筋连接要求与其他部位不同，在同一截面连接钢筋数量要求也不同。

通常剪力墙的厚度不大于400mm时，均配置双排钢筋；当墙厚大于400mm不大于700mm时，会配置三排钢筋；当墙厚大于700mm时，配置四排钢筋。各排的钢筋直径和间距基本是相同的，因此，在同一截面钢筋连接数量的应考虑各排钢筋是否在同一搭接区段范围。抗震设计时构件中的受拉钢筋采取搭接连接时，对连接的部位、同一连接区段接头面积百分率、搭接连接的长度等均与抗震等级有关。剪力墙肢中配置的是分布钢筋，连接长度及接头面积百分率不应按纵向受拉钢筋相关规定要求。工程中常为分布钢筋的搭接长度产生不同的意见，明确了剪力墙肢中钢筋的性质就比较能理解采用搭接连接时长度的不同规定了。需要说明的是，剪力墙边缘构件中的纵向钢筋均按受拉钢筋设计，因此它的连接构造要求与墙肢是不相同的。

处理措施

1. 抗震等级为一、二级剪力墙底部加强区部位，水平分布钢筋采用搭接连接时，接头位置应错开，错开的净距不宜小于500mm，同一截面连接的钢筋数量不宜超过总量的50%。分布钢筋的搭接长度。抗震设计时不应小于$1.2l_{aE}$；非抗震设防时不应小于$1.2l_a$见图3.5水平分布钢筋错开搭接连接作法；

69

2. 一、二级剪力墙非底部加强区及三、四级抗震等级和非抗震设计的所有部位均可在同一截面100%搭接连接；水平分布钢筋的搭接长度：非抗震设计时不应小于$1.2l_a$，抗震设计时不应小于$1.2l_{aE}$；

3. 水平分布钢筋的直径大于16mm时，不宜采用搭接连接；当分布钢筋采用光圆钢筋时，端部应设置180°弯钩，且弯钩应向内垂直墙面。

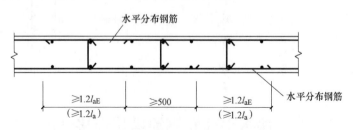

图3.5　水平分布钢筋错开搭接连接作法

3.6　剪力墙边缘构件（暗柱）及墙肢中拉结钢筋保护层厚度处理措施

根据现行有关的规范、规程和习惯作法要求，构件中的拉结钢筋宜同时拉结住横向和纵向钢筋，其目的是为了保证受力钢筋和剪力墙中分布钢筋在设计位置上，也是保证保护层厚度的构造措施。现行规范要求最外侧钢筋保护层最小厚度的目的，不仅是考虑到混凝土对钢筋有足够的握裹力，使钢筋和混凝土能共同工作，也是考虑到防止钢筋锈蚀、碳化后影响结构的耐久性。现行规范规定的保护层厚度是最下限了（最小厚度），虽然不再把保护层最小厚度作为强制性条文了，若未对钢筋采取有效的其他保护措施，不宜随意减小保护层的厚度。剪力墙暗柱、边缘构件中的拉结钢筋是箍筋的一部分，应按箍筋的构造要求采取相应措施，一般情况下直径与箍筋相同，保护层的最小厚度应从拉结钢筋的端部算起。抗震设计时，不应与剪力墙肢中的拉结钢筋作法混同。设置在剪力墙肢中拉结钢筋的目的，主要是为固定水平及竖向分布钢筋并保证网片的间距和保护层厚度，直径一般为6mm，间距不大于600mm（现行的国家及行业标准不再要求剪力墙底部加强区的拉结钢筋间距加密），有条件时也应保证拉结钢筋端部的保护层厚度满足最小要求。由于剪力墙中各部位设置的拉结钢筋目的不同，构造要求也不完全相同。施工图设计文件应对不同目的而设置的拉结钢筋提出相应的拉结要求。如：同时拉住箍筋和纵向钢筋、靠近纵向钢筋处仅拉住箍筋、仅拉住纵向钢筋和同时拉住墙肢中的水平和竖向分布钢筋等要求。

由于对钢筋保护层厚度规定的要求理解不准确，当水平分布钢筋在最外侧时，仅考虑了水平分布钢筋的最小厚度，而未考虑到拉结钢筋端部的保护层厚度也应满足保护层最小厚度相应地要求，特别是边缘构件中的拉结钢筋也是箍筋，保护层厚度小于规范的规定则不能满足耐久性的基本要求。在施工中按水平钢筋的最小保护层厚度绑扎钢筋，不敢将保护层最小厚度适当加大，拆模后出现拉结钢筋端部保护层厚度不足，甚至出现露筋现象。根据现行《混凝土结构设计规范》构件保护层最小厚度的规定，最小厚度是设计使用年限为 50 年的混凝土结构，最外侧钢筋的保护层厚度（原规范的规定是从纵向受力钢筋的外侧算起）。若暗柱为边缘构件，还应保证保护层的最小厚度不小于纵向受力钢筋的公称直径。由于钢筋的锈蚀是可以传导的，因此这些规定均是为保证结构构件的耐久性。虽然现行规范不再把混凝土保护层厚度列为强制性条文，但在施工中也应严格的执行不小于最小厚度的规定。

剪力墙中暗柱及墙身中拉结钢筋的端部也应满足最小保护层厚度的要求。根据工程经验及具体情况采取有效的综合措施，提高构件的耐久性，也可以适当地减小混凝土保护层的厚度。如：剪力墙表面有抹灰或采用其他各种有效的保护性涂料层等。一般在拆模后保护层厚度不满足耐久性基本要求才采取相应的措施，而在钢筋笼的制作和钢筋的绑扎施工时，不宜考虑减小保护层厚度。

处理措施

1. 剪力墙暗柱、边缘构件及墙身拉结钢筋端部保护层的最小厚度，应根据环境类别和混凝土的强度等级满足最小厚度要求，施工图设计文件应提出相应的明确要求。

2. 拉结钢筋应根据施工图设计文件规定的拉结方式施工，暗柱宜尽量同时拉住箍筋和竖向钢筋；墙肢宜同时拉住水平及竖向分布钢筋。在暗柱或边缘构件中至少靠在纵向钢筋处拉住箍筋，见图 3.6 拉结钢筋的拉结方式。

3. 暗柱、边缘构件中的拉结钢筋端部应作成两端均为 135° 弯钩，直线段不小于 $10d$

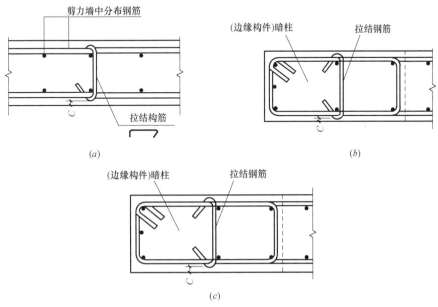

图 3.6 拉结钢筋的拉结方式

（a）剪力墙同时拉住两个方向的分布钢筋；（b）暗柱拉住箍筋及竖向钢筋；（c）在紧靠纵向钢筋外拉住箍筋

及 75mm 较大值，d 为拉结钢筋直径。

4. 剪力墙肢中的拉结钢筋可作成一端 90°弯钩，另一端为 135°弯钩，或者两端均为 135°弯钩，直线段均应不小于 5d（d 为拉结钢筋直径）。

3.7 剪力墙竖向及水平分布钢筋遇到暗梁或楼层梁时处理措施

根据现行的《建筑抗震设计规范》中规定，框架-剪力墙结构体系中，剪力墙在楼层标高处应设置框架梁或暗梁（纯剪力墙结构不需要），与剪力墙端柱或翼缘墙组成带边框的剪力墙。剪力墙是此类结构体系在抗震时第一道防线的抗侧力构件，承担全部地震剪力和 50％以上的抗倾覆力矩。一些施工图设计文件会在与剪力墙重合的楼层、屋面标高处设置框架梁，也有些设计者为防止形成低矮剪力墙，避免在地震作用下发生剪切脆性破坏，在楼层及屋面标高的框架梁设计成与剪力墙同宽的暗梁。暗梁的高度为同一剪力墙厚度的 2 倍，或与该榀框架梁高度相同。在剪力墙结构体系中，在楼层处不会设置暗梁，但有些设计文件会在顶层剪力墙内设置暗梁，其目的是为防止在地震作用下，门窗洞口边产生斜裂缝。暗梁中也配置箍筋，纵向钢筋通常是按最小配筋率要求构造配置的，因此纵向钢筋不会很密集，剪力墙中的暗梁不是真正意义上的受弯构件，但在剪力墙的端柱处，暗梁的纵向钢筋应按框梁纵向受力钢筋要求锚固。暗梁纵向钢筋采用绑扎搭接连接时，应按受拉钢筋要求限制在同一连接区段内的接头面积百分率，搭接区段也应按受拉钢筋采取箍筋加密措施。

剪力墙的竖向、水平均为分布钢筋，设计文件对钢筋排布时不要求竖向分布钢筋在最外层，为了施工绑扎钢筋的方便，可以任意排布分布钢筋的层位置。通常施工时，都把剪力墙的水平分布钢筋放在最外层，而将竖向分布钢筋排布在水平分布钢筋的内侧。暗梁的箍筋与墙的竖向分布钢筋在同一层面上，暗梁上、下纵向钢筋则应布置在箍筋的内部，剪力墙水平分布钢筋可在暗梁外侧连续贯通。暗梁作为剪力墙中的一部分，是剪力墙在楼层的加强带，不是一般意义上的受弯构件，也不能作为剪力墙的支座。剪力墙中的竖向分布钢筋在楼层遇框架梁或暗梁时，应穿过而不应截断锚固处理。暗梁保护层厚度不按普通框架梁要求，可按剪力墙的最小保护层厚度要求。设置框架梁时宽度均会大于墙的厚度，梁和墙应各自满足相应构件钢筋保护层的最小厚度要求；当框架梁一侧与墙平时，保护层厚度应分别满足相应的梁、墙的要求；梁一侧与墙不平时，剪力墙水平分布钢筋应在箍筋内通过。

处理措施

1. 剪力墙竖向分布钢筋不应在楼层的框架梁和暗梁中锚固，应连续贯通设置并与暗梁的箍筋在同一层内。竖向分布钢筋不应在梁内搭接连接，见图 3.7-1 剪力墙分布钢筋在暗梁范围内的布置。

2. 剪力墙水平分布钢筋在暗梁的箍筋外侧按设计间距要求贯通设置。当框架梁一侧与墙不平时，腰筋应单独设置并排布在箍筋内侧，见图 3.7-2 框架梁一侧与剪力墙不平齐钢筋布置。

3. 在楼层设置框架梁且两侧与剪力墙不平时，框架梁钢筋的布置及保护层厚度等要求按框架梁构造作法，见图 3.7-3 框架梁两侧与剪力墙不平齐钢筋的布置。

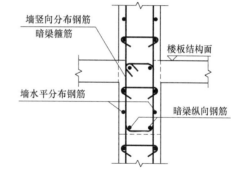

图 3.7-1　剪力墙分布钢筋在暗梁范围内的布置

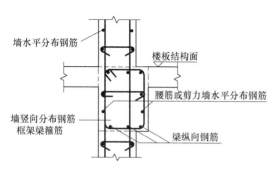

图 3.7-2　框架梁一侧与剪力墙平齐钢筋的布置

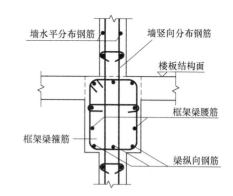

图 3.7-3　框架梁两侧与剪力墙不平齐钢筋的布置

3.8　剪力竖向分布钢筋在顶层构造处理措施

框架-剪力墙结构体系中会在顶层设置框架梁或暗梁，在纯剪力墙结构体系中通常也会在顶层设置暗梁，暗梁是为抗震构造要求而设置的，它作为剪力墙的水平加强带是墙体的一部分，剪力墙是嵌固在基础上的悬臂构件，屋面的任何构件的设置均不应理解为时剪力墙的支座，构件中的钢筋只有在支座内才有锚固问题，所以剪力墙中的竖向分布钢筋伸入在顶层暗梁时不是锚固问题，而应理解为剪力墙在顶部的构造。虽然竖向分布钢筋伸入顶板的框架梁内需要满足锚固长度的要求，也不能把框架梁看作是剪力墙的支座，而理解为剪力墙竖向钢筋在顶板内连接措施的构造要求。当屋面未设置框架梁和暗梁时，剪力墙竖向分布钢筋应伸至屋面板的顶部水平弯折，完成与屋面的构造连接。

对于顶层有框架梁的框架-剪力墙体系中，剪力墙中的竖向钢筋伸至梁内的直线长度满足锚固长度要求时可不水平弯折，不满足时应将钢筋伸至屋面顶部水平弯折，且均应在弯折点处应布置一根楼板钢筋。

处理措施

1. 剪力墙中竖向分布钢筋遇顶层暗梁时，其竖向分布钢筋应穿过暗梁在顶板上部钢筋连接。伸入顶板上部后水平弯折投影长度不小于 $12d$，d 为竖向分布钢筋的直径，见图 3.8-1 竖向分布钢筋在顶层的连接。

2. 当顶层无暗梁或框架梁时，剪力墙竖向分布钢筋应伸至屋面板顶部水平弯折，弯折后的投影长度为 $12d$。当屋面为预制装配整体的屋面板时，中间剪力墙竖向分布钢筋也可以向内侧弯折。

3. 在顶层框架梁与剪力墙重合且宽度大于剪力墙厚度时，剪力墙中的竖向分布钢筋伸入梁高范围内的直线长度满足 l_{aE} 或 l_a 时，可作不水平弯折；否则，应伸至顶板上部水平弯折投影长度不小于 $12d$。见图 3.8-2 竖向分布钢筋在顶层框架梁的连接。

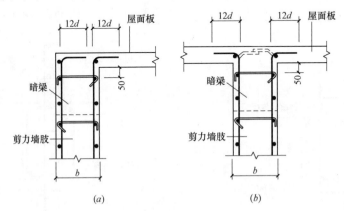

图 3.8-1　竖向分布钢筋在顶层的连接

（a）顶层墙端部剪力作法；（b）顶层中部剪力墙作法

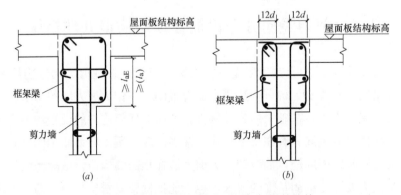

图 3.8-2　竖向分布钢筋在顶层框架梁的连接

（a）竖向钢筋直线作法；（b）竖向钢筋弯折作法

3.9　剪力墙第一根分布钢筋距构件边距离

剪力墙的端部或大洞口边通常均会设置有边缘构件或暗柱，当边缘构件为暗柱或翼缘墙时，它们均是剪力墙的一部分，不能认为是剪力墙的支座，也不能认为是一个独立的构件；剪力墙中第一根竖向分布钢筋距暗柱的距离，应根据设计间距整体考虑。

可将排列后的最小间距放在靠边缘构件处，也可以按照施工图设计文件规定的间距排布。要注意边缘构件的范围，特别是约束边缘构件与构造边缘构件的纵向钢筋配置范围是不同的。约束边缘构件水平长度为 l_c，计算及构造配置的纵向钢筋均排布在阴影范围内，其他部分的纵向钢筋为剪力墙的竖向分布钢筋。l_c 的边缘就是约束构件的外边缘；构造边缘构件的水平长度无 l_c 的要求，计算和构造要求配置的纵向钢筋均布置在阴影范围内，阴影范围的边缘就是构造边缘构件的外边缘。剪力墙的第一道竖向分布钢筋应从边缘构件外边缘开始算其距离。有端柱（边框柱）的剪力墙，与剪力墙端部设置暗柱或边缘构件是不同的，端柱是剪力墙的竖向支座也是剪力墙的边缘构件，所以水平分布钢筋可以在端柱内锚固。因此，剪力墙中第一道竖向分布钢筋按距支座边缘的距离起算。现行《混凝土结构工程施工规范》对墙中第一根竖向钢筋距构件边缘的距离无明确的规定，要正确了解剪力墙与端部构件的关系，正确地排布第一根竖向钢筋的位置。在工程施工中，有人提出第一道竖向钢筋距剪力墙边缘构件或端柱 50mm 开始排布，这样的要求没依据也不符合常规作法。

剪力墙水平分布钢筋距构件边缘的距离与竖向分布钢筋要求不同，根据现行《混凝土结构工程施工规范》有明确的规定，无论在什么结构体系中的剪力墙，第一道水平分布钢筋的排布距构件边缘均一样。

处理措施

1. 剪力墙竖向分布钢筋距暗柱或翼缘柱的距离，按墙整体墙体长度排布后将最小间距分配在暗柱或翼缘柱处。也可以根据施工图设计文件中规定的间距 S 施工。见图 3.9-1 第一道竖向分布钢筋距边缘构件的距离。

2. 剪力墙竖向分布钢筋距端柱的距离应不小于设计间距的 $S/2$，且不大于 75mm，见图 3.9-2 第一道竖向分布钢筋距端柱距离。

3. 剪力墙第一道水平分布钢筋宜距构件边缘不大于 50mm，结构顶面上的第一道剪力墙拉结钢筋宜从第二道水平分布钢筋处开始布置，见图 3.9-3 第一道水平分布钢筋距构件距离。

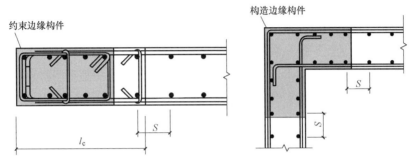

图 3.9-1　第一道竖向分布钢筋距边缘构件的距离

75

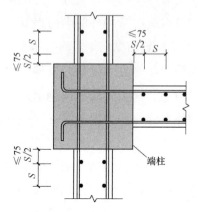

图 3.9-2　第一道竖向分布钢筋距端柱距离

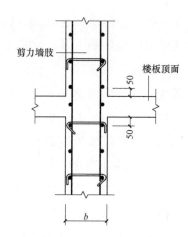

图 3.9-3　第一道水平分布钢筋距构件距离

3.10　剪力墙竖向分布钢筋在结构面连接处的处理措施

　　剪力墙竖向分布钢筋的直径通常不大，抗震设计的短肢剪力墙因要满足《高规》中最小配筋率的要求竖向钢筋直径会大一些。通常竖向分布钢筋一般均要求在结构面上部进行连接，当竖向分布钢筋直径较小时一般均采用绑扎搭接连接，当直径较大时可采用机械连接或焊接连接。根据工程的抗震等级及剪力墙的部位，竖向分布被要求错开搭接或可以在同一部位全部搭接连接。对于高层建筑中的短肢剪力墙，可以用减小竖向分布钢筋的间距（一般不小于 80mm），并满足最小配筋的前提下减小钢筋的直径，这样可以方便施工，竖向分布钢筋就可以采用绑扎搭接连接了，钢筋直径小了也能减短钢筋的搭接长度。竖向分布钢筋采用绑扎搭接连接时，连接位置可选择在楼板面处。当采取焊接或机械连接时，宜在结构面以上 500mm 处开始，在结构面上预留一定高度的目的是为方便焊接和机械连接，也防止在结构面上预留的连接钢筋太短而发生意外的安全事故。竖向分布钢筋在搭接范围内的水平分布钢筋除满足设计间距外，还应满足最少根数的构造要求。

　　第一道水平分布钢筋距结构面应有距离的要求，现行混凝土结构施工规范中有明确的规定，以往许多工程均未按规范执行，出现了一些错误的作法。当剪力墙的高度不是很高时，竖向分布钢筋在一个层高范围内允许连接一次，并应选择在楼板面以上部位。而剪力墙的层高较高不能满足仅连接一次的规定时，同一根竖向分布钢筋连接不多于两次，第二次连接可以选择在楼板的下部附近范围。在一个层高范围内采用超过两次连接的特殊情况时，应与设计者共同确定其接头的连接位置和连接方式。

　　处理措施

　　1. 竖向分布钢筋采用绑扎搭接连接时，应在楼板结构面以上处。在竖向钢筋搭接范围内，水平分布钢筋的间距除满足设计间距外且单侧不应少于三根。拉结钢筋需同时拉住竖向和水平分布钢筋，见图 3.10-1 竖向分布钢筋绑扎搭接连接构造作法。

2. 竖向分布钢筋采用焊接或机械连接时，连接位置宜选择在结构面以上 500mm 处，见图 3.10-2 竖向分布钢筋焊接和机械连接的位置。

3. 第一根水平分布钢筋距构件边缘（或楼、屋面板）上、下各为 50mm。

4. 剪力墙在楼面板范围内沿墙通长设置两根水平构造钢筋，并宜设置在竖向分布钢筋的内侧。当楼层有框架梁或暗梁时，该水平构造钢筋可取消。

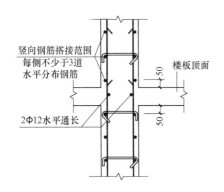

图 3.10-1　竖向分布钢筋绑扎搭接连接构造作法

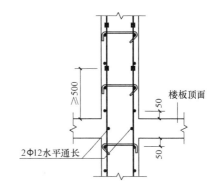

图 3.10-2　竖向分布钢筋焊接和机械连接的位置

3.11　剪力墙竖向分布钢筋直径或间距改变时处理措施

由于剪力墙的截面尺寸和竖向分布钢筋配筋率的变化，在楼层部位会出现剪力墙的厚度及竖向分布钢筋的直径或间距的改变，在剪力墙的底部加强区与非加强区的交接处、剪力墙的变截面等部位经常会遇到此类情况。设计时宜尽量使竖向分布钢筋的直径变化而间距不变，通常是下部钢筋的直径比上部大，这样方便在楼层结构面处搭接连接。竖向分布钢筋的直径相同而间距不同时，可在楼层处绑扎搭接连接；而钢筋的间距不同及在墙的变截面处，应本着竖向分布钢筋"能通则通"的原则，可以贯通的竖向钢筋尽量贯通，而不能贯通的竖向分布钢筋可以在楼层处伸至楼板的顶面再水平弯折，上部的竖向分布钢筋在插入下部的墙内长度满足构造要求。上部竖向分布钢筋与下层的竖向分布钢筋的直径和间距均不同时，可根据实际情况，按抗震设防等级和连接方式，按普通剪力墙中的竖向分布钢筋连接要求处理。

当剪力墙的截面厚度上部比下部减小时，若每侧减小的尺寸不多，下部竖向分布钢筋尽量不要采用截断连接处理方式，尽可能采用坡形连接。若每侧减小的尺寸较大不能满足坡形连接的坡度时，下部的竖向分布钢筋应伸至楼板的顶部水平弯折，上部的竖向分布钢筋插入下部墙体内符合一定长度要求。若上部的钢筋直径比下部的大，也可以采取这样的方式（通常在高层建筑中，下部是普通剪力墙而上部是短肢剪力墙时会有这样的情况）。

处理措施

1. 竖向分布钢筋上、下层的间距相同而直径不同时（上部直径比下部小），可在楼层结构面处采用搭接连接。搭接长度按较小钢筋直径计算。

2. 上部竖向分布钢筋直径大于下部时，下部钢筋伸至楼板顶部后水平弯折投影长度 $12d$，上部竖向分布钢筋插入下部墙体内的长度抗震设计时不小于 $1.2l_{aE}$，非抗震设计时不小于 $1.2l_a$。长度按上部钢筋直径计算，见图 3.11-1 竖向分布钢筋在楼层截断作法。

3. 上部墙体厚度比下部墙体小，当每侧收进的尺寸不大于 30mm 且满足在楼板高度范围内坡度不大于 1：6 时，下部钢筋可采用坡形弯折后在楼板上部连接，见图 3.11-2 竖向分布钢筋坡形连接。若不满足坡形连接的要求时，可采用第 2 项处理方式。

4. 剪力墙单侧收进时，平齐一侧竖向分布钢筋应本着"能通则通"的原则尽量贯通，在楼层结构面以上采取连接措施，不能贯通的钢筋可按上述办法采取相应的处理措施，见图 3.11-3 墙体一侧收进时竖向分布钢筋连接作法。

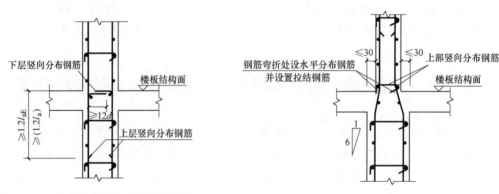

图 3.11-1　竖向分布钢筋在楼层截断作法　　　图 3.11-2　竖向分布钢筋坡形连接

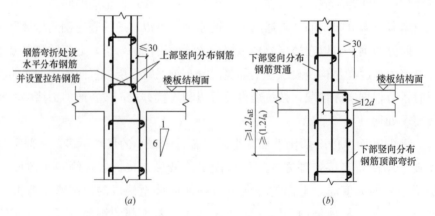

图 3.11-3　墙体一侧收进时竖向分布钢筋连接

（a）一侧竖向分布钢筋坡形连接；（b）一侧竖向分布钢筋弯折连接

3.12 剪力墙水平分布钢筋在暗柱、扶壁柱处理措施

剪力墙的特点是平面内的刚度及承载力大，平面外的刚度及承载力均较小，当较大楼面梁端部与剪力墙垂直相交时（即剪力墙作为楼面梁的端支座），会使墙肢平面外承受弯矩，而剪力墙的连梁作为楼面梁的支座作法更不合理，在设计时应尽量避免这样的结构平面布置。应采取有效的措施以保证剪力墙平面外的安全。根据现行的《高规》规定，当剪力墙上设置了与其平面外相交的楼面梁时，应在墙内设置暗柱或扶壁柱。在工程中会常遇到虽然不是在剪力墙的洞口边或端部也设置了暗柱或扶壁柱的情况，其目的就是在构造上解决墙局部抗压和平面外的稳定构造作法。当在剪力墙上设置垂直于墙的楼面梁时，为防止集中荷载对剪力墙产生平面外的弯曲，并考虑到楼面梁纵向受力钢筋在端支座的锚固长度等问题，或构造要求保证剪力墙的平面外的稳定，减小梁端部弯矩对墙的不利影响等原因而采取有效措施的方式，一般会在集中荷载处设置剪力墙扶壁柱。当条件限制而不能设置扶壁柱，且楼面梁的跨度不大的时候，需在梁支座的剪力墙中设置暗柱。在框架-核心筒、筒中筒结构中，楼面梁的支座为核心内筒的墙且楼面梁沿竖向均在同一位置布置时，竖向荷载较大，只在梁端的墙体内设置暗柱已不能满足承载力要求，会采用在墙内梁的位置设置型钢来解决局部抗压强度不足的问题。

扶壁柱和暗柱中的纵向钢筋或型钢都是按计算要求配置的，并配置有箍筋。若设置暗柱时构造要求截面高度与墙体厚度相同，暗柱的截面最大宽度取楼面梁的宽度加两倍墙厚度。剪力墙水平分布钢筋遇暗柱应贯通，不应在暗柱范围内搭接连接。

剪力墙水平分布钢筋遇扶壁柱时宜贯通设置，若扶壁柱两侧的剪力墙水平分布钢筋直径或间距不同时，应本着水平分布钢筋"能通则通"的原则，尽量避免在扶壁柱内连接或锚固。剪力墙中不能拉通的水平分布钢筋，可按墙在端柱（边框柱）或框架柱中的锚固作法，此时，扶壁柱的截面尺寸应满足边框柱的要求，两侧墙中的钢筋分别锚固在扶壁柱内，也可在扶壁柱以外的剪力墙内进行搭接连接。

处理措施

1. 剪力墙的水平分布钢筋遇暗柱时应贯通，在暗柱范围以外采取相应的连接方式，当水平分布钢筋的直径大于 25mm 时，宜采用机械连接，见图 3.12-1 水平分布钢筋在暗柱外连接。

2. 剪力墙的水平分布钢筋遇扶壁柱时宜贯通设置，扶壁柱两侧剪力墙水平分布钢筋的直径不同、间距相同时，较粗钢筋通过扶壁柱并在剪力墙内连接，连接长度按较细钢筋计算，见图 3.12-2 水平分布钢筋在扶壁外连接。

3. 扶壁柱两侧水平分布钢筋的间距不同时，宜尽量调整成相同的间距（钢筋直径可不同），并在扶壁柱外进行连接。

4. 若剪力墙的水平分布钢筋不能在扶壁柱贯通时，也可在扶壁柱内锚固，满足直线锚固长度时钢筋端部可不必弯折，不满足直线锚固长度时，可采取弯折锚固方式，弯折前的水平投影长度不小于 $0.6l_{abE}$（$0.6l_{ab}$），弯折后的投影长度为 $15d$，见图 3.12-3 水平分布钢筋在扶壁内锚固。

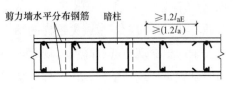

图 3.12-1　水平分布钢筋在暗柱外连接

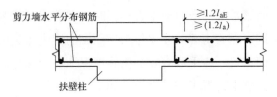

图 3.12-2　水平分布钢筋在扶壁外连接

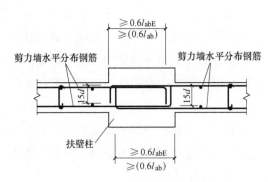

图 3.12-3　水平分布钢筋在扶壁内锚固

3.13　剪力墙肢中竖向分布钢筋连接处理措施

剪力墙中竖向分布钢筋的连接构造要求，需根据抗震设计时剪力墙的抗震等级、钢筋的连接部位、竖向钢筋直径等因素不同，采取的处理方式和构造要求也是不一样的。在施工图设计文件中均需要注明剪力墙的抗震等级及底部加强区的部位和加强区的高度，施工时应按施工图设计文件的规定而采取相应的构造措施。剪力墙中竖向分布钢筋在某些情况下可以在同一部位全部采用搭接连接的方式，并不需要按纵向受拉钢筋的接头百分率计算搭接长度，剪力墙肢中的钢筋均为分布钢筋，不要错误地按受拉钢筋的要求根据接头面积百分率确定搭接长度，无论是在同一位置全部采用搭接还是错开搭接，搭接长度均为 $1.2l_{aE}$（$1.2l_a$）。这点与构件纵向受拉钢筋搭接的要求不应混同。而对于一、二级抗震等级的抗震墙底部加强区部位，竖向分布钢筋接头应错开连接，不应全部竖向分布钢筋在同一部位搭接连接。非抗震设计时不设置剪力墙底部加强区，因此剪力墙身的竖向分布钢筋在任何部位均可以全部采用绑扎搭接连接。当竖向分布钢筋的直径大于 25mm 时，不宜采用绑扎搭接连接。

剪力墙中的分布钢筋通常直径较小，多采取绑扎搭接连接。不同直径的竖向分布钢筋采用绑扎搭接连接时可按较小直径计算搭接长度。在筒体结构中的墙体、高层建筑的短肢剪力墙中，有时竖向分布钢筋的直径会较大，当钢筋直径大于 16mm 时不宜采用搭接连接的方式，可采用机械连接。当采取可靠措施并有质量保证时，也可以采用对焊焊接连接方式。竖向分布钢筋采用机械连接或焊接连接时，不宜在同一连接区段范围内全部 100% 的连接，宜错开连接，每次连接的数量不大于全部数量的 50%。

处理措施

1. 抗震等级为一、二级剪力墙的底部加强区部位，竖向分布钢筋采用绑扎搭接方式时应错开搭接，同一搭接区段内连接的数量不超过总数量的 50%，错开的净距不宜小于 500mm。其他部位可在同一连接区段内 100% 搭接连接，见图 2.13-1 竖向分布钢筋搭接连接。

2. 抗震设计时搭接长度为 $1.2l_{aE}$，非抗震设计时可在同一连接区段内全部搭接连接，搭接长度为 $1.2l_a$。绑扎搭接连接的竖向分布钢筋直径不同时，按较细钢筋计算搭接长度。

3. 采用机械连接方式时，连接接头位置应错开。接头位置宜设置在结构面以上 500mm 处，错开的净距不宜小于 35d，见图 2.13-2 竖向分布钢筋机械连接。

4. 采用对焊焊接连接方式时，连接接头位置应错开。接头位置应设置在结构面以上 500mm 处，错开的净距不宜小于 35d 和 500mm 较大值，见图 2.13-3 竖向分布钢筋焊接连接。

5. 当竖向分布钢筋采用光圆钢筋时，端部应采用 180°弯钩，直线段不小于 3d（d 为竖向钢筋的直径），并垂直墙面向里排布。

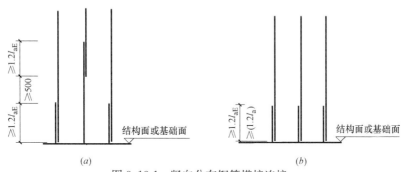

图 3.13-1 竖向分布钢筋搭接连接

(a) 一、二级剪力墙的底部加强区部位；(b) 抗震其他部位及非抗震

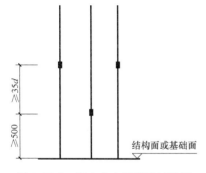

图 3.13-2 竖向分布钢筋机械连接

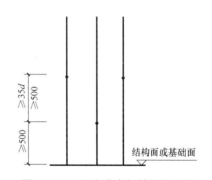

图 3.13-3 竖向分布钢筋焊接连接

3.14 剪力墙边缘构件竖向钢筋连接处理措施

抗震设计的剪力墙独立墙肢或因在墙肢上预留洞口而形成了多个小墙肢的联肢墙，在独立墙肢的端部和洞口边处均需要设置边缘构件，边缘构件的设置目的是因在大震作用下剪力墙的连梁会首先发生屈服破坏，然后独立墙肢的端部和洞口墙肢底部钢筋发生屈服而产生塑性铰，抗震设计的剪力墙肢塑性变形能力和抗地震倒塌能力，与墙肢的轴压比和两端的约束范围有很大关系。当剪力墙轴压比达到一定程度时，就需要设置约束边缘构件，按相应的计算结果和构造要求在一定的范围内配置竖向钢筋和箍筋，使墙肢端部成为被箍筋约束的混凝土，就会具有较大的受压变形能力。当轴压比较小时在墙的端部和洞口两侧设置构造边缘构件，使抗震墙有较好的延性和耗能能力。根据现行国家标准设计图集11G101-1 中的新规定，约束边缘构件的代号为 YBZ，构造边缘构件的代号为 GBZ。有些设计文件把边缘构件均定义为"暗柱"（AZ）的表示方法是不正确的，应根据计算结果中的轴压比和剪力墙部位正确标注构件的代号，剪力墙约束边缘构件是根据剪力墙在重力荷载代表值作用下，轴压比超过了一定限值时在剪力墙底部加强区两端和洞口两侧设置。边缘构件虽然是剪力墙的一部分，但是其纵向钢筋与墙肢中的竖向分布钢筋的性质是不同的，因此连接构造要求也不同。剪力墙身中的竖向钢筋是分布钢筋，而边缘构件中的纵向钢筋是经计算或按构造要求而配置的受力钢筋，若采用绑扎搭接连接时，应按受拉钢筋构造要求处理连接构造措施。边缘构件中需配置箍筋和拉结钢筋形成对混凝土的约束作用，约束边缘构件还要满足体积配箍率的要求。因此剪力墙边缘构件竖向钢筋连接的构造作法不应混同剪力墙中竖向分布钢筋的构造作法。

约束边缘构件的阴影部分及构造边缘构件中的纵向受力钢筋，无论采用何种连接形式及选择的连接部位，均不允许在同一连接区段内 100% 连接，可选择分两次错开连接，当采用搭接连接时，应按纵向受拉钢筋的接头面积百分率确定搭接长度和错开的距离，而不是按剪力墙肢中的竖向钢筋分布钢筋搭接要求 $1.2l_{aE}$ 确定搭接长度，也不能按 500mm 确定错开距离的规定。采用机械连接或对焊焊接连接（不建议采用现场焊接连接）时，应按纵向受力钢筋的构造要求采用。

处理措施

1. 采用绑扎搭接连接时接头位置应错开，同一搭接区段内的接头面积百分率不宜大于 50%，搭接长度为 l_{lE}（l_l），分段连接钢筋的端面净距不应小于 $0.3l_{lE}$（$0.3l_l$），见图 3.14-1 纵向钢筋搭接连接。

2. 采用有质量保证的对焊焊接连接时，接头位置应错开，同一搭接区段内的接头面积百分率不宜大于 50%。接头位置应设置在结构面以上 500mm 处，错开的接头中心间距不宜小于 35d 和 500mm 两者较大值，见图 2.14-2 纵向钢筋对焊焊接连接。

3. 采用机械连接方式时接头位置应错开。同一搭接区段内的接头面积百分率不宜大于 50%。接头位置宜设置在结构面以上 500mm 处，错开的接头中间间距不宜小于 35d，见图 2.14-3 纵向钢筋机械连接。

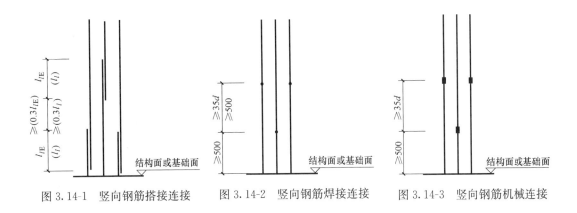

图 3.14-1 竖向钢筋搭接连接   图 3.14-2 竖向钢筋焊接连接   图 3.14-3 竖向钢筋机械连接

3.15 剪力墙端柱及小墙肢纵向钢筋在顶层处理措施

在框架-剪力墙的结构体系中，剪力墙的端部会设有端柱（边框柱）或翼缘墙。由于建筑的功能或设备系统的要求在剪力墙肢上预留孔洞，预留洞端部无墙肢或相邻预留洞距离较近而形成了截面高度较小的剪力墙小墙肢，剪力墙中的小墙肢系指截面的高度与宽度之比不大于 4 的独立墙肢，不应与短肢剪力墙的概念混同。小墙肢虽然仍是剪力墙的一部分，但在水平地震作用下，它的破坏形态是弯曲型的。因此在有抗震设防要求时，需要按框架柱的构造要求采取加强处理措施，根据现行的《高规》规定，在高层建筑中，当墙肢的截面高度与宽度之比不大于 4 时，小墙肢宜按框架柱设计，相应的构造措施也应按框架柱的要求。高厚比较大的剪力墙和框架柱均是压弯构件，在荷载作用下的破坏状态和计算原理基本相同，但截面的配筋和构造要求却不完全相同，剪力墙的纵向受力钢筋配置在边缘构件中，框架柱则按全截面对称考虑配置纵向钢筋。小墙肢沿竖向高度均应配置箍筋。

当剪力墙的端柱或小墙肢位于平面的端部时，顶层无框架梁而设置了剪力墙的暗梁（在框架-剪力墙体系中），剪力墙的端柱及端部小墙肢中的纵向钢筋在顶层端支座处是梁上部钢筋与竖向构件外侧纵向钢筋的连接而不是锚固，应按框架柱纵向钢筋在顶层端支座与梁纵向钢筋连接构造要求处理。当顶层设置的是框架梁时，剪力墙端柱、端部小墙肢与框架梁纵向钢筋连接作法，也应按框架柱在顶层端支座的连接构造要求处理。

当剪力墙的端柱或小墙肢位于建筑的中部时，在顶层的中间节点与边节点的作法是不相同的。当顶层无框架梁或设置了暗梁，剪力墙端柱或小墙肢中的纵向钢筋按构造连接处理。顶层设置了框架梁时，端柱的纵向钢筋按框架柱纵向钢筋在顶层中部的作法处理，小墙肢（框架梁的宽度大于墙宽）中纵向钢筋也应按框架柱在顶层中部的作法处理。

处理措施

1. 当剪力墙的端柱、小墙肢位于建筑的端部和角部时，其纵向钢筋应按框架柱的构造要求，在顶层端节点的连接方式可选用弯折连接，见图 3.15-1 端部钢筋弯折连接作法；或直线连接的方式，见图 3.15-2 端部钢筋直线连接作法。

2. 位于中部的剪力墙端柱、剪力墙小墙肢中的竖向钢筋，遇屋面层设置框架梁时，伸入梁内的长度满足直锚长度外还需要伸至柱顶后截断。框架梁的宽度小于端柱宽度时，框架梁宽度外的端柱纵向钢筋伸至柱顶后水平弯折直线段不小于 $12d$。当直锚的长度不足时可以采用弯折锚固的方式，弯折前的竖直段投影长度不小于 $0.5l_{abE}$（$0.5l_{ab}$）且应设置屋面顶部水平弯折，弯折后的水平段长度为 $12d$，锚固长度从框架梁的底部算起，见图 3.15-3 竖向钢筋在框架梁内的锚固作法。

3. 位于中部的剪力墙端柱、剪力墙的小墙肢，遇顶层处无框架梁或设置了暗梁时，其竖向钢筋伸入板的上部后水平弯折，弯折后的水平段长度为 $12d$，见图 3.15-4 竖向钢筋在顶层的构造作法。

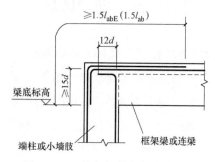

图 3.15-1　端部钢筋弯折连接作法

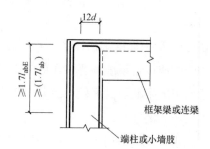

图 3.15-2　端部钢筋直线连接作法

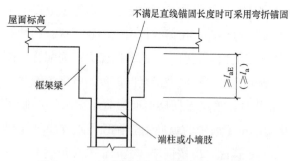

图 3.15-3　竖向钢筋在框架梁内的锚固作法

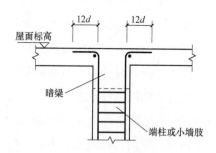

图 3.15-4　竖向钢筋在顶层的构造作法

3.16　剪力墙连梁纵向钢筋在剪力墙小墙肢锚固处理措施

剪力墙连梁的端支座为小墙肢时，连梁上、下纵向钢筋在剪力墙小墙肢中的锚固要求

（不包括在顶层边、角支座处的作法），应根据支座的计算假定采取相应的锚固作法，不同假定采取的锚固措施也不同，若设计文件中未注明端支座的支承条件时，应与设计者确认支承条件采取正确的作法。通常小墙肢的截面高度较小，连梁中的纵向钢筋直径较大时不能满足直线锚固长度要求。采用弯折锚固时，应根据连梁在小墙肢支座处的计算假定而采取不同的锚固措施。支座支承条件的假定应在施工图设计文件中明确注明。若小墙肢外侧有楼板时，连梁的上部纵向钢筋可伸至楼板内锚固，满足直线锚固长度也可以不弯折。当小墙肢外侧无楼板时，连梁上、下纵向钢筋在支座内可采用弯折锚固方式，水平段及弯折后的竖直段长度应按支座的计算假定确定，水平段长度应符合构造要求的最小长度规定，若不能满足要求时应与设计者商定解决方案。

连梁中的箍筋应全跨间距相同，当连梁的跨高比不小于 5 时，设计文件会按框架梁编号，此时箍筋应按框架梁设置。在顶层的连梁及按框架梁框架梁编号时，在支座内连梁纵向钢筋锚固长度范围内还应布置间距不大于 150mm 的箍筋，箍筋的肢数及直径与连梁相同。跨内第一个箍筋从洞边 50mm 开始布置。

剪力墙中的水平分布钢筋应在连梁中通过兼做连梁的腰筋（侧向钢筋），当连梁或按框架梁编号的连梁腹板高度不小于 450mm 时，腰筋的直径不应小于 8mm，间距不大于 200mm。腰筋伸至小墙肢内的长度与纵向钢筋相同并伸至远端。

处理措施

1. 连梁在小墙肢支座处按简支假定时，连梁上、下部纵向钢筋不满足直线锚固长度可采用弯折锚固，纵向钢筋伸至小墙肢竖向钢筋内侧向上（下）弯折，弯折后的投影长度不小于 15d（d 为纵向钢筋直径），见图 3.16-1 连梁支座为简支纵向钢筋锚固作法。

2. 连梁在小墙肢支座处按嵌固假定时，连梁上、下部纵向钢筋不满足直线锚固长度可采用弯折锚固，弯折前的水平段投影长度不小于 $0.6l_{abE}$（$0.6l_{ab}$），且伸至小墙肢竖向钢筋内侧向上（下）弯折，弯折后的投影长度不小于 15d（d 为纵向钢筋直径）。当水平段长度不能满足要求时，不能用加长竖直段的长度处理措施，见图 3.16-2 连梁支座为嵌固纵向钢筋锚固作法。

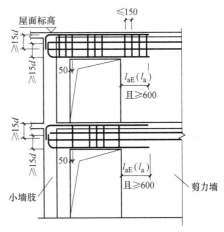

图 3.16-1　连梁支座为简支纵向钢筋锚固作法

3. 当小墙肢外侧有楼板时，连梁的上部钢筋在小墙肢内不满足直线锚固长度时，可将纵向钢筋伸至楼板内满足直线锚固长度且不小于 600mm，见图 3.16-3 连梁上部纵向钢筋在楼板内锚固作法。

4. 连梁上、下部纵向钢筋在剪力墙内采用直线锚固时，锚固长度不应小于 l_{aE}（l_a）

且不应小于 600mm。

5. 当连梁的腹板高度不小于 450mm 时，除设计文件注明外，腰筋直径不小于 8mm，竖向间距不大于 200mm；腰筋伸至支座内的长度与纵向钢筋相同且伸至小墙肢的远端。

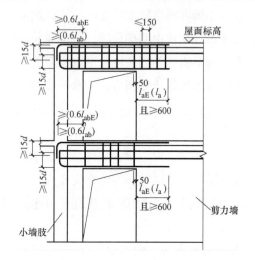

图 3.16-2　连梁支座为嵌固纵向钢筋锚固作法　　　图 3.16-3　连梁上部纵向钢筋在楼板内锚固作法

3.17　剪力墙连梁纵向钢筋及箍筋处理措施

一般的剪力墙连梁仅配置了抗剪箍筋而未配置斜向钢筋、集中对角斜筋及斜向暗撑钢筋的连梁。剪力墙因使用功能或设计者为提高剪力墙的变形能力要求，开设了墙肢洞口而形成了不同墙肢，洞口上部的连梁将不同墙肢连成整体。抗震设计时，为了提高剪力墙的变形能力，避免或减轻墙肢的破坏，将较长的剪力墙有意地开设结构洞，使上、下洞口对齐形成明确的墙肢和连梁，用弱连梁连接各段墙肢，依靠弱连梁耗散地震能量。弱连梁是指净跨与连梁高度之比（跨高比）通常大于 6。

剪力墙肢因使用功能（预留门、窗等洞口）要求设置洞口而形成的连梁，通常分为跨高比<5 和≥5 两种，抗震设计时构造要求也不同。当连梁的跨高比<5 时，竖向荷载作用下产生的弯矩比较小，水平荷载作用下产生的反弯使它对剪切变形十分的敏感，容易产生剪切裂缝。有抗震设防要求的抗震墙，其连梁需采取相应的抗震构造措施。而当跨高比≥5 时，竖向荷载作用下的弯矩所占的比例较大，宜按框架梁设计。但在构造处理上也应符合抗震墙连梁的抗震构造措施要求。

高层建筑剪力墙结构的连梁设计受到多种因素的影响，其影响与连梁的内力与结构的抗侧力刚度、相连的墙肢刚度、连梁的跨高比等因素有关。抗震设计时还应考虑非弹性变形阶段，连梁是首先弯曲屈服的构件，应做内力调整，特别是在罕遇地震作用下，连梁首先弯曲屈服并形成塑性铰的耗能机构，因此在抗震设计时可以对连梁的刚度进行折减（风荷载作用下刚度不能折减），就是保证连梁"强剪弱弯"的有效措施。

在施工图设计文件中标注框架梁（KL—）的连梁（LL—），均是跨高比≥5的连梁，这种梁宜按框架梁设计，在集中标注处会标注箍筋加密范围的箍筋间距。跨高比<5的连梁，箍筋在梁范围内间距是相同的。在顶层的连梁（框架梁）还应在纵向钢筋锚固长度范围配置构造箍筋。

连梁（框架梁）纵向钢筋在墙肢内的锚固长度通常均能满足直线锚固的要求，抗震设计时应根据不同的抗震等级计算 l_{aE}。在框架-剪力墙体系中，连梁或按框架梁标注的连梁，纵向钢筋的锚固长度或箍筋加密区范围，应按剪力墙的抗震等级而不是按框架的抗震等级采取构造措施，通常抗震设计的框架-剪力墙体系，剪力墙作为抗震的第一道防线，抗震等级比框架高一级。抗震等级选择的正确与否影响到钢筋加工的锚固长度是否正确。特别应注意的是，当剪力墙的抗震等级为二级而框架的抗震等级为三级时，按框架梁标注的连梁的纵向钢筋在墙肢内的直线锚固长度应按剪力墙抗震等级确定。

处理措施

1. 跨高比<5的连梁箍筋应沿跨内同一间距布置；抗震设计时，跨高比≥5连梁（框架梁）应根据剪力墙的抗震等级设置箍筋加密区。

2. 在顶层的连梁（框架梁），在支座纵向钢筋锚固长度范围内，需配置间距不大于150mm的箍筋，箍筋的肢数及直径同跨中，见图3.17-1连梁在顶层纵向钢筋锚固及箍筋作法。

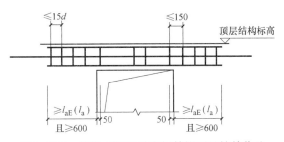

图 3.17-1　连梁在顶层纵向钢筋锚固及箍筋作法

3. 连梁（框架梁）纵向钢筋应可靠地锚固在剪力墙内，非抗震设计时锚固长度应满足不小于 l_a，抗震设计时，纵向钢筋的锚固长度 l_{aE} 应按剪力墙的抗震等级计算，且任何情况下均不应小于600mm，见图3.17-2连梁在楼层纵向钢筋锚固及箍筋作法。

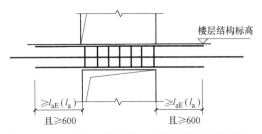

图 3.17-2　连梁在楼层纵向钢筋锚固及箍筋作法

4. 当剪力墙相邻洞口较近，距离小于等于连梁纵向钢筋的锚固长度时的双门洞连梁，纵向钢筋可不截断连续配置，见图 3.17-3 双门洞连梁纵向钢筋构造作法。

5. 抗震设计的框架-剪力墙结构体系，按框架梁标注的剪力墙连梁的纵向钢筋，在墙肢内的直线锚固长度 l_{aE} 应按剪力墙抗震等级确定其锚固长度。

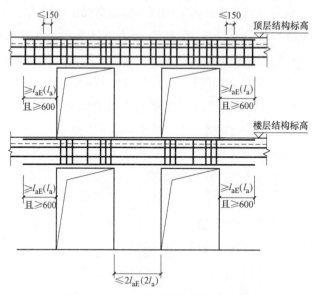

图 3.17-3　双门洞连梁配筋构造作法

3.18　剪力墙暗梁纵向钢筋在端部的处理措施

根据现行《高规》的规定，框架-剪力墙结构在楼层处可设置与剪力墙重合的框架梁，也可以设置与墙同宽的暗梁，因此，暗梁一般设置在承受竖向荷载较大或与框架平面重合带端柱的楼层、屋面层剪力墙处。暗梁的高度可与该楣的框架梁同高，也可以取墙厚的 2 倍且高度不小于 400mm。在抗震设计中，框架-剪力墙中的剪力墙是第一道抗震防线，剪力墙在设防烈度地震作用下会出现裂缝，此时剪力墙边框柱处的暗梁对剪力墙起到约束作用，同时也可以起到支承竖向荷载的作用，防止结构的倒塌。对于比较重要的建筑，为防止在大震时剪力墙出现裂缝后丧失竖向承载能力，要求剪力墙底部加强区及以上 1~2 层的暗梁宜满足承受本层竖向荷载的能力，这时纵向钢筋均是按承载力计算配置的。其他情况时在底部加强区和以上部位的暗梁可按构造要求配筋。有些设计文件在纯剪力墙结构体系中的顶层也设置了暗梁，这种作法不是很必要。剪力墙中的暗梁虽然不是真正意义上的受弯构件，它是为加强结构整体性在楼层和屋面处的构造作法，其上、下纵向的配筋和箍筋是按构造要求配置的，但也要符合相应抗震等级框架梁的最小配筋率要求。

暗梁与剪力墙中的连梁构造要求不同，当暗梁与剪力墙中的连梁重合时，上、下纵向钢筋应通长配置，不能按剪力墙连梁过洞口满足锚固长度后截断。暗梁在端部与端柱相交时，其纵向钢筋应在端柱内按受拉钢筋锚固（直线锚固或弯折锚固），当暗梁端部为翼缘墙时，其纵向钢筋应符合剪力墙水平分布钢筋在翼缘墙内构造要求。暗梁可视为剪力墙的一部分，在地震作用下基本没有出现塑性铰的可能性，因此箍筋的间距基本相同而不需要按框架梁在梁端设置箍筋加密区。

处理措施

1. 在框架-剪力墙结构体系中暗梁遇端柱时，暗梁中上、下纵向钢筋应按锚固长度要求全部在端柱内锚固。剪力墙中的水平分布钢筋作为腰筋可放置在暗梁箍筋的内侧，见图3.18-1纵向钢筋在端柱内锚固作法。

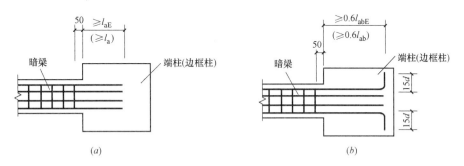

图 3.18-1　纵向钢筋在端柱内锚固作法

（a）直线锚固；（b）弯折锚固

2. 暗梁遇端部翼缘墙时，暗梁中上、下纵向钢筋及腰筋需伸至翼缘墙远端并水平弯折 $15d$ 投影长度，d 为纵向钢筋或腰筋的直径，见图3.18-2纵向钢筋在翼墙内构造作法。

3. 暗梁的箍筋间距相同端部不设置箍筋加密区，第一道箍筋距构件边 50mm。

4. 暗梁的上、下纵向钢筋不应采用绑扎搭接连接方式接长。

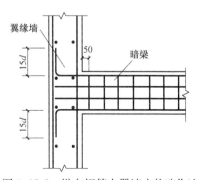

图 3.18-2　纵向钢筋在翼墙内构造作法

3.19　剪力墙水平分布钢筋兼做连梁腰筋处理措施

根据现行《混凝土结构设计规范》、《高规》的规定，剪力墙的水平分布钢筋可作为连梁的纵向构造钢筋在连梁高度范围贯通。现行《高规》已取消"当连梁的截面高度不小于700mm，腰筋的直径应不小于10mm，间距不大于200mm"的强制性规定。而现行《混凝土结构设计规范》2015年局部修订规定：当连梁的腹板高度不小于450mm时，其两侧沿梁高度范围设置的纵向构造钢筋的直径不应小于8mm，间距不应大于200mm。对于连梁的跨高比不大于2.5时，还要求梁两侧构造钢筋（腰筋）的面积配筋率不应小于0.3%。

剪力墙水平分布钢筋满足规范作为连梁腰筋规定时，剪力墙的水平分布钢筋可在连梁高度范围贯通设置，在连梁跨度范围内纵向钢筋不宜采用绑扎搭接连接接头。当剪力墙水平分布钢筋直径较小不满足规范作为连梁腰筋贯通的规定或间距不同时，设计文件会要求连梁的腰筋应单独配置。连梁的腰筋与剪力墙中的分布钢筋直径、间距不相同时，可在剪力墙内搭接连接。一、二级抗震等级的剪力墙底部加强区部位，接头位置应错开，其他情况可在同一截面搭接连接，搭接长度按较小钢筋直径计。

处理措施

1. 当连梁的腹板高度不小于 450mm 时，剪力墙水平分布钢筋直径不应小于 8mm，间距不应大于 200mm 可作为连梁的两侧腰筋拉通连续布置，见图 3.19-1 剪力墙水平分布钢筋在连梁内贯通作法。

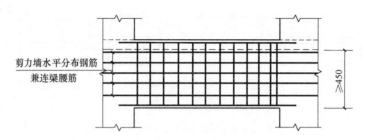

图 3.19-1　剪力墙水平分布钢筋在连梁内贯通作法

2. 剪力墙水平分布钢筋与连梁腰筋采取搭接连接时，应在剪力墙内连接，腰筋伸入墙内的长度应满足锚固长度 l_{aE}（l_a）的要求。一、二级抗震等级的剪力墙底部加强区部位，接头位置应上、下层及两排间错开搭接，搭接长度为 $1.2l_{aE}$（$1.2l_a$），水平错开的净距不小于 500mm，见图 3.19-2 剪力墙水平分布钢筋与连梁腰筋错开搭接作法。其他情况可在同一截面搭接连接，搭接长度按较小钢筋直径计算。

3. 腰筋的拉结钢筋应交错布置，其间距为箍筋间距的 2 倍且不大于 400mm，直径不小于 6mm。腰筋可设置在连梁箍筋的外侧，上、下纵向钢筋应设置在箍筋内。拉结钢筋应同时拉住腰筋和箍筋，见图 3.19-3 连梁剖面图。

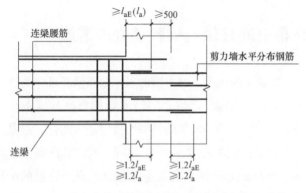

图 3.19-2　剪力墙水平分布钢筋与连梁腰筋错开搭接作法

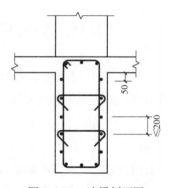

图 3.19-3　连梁剖面图

4. 拉结钢筋端部均应做 135°弯钩，弯钩直线段非抗震设计时不小于 5d，抗震设计时直线段不应小于 10d 和 75mm 较大值。

3.20　剪力墙肢洞口边补强钢筋处理措施

在工程中因建筑的使用功能及设备专业的系统要求，剪力墙肢上需预留形状、大小不同的洞口，按抗震设计的多层和高层剪力墙结构，为提高剪力墙的变形能力，避免形成低矮墙而发生剪切破坏，或当墙肢较长时防止单片墙肢承担地震剪力太大而在墙肢上开设结构洞，然后用砌体封堵。由于洞口的布置会明显的减弱剪力墙的受力性能，现行的国家及行业标准要求，剪力墙的洞口宜规则、成排成列布置并形成明确的墙肢和连梁。当洞口尺寸较小成排布置时，可以形成小开口墙。规则布置的剪力墙洞口应力分布比较规则，且与当前普遍采用的计算简图较吻合，设计计算结果均是安全可靠的。无论预留洞口的形状和尺寸大小，洞边均应采取加强措施或设置边缘构件。

当剪力墙的洞口尺寸或直径不大于 800mm，剪力墙中分布钢筋不能绕过洞口连续配置时，可将钢筋截断在洞边作为洞口边的加强钢筋，若设计文件未明确标注时加强钢筋的具体要求时，每侧设置的钢筋应不少于被洞口截断的一半且不小于 2Φ12。在洞口上、下设置暗梁时，设计文件会标注纵向钢筋的根数、直径和箍筋的直径、间距，但是有时不会注明暗梁的高度。当洞口的尺寸或直径大于 800mm 时，在洞口的上、下设置暗梁或连梁，若洞口上、下设置了连梁不再重复设置暗梁。设计文件未标注洞口暗梁的高度尺寸时，按暗梁纵向钢筋中心距为 400mm 采用。洞口两侧竖向的边缘构件设置要求，应在施工图设计文件另行注明。圆形洞口边还应设置环形补强钢筋，当环形钢筋端部采用搭接时，应按圆柱中非螺旋箍筋的端部搭接连接构造要求。

处理措施

1. 剪力墙的洞口尺寸不大于 300mm 时，竖向和水平分布钢筋可在洞口边绕过而不截断，圆洞可在洞边设置环形加强钢筋。当洞口尺寸或直径大于 300mm 不大于 800mm 时，洞口边需要设置加强钢筋。若设计文件未作特殊注明时，应将被洞口截断的分布钢筋总截面积的 50% 分别集中配置在洞口上、下和左、右两边，且每边不小于 2Φ12。洞边加强钢筋伸入墙内的长度，抗震设计时不小于 l_{aE}，非抗震设计不小于 l_a，见图 3.20-1矩形洞边加强钢筋构造作法和图 3.20-2 圆形洞边加强钢筋构造作法。

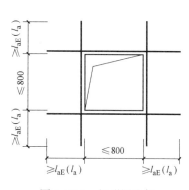

图 3.20-1　矩形洞边加强钢筋构造作法

2. 当矩形洞口的尺寸大于 800mm 且设计文件未注明洞口上、下暗梁的高度时，应以暗

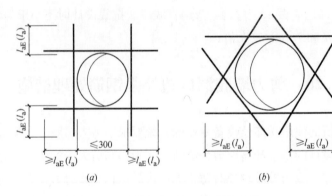

图 3.20-2　圆形洞边加强钢筋构造作法

(a) 圆洞直径不大于 300mm；

(b) 圆洞直径大于等于 300mm 小于等于 800mm

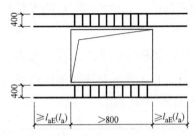

图 3.20-3　矩形洞边暗梁构造作法

梁纵向钢筋中心距为 400mm 作为暗梁的高度。按设计文件应标注全部纵向钢筋和箍筋的配置要求。纵向钢筋伸入墙内长度从洞边算起抗震设计时不小于 l_{aE}，非抗震设计不小于 l_a，见图 3.20-3 矩形洞边暗梁构造作法。

3. 当圆形洞口的尺寸大于 800mm 且设计文件未注明洞口上、下暗梁的高度时，按暗梁纵向钢筋中心距为 400mm 施工。暗梁纵向钢筋伸入墙内长度从圆洞边缘算起抗震设计时不小于 l_{aE}，非抗震设计不小于 l_a。暗梁的箍筋应配置至洞口边。圆形洞边设置的环形加强钢筋除施工图按设计文件标注外，还不应少于 2Φ12。剪力墙的分布钢筋应伸至洞边并 90°弯折，水平段为 10d，见图 3.20-4 圆形洞边加强钢筋构造作法。

4. 无论洞口的形状和尺寸大小，被洞口被截断的水平和竖向分布钢筋均应伸至洞边并 90°弯折，水平段为 10d，作法同图 3.20-4 中 A 剖面。

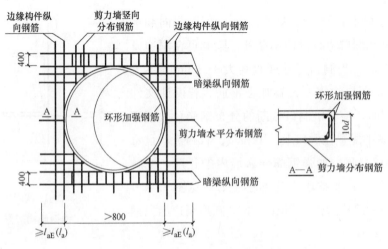

图 3.20-4　圆形洞边加强钢筋构造作法

3.21 剪力墙连梁洞口补强钢筋处理措施

由于建筑的使用功能及设备专业系统的布置要求，在剪力墙的连梁中会设置预留洞，预留洞宜尽量采用圆洞，穿过连梁的管道宜预埋钢套管，连梁开洞的位置应选择在连梁的中部1/3高度范围内，洞口的上、下截面有效高度不宜小于连梁高度的1/3，且不宜小于200mm；被洞口削弱的连梁设计时应进行受剪和受弯承载力验算，施工图设计文件会标注洞口补强纵向钢筋和箍筋，剪力墙连梁的预留洞与一般梁预留洞的加强作法不完全一样，一般梁内预留洞会在洞边根据计算和构造要求设置斜向钢筋，而剪力墙连梁中的预留洞，只需要在洞边设置加强钢筋和箍筋。当设计文件未注明洞口补强的纵向钢筋时，洞口上、下纵向钢筋的直径不应小于12mm。当未注明预留洞形成的上、下弦杆的箍筋时，可按连梁中的箍筋直径和间距采用。

处理措施

1. 剪力墙连梁中部预留的圆洞宜预埋钢套管，洞口边上、下纵向加强钢筋及箍筋应按施工图设计文件要求配置。纵向加强钢筋伸至洞边以外的长度抗震设计不小于 l_{aE}，非抗震设计不小于 l_a，见图3.21-1 连梁预留圆洞构造作法。

2. 当剪力墙连梁中部预留矩形洞口时，宜采用焊接预埋矩形钢套管。洞口边上、下纵向加强钢筋及箍筋应按施工

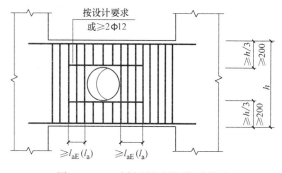

图 3.21-1 连梁预留圆洞构造作法

图设计文件要求配置。纵向加强钢筋伸至洞边以外的长度抗震设计不小于 l_{aE}，非抗震设计不小于 l_a，见图3.21-2 连梁预留矩形洞构造作法。

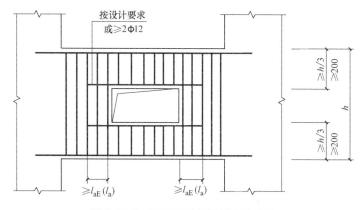

图 3.21-2 连梁预留矩形洞构造作法

3.22　配筋单排分布钢筋的剪力墙构造处理措施

根据现行《建筑抗震设计规范》的规定，当抗震墙的厚度大于140mm时，其竖向和水平分布钢筋应双排布置，并在双排布置的钢筋间需设置拉结钢筋。在层数较少或非抗震设计的建筑中也会有部分厚度小于或等于140mm的剪力墙，由于墙的厚度较薄通常设置的是单排双向分布钢筋，在墙的端部及洞口边也无法设置边缘构件，但在构造上也需要采取加强措施，附加的构造钢筋可采用直径不小于4mm、间距不大于150mm并交错布置。设置单排水平和竖向分布钢筋的剪力墙因不需要设置拉结钢筋，因此墙中分布钢筋的定位固定非常重要。按现行《混凝土结构设计规范》中关于保护层厚度的规定，当钢筋的保护层厚度大于50mm时，宜对保护层采取有效的防裂构造措施。施工前应与设计部门有效沟通，解决好当保护层厚度较厚时的构造措施。为防止混凝土墙表面出现收缩裂缝，同时也使剪力墙具有一定的出平面的抗弯能力，在高层建筑及抗震设计时通常不允许采用单排配置分布钢筋的剪力墙。

处理措施

1. 当厚度≤140mm的墙与其他墙相交时，分布钢筋伸至相交墙内水平弯折投影长度不小于15d，附加构造钢筋长度不应小于500mm，伸入相交的墙内的远端后水平弯折投影长度不小于300mm，见图3.22-1与相交墙相连处构造措施。

2. 在大洞口边水平加强钢筋可采用U形钢筋，其长度不应小于500mm，见图3.22-2大洞口边附加钢筋处理措施。

3. 在楼层处的附加钢筋，从楼板的上、下层结构面算起分别不小于500mm，并可交错配置，见图3.22-3在楼层附加钢筋处理措施。

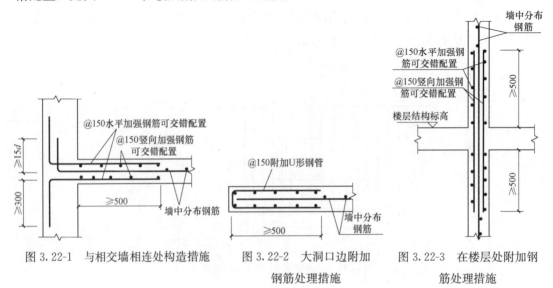

图3.22-1　与相交墙相连处构造措施　　图3.22-2　大洞口边附加钢筋处理措施　　图3.22-3　在楼层处附加钢筋处理措施

3.23 配置交叉斜筋、集中对角斜筋及对角暗撑剪力墙连梁构造处理措施

剪力墙连梁既是影响剪力墙刚度和承载力的重要构件，又是在水平地震作用下对剪切变形敏感容易剪切破坏的构件。按我国现行标准，剪力墙连梁配置抗剪斜向钢筋有三种方式，而配筋方式不同，连梁能达到所需延性时承受的最大剪压比水平也是不同的。其中仅配置普通箍筋的连梁设计规定，是按我国现行行业标准《高规》中的规定和国内外有关试验结果及分析得出的；交叉斜筋配置方式的设计规定是根据近些年国内外试验结果和分析得出的；集中对角斜筋和对角暗撑配置方式，是参考美国混凝土结构设计规范 ACI318 中的相关规定和国内外的试验结果给出的。设计文件中给出的连梁配筋方式，是根据连梁的适用条件及连梁的宽度等条件而选择的相应配置方式。

我国现行《混凝土结构设计规范》规定，对一、二级抗震等级的剪力墙连梁，当跨高比不大于 2.5 且连梁的宽度不小于 250mm 时，除配置普通箍筋外宜另配置斜向交叉钢筋，其目的是为了提高连梁的延性，使此类连梁发生剪切破坏时，其延性能力能够达到地震作用时剪力墙对连梁的延性需求。连梁中设置的斜向钢筋应在两侧的竖向构件中可靠地锚固，考虑到斜向钢筋施工方便等因素，伸入两侧竖向构件内可以弯折成水平方向锚固。

通常当连梁的宽度不小于 400mm 时，会采用集中对角斜筋或对角暗撑的配置形式。在筒中筒结构体系中，连梁的宽度不小于 400mm 且跨高比不大于 2 的框筒梁和内筒连梁也会配置斜向钢筋，而当跨高比不大于 1 的框筒梁和内筒连梁会采用交叉暗撑的配置方式，此时连梁中的剪力全部由交叉暗撑承担。现行《高规》规定，为方便施工对角暗撑不再设置箍筋加密区。

根据美国的科技人员对跨高比较小的短连梁，采用不同的配筋形式在地震作用下的性能试验研究结果证明，跨高比较小的短连梁采用集中对角斜筋和对角暗撑的配置形式相比，试验结果几乎没有差异，集中对角斜筋配置方式因不用配置箍筋相对更方便施工。在具体工程中应与设计人员协商确定采用的配置方式。本条对集中对角斜筋配置方式给出的要求供参考。施工图设计文件中均会标注斜向钢筋、集中对角斜筋及对角暗撑的纵向钢筋和箍筋。除满足强度的计算配置钢筋外，还应满足相应的构造要求。

处理措施

1. 在剪力墙中连梁当采用斜向交叉钢筋方式时，伸入墙体内的长度应满足直线锚固长度要求，并应与连梁中的箍筋绑扎固定。对角斜筋在梁端部位应设置不少于 3 根拉结钢筋，拉结钢筋的间距不应大于连梁的宽度和 200mm 的较小值，直径不应小于 6mm，见图 3.23-1 斜向交叉配筋连梁构造作法。

2. 为方便施工可将连梁中对角斜筋②号钢筋伸入洞边 50mm 后，弯折成水平方向锚

入两侧的剪力墙肢内，见图 3.23-2 对角斜向钢筋水平弯折锚固作法。

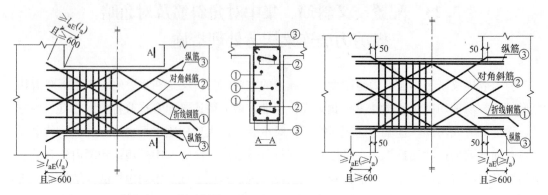

图 3.23-1　斜向交叉配筋连梁构造作法　　　图 3.23-2　对角斜向钢筋水平弯折锚固作法

3. 配置有集中对角斜筋的连梁，腰筋宜放置在箍筋的内侧且间距不应大于 200mm，在连梁的截面内应沿水平及竖直方向设置拉结钢筋，并应同时拉住纵向钢筋和箍筋，间距不应大于 200mm，直径不应小于 8mm。连梁中的纵向钢筋及对角斜筋在支座内的锚固长度不应小于 l_{aE}（l_a），见图 3.23-3 集中对角斜筋连梁构造作法。集中对角斜筋②号钢筋也可以采用伸入洞边 50mm 后，弯折成水平方向锚入两侧的竖向构件内，见图 3.23-4 集中对角斜筋水平弯折锚固作法。

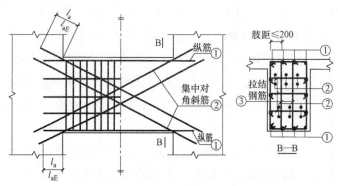

图 3.23-3　集中对角斜筋连梁构造作法

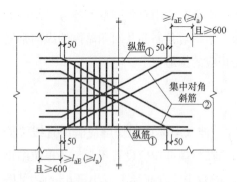

图 3.23-4　集中对角斜筋水平弯折锚固作法

4. 配置有对角暗撑的连梁，暗撑箍筋的外缘沿连梁截面的宽度方向不小于梁宽的一半，另一方向不小于梁宽的 1/5；箍筋的肢距不应大于 350mm。连梁中的纵向钢筋及暗撑的斜向钢筋在支座内的锚固长度，非抗震设计时不应小于 l_a，抗震设计时不应小于 $1.15l_a$，见图 3.23-5 对角暗撑连梁构造作法。

5. 除配置集中对角斜筋的连梁外，其他连梁的水平钢筋及箍筋形成的钢筋网之间应采用拉结钢筋，拉结钢筋的直径不小于 6mm，间距不大于 400mm。

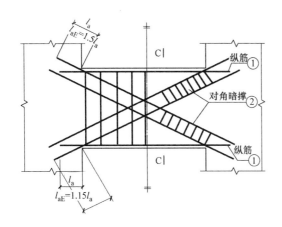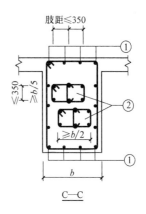

图 3.23-5　对角暗撑连梁构造作法

6. 筒体结构中的框筒梁和内筒连梁当宽度不小于 400mm 而设置交叉暗撑时，两个方向暗撑的纵向钢筋应采用矩形箍筋或螺旋箍筋绑扎成一体，箍筋直径不应小于 8mm，间距不应大于 150mm。

3.24　抗震剪力墙水平施工缝处抗滑移附加短筋构造处理措施

在高层建筑中当建筑功能的需要底部有较大空间时，上部的部分剪力墙不能直接连续贯通落地，结构设计常采用部分框支剪力墙结构体系，形成带转换层的高层建筑，由于这种结构体系属于竖向不规则结构，在转换层处是上、下层不同结构传递内力和变形的复杂受力部位，特别是在抗震设计时更是关键部位。

因部分抗侧力结构的剪力墙不能落在基础上，而需要生根在转换层的转换梁上，通常均生根在框支梁（或称为托墙转换梁）上，也有可能少量的墙生根在非框支梁上，转换层在地震时属薄弱部位，为保证框支层转换构件的转换梁的安全度和可靠抗震性能，框支剪力墙的竖向分布钢筋在框支梁内的锚固均需作加强的处理。

转换梁相邻的上一层剪力墙端部有较大的应力集中区段，该区段的剪力墙竖向分布钢筋会比其他部位数量多，其目确的是为保证竖向分布钢筋与混凝土共同承担竖向压力。该范围为从框支柱边 $0.2l_n$（l_n 为框支梁净跨）区段内上部墙体，此外，在转换梁相邻的上一层剪力墙 $0.2l_n$ 高度范围内水平分布钢筋也会加大。在 $0.2l_n$ 区段内的竖向和水平分布钢筋均会比该区段以外的相应钢筋间距加密一倍，在该范围内的拉结钢筋端部均应为 135° 弯钩且直线段不小于 $10d$，见图 3.24-1 框支剪力墙 $0.2l_n$ 区段范围示意图。

转换梁是上部相邻剪力墙的生根位置，此处也是施工时的水平施工缝位置，因此对剪力墙中的竖向分布钢筋在框支梁中的锚固要求应该更高。为了防止墙在水平施工缝处发生滑移，增强水平施工缝墙的抗滑移能力，剪力墙的竖向分布钢筋尽可能采用 U 形插筋，

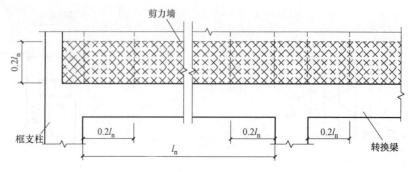

图 3.24-1　框支剪力墙 $0.2l_n$ 区段范围示意图

为方便施工，插筋也可以采用直线锚固并在转换梁内满足锚固长度要求。一级抗震等级的剪力墙根据轴压比设计时会验算水平施工缝处的抗滑移，若不能满足要求则会设置竖向附加短筋，解决抗滑移强度不足问题。部分框支剪力墙的转换梁上部相邻剪力墙均为底部加强区部位，剪力墙的竖向和水平分布钢筋连接应错开，不应在同一部位搭接连接，应按剪力墙底部加强区的构造要求错开 50% 连接。当在框支梁上剪力墙的水平施工缝处考虑了摩擦力的有力影响，墙的端部及竖向分布钢筋不能满足抗滑移强度要求时，除满足计算要求外还需另配置附加短筋来保证水平施工缝处的抗滑移强度，附加短筋应在转换梁和上部相邻的剪力墙内有足够的锚固长度，直径及间距应由设计文件注明。其排布位置应考虑钢筋间的最小净距问题。

转换梁上部相邻剪力墙有门、窗洞口时，洞边均设置边缘构件，其竖向钢筋应根据洞口底部距转换梁顶部尺寸不同，而采用在框支梁内不同的锚固长度。

处理措施

1. 转换梁上部相邻剪力墙的竖向加强分布钢筋，应配置在距框支柱边 $0.2l_n$ 的宽度范围内并伸至上层结构面顶部；水平分布加强钢筋应配置在框支梁上部相邻剪力墙中从梁顶面以上 $0.2l_n$ 的高度范围内，见图 3.24-2 框支剪力墙典型配筋示意图。

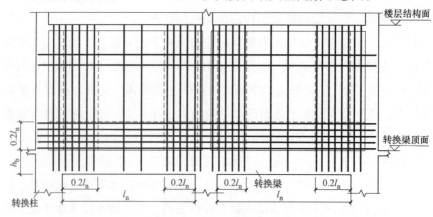

图 3.24-2　框支剪力墙典型配筋示意图

2. 转换梁相邻上部剪力墙的竖向分布钢筋的插筋，当采用 U 形钢筋时应伸至转换梁的底部，若采用直线锚固方式，在转换梁内的锚固长度非抗震设计时不应小于 l_a，抗震设计时不应小于 l_{aE}，见图 3.24-3 剪力墙竖向分布钢筋在转换梁内锚固作法。

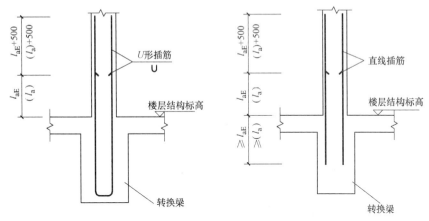

图 3.24-3　剪力墙竖向分布钢筋在转换梁内锚固作法

3. 转换梁上部相邻剪力墙洞口处边缘构件的纵向钢筋锚固长度，当洞口的尺寸关系 $B \leqslant 2h_1$ 或 $h_1 \geqslant h_b$ 时，在转换梁中的锚固长度非抗震设计时不应小于 l_a，抗震设计时不应小于 l_{aE}；当 $B > 2h_1$ 或 $h_1 < h_b/3$ 时，锚固长度应不小于 $1.2l_{aE}$（$1.2l_a$），见图 3.24-4 剪力墙边缘构件纵向钢筋在转换梁内锚固作法。

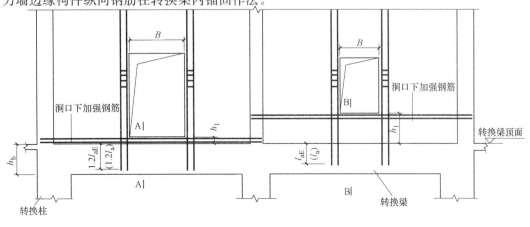

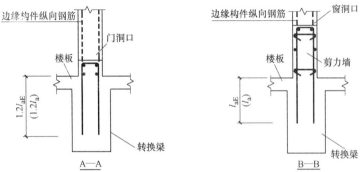

图 3.24-4　剪力墙边缘构件纵向钢筋在转换梁内锚固作法

4. 转换梁与上部相邻剪力墙及一级抗震剪力墙水平施工缝处，附加抗滑移短钢筋分别在转换梁和上部剪力墙内的锚固长度，非抗震设计时不应小于 l_a，抗震设计时不应小于 l_{aE}。附加抗滑移短钢筋可在竖向分布钢筋附近布置，若采取较好的固定措施也可以布置在墙体的中部，见图 3.24-5 抗滑移短筋作法示意图。

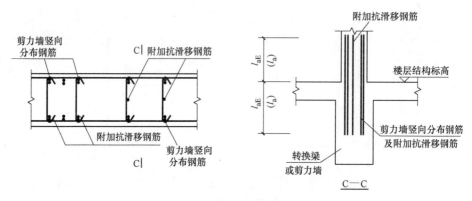

图 3.24-5　抗滑移短筋作法示意图

5. 转换梁相邻上部剪力墙竖向分布钢筋，应按剪力墙底部加强区的构造要求分批连接。

3.25　剪力墙与平面外楼面大梁相连构造处理措施

在设计有剪力墙的结构体系中（剪力墙、框架-剪力墙、框架-核心筒等），平面布置设计时楼面大梁不宜支承在剪力墙上，更不宜布置在剪力墙的连梁上。剪力墙在结构体系中是主要的抗侧力构件，其特点是平面内的刚度和承载力较大，而平面外的刚度及承载力相对较小。在工程中有时无法避免楼面大梁与剪力墙平面外相连，楼面大梁的边支座为剪力墙平面布置会使剪力墙肢平面外承受弯矩，特别是当梁高大于墙厚的 2 倍时，刚性连接大梁的梁端弯矩将使剪力墙平面外产生的弯曲对承载力和稳定更不利。因此，应更要注意剪力墙平面外受弯的安全问题。通常的作法是当剪力墙或核心筒墙肢与平面外的楼面大梁刚性连接时，在剪力墙内设置扶壁柱或暗柱，以保证剪力墙承载力和平面外的稳定。其前提条件是，墙的厚度不宜小于梁的宽度；设置扶壁柱时其宽度不应小于梁宽；设置暗柱时其高度为墙的厚度，暗柱的宽度取梁的宽度加 2 倍的墙厚度。

当楼面梁的跨度和高度较小时，在设计中可通过对端支座弯矩的调幅或变截面梁实现梁端的铰接或半刚接的假定，以减小墙肢平面外的弯矩，此时，梁中的跨中弯矩应相应加大。

无论梁端按何种假定设计，梁中的纵向钢筋在端支座的锚固均应符合相应假定的锚固长度要求，当梁的上部纵向钢筋采用弯折锚固时，首先应保证水平段的尺寸然后才可以做 90° 弯折，当水平段尺寸不能满足要求时，不能用加大弯折后竖直段长度的方法解决锚固问题，应与设计单位商定解决。梁下部纵向钢筋应根据假定确定其锚固长度。当剪力墙、

100

暗柱或扶壁柱的厚度不能满足梁纵向钢筋弯锚的水平段长度要求时，可将楼面梁伸出墙面形成梁头满足弯锚的构造要求。这样的构造作法应由设计方确认。当楼面梁端部外侧有楼板时，也可将梁上部纵向钢筋延伸至楼板内满足直锚长度的要求。

处理措施

1. 暗柱和扶壁柱中的纵向钢筋及箍筋，应按相应的抗震等级采取构造措施。

2. 应明确梁端的计算假定，或根据设计文件中注明的纵向钢筋是否充分利用其强度设计值，确定其锚固长度的构造要求。

3. 当楼面大梁端支座为刚性连接时，其纵向钢筋应伸入剪力墙（暗柱）、扶壁柱内应满足锚固长度要求。采用 $90°$ 弯折锚固时的水平段投影长度不应小于 $0.4l_{ab}E$（$0.4l_{ab}$）弯折后的竖向投影长度不应小于 $15d$，见图 3.25-1 梁纵向钢筋在端支座弯折锚固作法。

4. 当梁端支座宽度不能满足梁纵向钢筋弯锚水平段的长度要求时，可采用楼面梁伸出墙面形成梁头的作法，锚固段的水平段的投影长度不应小于 $0.4l_{ab}E$（$0.4l_{ab}$），弯折后的竖向投影长度不应小于 $15d$，见图 3.25-2 梁纵向钢筋在梁头内锚固作法。

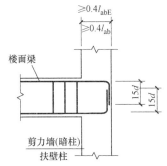

图 3.25-1　梁纵向钢筋在端支座弯折锚固作法

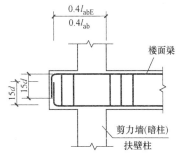

图 3.25-2　梁纵向钢筋在梁头内锚固作法

5. 梁上部纵向钢筋也可以伸至墙外楼板采用直锚方式，见图 3.25-3 梁上部纵向钢筋在墙外楼板内的锚固作法。

6. 当梁端为简支支承时，上部纵向钢筋按简支次梁的端支座要求锚固，下部纵向钢筋直锚长度不小于 $12d$，见图 3.25-4 梁下部纵向钢筋直线锚固作法。

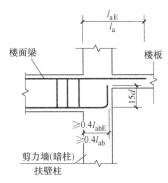

图 3.25-3　梁上部纵向钢筋在墙外楼板内的锚固作法

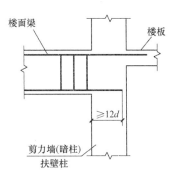

图 3.25-4　梁下部纵向钢筋直线锚固作法

3.26　剪力墙肢暗柱、扶壁柱构造处理措施

在剪力墙中除墙两端及洞口两侧均需设置边缘构件外，也会因楼面梁与剪力墙平面外相交等原因在墙中设置暗柱、扶壁柱等竖向构件，根据研究表明，由于剪力墙边缘构件中设置了箍筋可以改善混凝土的受压性能，增强剪力墙的延性和耗能能力，对有抗震设防要求的建筑起了很重要的作用。墙中设置的暗柱、附壁柱等竖向构件不属剪力墙的边缘构件，而在设计中也要按构造要求设置，它们与边缘构件的作用不同，因此构造要求也不一样。

构造要求扶壁柱的截面宽度不应小于梁宽，宜比梁宽每侧多出 50mm，扶壁柱的截面高度应计入墙厚，并应能满足与其相交楼面梁纵向钢筋的锚固长度要求；因楼面梁与剪力墙平面外相交的原因而在墙中设置的暗柱，暗柱的截面高度为剪力墙厚度，暗柱的截面宽度可取梁宽加 2 倍墙厚，不宜大于墙厚的 4 倍。根据国家标准设计图集 G101 的制图规则，扶壁柱的代号为 FBZ，暗柱的代号为 AZ。其纵向钢筋均是按计算配置的，有抗震设防要求时其抗震等级同主体结构。

在剪力墙的交叉处或非正交剪力墙的转角处，因设计的要求也会设置暗柱，施工图设计文件会注明相应的纵向钢筋及箍筋的配置要求。

处理措施

1. 抗震设计的扶壁柱应与主体结构抗震等级相同，其构造措施按框架柱要求施工。相连的楼面梁按框架梁的构造要求处理，纵向钢筋需满足相应的构造规定，见图 3.26-1 扶壁柱的构造作法。

2. 剪力墙支承楼面梁的暗柱，其抗震等级应与主体结构相同，纵向钢筋的构造要求及箍筋的加密区范围同框架柱，见图 3.26-2 剪力墙支承楼面梁暗柱构造作法。

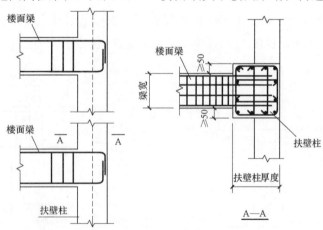

图 3.26-1　扶壁柱的构造作法

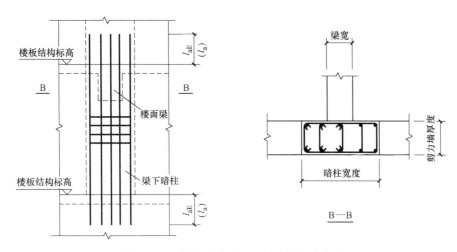

图 3.26-2　剪力墙支承楼面梁暗柱构造作法

3. 剪力墙交叉处或非正交剪力墙设置的转角处暗柱，除设计文件的具体规定外可按剪力墙的构造边缘构件采取相应的措施。剪力墙的水平分布钢筋在暗柱内的连接作法，可按本章的第 3.1 条和第 3.4 条处理。不规则形状暗柱不应采用弯折角度大于 180° 的内折角箍筋，见图 3.26-3 暗柱箍筋的构造作法。

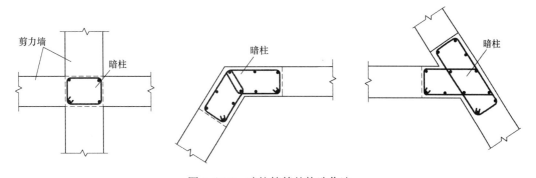

图 3.26-3　暗柱箍筋的构造作法

3.27　剪力墙拉结钢筋的处理措施

在高层建筑的剪力墙和抗震设计的剪力墙中不允许采用单排配筋，因此当墙厚不大于 400mm 时为双层配筋，当墙的厚度超过了 400mm 但不大于 700mm 时为三层钢筋，超过 700mm 采用四排钢筋，若墙厚较厚时仍然采用双排配筋方案，会在墙中部形成大面积的素混凝土，使剪力墙截面应力分布不均匀。墙肢内的分布钢筋是根据现行规范的规定并必须满足最小配筋率而配置，竖向钢筋的最小配筋率是为防止混凝土墙体在受弯裂缝出现后立即达到极限受弯承载力，而水平分布钢筋的最小配筋率则是为了防止墙体在斜裂缝出现后发生脆性的剪拉式破坏。不能理解为墙肢中部分布钢筋是构造配置的。因此，各排分布钢筋均应满足剪力墙分布钢筋的构造要求，靠墙面的配筋直径可以略大些，但各排钢筋的间距应相同。为增强各排分布钢筋的联系需要设置拉结钢筋。拉结钢筋的目的主要是为固定各排钢筋的设计位置，形成有刚度的钢筋骨架，方便模板的安装和混凝土的浇筑。

剪力墙的拉结钢筋因设置的位置不同、作用不同或是否抗震设计等因素，对端部的弯折角度和弯折后的直线段长度构造要求也是不相同。在墙肢的截面高度与厚度之比不大于4的小墙肢、扶壁柱、剪力墙支承楼面梁的暗柱和边缘构件中的拉结钢筋，均是箍筋的一部分，应按箍筋的构造要求处理，拉筋的直径、间距和水平肢距应严格按施工图设计文件的标注施工。拉结钢筋宜尽量同时拉住箍筋和纵向钢筋，对于柱类构件至少应紧靠在纵向钢筋处拉住箍筋。在剪力墙的约束边缘构件（沿墙肢长度 l_c 均是约束边缘构件的一部分）范围内的拉结钢筋，是作为约束边缘构件体积配箍率的一部分，应按箍筋的构造要求处理。构造边缘中的拉结钢筋也应按箍筋的构造要求处理。应注意设计文件有时仅注明边缘构件中的拉结钢筋个数，未注明肢距（水平方向的间距）时，无论什么性质的边缘构件中的箍筋或拉结钢筋的肢距，不应大于竖向钢筋间距的两倍及 300mm 两者的较小值并均匀排布，特别是当墙厚不小于 350mm 时，需在构件的中部另设置拉结钢筋，否则不能满足水平肢距的最大值要求。

抗震设计时及非抗震剪力墙肢的拉结钢筋，只为固定各片钢筋网而设置的，不需要按抗震设计箍筋构造要求的端部弯钩和弯钩后的直线长度加工；无论是否为抗震设计，剪力墙肢的拉结钢筋间距不应大于 600mm 且宜梅花状布置，抗震设计时底部加强区的拉结钢筋间距不再要求适当加密，除施工图设计文件对拉结钢筋有具体的规定外（当墙肢厚度较厚、分布钢筋的排数较多时），一般直径不小于 6mm，间距不大于 600mm。

处理措施

1. 抗震设计时按箍筋构造要求配置的拉结钢筋，两个端部应作 135°弯钩，弯折后的直线段不小于拉结钢筋直径 10 倍或 75mm 两者间较大值，见图 3.27-1 按箍筋要求的拉结钢筋构造作法。

2. 剪力墙肢中的拉结钢筋一端可做成 135°弯钩，另一端可做成不小于 90°的弯钩，弯折后的直线段均不小于 5d，见图 3.27-2 墙肢中拉结构造钢筋作法。

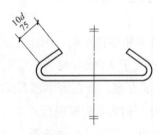
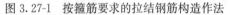

图 3.27-1　按箍筋要求的拉结钢筋构造作法

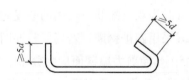

图 3.27-2　墙肢中拉结构造钢筋作法

3. 墙肢中的拉结钢筋及边缘构件和小墙肢中的拉结钢筋，在绑扎安装时均宜同时拉住两个方向的钢筋。

3.28　剪力墙约束边缘构件的处理措施

抗震设计时剪力墙为了实现"强剪弱弯"的受力机制，提高剪力墙的变形能力和耗能能力，除满足计算和构造的要求外，还与剪力墙肢边缘构件的设置、墙肢截面相对受压区高度、轴压比，以及墙肢边缘的约束条件有很大关系。以此，抗震设计时在剪力墙的两端和大洞口的两侧需设置边缘构件，其目的是用以提高剪力墙底部加强区部位墙肢受压区的有效压应变，避免墙肢端部被压溃，并提高墙肢的延性性能。抗震等级为特一级、一～三级的剪力墙、部分框支剪力墙结构体系的剪力墙底部加强区根据剪力墙的轴压比，在底部加强区及其上一层应设置约束边缘构件，对 B 级高度的高层建筑剪力墙的约束边缘构件与构造边缘构件间，还应设置过渡的边缘构件。现行《建筑抗震设计规范》将设置约束边缘构件的要求扩大至抗震等级为三级的抗震墙。对混凝土筒体的四角、高层剪力墙结构设置转角窗的两侧墙体，沿建筑的全高设置需约束边缘构件。抗震设计的剪力墙底部加强区是否设置约束边缘构件，设计时是根据剪力墙的轴压比来确定的，并不是在剪力墙底部加强区均设置约束边缘构件，轴压比较小时也可设置构造边缘构件。为什么抗震设计的剪力墙要控制轴压比呢，因为轴压比是在地震作用下影响剪力墙塑性变形能力的重要因素，当剪力墙轴压比较大时，墙肢边缘的压应力和压应变均很大，因此需要在墙肢和大洞口边缘设置约束作用较强带箍筋的边缘构件。为简化设计和方便施工，我国现行规范直接给出了约束范围，并将约束边缘构件的范围分成两个部分。靠近墙肢端部边缘部分（图中的阴影部分）应力最大，箍筋要求的数量多且要求高；靠近墙肢内部部分（非阴影部分，即约束边缘构件沿墙肢的长度 l_c 减去阴影部分的长度）应力较小，约束钢筋要求可以降低一些。

约束边缘构件沿墙肢的长度 l_c 与剪力墙肢长度 h_w 有关。当墙肢内开洞较小且洞边未设置约束边缘构件，剪力墙墙肢长度 h_w 按整个墙段计算。而当墙肢内开洞较大且洞边设置的是约束边缘构件时，剪力墙肢长度 h_w 按一个单独墙肢的墙长计算。约束边缘构沿墙肢的长度 l_c 应在设计文件上明确注明，或将约束边缘构件沿长度 l_c 均绘制出配筋详图，不应注明由施工单位计算 l_c 范围，施工企业按图施工无法确定其尺寸。

约束边缘构件沿墙肢的长度 l_c 是剪力墙的受压区高度，受压区高度不仅与轴压比有关，也与截面的形状有关。剪力墙约束边缘构件可以是暗柱、端柱和翼墙，在相同的轴力作用下，带翼缘或带端柱的剪力墙，其受压区高度小于一字截面的剪力墙，因此，从计算结果中可以看到，带翼缘或带端柱的剪力墙约束边缘构件沿墙肢的长度，均小于带暗柱的一字形截面剪力墙。当剪力墙的翼墙长度小于墙厚的 3 倍或端柱截面边长小于 2 倍墙厚时，应视为无翼墙、无端柱的剪力墙。

考虑到底部加强区部位以上相邻层的抗震墙，其轴压比可能仍比较大，因此要求将约束边缘构件向上延伸一层。施工图设计文件会明确注明剪力墙底部加强区的高度，也会要求底部剪力墙的约束边缘构件从底部加强区向上延伸一层。对于 B 级高度的高层建筑剪力墙，由于高度较高，为避免边缘构件配筋急剧减少的不利情况，要求在约束边缘构件与构造边缘构件之间设置 1～2 层过渡层，过渡层边缘构件的箍筋配置要求可以低于约束边缘构件，但应高于构造边缘构件的要求。根据现行《建筑抗震设计规范》中的规定，当地下室顶板作为上部结构的嵌固部位时，约束边缘构件不需要向下延伸一层，地下一层剪力墙墙肢端部的边缘构件纵向钢筋的截面面积，不应少于地上一层对应墙肢端部边缘构件纵向钢筋的截面面积。

约束边缘构件的体积配箍率可以将符合构造要求的水平分布钢筋计入，但不应超过总体积配箍率的 30%。"符合构造要求的水平分布钢筋"并不是要求水平分布钢筋伸入约束边缘构件内满足水平弯折 $10d$ 的要求，而是指水平分布钢筋伸入约束边缘构件后，在墙端部有 90°弯折后延伸到另一排分布钢筋并钩住其竖向钢筋，与拉结钢筋形成复合箍，才可以起到有效的约束混凝土作用。对于一字形约束边缘构件也可以采用 U 形水平钢筋与水平分布钢筋在 l_c 外连接，采用搭接连接时应分两次，每次搭接数量不应大于 50%。水平分布钢筋伸至墙端部 90°弯折后的水平段 $10d$ 的作法不能满足此项要求。当设计文件未作明确的要求时，水平分布钢筋伸入约束边缘构件的作法应按"符合构造要求"施工。

处理措施

1. 抗震等级为特一、一～三级的剪力墙，当底层墙肢截面在重力代表值作用下的轴压比较大以及部分框支剪力墙结构中的剪力墙，应在底部加强区部位及相邻上一层设置约束边缘构件。

2. 抗震设计时，框架-核心筒结构的角部、高层剪力墙结构的转角窗两侧的墙肢，自底部加强区开始全高设计约束边缘构件。

3. 根据国家标准设计图集 G101 制图规则的规定，剪力墙约束边缘的代号应按 YBZ 标注，构造措施应按相应的约束边缘构件施工。

4. 剪力墙约束边缘构件根据计算所需的竖向钢筋应全部配置在阴影范围内。约束边缘构件为暗柱、有翼墙和转角墙时，见图 3.28-1 约束边缘构件为墙的构造作法。

5. 有端柱的约束边缘构件需要满足端柱的截面长度和宽度均不小于墙厚的 2 倍，当端柱的截面长度和宽度不小于墙厚的 3 倍时，阴影部分可不延伸到墙内，即延伸到墙内的 300mm 延长段可以取消，见图 3.28-2 约束边缘构件为端柱的构造作法。

6. 约束边缘构件的阴影范围内的约束钢筋以箍筋为主，非阴影范围的约束钢筋可采用拉结钢筋，拉结钢筋的端部应为 135°弯钩，弯钩后的直线段长度不小于 $10d$ 且应同时拉住水平和竖向钢筋。

7. 箍筋和拉结钢筋的竖向间距，抗震等级为一级时不宜大于 100mm，抗震等级为二、三级时不宜大于 150mm。箍筋和拉结钢筋的水平肢距不宜大于 300mm，不应大于竖向钢筋间距的 2 倍（至少隔一拉一）。

8. 当计算约束边缘构件的体积配箍率包括剪力墙水平分布钢筋的成分时，水平分布钢筋应伸至端部满足构造要求，即伸至墙端后 90°水平弯折延伸到另一排分布钢筋并钩住其竖向钢筋，端部应做成 135°弯钩且弯钩后的水平段长度不小于 $10d$。一字形墙的端部约束边缘构件为暗柱也可以采用 U 形钢筋与水平分布钢筋在 l_c 范围外分两次搭接连接，每次搭接数量不大于 50%，并满足水平分布钢筋在剪力墙底部加强区的搭接连接要求。一字墙端部暗柱为约束边缘构件时的作法，见图 3.28-3 水平分布钢筋在剪力墙暗柱中的构造作法。

9. 有翼缘墙或有转角墙的约束边缘构件，剪力墙水平分布钢筋应满足伸至端部后 90°水平弯折延伸到另一排分布钢筋并钩住其竖向钢筋，端部应做成 135°弯钩且弯钩后的水平段长度不小于 $10d$。转角墙的外侧水平分布钢筋在转角处不宜采用搭接连接，而伸过 l_c 范围外分两次搭接连接，每次搭接数量不大于 50%，并满足水平分布钢筋在剪力墙底部加强区的搭接连接要求，见图 3.28-4 剪力墙水平分布钢筋在翼墙和转角墙的构造作法。

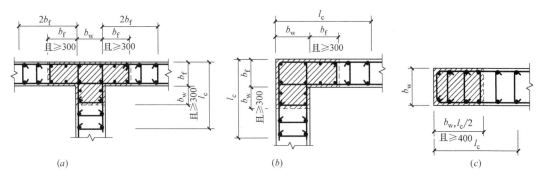

图 3.28-1　约束边缘构件为墙的构造作法

（a）有翼缘墙；（b）有转角墙；（c）暗柱

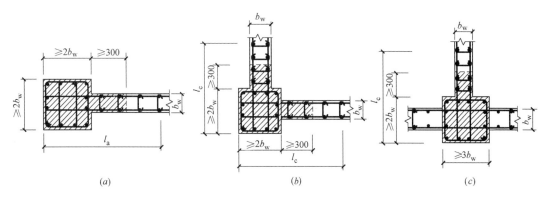

图 3.28-2　约束边缘构件为端柱的构造作法

（a）端柱 1；（b）端柱 2；（c）端柱 3

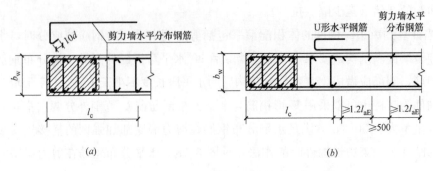

图 3.28-3 水平分布钢在剪力墙暗柱中的构造作法

(a) 水平钢筋端部弯钩作法；(b) 端部采用 U 形钢筋作法

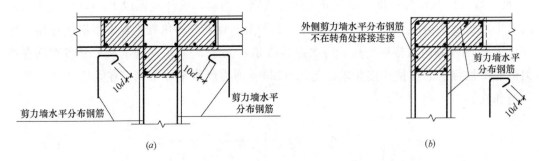

图 3.28-4 剪力墙水平分布钢筋在翼墙和转角墙的构造作法

(a) 水平分布钢筋在翼墙构造作法；(b) 水平分布钢筋在转角墙构造作法

3.29 剪力墙构造边缘构件的处理措施

抗震设计时，多层剪力墙结构及 A 级高度的剪力墙结构，抗震等级为一～三级剪力墙的底部加强区的洞口两侧、剪力墙的端部，当底层墙肢截面在重力代表值作用下的轴压比较小时，应按要求设置构造边缘构件。抗震等级为一～三级剪力墙的其他部位及四级剪力墙应设置构造边缘构件。对于特一级剪力墙、连体结构、错层结构及 B 级高度剪力墙（筒体）的构造边缘构件，其竖向钢筋除满足计算要求外，还应增大配筋并满足最小配筋量的要求。构造边缘构件中的纵向钢筋应按承载力计算和构造要求二者较大值设置。按构造要求设置的竖向钢筋最小量与构造边缘构件的截面面积 A_c 有关，并配置在构造边缘构件的截面范围内。构造边缘构件与约束边缘构件不同，构造边缘构件没有沿墙肢长度 l_c 范围问题，施工图设计文件均会直接绘出构造边缘构件的范围（图 3.29 中的阴影部分）当构造边缘构件端柱承受集中荷载时，应符合框架柱的配筋构造要求。

处理措施

1. 剪力墙构造边缘构件的范围见图 3.29 剪力墙构造边缘构件范围中的阴影部分，纵向钢筋应配置在此范围。

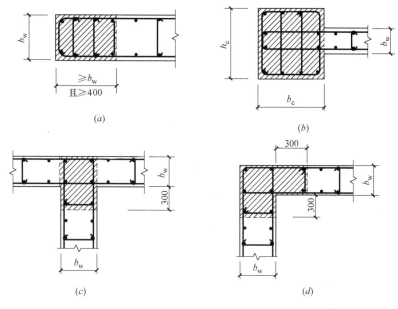

图 3.29　剪力墙构造边缘构件

(*a*) 端部暗柱构造边缘构件；(*b*) 端柱构造边缘构件；(*c*) 带翼缘墙构造边缘构件；(*d*) 带撞角墙构造边缘构件

2. 根据国家标准设计图集 11G101-1 制图规则的规定，剪力墙构造边缘的代号应按 GBZ 标注，构造措施应按相应的构造边缘构件施工。

3. 构造边缘构件中可采用箍筋与拉结钢筋相结合的方式配置，水平方向肢距不宜大于 300mm，且不应大于竖向钢筋间距的 2 倍。拉结钢筋的端部应为 135°弯钩，弯钩后的直线段长度不小于 10d 且宜同时拉住水平和竖向钢筋。

4. 剪力水平分布钢筋在构造边缘构件中的连接措施见本章第 3.3 条的处理措施；在端柱内的锚固处理措施见本章的第 3.2 条。

3.30　剪力墙局部错洞时边缘构件中纵向钢筋处理措施

有抗震设防要求建筑中的剪力墙，在设计时应考虑不宜采用错洞和叠合错洞的剪力墙。特别是一、二、三级抗震等级的剪力墙底部加强区部位，要避免采用上、下层洞口不对齐的错洞墙，剪力墙的全高不宜设计成叠合错洞墙。由于剪力墙洞口不规则的布置会引起墙肢内力的交错传递和局部应力集中，因而会导致在地震作用下剪力墙发生剪切破坏。在抗震设计的剪力墙需要底部加强区有一定的延性来保证"强剪弱弯"的设计原则，若发生了剪切的脆性破坏，剪力墙很快就会丧失承载能力导致建筑物倒塌。但在工程中因使用功能的要求，不能完全避免错洞和叠合错洞的剪力墙，从设计的角度应采取可靠的措施来保证墙肢荷载的传递途径。叠合错洞墙连梁的设计还应考虑上层墙肢内力作用在连梁上的影响。

由于剪力墙底部加强区的重要性，通常设计尽量避免在此部位设计成错洞或叠合错洞的剪力墙。若遇到此种情况时，由于很多的标准图集均未给出相应的构造处理措施和构造详图，因此在施工图设计文件中应绘出相应的构造详图。抗震设计时，框架-剪力墙结构和剪力墙结构有地下室时，一般嵌固部位会选在地下室顶板或地下一层楼板处。当崁固部位上、下有错洞时，应采取较严格的构造措施保证崁固部位符合计算假定。

当地下室顶板作为嵌固部位时，在地震作用下剪力墙墙肢的崁固部位发生屈服时，地下一层对应的剪力墙墙肢不应该屈服。因此无论地下室墙体是否有洞，边缘构件的纵向钢筋均应向下延伸一层，并在地下一层以下满足锚固长度的要求。抗震设计时应满足 l_{aE}。根据住建部发布的《建筑工程设计文件编制深度规定》要求，施工图设计文件应注明整体计算时结构的嵌固部位，施工前对图纸会审时应注意嵌固部位的位置，方便处理构造问题时符合相应有关嵌固部位的规定。

处理措施

1. 当嵌固部位为地下室顶板且嵌固部位上、下剪力墙的洞口对齐时，剪力墙底部加强区的约束边缘构件中的纵向钢筋应从嵌固部位向下延伸一层，但可不按约束边缘构件采取抗震构造措施，纵向钢筋在地下一层楼板以下，锚固长度不小于 $1.2l_{aE}$，见图 3.30-1 地下一层与地上洞口对齐时边缘构件构造作法。

2. 嵌固部位为地下室顶板，地上一层有洞口但地下一层相应的位置无洞口时，边缘构件的纵向钢筋应伸至地下一层楼板以下，锚固长度不小于 l_{aE}，见图 3.30-2 地下一层无洞口时边缘构件构造作法。

3. 当剪力墙有局部错洞时，应按以下方法采取构造措施，见图 3.30-3 错洞剪力墙边缘构件的构造作法。

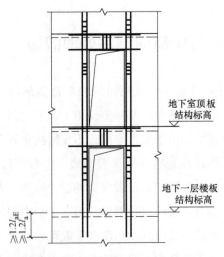

图 3.30-1 地下一层与地上洞口对齐时
边缘构件构造作法

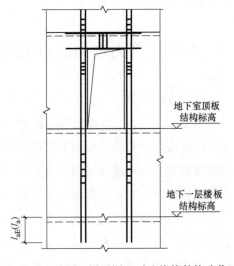

图 3.30-2 地下一层无洞口时边缘构件构造作法

110

1）当洞口边的边缘构件中不需要向上贯通时，纵向钢筋应伸入上层墙体内锚固，其锚固长度应不小于 $1.2l_{aE}$（$1.2l_a$）的要求。

2）当边缘构件不能向下贯通时，其纵向钢筋遇下层连梁，伸入的长度应满足锚固长度并加 $6d$ 直钩，伸入的直线长度不满足 l_{aE}（l_a）时，可采用水平弯折，弯折后的水平段 $\geq 6d$ 且满足总长度 l_{aE}（l_a）的要求。

3）当边缘构件不能向上贯通时，其纵向钢筋伸至连梁顶部，伸入的长度应满足锚固长度并加 $6d$ 直钩，伸入的直线长度不满足 l_{aE}（l_a）时，可采用水平弯折，弯折后的水平段 $\geq 6d$ 且满足总长度 l_{aE}（l_a）的要求。

4）错洞口剪力墙的约束边缘构件，应向下延伸一层，纵向钢筋锚固在底层楼板以下的墙体内。

5）当底层墙体中有局部开洞时，洞边的边缘构件中纵向钢筋应各自锚入上、下层楼板墙体内，并满足锚固长度 l_{aE}（l_a）的要求。

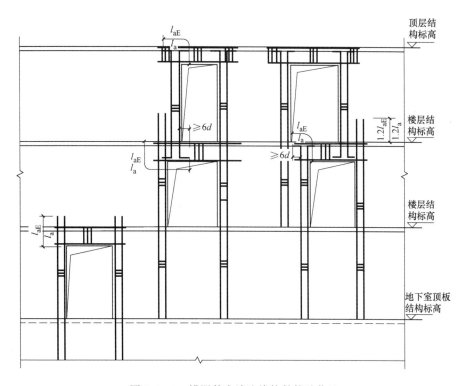

图 3.30-3　错洞剪力墙边缘构件构造作法

3.31　叠合错洞剪力墙连梁及边缘构件处理措施

剪力墙的错洞口布置使墙肢内的应力分布复杂，结构计算和构造处理相对更复杂和困难，剪力墙的底部加强区部位，是塑性铰出现潜在的位置及保证剪力墙安全的重要部位，抗震等级为一、二级和三级时，不宜在此部位设置剪力墙的错洞，而在其他部位无法避免叠合错洞布置时，在洞口边采取加强措施。目前对于错洞剪力墙的整体计算除按平面有限元方法外，还没有更好的简化方法计算剪力墙的错洞，一般都是根据计算得到的应力，不考虑混凝土的抗拉作用，按应力进行配筋，并加强构造措施来解决，因此抗震设防的构造处理措施就更为重要。

由于不规则的墙体开洞，会引起剪力墙肢内力的交错传递和局部的应力集中，易使剪力墙在地震作用时发生剪切破坏，设计为保证墙肢内荷载的传递途径和上层墙肢内力作用在连梁上的不利影响，因此要采取可靠的有效措施，使叠合错洞边形成暗框架，以增强被削弱的部位。

由于当前的各设计院均采用"平法"绘制施工图设计文件，上、下层剪力墙的错洞在一张图纸中不能反映出来，因此在施工时更要全面熟悉图纸，如果有条件的话应该做二次设计，将每个墙肢的立面图绘制出来，准确地反映出墙体洞口的位置并采取可靠的构造措施。一般的高层住宅均采用剪力墙结构体系，且在平面上洞口的位置基本一致，而在公共建筑中的剪力墙、框架-剪力墙中，应建筑功能和设备专业的需要，难免会出现剪力墙上、下层预留洞不在一个相同位置的情况，施工时应注意错洞的构造作法问题。

<u>处理措施</u>

1. 在叠合错洞两侧设置的是贯通边缘构件时，其作用相当于框架的暗柱，应按相应的边缘构件的构造措施处理。

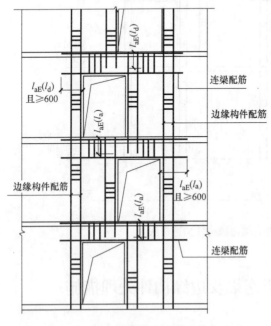

图 3.31 剪力墙的叠合错洞构造作法

2. 在洞边也设置了不能贯通的边缘构件，该构件应作为洞口边的边缘构件，并按相应的边缘构件的构造要求处理，纵向钢筋在上、下连梁内锚固长度不小于 l_{aE}（l_a）。

3. 洞口上的连梁应在上、下洞口间拉通设置，连梁中的纵向钢筋应伸至贯通的剪力墙边缘构件内锚固，不能一侧仅伸入到非贯通边缘构件内锚固，应使连梁与贯通的剪力墙边缘构件形成暗框架。

4. 连梁中的箍筋应全长加密，在顶层处应从框架暗柱边开始设置支座内的连梁箍筋，并满足间距不大于 150mm 的规定，详见图 3.31 剪力墙的叠合错洞构造作法。

3.32 将剪力墙不规则错洞改为规则洞口处理措施

剪力墙洞口的布置，会极大地影响剪力墙的受力性能，在墙肢内规则开洞、洞口成列成排布置，能形成明确的墙肢和连梁，又可以与当前普遍应用的程序计算简图较为符合，设计结果安全可靠。因此结构工程师在设计时将剪力墙将上、下层布置的叠合错洞改为规则洞口，用填充墙砌筑成满足建筑要求的叠合错洞的作法，这是结构工程师为防止开洞后墙肢内力交错传递和局部应力集中的一种设计方法，也是防止在地震作用下墙肢发生剪切破坏的设计处理措施。将处理后的规则洞口按建筑的使用要求，将多余出的部分采用填充砌体而形成满足建筑功能使用要求的洞口尺寸。在结构抗震设计时，一～三级抗震等级的剪力墙底部加强区需控制错洞的水平距离不小于 2m，并还要进行仔细的计算分析。而用填充墙将不规则的错洞剪力墙转换为规则的洞口，可以满足规范规定不宜采用叠合错洞剪力墙的要求，使剪力墙的墙肢、连梁及边缘构件传力更明确，受力更合理，并且也方便施工。

填充墙边需设置构造柱并在砌体间设置拉结钢筋，填充墙宜采用轻质材料。洞口上连梁纵向钢筋的锚固及箍筋作法与普通的连梁相同，要注意的是填充墙边设置的构造柱中纵向钢筋在上、下层锚固，以及构造柱在上、下端箍筋的加密及构造柱与填充墙的拉结作法问题。正确的构造措施可以使剪力墙在地震作用下满足强度及刚度的安全要求，也能使剪力墙能充分发挥耗能性能和有足够延性，满足大震不倒的设计思想。

处理措施

1. 当规则洞口连梁的跨高比大于 5 时，由于设置的构造柱填充墙使实际洞口的连梁跨高比小于 5，此时连梁的上、下纵向钢筋应通长设置，箍筋应全长加密，不应按框架梁仅在梁端部设置箍筋加密区的构造作法。

2. 洞边按施工图设计文件中的要求设置构造柱，构造柱纵向钢筋在上、下结构中锚固长度不应小于 500mm，构造柱箍筋在上、下 500mm 的范围内宜作加密处理且间距不宜大于 100mm。

3. 填充墙与剪力墙边缘构件宜采用柔性连接，与构造柱及剪力墙边缘构件拉结的填充墙水平钢筋需通长设置。

4. 构造柱混凝土在上部应与连梁下部留有

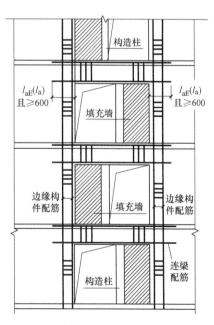

图 3.32 叠合错洞转化为规则洞口的立面图

20mm 左右的空隙，防止上部连梁的竖向荷载传至下层连梁上，使连梁的受力状态改变，详见图 3.32 叠合错洞转化为规则洞口的立面图。

3.33 错层剪力墙的处理措施

抗震设计时，错层结构属竖向布置不规则结构，由于结构的竖向不规则对抗震不利，在设计和施工时均应采取有效的处理措施。当楼层的不同部位因使用功能不同而使楼层错层时，设计通常会用防震缝划分成独立的结构单元，形成非错层结构，这个抗震处理措施比较简单。平面规则的剪力墙结构有错层时虽然对抗震不利，但是错层对地震性能的影响不是十分严重，而当平面布置不规则还存在错层时，由于扭转效应显著，错层剪力墙结构的破坏会更加严重。因此抗震设计的高层建筑中应尽量避免竖向错层布置，更应避免平面不规则时的竖向错层结构，当无法完全避免时应限制建筑的高度。按现行的《高规》规定，抗震设防烈度为 7 度和 8 度时，错层高层剪力墙结构、框架-剪力墙结构分别不大于 80m 和 60m。

在工程中也会经常遇到局部错层的问题，当结构仅在局部有错层时不属错层结构，但在水平地震作用下对结构整体安全也是有影响的，因此错层部位的构件应按错层采取相应的抗震处理措施。框架结构的错层规定比较清楚，而剪力墙结构的错层有时不好判断，特别是在楼层有局部错层时，可参考框架结构的概念判断是否属局部错层。在楼层局部及裙房地下室顶板与相邻的高层建筑首层楼板相交部位，经常会出现两侧混凝土板的标高不相同的情况，判别局部错层的方法可按两侧板相对高差是否超过理论跨度的梁高确定。当楼层有厕所、卫生间等局部降板较小时，可不按局部错层考虑。

错层结构的构造措施有很多，如限制错层处剪力墙的最小厚度、最低混凝土强度等级、最小配筋率、提高抗震等级，同时设置与之垂直的墙肢和扶壁柱等，当错层处的混凝土强度等级不能满足要求时，还需要在墙内设置型钢等措施改善结构的抗震性能。剪力墙结构的板在局部错层时虽然可不按错层结构考虑，但是错层构件应采取相应的抗震构造措施，特别是在地下室顶板处的错层，该处属上部结构的嵌固部位附近，且属剪力墙的底部加强区部位，是抗震设计的重要和关键部位，在抗震构造处理上应从严采取措施。错层剪力墙的分布钢筋直径比其他部位要大，采用绑扎搭接连接时的搭接长度可按小直径计算，为避免错层部位的构件在地震作用时先于其他构件破坏，当分布钢筋采取绑扎搭接连接方式时，应按一、二级剪力墙底部加强区分布钢筋搭接要求错开 50% 分批连接。

<u>处理措施</u>

1. 错层处剪力墙的厚度，非抗震设计时不应小于 200mm，抗震设计时不应小于 250mm，设置与其垂直的墙肢或扶壁柱。

2. 抗震设计时错层处剪力墙应提高一级抗震等级，混凝土强度等级应不低于 C30。

114

3. 错层处剪力墙水平及竖向分布钢筋配筋率，非抗震设计时不应小于0.3%，抗震设计时不应小于0.5%。

4. 错层剪力墙的分布钢筋分批连接，每批接头数量不宜大于总量的50%，连接端头的净距不小于500mm。

5. 错层剪力墙的竖向分布钢筋在上层的绑扎搭接连接长度，及在下层的锚固长度均不小于$1.2l_{aE}$，见图3.33错层剪力墙竖向分布钢筋的连接。

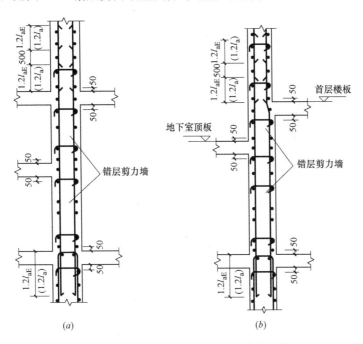

图3.33　错层剪力墙竖向分布钢筋的连接

（a）楼层局部错层构造作法；（b）地下室顶板处错层构造作法

第4章 梁构造处理措施

4.1 抗震设计多跨框架梁上部非通长纵向钢筋处理措施

框架梁在竖向荷载和地震作用下支座处存在负弯矩，因此需要在梁的上部配置承担负弯矩的纵向受拉钢筋，其钢筋数量是根据计算结果而配置的，当负弯矩较大时还需要配置多排钢筋。上部承担负弯矩的纵向钢筋在支座处伸入跨内的长度的截断位置，是需要根据弯矩包络图在适当的部位确定的，但不宜在受拉区截断。根据现行《混凝土结构设计规范》规定，当需要在受拉区截断时应根据弯矩图和支座的剪力确定其位置且满足以下三个条件：

1）倘若计算按构造配置抗剪箍筋时，根据弯矩图在不需要该钢筋面积梁截面以外不小于 $20d$ 处截断，且从该截面伸出长度不小于 $1.2l_a$。

2）当按计算配置抗剪箍筋时，根据弯矩图在不需要该钢筋面积梁截面以外不小于 h_0 处截断（h_0 为梁有效高度）且不小于 $20d$ 处截断，且从该截面伸出长度不小于 $1.2l_a+h_0$。

3）按上述规定若截断点的位置仍处在负弯矩受拉区内，则应该延伸到不需要该钢筋截面以外不小于 $1.3h_0$ 且不小于 $20d$ 处截断，并从该截面伸出长度不小于 $1.2l_a+1.7h_0$。

为了设计和施工的方便和根据以往的工程经验，当楼面的活荷载不大且比较均匀时，框架梁上部承担负弯矩的受拉钢筋配置不宜多于两排，每排的截断点可以根据相邻的跨差和净跨的尺寸为一固定值，当梁端上部配置三排钢筋时，施工图设计文件应特别注明截断长度，现行的国家标准图集中无第三排钢筋的截断长度表达方式及构造详图。当端跨外侧有较大悬臂跨或相邻跨差较大时，上部纵向受力钢筋在第一跨内或在较小跨内不宜截断，应通长配置。当前所有设计院的施工图设计文件均采用"平法"绘制梁的配筋详图，根据"平法"制图规则，抗震设计框架梁的上部纵向通长钢筋在"集中标注"处注明，非贯通纵向受力钢筋在支座处作"原位标注"。在相邻较小跨度的上部纵向通长钢筋需要贯通时，应在跨中上部作"原位标注"。当楼（屋）面荷载比较复杂，用标准设计图集中的详图节点不能满足构造要求时，设计文件应特别注明纵向钢筋的截断位置和相应的构造要求，也可以绘制框架梁构件详图表示。

非抗震设计框架梁上部纵向受力钢筋不需要在跨内通长设置，截断后应与架立钢筋搭接连接，架立钢筋的最小直径与跨度有关，对于高层框架结构的框架梁不应小于 2Φ12，架立钢筋的数量和直径在"集中标注"处注明。抗震设计的框架梁根据抗震等级在上部配置一定数量的通长构造钢筋（构造钢筋是不需要经过计算而配置的受力钢筋，与架立钢筋不同），根据现行《抗震规范》规定，沿框架梁顶面至少有两根上部纵向钢筋应通长配置，当抗震等级为一、二级时直径不小于2Φ14，且不应小于梁两端支座上部配筋中较大截面面积的1/4；三、四级抗震等级不应小于2Φ12。"集中标注"的通长钢筋与支座处"原位标注"上部纵向钢筋的直径可能不同，可以在非通长钢筋的截断处与通长钢筋连接，当采用绑扎搭接连接时，搭接应满足抗震搭接长度和接头面积百分率的要求，并按较细直径的钢筋计算，且在同一搭接区段的接头面积百分率不宜大于50%。没有特殊要求跨中上部通长钢筋截面面积不应配置太多，应按规范规定的要求配置即可，太多的通长钢筋并不能提高框架梁的承载力，反而是一种浪费。纵向非通长受力钢筋与构造钢筋采用绑扎搭接时，在搭接范围箍筋应加密，而与架立钢筋搭接时则不需要箍筋加密。

当抗震框架梁截面宽度较宽或配置箍筋肢数多于两肢时，需满足箍筋的角部必须有纵向钢筋固定的要求，除在箍筋最外角部布置通长钢筋外，在内侧箍筋角部配置纵向架立钢筋；架立钢筋与截断的纵向受力钢筋的搭接长度可为一固定值。

处理措施

1. 施工图设计文件对上部纵向受力钢筋截断无特殊要求时，且相邻跨的净跨长度基本相同（不大于20%），伸入跨内的截断长度应按相邻较大净跨度计算，上部第一排钢筋为 $l_n/3$（l_n 为较大跨的跨度），第二排钢筋为 $l_n/4l_n$。若配置三排钢筋时其截断长度应在设计文件中特殊注明，且不应小于第二排的长度，见图 4.1-1 相邻跨度基本相同上部钢筋截断构造作法。

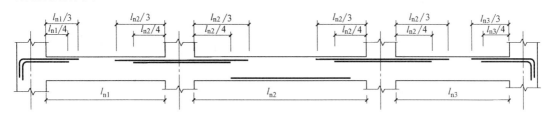

图 4.1-1 相邻跨度基本相同上部钢筋截断构造作法

2. 相邻跨的净跨长度差较大（大于20%）时，应按较大净跨长度计算钢筋的截断长度；在较小跨内上部钢筋不宜截断或搭接，按两端支座较大上部纵向受力钢筋贯通设置，并应采用原位标注法注明上部纵向钢筋的数量，跨中下部钢筋不小于按简支计算时配筋的50%，见图 4.1-2 较小跨度上部通长钢筋构造作法。

3. 抗震框架梁上部通长钢筋与支座纵向受力钢筋直径不同或相同，而采用搭接连接时的搭接长度应为 l_{lE} 且不小于300mm，同一连接区段内接头面积百分率不宜大于50%，纵向钢筋搭接范围内箍筋应加密，见图 4.1-3 通长钢筋与支座受力钢筋的搭接连接作法。

4. 非抗震设计的框架梁及抗震设计框架梁上部配置架立钢筋时，支座纵向受力钢筋与架立钢筋的搭接长度不小于150mm，且可在同一连接区段内搭接连接。架立钢筋的直径当跨度小于 4m 时直径不小于 8mm，跨度为 4~6m 时直径不应小于 10m，跨度大于 6m 时直径不宜小于 12mm，见图 4.1-4 支座受力钢筋与架立钢筋搭接构造作法。

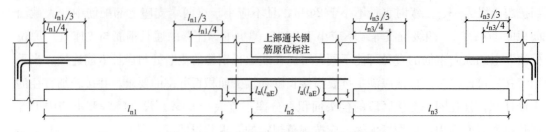

图 4.1-2 较小跨度上部通长钢筋构造作法

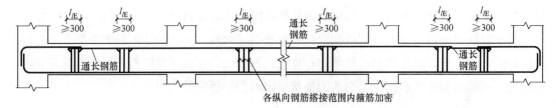

图 4.1-3 通长钢筋与支座受力钢筋的搭接连接作法

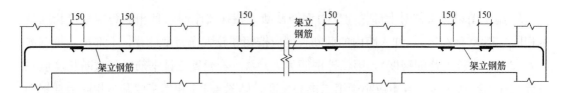

图 4.1-4 支座受力钢筋与架立钢筋搭接构造作法

4.2 楼层框架梁纵向受力钢筋在端支座锚固处理措施

在工程建设活动中工程技术人员通常非常关心构件的承载力、变形、裂缝宽度等是否影响结构安全和是否满足正常使用等因素，往往会忽略受力钢筋的锚固不足也会对构件的安全造成影响甚至发生破坏，影响正常使用。特别是目前全国各设计单位均采用"平法"绘制施工图设计文件，受力钢筋的锚固问题不在图纸中表达，而要求施工单位按相应的标准设计图集中的详图参考使用。当钢筋的直径较粗或构件支座尺寸不能满足锚固长度要求时，不合理的处理方式会造成构件的锚固破坏，影响构件甚至主体结构的承载能力及耐久性，在许多的工程质量事故及震害的调查结果中均有因钢筋锚固不足发生的破坏实例。钢筋混凝土构件是由钢筋和混凝土两种材料组成的构件，构件的承载能力通过它们之间的"握裹力"完成的，如果"握裹力"丧失，钢筋在混凝土中会发生滑移俗称"抽钎"，构件会产生宽度较大的裂缝，钢筋和混凝土就不能共同工作，构件承载力下降甚至会影响到结构的安全。纵向受力钢筋在支座内的锚固条件不满足规范规定的要求，也会造成构件的承载能力下降。因此，需要工程技术人员更要关注钢筋锚固问题，不能因纵向受力钢筋在支座内的锚固不足而导致构件承载能力降低或完全丧失承载能力。在工程设计和施工中不但要重视整体受力分析和计算、钢筋的配置符合设计图纸的要求等，也应重视纵向受力钢筋在支座锚固的问题，才能保证构件达到设计的承载能力。

抗震设计的框架梁上、下部纵向受力钢筋在边支座内的锚固可以采用多种方式，如直线锚固、弯折锚固和在纵向钢筋端部焊锚固板的机械锚固等方式。当采用90°弯折锚固方式时，必须保证纵向钢筋在支座内有足够的水平投影长度和90°弯折后投影长度的竖直段，水平投影长度不能满足要求时不能采用加长竖直段补偿总锚固长度的作法。大量的框架节点试验证明，当弯折前有足够的水平段加一定长度的竖直段，即使总锚固长度不能达到规定的直线锚固长度要求时，同样也可以满足锚固的强度要求。试验证明弯折前的水平段投影长度必须满足规范规定的最小长度，弯折后的竖直段投影长度不需要太长，超过一定长度后在钢筋的端部拉应力很小甚至没有应力，因此，水平段长度不能满足要求时而加长竖直段的作法，不能达到满足锚固强度的要求。弯折锚固时最重要的是弯折前的水平段必须满足规定的最小长度要求，采用弯折锚固方式时，弯折后的直线段需锚固在梁柱的节点核心区内；采用钢筋端部焊锚固板、锚固头等机械锚固方式时，首先也应满足伸入支座内的最小长度，并且锚板、锚头的承压面积不小于4倍的钢筋直径，还要满足钢筋净距的要求方能满足机械锚固强度要求。

当实际工程中，由于框架梁中的纵向受力钢筋直径较大，作为框架梁支座的框架柱宽度经常会不满足梁纵向钢筋直锚长度的要求，因此采用弯折锚固的方式很普遍。当弯折锚固的水平段不能满足规范规定的长度时，需与设计工程师协商或采用减小钢筋直径等方法解决，不应采用"水平段不够用竖直段来凑"的方法。框架梁纵向受力钢筋在边支座的锚固要求，抗震设计或非抗震设计的基本相同，只是锚固计算长度不同。非抗震设计的框架梁下部纵向钢筋根据需要可不全部伸入框架柱内锚固，设计时应根据最不利的弯矩包络图确定不伸入柱内锚固的数量，但施工时不能因下部钢筋数量多而自行减少伸入支座锚固的钢筋根数，应按施工图设计文件的要求施工。

非抗震设计的框架梁下部纵向受力钢筋在边端支座内的锚固与抗震设计不完全相同，施工时需要向设计人员了解是否充分利用钢筋的抗拉强度后，来确定在边支座内的锚固长度。设计文件中通常不会注明是否充分利用钢筋的抗拉强度，应在设计交底会议上了解清楚。当支座宽度不满足直线锚固长度，可以采用弯折锚固的方式，不能满足要求或节点核心区的钢筋比较密集时，利用现行的《混凝土结构设计规范》GB 50010—20010中第9.3.4条相关规定，对于不利用抗拉强度的下部纵向钢筋，在端支座内的锚固长度可以适当减小。

<u>处理措施</u>

1. 框架梁上部纵向受力钢筋采用直线锚固时，伸入支座内的长度应$\geqslant l_{aE}$（l_a）并过支座中心线$5d$，见图4.2-1上部纵向受力钢筋直线锚固作法。

2. 上部纵向受力钢筋采用弯折锚固时，弯折前的水平段包括弯弧在内的投影长度应≥0.4l_{aE}（0.4l_a），并伸至柱对边纵向钢筋的内侧 90°向下弯折，弯折后的竖直段包括弯弧在内的投影长度为 15d，d 为最大钢筋直径，见图 4.2-2 上部纵向受力钢筋弯折锚固作法。

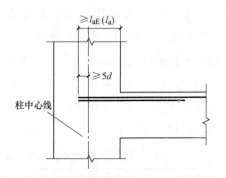

图 4.2-1 上部纵向受力钢筋直线锚固作法

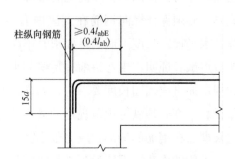

图 4.2-2 上部纵向受力钢筋弯折锚固作法

3. 当采用端部焊接钢板、锚头等机械锚固时，框架梁上、下纵向受力钢筋伸入支座内包括焊接钢板、锚头的投影长度应≥0.4l_{abE}（0.4l_{ab}），并过支座中心线 5d，且宜伸至柱对边纵向钢筋的内侧，见图 4.2-3 纵向受力钢筋机械锚固作法。

4. 下部纵向受力钢筋采用直线锚固时，作法与上部钢筋相同，见图 4.2-4 下部纵向受力钢筋直线锚固作法。

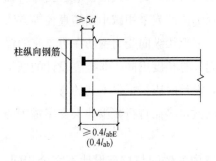

图 4.2-3 纵向受力钢筋机械锚固作法

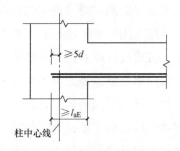

图 4.2-4 下部纵向受力钢筋直线锚固作法

5. 下部纵向受力钢筋采用弯折锚固时，弯折前的水平段包括弯弧在内的投影长度应≥0.4l_{abE}（0.4l_{ab}），并伸至柱对边纵向钢筋或上部下弯钢筋的内侧 90°向上弯折，弯折后的竖直段包括弯弧在内的投影长度为 15d，d 为最大钢筋直径，见图 4.2-5 下部纵向受力钢筋弯折锚固作法。

6. 非抗震设计框架梁下部纵向钢筋，当计算时考虑充分利用钢筋的抗拉强度时，伸入端支座内的直线锚固长度为 l_a，且过支座中心线 5d，d 为最大钢筋直径。计算中不利用该钢筋抗拉强度或仅利用抗压强度时，伸入边支座内的锚固长度带肋钢筋应≥12d，光圆钢筋应≥15d，d 为最大钢筋直径，见图 4.2-6 非抗震设计下部纵向钢筋不利用抗拉强度作法。

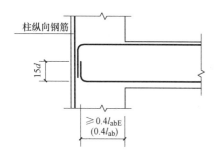
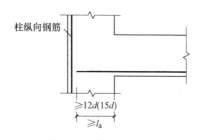

图 4.2-5　下部纵向受力钢筋弯折锚固作法　　图 4.2-6　非抗震设计下部纵向钢筋不利用抗拉强度作法

4.3　框架梁纵向受力钢筋在中间支座锚固处理措施

框架梁上部纵向钢筋在中间节点核心区应贯穿通过，在节点核心区内不应采用任何方式的连接和锚固。下部纵向钢筋宜贯穿节点核心区，由于中间节点核心区的纵向钢筋较多，特别是抗震设计时节点核心区要配置较密的水平复合箍筋，若节点周边的框架梁下部钢筋也在节点核心区内锚固，使节点核心区下部钢筋过分密集，钢筋的最小净距也不能满足要求，将影响混凝土与纵向受力钢筋的承载力质量，因此下部纵向钢筋尽量不在此范围内锚固，可以延长到节点另一侧梁内进行连接。当采用机械连接时可在梁端的箍筋加密区范围，但要控制接头面积百分率且采用等强度的连接器，机械连接的接头质量不应低于Ⅱ级，当抗震设计时的重要建筑或结构的关键部位，接头质量宜采用Ⅰ级。任何情况下在梁端箍筋加密区范围的同一连接区段，不应采用100%的机械连接。而采用在节点区以外搭接连接时，应选择内力较小的位置，抗震设计时避开梁端塑性铰区和箍筋加密区。施工时由于无法判断这样的区域，通常在节点外1.5～2.0倍梁高以外（一级抗震等级梁端箍筋加密区为2.0倍梁高），且无论抗震设计和非抗震设计，纵向受力钢筋搭接范围内均需采用箍筋加密处理。节点两侧框架梁下部纵向钢筋不宜在节点内采用弯折锚固方式，现行的《混凝土结构设计规范》取消这种作法的主要原因，也是由于节点核心区内的钢筋太拥挤不方便施工，影响工程质量。

若框架梁的下部钢筋较少或必须在中间支座节点核心区锚固时，可采用直线锚固、弯折锚固和机械锚固方式。非抗震设计计算不充分利用下部纵向钢筋的抗拉强度时，或者计算要充分利用钢筋的抗压强度时，钢筋应按受压钢筋在中间支座内的直线锚固长度均应符合一定最小长度的要求。遇到此类情况时，施工技术人员应向设计人员了解设计意图，不应根据自己的理解而决定锚固长度。

处理措施

1. 在框架中间节点梁下部纵向采用直线锚固时，伸入支座内的长度应不小于 l_{aE}（l_a），并应过支座中心线 $5d$，d 为最大钢筋直径，见图 4.3-1 下部纵向受力钢筋直线锚固作法。

2. 在节点核心区外的梁端箍筋加密区范围内若采用机械连接时应采用与钢筋等强度的连接器，同一连接区段不小于 $35d$，d 为纵向钢筋直径。同一连接区段内接头面积百分率不宜大于 50%，见图 4.3-2 下部纵向受力钢筋在节点核心区外机械连接作法。

3. 在节点核心区外采用绑扎搭接连接时，抗震设计第一连接点应选择在距支座 1.5～2.0 倍梁高以外，且在距支座 1/3 净跨范围内。同一连接区段不小于 $1.3l_{lE}$（$1.3l_l$），同一连接区段内接头面积百分率不应大于 50%，见图 4.3-3 下部纵向受力钢筋在节点核心区外搭接连接作法。

4. 非抗震设计时，当计算不利用该下部纵向钢筋的抗拉强度，伸入支座内的长度带肋钢筋应不小于 $12d$，光圆钢筋不小于 $15d$，d 为较大钢筋直径；计算要充分利用钢筋的抗压强度时，直线锚固长度应不小于 $0.7l_a$，见图 4.3-4 非抗震设计下部纵向钢筋锚固作法。

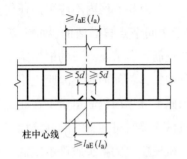

图 4.3-1　下部纵向受力钢筋直线锚固作法

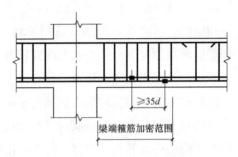

图 4.3-2　下部纵向受力钢筋在节点核心外机械连接作法

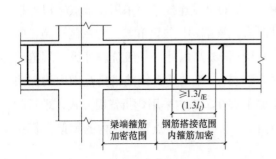

图 4.3-3　下部纵向受力钢筋在节点外搭接连接作法

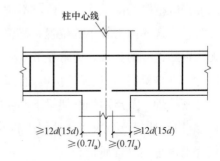

图 4.3-4　非抗震设计不利用该纵向钢筋锚固作法

4.4　框架梁在柱两侧截面尺寸不同时纵向钢筋处理措施

在工程中经常会遇到框架柱两侧的框架梁的宽度或高度不同，或因纵向受力钢筋直径、根数不同，部分钢筋需要在中柱内锚固的问题。框架中间节点核心区的钢筋比较拥挤，若所有下部纵向受力钢筋均在节点核心区内锚固会造成更加拥挤，也会使混凝土浇筑不密实，节点核心区的混凝土浇筑质量得不到保障，特别对抗震设计的节点要求"节点更强"的设计原则无法实现。在地震灾害的调查中发现，框架节点破坏的实例很多，甚至由于在大震作用下由于节点的破坏而造成房屋的倒塌。

由于当前几乎所有设计单位的施工图设计文件均采用"平法"制图规则绘制，基本不绘制节点详图，而要求施工企业参考有关标准设计图集中的节点构造详图施工，各施工企业的技术水平和理解图集的能力参差不齐，给施工造成了很大不便，甚至由于构造作法的不正确而存在安全隐患。标准设计图集中的节点构造作法，不能包括特殊或复杂的节点，对于特殊节点或复杂节点设计文件应绘制相应的节点详图，并提出处理措施来保证节点核心区的质量。对于框架柱两侧梁的截面尺寸不同时，应本着纵向钢筋"能通则通"的原则采取处理措施，尽可能使纵向钢筋在节点核心区贯通而不采取锚固作法，中柱两侧框架梁的上部钢筋应在节点贯通，当下部钢筋较少时不能贯通的纵向钢筋采取一定的处理措施也可以考虑在中节点内锚固。

当中柱两侧的框架梁高度相同而宽度不同时，下部纵向钢筋应"能通则通"，不能直线贯通的钢筋可以采取一定的坡度水平弯折后在节点核心内贯通，贯通后可以在另一侧梁内锚固或连接，其作法可参见本章第4.3条的处理措施；当中柱两侧的框架梁高度不同而宽度相同时，根据两侧框架梁的顶部不平或底部不平的具体情况采取相应的处理措施。对于非抗震设计的框架结构，框架梁的下部钢筋在支座内的锚固长度较短，基本不需要在中柱内贯通节点核心区，因此，通常不需要采取特殊的处理措施。

处理措施

1. 两侧框架梁高度相同而宽度不同时，不同直线贯通的下部纵向钢筋可在柱内以坡度不大于1：6水平弯折后贯通柱截面，在另一侧框架梁内锚固或连接，见图4.4-1下部纵向钢筋在中间节点弯折贯通作法。

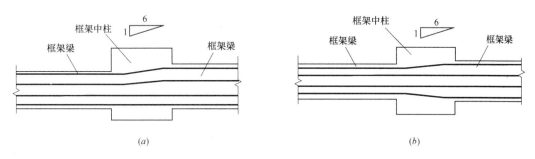

图 4.4-1　下部纵向钢筋在中间节点弯折贯通作法
（a）梁一侧不平的作法；（b）梁两侧均不平的作法

2. 不能贯通的纵向受力钢筋必须在中节点核心区内锚固时，可根据具体条件采取直线锚固或弯折锚固方式，见图4.4-2下部纵向钢筋在中间节点锚固作法。

3. 两侧框架梁宽度相同顶部不平时，上部纵向钢筋可按框架中间楼层边支座作法采取相应的处理措施，见图4.4-3梁上部不平纵向钢筋的处理措施。

4. 两侧框架梁宽度相同底部不平时，底部标高较高梁的下部纵向钢筋可伸入节点核心内采用直线锚固方式，并可延伸至另一端框架梁内。底部标高较低的梁下部纵向钢筋按边支座的处理方式采用直线锚固或弯折锚固，见图 4.4-4 梁下部不平纵向钢筋的处理措施。

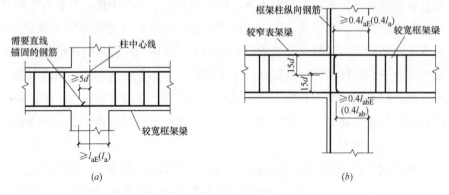

图 4.4-2　下部纵向钢筋在中间节点锚固作法
（*a*）直线锚固作法；（*b*）弯折锚固作法

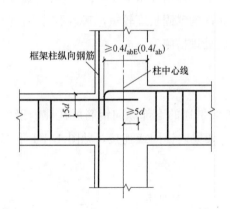

图 4.4-3　梁上部不平纵向钢筋的处理措施

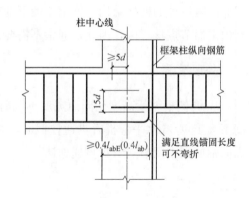

图 4.4-4　梁下部不平纵向钢筋的处理措施

4.5　梁仅一端支座为框架柱处理措施

现浇混凝土结构中当梁的一端支座为框架柱而另一端为非框架柱时，该支座有可能是框架梁、非框架梁或与该梁垂直的剪力墙。通常施工图设计文件都会按框架梁（KL-XX）编号，设计时不建议平面采用这样的结构布置形式，在水平荷载或地震作用下受力机制和抵抗水平力的能力不明确，特别是在地震作用下，目前这样的节点抗震试验研究资料很少，也没有足够的试验成果表明这样节点破坏机理也与梁柱节点区破坏机理相同。在某些特殊的情况下设计人员在局部会采用这样的平面布置方式，某些施工图设计文件会要求梁中纵向受力钢筋的锚固和梁端的箍筋加密均按框架梁的构造要求施工，这样要求的理由不是很充分，当梁的另一端支座不是抗侧力构件时，不能形成抗侧力体系，此端抗震设计时不需要按框架梁端部的构造要求而采取相应的措施。

梁一端的支座为非框架柱，无抗震设防时处理比较简单，梁中的纵向受力钢筋可按非框架梁在边支座的锚固要求施工，梁端部不需要设置箍筋加密区。而有抗震设防要求时，另一端根据支座条件不同采取的构造措施也不相同。当梁的一端是框架柱，另一端是非框架梁或框架梁时，其纵向受力钢筋可按非抗震构造要求在支座内锚固，梁端也不需要设置箍筋加密区。若梁的一端是与梁平行的抗震墙且远端无剪力墙的边框柱时，其纵向钢筋应按抗震构造要求在墙内锚固，并应根据梁的跨高比采取不同的构造措施。特别要注意在顶层时，应按抗震墙的连梁的构造作法，在墙内纵向钢筋锚固长度范围内设置梁的箍筋。当远端有框架柱或剪力墙的边框柱时（一般在框架-剪力墙体系中会有边框柱），应按框架梁的中节点、端节点的作法采取相应的构造措施。

处理措施

1. 梁支座为框架柱的一端，梁纵向受力钢筋应按框架梁柱节点的构造措施锚固在节点核心区内。有抗震设防要求时梁端应设置箍筋加密区，见图 4.5-1 结构平面布置示意图中的梁。应根据跨高比，按剪力墙连梁或框架梁设计施工。

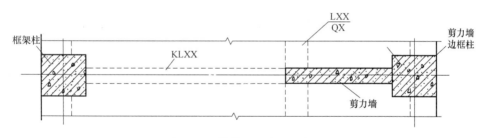

图 4.5-1　结构平面布置示意图

2. 梁的支座为框架梁或非框架梁一端，无论是否有抗震设防要求，纵向钢筋在支座内的锚固长度均可按非抗震构造措施处理。梁的下部纵向钢筋在支座内的直线锚固长度不小于 $12d$，上部纵向钢筋采用弯折锚固时，水平段投影长度不小于 $0.6l_{ab}$，并伸至梁的远端上部最外侧纵向钢筋内下弯，弯折后的直线段为 $12d$，此梁端部不需要按构造要求箍筋加密，见图 4.5-2 梁支座为非框架柱时梁纵向钢筋弯锚构造作法。

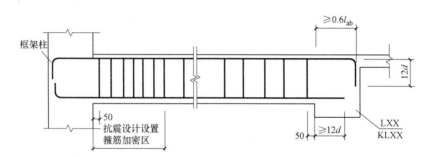

图 4.5-2　梁支座为非框架柱时梁纵向钢筋弯锚构造作法

3. 梁支座为框架梁或非框架梁的一端且还有楼板时，梁上部纵向钢筋可采用直线锚固方式伸入楼板内，满足直线锚固长度 l_a 的要求，但是要求楼板的厚度不小于 80mm，混凝土强度等级不低于 C20，见图 4.5-3 梁支座为非框架柱时梁纵向钢筋直线锚固构造作法。

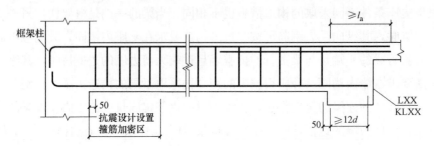

图 4.5-3　梁支座为非框架柱时梁纵向钢筋直线锚固构造作法

4. 当梁的另一端支座为与梁平行的混凝土墙且远端无框架柱或剪力墙的边框柱时，梁上、下纵向钢筋伸入墙内满足直线锚固长度 l_{aE}（l_a）的要求且不小于 600mm，当抗震设计时此梁端箍筋按框架梁加密，见图 4.5-4 另一端为剪力墙构造作法。

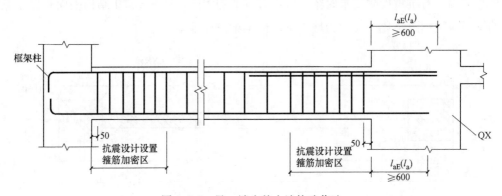

图 4.5-4　另一端为剪力墙构造作法

5. 当另一端为剪力墙且远端有剪力墙的边框柱时，梁的上、下纵向钢筋应伸至边框柱内，根据是否为抗震设计采取相应的直线锚固或弯折锚固作法。抗震设计时，在剪力墙与梁相交的部位，按框架梁采取箍筋加密措施，见图 4.5-5 另一端为剪力墙且有边框柱的构造作法。

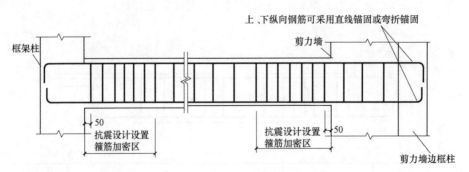

图 4.5-5　另一端为剪力墙且有边框柱的构造作法

4.6　框架梁端部加腋时节点处构造处理措施

框架梁的梁端加腋有两种形式，一种为增加梁的截面高度而宽度不改变称之为竖向加腋，通常是为提高梁端部抗剪承载能力而设置，如在带转换层高层建筑中的托墙转换大梁、托柱转换大梁端常会设置竖向加腋。另一种形式是不增加梁的截面高度仅增大宽度，称之为水平加腋。水平加腋通常在抗震设计时，框架梁与框架柱的中心线之间偏心距大于该方向框架柱宽度的1/4，或框架梁的宽度小于框架柱该方向宽度的一半时，抗震设计是为加强框架梁端部对节点核心区的横向约束等原因。在非抗震设计的高层建筑，当框架梁与框架柱的中心线之间偏心距大于该方向框架柱宽度的1/4时，也会设置框架梁端水平腋，用增加梁端宽度的方法来减少梁对柱偏心过大的构造措施，解决对梁对柱节点核心区偏心受力的不利影响。特别是在抗震设计中可以增强对梁柱节点核心区的横向约束。根据国内外的试验综合结果表明，采用在框架梁端增设水平腋的作法，可以明显改善梁柱节点核心区承受反复水平荷载的性能，提高承载力，达到"节点更强"的抗震设计理念。

梁端设置加腋后应增设的纵向构造钢筋，施工图设计文件均会标注其直径及根数，并应按抗拉钢筋的锚固长度要求在框架梁和框架柱内可靠锚固，通常框架梁（框支梁、托柱转换大梁）的宽度比框架柱（框支柱）该方向的宽度小，因此，下部纵向钢筋应伸入柱内按边节点要求直线锚固。梁端加腋区段内箍筋应按施工图设计文件标注配置，抗震设计时框架梁端按构造要求设置的箍筋加密区范围，不应从柱端起算。

> **处理措施**

1. 梁端竖向加腋增设的纵向构造钢筋应在框架梁及框架柱内可靠的锚固，并满足锚固长度的要求。若直线锚固长度不满足要求时，可向下弯折锚固并保证总长度不小于 l_{aE}（l_a），且根数不少于两根；非抗震设计是下部纵向钢筋不考虑钢筋抗拉强度时（需设计人员确认）伸入柱内不小于 $12d$，抗震设计过柱中心线不小于 $5d$，见图 4.6-1 框架梁竖向加腋构造作法。

2. 梁端水平加腋的高度同梁高，增设的纵向构造钢筋应在框架梁及框架柱内可靠锚固，直线锚固长度为 l_{aE}（l_a），且根数不少于两根，见图 4.6-2 框架梁水平加腋构造作法。

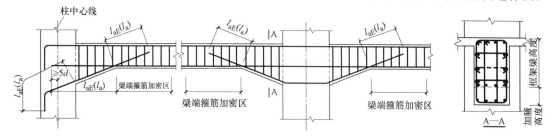

图 4.6-1　框架梁竖向加腋构造作法

3. 加腋范围内的箍筋直径及间距应按施工图设计文件的标注施工，当未标注时，抗震设计不应小于框架梁端箍筋加密区的箍筋直径和间距。

4. 抗震设计时，竖向及水平加腋框架梁，箍筋加密区的起算点应从加腋弯折点计。

5. 竖向加腋的中柱节点，当两侧附加钢筋相同时可不采用分别锚固在框架柱内的作法，可联合加工成折线钢筋，见图 4.6-1 中柱的作法。

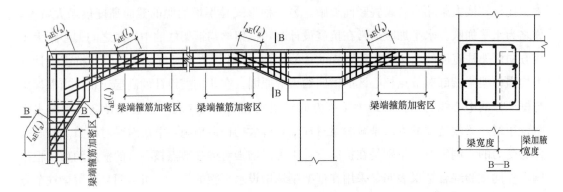

图 4.6-2　框架梁水平加腋构造作法

4.7　梁下部纵向钢筋不伸入支座的处理措施

框架梁在竖向荷载作用下，在梁端下部一般没有正弯矩而梁端上部有负弯矩，在水平荷载（风荷载、地震作用等）与竖向荷载作用下的弯矩组合，在梁端下部的正弯矩有可能很小或者没有正弯矩。普通楼面梁仅承受竖向荷载不考虑抗震，在支座处不会产生正弯矩，梁下部纵向钢筋在支座处并未充分发挥其抗拉强度，框架梁和普通楼面梁的下部纵向受力钢筋不需要全部伸入支座内锚固。因此，某些工程施工图设计文件中会要求框架梁下部纵向受力钢筋不全部伸进支座内锚固，被截断的下部纵向钢筋数量是结构工程师根据弯矩包络图，经过认真的计算确定的。目前采用"平法"绘制的施工图设计文件根据制图规则，在梁下部原位标注梁下部纵向受力钢筋的总数，不伸入支座的钢筋在原位标注时前面加"负号"表示，但是未表示截断的位置和截断长度。为方便施工，若施工图设计文件对截断位置无特殊要求时，均可根据净跨在某一位置截断。截断钢筋的数量应按施工图设计文件的规定，特别应注意施工时不能因为框架节点核心区的钢筋太密集，而自行决定截断框架梁的下部纵向受力钢筋的数量及截断位置，若确实需要截断时，应由结构工程师认可，并确定其数量及被截断钢筋的位置。被截断最下排钢筋的位置不应布置在箍筋的角部，在钢筋加工时应注意此问题。

处理措施

1. 不伸入支座锚固的下部纵向受力钢筋长度，按本跨净跨长度的80％截断，钢筋排

128

布是应距柱边 $0.1l_n$ 处，见图 4.7-1 不伸入支座锚固下部纵向受力钢筋断点位置。

2. 布置在最下排箍筋角部的纵向受力钢筋不应截断，必须伸入支座内满足锚固要求，见图 4.7-1 的 A—A 剖面图。

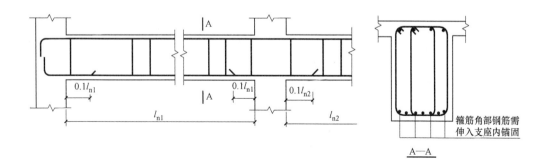

箍筋角部钢筋需
伸入支座内锚固

A—A

图 4.7 不伸入支座锚固下部纵向受力钢筋断点位置

4.8 转换梁的构造处理措施

在现浇混凝土结构中，当建筑下部的使用功能需要设置较大的空间要求，使部分竖向结构构件不能贯通设置在基础上，为满足底部大空间的要求，结构设计有多种办法处理，一般工程采用的方法是部分框支剪力墙、托柱转换结构体系等。这种结构体系由落地剪力墙、框支剪力墙和框支框架组成，不能落在基础上的剪力墙、框架柱要在某层的梁上生根，此层称之为转换层，作为支撑不落地竖向构件的梁称之为转换梁。转换层有多种结构形式和不同的构件组成，通常的结构形式有：转换梁、桁架、空腹桁架、斜撑，以及由上、下层楼板和竖向隔板组成的箱形结构等转换结构构件。高层建筑中的大空间结构转换类别是根据转换层的位置和抗震设防烈度确定的。这种结构体系属抗震竖向不规则，在设计时需满足许多规定。根据我国现行有关标准规定，在地面以上设置转换层时，抗震设防烈度为 8 度时不宜超过 3 层，7 度时不宜超过 5 层，6 度时可以适当提高。在规范规定范围内采用转换结构时通常称为"低位转换"，可按我国现行的标准进行设计，而超过此范围以上采用转换时通常称为"高位转换"，"高位转换"属抗震竖向特别不规则结构体系，按我国现行标准进行设计不能满足抗震的安全要求，在初步设计阶段应进行抗震超限专项审查，根据审查意见采取相应的设计方法（如抗震性能设计等）及抗震措施。现行的国家标准设计图集中对转换构件的构造措施，是针对满足现行国家、行业标准规定的"低位转换"而编制的，而"高位转换"时，施工图设计文件应根据工程的具体情况提出相应的构造处理措施，不能盲目地采用相应图集的构造作法。

转换层是上、下层不同结构传递内力和变形的复杂部位，与普通的框架梁不同，在地震作用下其构造措施要求更高。在水平荷载特别是在地震作用下，托墙梁是偏心受拉构件，截面的受拉区域较大甚至全截面受拉，除按结构计算配置腰筋外，还要满足最低的构造要求配置腰筋。托柱转换梁不属于偏心受拉构件，腰筋的配置没有托墙转换梁那么大，但也应符合构造配置腰筋的要求。现行《高规》对转换梁的构造要求较严格。其纵向钢筋在支座内的锚固要求与原《高规》也做了一些调整，在施工中应对转换层的构件应给予更多的关注，注意现行《高规》与原《高规》的不同处。《高规》JGJ 3 是行业标准，其中的内容不仅是为高层建筑设计作出的一些规定，也有关于高层建筑施工的规定。在高层建筑施工时，除应遵守现行的施工规范、施工验收规范的规定外，还应注意到《高规》中关于高层建筑施工的相应规定。

转换梁上一般不宜设置预留孔洞，若必须设置时，洞边距支座柱边的距离不宜小于转换梁的截面高度，被洞口削弱的截面需特别的承载力计算，因洞口而形成的上、下弦杆中的纵向钢筋和箍筋需特别的加强处理。

托墙转换梁纵向钢筋的加工及箍筋的配置，应注意转换梁上部墙体的开洞位置，确定上部纵向钢筋接头位置的选择及箍筋加密区的设置，洞边剪力墙边缘构件竖向钢筋在转换梁中的锚固长度，还应注意在托墙转换梁上设置的抗滑移钢筋的布置位置等问题。托柱转换梁应注意上部框架柱的位置及在柱附近梁箍筋加密区的范围，并在转换层托柱位置正交方向应设置承担柱底弯矩的框架梁或楼面梁，避免转换梁承担过大的扭矩作用。

处理措施

1. 转换梁的上部纵向受力钢筋应至少 50% 沿梁全长贯通，下部纵向受力钢筋应全部直通到转换柱内锚固。

2. 上、下纵向受力钢筋不宜采用绑扎搭接接头，宜采用机械连接，同一连接区段内钢筋接头截面面积的百分率不应大于 50%，接头应该避开上部墙体开洞的位置。

3. 托墙转换梁沿腹板高度应设置间距 $\leqslant$ 200mm、直径 $\geqslant$ 16mm 的腰筋，托柱转换梁沿腹板高度应配置直径 $\geqslant$ 12mm、间距 $\leqslant$ 200mm 的腰筋，所有腰筋均应按抗拉钢筋在支座内的要求可靠锚固。

4. 转换梁的上、下纵向钢筋在支座直线锚固长度即使满足要求也要伸至柱外侧纵向钢筋处，当采用 90° 弯折锚固时，水平段应伸至柱外侧纵向钢筋内侧弯折，水平段投影长度不应小于 $0.4l_{abE}$（$0.4l_{ab}$），上部第一排纵向钢筋应在柱内向下弯折锚固，且伸过梁底的长度不小于 l_{aE}（l_a），上部设置多排纵向钢筋时，其他钢筋向下弯折后的投影长度不小于 15d，且水平段和弯折后的直线段长度之和不应小于 l_{aE}（l_a）；下部纵向钢筋采用 90° 弯折锚固时，水平段投影长度不应小于 $0.4l_{abE}$（$0.4l_{ab}$），向上弯折后的投影长度不小于 15d，且水平段和弯折后的直线段长度之和不应小于 l_{aE}（l_a），见图 4.8-1 转换梁纵向钢筋的锚固作法。

5. 腰筋在支座内采用弯折锚固时其构造要求同框架梁上、下纵向受力钢筋的作法，腰筋弯折后的直线段可水平放置。

6. 转换梁端的箍筋加密区范围为梁高度的 1.5 倍；对梁上有墙洞口的托墙转换梁和

托柱转换梁，箍筋加密范围取洞口两边和柱边各 1.5 梁的高度，见图 4.8-2 转换梁局部箍筋加密作法。

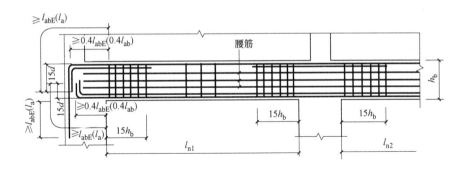

图 4.8-1　转换梁纵向钢筋的锚固作法

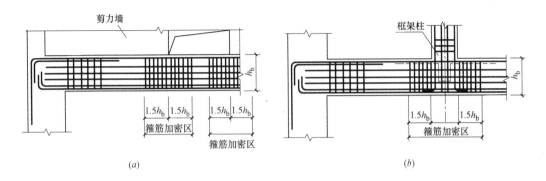

图 4.8-2　转换梁局部箍筋加密作法
（a）托墙转换梁；（b）托柱转换梁

4.9　梁侧面钢筋（腰筋）连接及在支座的锚固构造措施

　　框架梁或楼面梁的侧面钢筋的设置一般为两种情况，一种为结构计算需要配置的纵向抗扭或受拉钢筋，它与梁中配置的抗扭箍筋共同承担梁内的扭矩内力或拉力，属梁内的纵向受拉钢筋。另一种是梁截面高度较大，若侧面的纵向钢筋配置较少，往往在梁腹板范围内侧面产生垂直梁轴线的收缩裂缝，为防止由于混凝土的收缩及徐变而产生裂缝，当梁截面高度较高时需在梁的外侧面沿长度方向布置纵向构造钢筋（腰筋），以控制裂缝的发生或防止裂缝的宽度过大。由于工程中大截面梁的使用越来越多，现行《混凝土结构设计规范》规定，应在梁侧面设置防止发生收缩裂缝并沿梁的长度方向布置的纵向构造钢筋。根据工程经验，对构造设置腰筋的最大间距和最小配筋率也作了相应的规定。由于两种侧面纵向钢筋设置的目的不同，所以钢筋的连接和在支座内锚固长度要求也不同。采用"平法"绘制的施工图设计文件，按制图规则规定，开头用 N 表示抗扭纵向钢筋，根据计算需要的纵向受扭钢筋应与梁上、下纵向钢筋合并配置，按计算要求配置的纵向受扭钢筋截面面积中的一部分必须放置在梁的四角处，其余部分应沿梁的四周均匀布置。纵向受扭钢筋在支座内应满足受拉钢筋的锚固长度要求。开头用 G 表示的为构造纵向钢筋，当梁的腹板高度 $h_w \geq 450mm$ 时设置，除满足最大间距外还应满足最小配筋率 $\geq 0.1\%$ 的要求，当梁的截面宽度较大时可适当减小（如基础梁、宽梁等），在支座内的锚固长度按构造要求，而不需按抗拉钢筋要求锚固。

处理措施

1. 梁侧面的纵向抗扭钢筋（N），在支座内的直线锚固长度应不小于 l_a，且不小于 200mm；当支座宽度不能满足直线锚固长度时，可采用 90°弯折锚固，其作法可按纵向受拉钢筋在支座内弯折锚固的构造要求，弯折后的直线段也可水平放置。腰筋的间距不应大于梁截面短方向尺寸，也不应大于 200mm，见图 4.9-1 纵向受扭钢筋锚固作法。

2. 纵向抗扭腰筋钢筋在跨内采用搭接连接时，应按受拉钢筋的要求构造处理，需满足搭接长度不小于 l_l 及接头面积百分率的要求，搭接范围箍筋应加密。

3. 构造纵向腰筋（G），在支座内的锚固长度不小于 $12d$，当采用光圆钢筋时不小于 $15d$。腰筋间距不宜大于 200mm，见图 4.9-2 纵向构造腰筋锚固作法。

4. 无特殊要求时，梁侧面钢筋的拉结钢筋可"隔一拉一"交错排布，拉结钢筋的间距为箍筋的两倍，见图 4.9-3 腰筋拉结钢筋作法。

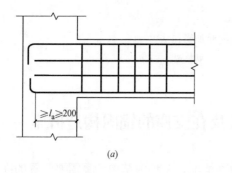

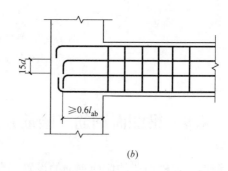

图 4.9-1　纵向受扭钢筋锚固作法

（a）腰筋直线锚固作法；（b）腰筋 90°弯折锚固作法

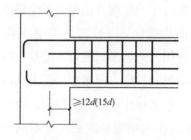

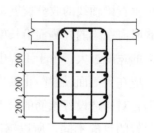

图 4.9-2　纵向构造腰筋锚固作法　　　　图 4.9-3　腰筋拉结钢筋作法

4.10 梁纵向受力钢筋在搭接连接范围内箍筋加密处理措施

钢筋不同的连接方式分别适用于一定的工程条件，各种形式钢筋连接接头（我国目前常用的为搭接、焊接和机械连接）的传力性能都不如直接传力的整根钢筋好，所以梁中受力钢筋在同一跨度内宜尽量减少接头数量，无论采用什么形式的接头均宜设置在受力较小处，并避开结构的关键受力部位，如上部纵向钢筋在梁端及下部纵向钢筋在跨中部位均是受力较大处，应尽量避免在此范围内采用钢筋连接。绑扎搭接连接方式对钢筋传力性能的削弱较大，所以宜尽量减少纵向受力钢筋的绑扎搭接连接。但在工程中钢筋的连接是不可避免的，有些构件中的纵向受力钢筋是不允许采用绑扎搭接的，现行的《混凝土结构设计规范》规定，在轴心受拉、小偏心受拉构件中纵向钢筋不应采用绑扎搭接接头，设计文件中会注明不允许采用绑扎搭接连接构件中的纵向受力钢筋。目前建筑工程中机械连接接头已经比较成熟了，较大直径的钢筋不宜采用绑扎搭接接头，当采用绑扎搭接时，在同一搭接区段内接头的位置应错开。同一搭接区段内的长度是指 1.3 倍的搭接长度范围，只要搭接接头中点位于连接区段长度内的接头均属同一连接区段。同一区段内纵向钢筋搭接接头面积百分率，为该区段内搭接钢筋截面面积与全部纵向钢筋面积的比值。由于较粗直径钢筋采用绑扎搭接连接时，在搭接范围内易产生较宽的裂缝，现行《混凝土结构设计规范》对采用搭接连接钢筋的直径要求更严格了。当前机械连接方式应用得很广，且质量可以得到保证，较大直径钢筋的连接宜尽量采用机械连接方式。

在工程设计时，不同直径钢筋的搭接通过接头传力，因此均按受力较小细钢筋考虑承载力，相连的粗钢筋有较大的富余量，当粗、细钢筋搭接时可按较细钢筋截面面积计算接头面积百分率和搭接长度；梁纵向受力钢筋（包括纵向抗扭腰筋）搭接长度范围内应配置构造箍筋，无论是框架梁和普通的楼面梁均应采取这样的构造措施，当抗震设计的框架梁上部通长钢筋直径与支座纵向钢筋直径不同而采取搭接连接时，也应按纵向受力钢筋的搭接构造要求采取箍筋加密措施。箍筋的直径按较大搭接钢筋直径取值，箍筋间距按较小搭接钢筋直径取值。

通常在施工图设计文件中，对梁、柱中纵向受力钢筋若采取搭接连接时均会提出相应的构造措施，当施工图设计文件未做特殊要求时，可按有关规定或标准设计图集中的详图构造作法施工。在设计或施工中应特别注意的是，当纵向受力钢筋直径大于 25mm 采用搭接方式时，需明确钢筋是否为受压或拉、压交替受力，若为受压时还应在钢筋搭接的端部另外增设两道箍筋，其目的是防止钢筋直径较粗，在搭接端头局部挤压产生裂缝。施工图设计文件不会注明梁纵向钢筋的受力状况，施工时遇到此类情况应与设计者沟通，确定钢筋的受力状态，梁中的纵向钢筋通常是按受拉计算配置的，但应注意到当考虑其参加受压工作或拉、压交替工作状态时，应按较严格的构造措施处理。

处理措施

1. 当梁为轴心受拉或小偏心受拉时，纵向受力钢筋不应采用绑扎搭接连接；其他受力状况采用绑扎搭接连接时，受拉钢筋直径不宜大于 25mm，受压钢筋直径不宜大于 28mm。

2. 梁中纵向钢筋在同一连接区段内接头面积百分率不宜大于 25%，并应设置在受力较小部位，确有必要增大接头面积百分率时，不宜大于 50%。

3. 梁纵向受力钢筋（含抗扭纵向钢筋）在搭接范围内应采取箍筋加密构造措施，箍筋直径按搭接范围内搭接钢筋较大直径的 1/4 计算，箍筋间距不大于在同一搭接区段内搭接钢筋较小直径的 5 倍，且间距不应大于 100mm，见图 4.10-1 梁纵向受力钢筋搭接范围箍筋加密作法。

4. 考虑钢筋承受压力且钢筋直径大于 25mm 采用搭接连接时，应在搭接接头的两个端面外 100mm 范围内各设置两道箍筋，见图 4.10-2 钢筋搭接端面设置箍筋作法。

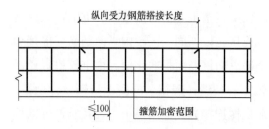

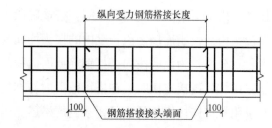

图 4.10-1　梁纵向受力钢筋搭接范围箍筋加密作法　　　　图 4.10-2　钢筋搭接端面设置箍筋作法

4.11　普通楼面梁支座上部纵向受力钢筋截断长度处理措施

普通楼面梁上部纵向受力钢筋应满足在竖向荷载作用下产生负弯矩的承载能力要求，非抗震设计时不需要在跨内设置通长钢筋，许多设计文件中在"集中标注"处设置了通长钢筋，这种作法是不正确的。只有在抗震设计的框架梁，构造要求在上部设置一定数量的通长纵向钢筋，对于普通楼面梁只有当多跨连续梁相邻的跨差较大时，在较小跨内有可能无跨中正弯矩，而梁上部均为负弯矩才有设置部分通长钢筋的可能性。当外跨为较大悬臂跨时，上部纵向受力钢筋需在相邻第一跨内连续配置。单跨普通楼面梁跨度较小时，为施工方便可在"集中标注"处注明上部钢筋，在边支座处不再作"原位标注"注明支座处的上部纵向钢筋。多跨连梁梁上部钢筋伸入跨内的长度，通常需要根据弯矩包络图确定其截断位置，但是不宜在受拉区截断。上部纵向钢筋为多排时，每排的截断点位置是不同的，施工时应注意保证每排钢筋在设计位置上，通常上部设置两排钢筋较普遍，若第二排纵向钢筋不能排布在设计位置处，支座就不能承受计算的负弯矩，目前高强钢筋种类很多，也可以采取加宽梁截面尺寸等措施，尽量避免配置第三排纵向钢筋，若第二、三排钢筋不能绑扎在规定的设计位置处，梁端部的抗弯承载力就会受到影响，也易在该处产生弯曲裂缝，影响构件的耐久性。一般在比较简单荷载作用下梁上部钢筋的第一排和第二排的截断长度，各标准设计构造详图中均有构造作法，但没有第三排钢筋截断长度的构造规定，当配置第三排钢筋时设计文件应注明其在跨内的截断长度。

无悬臂跨的多跨连续梁在边支座上部纵向钢筋在跨内的截断长度，应根据设计文件注明边支座的假定（铰接、弹性嵌固）来确定，在设计文件中应注明是否充分发挥受拉钢筋的强度。需要注意当边支座按弹性嵌固假定时，上部纵向钢筋的直径会较大，应考虑在支座内的锚固长度是否满足要求，当采用弯折锚固方式时，应保证弯折前的水平投影长度。设计时边支座的支承假定不相同，上部纵向钢筋伸入跨内的截断长度也不相同，因此，施工图设计文件应该注明边支座计算时的支承假定。在中间支座处上部钢筋的截断长度应根据相邻跨的较大净跨确定，当在较小跨内上部纵向钢筋通长配置时，应在梁的上部采用"原位标注"。

为了设计和施工的方便和根据以往的经验，当楼面的活荷载不大且比较均匀时，连续梁上部承担负弯矩的受拉钢筋配置不宜多于两排，每排的截断点可以根据相邻的跨差和净跨的尺寸为一固定值，当楼（屋）面的竖向荷载比较特殊等情况，采用标准设计图集的截断长度不能满足设计要求时，在设计文件中应注明截断长度或另绘制详图表示。

处理措施

1. 连续梁端部带较大悬臂跨时，支座处的上部纵向受力钢筋应在第一跨内通长配置，钢筋的连接宜采用机械连接。第二排可不通长配置，截断位置应根据弯矩图确定或不小于 $l_{n1}/4$，见图 4.11-1 端部带较大悬臂跨上部纵向钢筋在第一跨内通长配置。

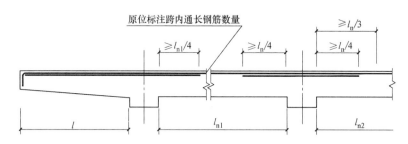

图 4.11-1　端部带较大悬臂跨上部纵向钢筋在第一跨内通长配置

2. 当设计文件注明"边支座上部钢筋不充分利用钢筋抗拉强度"或"简支"时，无悬臂跨的边支座上部第一排钢筋伸入跨内的长度≥$l_n/5$，否则应≥$l_n/3$，见图 4.11-2 端部无悬臂跨边支座上部纵向钢筋伸入跨内长度。

3. 中间支座上部第一排纵向受力钢筋伸入跨内的长度，应按相邻较大净跨的 $l_n/3$ 截断，第二排为 $l_n/4$。当设计文件注明"边支座上部钢筋充分利用钢筋抗拉强度"时，边支座上部纵向钢筋的截断长度同此，见图 4.11-3 上部纵向受力钢筋在中间支座伸入跨内长度。

4. 当连续梁相邻跨差较大时，中间支座上部纵向受力钢筋在较小跨内通长钢筋的数量应采用"原位标注"注明，见图4.11-4中间支座上部纵向受力钢筋在较小跨内通长配置。

5. 第三排钢筋的截断长度应在设计文件中特殊注明，且不小于$l_n/4$。

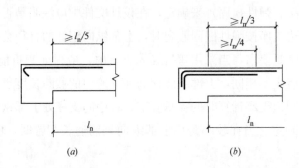

图4.11-2　端部无悬臂跨边支座上部纵向钢筋伸入跨内长度

(a) 不充分利用钢筋抗拉强度作法；(b) 充分利用钢筋抗拉强度作法

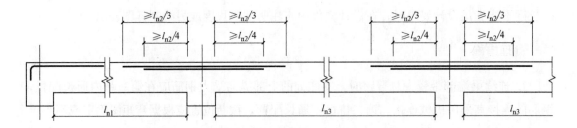

图4.11-3　上部纵向受力钢筋在中间支座伸入跨内长度

($l_{n2} > l_{n1}$，$l_{n2} > l_{n3}$)

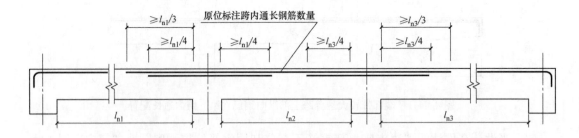

图4.11-4　中间支座上部纵向受力钢筋在较小跨内通长配置

4.12　普通梁上部纵向受力钢筋与架立钢筋搭接处理措施

普通楼（屋）面梁通常称为"次梁"，是不与框架柱相连的楼（屋）面水平构件，抗震设计时上部钢筋也不需要按抗震构造措施处理，如：不需要设置通长钢筋、不需要设置梁端箍筋加密区等；上部纵向受力钢筋在跨内的截断点根据弯矩包络图确定，当活荷载较小且均匀布置时，可按标准构造详图的作法截断，当遇特殊情况时，施工图设计文件会单独提出要求并另绘制详图；按"平法"制图规则规定，支座处的上部纵向受力钢筋的直径、数量和排数均采用"原位标注"法标注，而架立钢筋则采用"集中标注"法标注，当梁的跨度较小时上部钢筋可以通长设置，并采用"集中标注"注明上部钢筋。当连续梁相邻的跨度差较大，且在较小跨度的上部钢筋不截断而通长设置时，应采用原位标注。中间支座两侧梁顶面高度相同时，次梁的上部钢筋应在支座处贯通配置，不应分别锚固在支座内。

上部非通长纵向受力钢筋截断后与架立钢筋进行搭接，架立钢筋是为把箍筋固定在设计位置的钢筋，不需要按纵向受力钢筋考虑搭接构造措施，因此搭接长度不需要按纵向受力钢筋计算搭接长度、同一连接区段内的接头面积百分率等，也不需要在搭接范围内箍筋加密处理。非抗震设计的框架梁不设置上部贯通纵向钢筋，而梁上部设置架立钢筋，上部非通长纵向受力钢筋与架立钢筋的搭接连接可按普通楼面梁的作法处理。

处理措施

1. 当设计文件无特殊要求时，上部纵向受力钢筋与架立钢筋的搭接长度为固定值，即不小于150mm，见图 4.12 受力钢筋与架立钢筋的搭接长度。

2. 钢筋搭接范围不需要采用箍筋加密处理。

3. 梁为多肢箍筋时，箍筋的角部除布置纵向受力钢筋外必须配置架立钢筋。

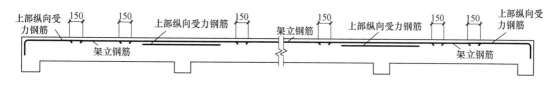

图 4.12　受力钢筋与架立钢筋的搭接长度

4.13　普通梁上部纵向钢筋在端支座锚固处理措施

普通梁上部纵向钢筋在端支座内的锚固长度，是根据计算时对端支座的支承条件假定来确定的，在竖向荷载作用下端支座上部均会产生负弯矩，但为方便计算及构造处理，通常分为"简支"或"弹性嵌固"两种不同的计算假定支承条件，根据不同假定的支承条件和是否充分发挥钢筋的抗拉强度来确定锚固长度。采用"平法"制图规则绘制的施工图设计文件应注明普通梁端支座在计算时的假定条件，或说明梁上部纵向受力钢筋在端支座处是否充分利用钢筋的抗拉强度等。纵向受力钢筋的锚固长度按现行规范的规定，是考虑钢筋充分受拉的条件下计算出的长度，当钢筋没有充分受拉，其锚固长度可以适当减短。端支座按简支假定时，上部配置的钢筋并不是计算结果需要的钢筋截面面积，而是按构造要求配置的钢筋，即钢筋截面面积未考虑其充分受拉。而计算假定为弹性嵌固时，梁端支座上部纵向钢筋是按抗弯计算出的截面面积而配置的。根据端支座不同的计算假定，当采用弯折锚固时其水平段投影长度要求也不相同。

在实际工程设计中，结构工程师设计时根据梁端实际受到的约束来假定端支座的支承条件，当梁的端支座有足够宽度能满足上部纵向钢筋的锚固长度要求时，或者端支座对普通梁嵌固条件较好及设计要求该处必须是刚性连接时，设计者均会假定按"弹性嵌固"考虑。当梁端支座的宽度较小无法满足上部纵向受力钢筋的锚固长度要求时，或者端支座为砌体结构及不严格要求在竖向荷载作用下不能产生变形时，梁端可以考虑实际上仅受到部分约束，设计者会按"简支"假定。一般情况下普通梁的端支座宜按简支假定，在端支座上部按构造设置负弯矩钢筋，该钢筋的截面面积不应小于该跨中下部纵向受力钢筋计算所需截面面积的钢筋的1/4，且不应少于两根。部分设计者担心端支座假定为简支，梁上部会出现较大的裂缝或负弯矩承载力不足等情况，这样的担心其实是不必要的，计算时梁是按矩形截面假定计算的，并未考虑楼板作为翼缘的 T 形截面，也未考虑到板内配置的上部纵向钢筋对梁上部开裂的有利贡献。实际上按"简支"假定比按"弹性嵌固"假定配置的下部纵向钢筋要多，因此在竖向荷载作用下的抗弯承载力安全储备更多、更安全。

应注意的是，端支座按"弹性嵌固"假定或按"充分利用钢筋抗拉强度"而配置上部纵向钢筋时，采用直线锚固时均应满足最小锚固长度的要求，实配的钢筋比计算值多时，可以按规范规定减短锚固长度，但是需要经设计院结构工程师认可。若采用弯折锚固时要保证水平段最小投影长度要求，当水平段长度不能满足规定的要求时，不可以用加长弯折后的直线段长度达到满足直线锚固总长度的规定。因此设计和施工应处理好锚固长度水平段投影长度的构造要求，否则当钢筋加工完成后锚固长度不满足最小构造要求时就很难处理了。现行的规范中没有关于构造钢筋采用弯折锚固时水平段最小长度的规定，按国家标准设计图集 G101 中的详图作法，当楼面梁边支座按简支假定，上部纵向钢筋采用弯折锚固时，水平段投影长度不应小于 $0.35l_{ab}$。采用弯折锚固时可选用不同的弯钩角度，不同的弯钩角度对弯折后的直线段投影长度要求也不相同。

1. 设计文件注明端支座按"弹性嵌固"或按"充分利用钢筋抗拉强度"时，梁上部纵向钢筋在支座内的锚固长度应满足不小于 l_a 且不小于 $200mm$；当采用弯钩或机械锚固措施时，包括弯钩或锚固端头在内的投影长度，可取 $0.6l_{ab}$。钢筋末端 $90°$ 弯钩锚固措施要求弯后直线长度为 $12d$，而 $135°$ 弯后直线长度为 $5d$，弯钩内径不小于 $4d$，d 为弯折钢筋的直径；采用机械锚固措施时应符合相关的技术和形式要求，见图 4.13-1 充分利用钢筋抗拉强度弯钩锚固作法。

2. 设计文件注明端支座按"简支"或按"不充分利用钢筋抗拉强度"时，直线锚固

138

应满足不小于 l_a 且不小于 200mm。采用弯钩锚固措施时，包括弯钩或锚固端头在内的投影长度，可取 $0.35l_{ab}$，其他要求同上条，见图 4.13-2 按简支假定的弯钩锚固作法。

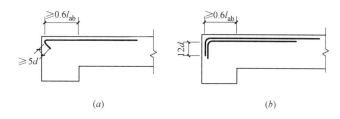

图 4.13-1　充分利用钢筋抗拉强度弯折锚固作法

(a) 135°弯钩锚固；(b) 90°弯钩锚固

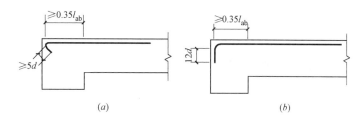

图 4.13-2　按简支假定的弯钩锚固作法

(a) 135°弯钩锚固；(b) 90°弯钩锚固

4.14　普通梁下部纵向受力钢筋锚固处理措施

混凝土单跨简支梁、连续梁的下部纵向受力钢筋在支座内的锚固长度不考虑抗震构造措施，伸入支座范围内的钢筋不应少于 2 根，并应在支座内可靠锚固。从支座边缘算起伸入支座内的锚固段长度与梁端部剪力大小、钢筋的外形有关。根据现行《混凝土结构设计规范》规定，当支座的剪力 $V \leqslant 0.7f_tbh_0$ 时，应取不小于 $5d$，当 $V > 0.7f_tbh_0$ 时，带肋钢筋应取不小于 $12d$，光圆钢筋应取不小于 $15d$（d 均为下部纵向钢筋的最大直径）。

采用"平法"制图规则绘制的施工图设计文件，普通梁下部纵向受力钢筋在支座内的锚固长度设计文件中并不注明，施工时也无法按规范判断支座处的剪力大小，通常的作法是按钢筋的外形确定其锚固长度。当边支座的宽度可以满足直线锚固长度 l_a 时，也需要满足不小于 200mm 的最小锚固长度。当支座宽度不能满足锚固长度时，可采用弯折锚固方式，一般采用带 90°、135°弯钩锚固，弯钩的内径不小于 $4d$，也可以采用在钢筋的端部贴焊锚筋、锚板、螺栓锚头等机械锚固方式，但是均需要保证有足够基本锚固长度的水平段。承受动力荷载的预制梁，应将纵向受力钢筋末端焊在钢板或角钢上，钢板或角钢应可靠地锚固在混凝土中，钢板或角钢的尺寸应按计算确定，但最小厚度不宜小于 10mm。

对于连续梁的中间支座处，下部纵向受力钢筋的锚固长度可按端支座的锚固方式要求处理。当中间支座的宽度不能满足直线锚固长度的要求时，可在中间支座内贯通，尽量不采用下部纵向受力钢筋在中间支座范围内弯折锚固的方式。当结构长度较长时，考虑温度变化，在支座范围内锚固长度需要加长，在设计文件中应特殊注明，一般不应小于 l_a。当普通梁受扭时，下部纵向钢筋在支座内的锚固长度也应不小于 l_a。在工程中一般不易辨别普通梁是否受扭，按"平法"绘制的梁施工图设计文件可根据腰筋的标注确定，当腰筋的开头标注为"N"时，上、下部纵向钢筋和腰筋在支座内的锚固长度应按受拉钢筋考虑，其长度不应小于 l_a。

处理措施

1. 采用直线锚固时，带肋钢筋的锚固长度不小于 $12d$，光圆钢筋不小于 $15d$。满足直线锚固长度时端部可以不设置 $90°$ 直钩，当采用光圆钢筋时端部应加设 $180°$ 弯钩，见图 4.14-1 端支座直线锚固处理措施。

2. 纵向钢筋端部采用双面焊接在梁端预埋件上的锚固方式时，锚入支座内的焊接长度应不小于 $5d$，见图 4.14-2 钢筋焊在端支座预埋件上锚固处理措施。

3. 采用弯钩锚固方式时，纵向受力钢筋伸入支座内包括弯钩在内的水平投影长度不小于 0.6 倍的基本锚固长度（$0.6l_{ab}$）弯折后的直线段长度，$90°$ 弯钩时为 $12d$，$135°$ 弯钩时为 $5d$，见图 4.14-3 端支座弯钩锚固处理措施。

4. 采用钢筋端部焊接锚筋、锚板等机械锚固措施时，伸入支座内含锚固头在内的锚固长度应不小于 0.6 倍的基本锚固长度（$0.6l_{ab}$），见图 4.14-4 端支座机械锚固处理措施。

5. 当梁混凝土强度等级不大于 C25 的简支梁和连续梁的简支端，且距支座边缘 1.5 倍梁高范围内有集中荷载时，带肋钢筋的锚固长度应大于 $15d$（d 为较大钢筋的直径）。

6. 承担扭矩时，梁的下部纵向钢筋在支座内的锚固长度应不小于 l_a。

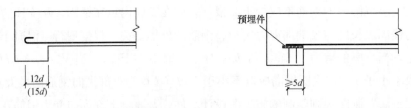

图 4.14-1　端支座直线锚固处理措施　　图 4.14-2　钢筋焊在端支座预埋件上锚固处理措施

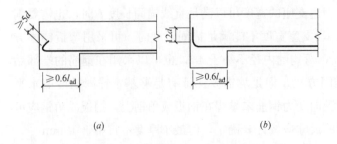

图 4.14-3　端支座弯钩锚固处理措施　　　图 4.14-4　端支座机械锚固处理措施

（a）135°弯钩锚固；（b）90°弯钩锚固

4.15 悬臂梁纵向受力钢筋锚固处理措施

悬臂梁当跨度较小时，上部纵向受力钢筋在支座内的锚固长度不考虑抗震的锚固处理措施。直接从框架柱挑出的悬臂梁，当悬臂跨度较小时也不需要按抗震要求进行锚固处理。悬臂梁中的上部钢筋为纵向受力钢筋，当跨度较小时是根据竖向荷载作用下的计算而配置的。抗震设计时，在水平地震作用下梁端不会产生附加内力，因此上部纵向受力钢筋在支座内的锚固长度均不需要按抗震要求锚固。纯悬臂梁（无内跨，支座为框架柱）上部纵向钢筋若满足直线锚固长度时，端部也宜做 90°弯折，当支座的宽度不能满足直线锚固长度要求时，应采用 90°弯钩锚固方式，但必须保证有足够长度的水平段及一定尺寸的向下弯钩的竖直段。带悬臂段的楼面连续梁且上部标高基本相同时，上部纵向受力钢筋宜在边支座贯通配置，不宜分别在边支座内锚固，伸入内跨的长度应根据弯矩包络图确定，在跨内通长的数量应根据"平法"制图规则进行原位标注。

当悬臂梁或纯悬臂梁跨度较大时，抗震设计属长悬挑的梁，抗震设计时需按竖向地震作用进行验算，因此上、下部纵向钢筋在支座内均需满足抗震锚固长度的要求。按"平法"制图规则绘制的施工图设计文件中无法表示悬臂梁是否考虑竖向地震作用，若施工图文件中未特殊注明锚固长度要求时，可按抗震设防烈度为 7 度（0.15g）、8 度的高层建筑中悬臂梁的跨度≥2m 时上、下纵向钢筋均按抗震要求进行锚固处理。

下部纵向钢筋在支座内的锚固长度，根据是否考虑抗震确定其锚固长度，当跨度较小时，下部纵向钢筋为构造钢筋，直径不小于 2Φ12 且不少于 2 根。当跨度较大且抗震设计考虑竖向地震作用时，其数量是根据计算配置的，并应按抗震设计纵向受力钢筋的直线锚固或弯折锚固要求处理。

悬臂梁（含所有悬臂构件）均属静定结构，悬臂段的竖向承载力失效后将无法进行内力重分配，构件会发生破坏，因此在施工时需采取有效的措施，特别注意应保证上部纵向钢筋在设计位置上，上部纵向受力钢筋的保护层厚度不应随意加厚，混凝土强度未达到设计强度时，下部的竖向支撑模板和脚手架不应拆除。

处理措施

1. 纯悬臂梁跨度较小或非抗震设计，上部纵向受力钢筋在支座内采用直线锚固时，锚固长度水平段除应满足不小于 l_a 外，在端部宜向下弯折 12d；采用弯钩锚固时，含弯钩在内的水平段投影长度不小于 0.6 倍的基本锚固长度（0.6l_{ab}），并伸至柱远端竖向钢筋内侧向下弯，弯折后的直线段长度不小于 12d，下部纵向构造钢筋在支座内的锚固长度为 12d，见图 4.15-1 纯悬臂梁纵向钢筋在支座内的锚固作法。

2. 当纯悬臂梁跨度较大（悬臂梁的跨度≥2m）且为抗震设计时，上部纵向钢筋不应采用直线锚固方式而应采用弯折锚固方式，弯折前含弯弧在内水平段的投影长度不应小于

$0.6l_{abE}$并伸至柱远端竖向钢筋内侧下弯，弯折后的直线段长度不小于$12d$，下部纵向钢筋在支座内的锚固长度，可按抗震设计框架梁下部纵向钢筋的锚固要求采用直线锚固或弯折锚固措施，见图4.15-2抗震设计纯悬臂梁纵向钢筋在支座内的锚固作法。

3. 带连续内跨的框架悬臂梁顶面标高不相同且坡度不大于1/6时，上部纵向受力钢筋在支座处不宜截断分别锚固在支座内，而宜在支座内坡折连续配置，坡折点在进入支座后50mm开始，见图4.15-3悬臂梁上部纵向受力钢筋在支座内连续配置作法。

4. 楼层带连续内跨的框架悬臂梁顶面标高不相同且坡度大于1/6且小于梁高的1/3时，上部纵向受力钢筋在支座处宜截断分别锚固在支座内，内跨按框架梁端支座锚固措施处理，悬臂段按纯悬臂梁处理，见图4.15-4楼层悬臂梁上部纵向受力钢筋在支座处分别锚固作法。

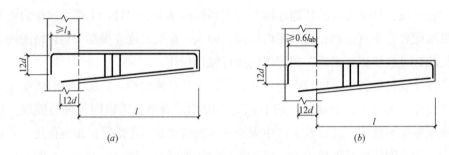

图 4.15-1　纯悬臂梁纵向钢筋在支座内的锚固作法

（a）上部纵向钢筋直线锚固；（b）上部纵向钢筋90°弯钩锚固

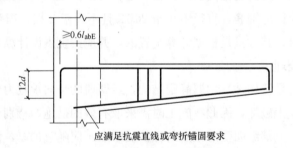

图 4.15-2　抗震设计纯悬臂梁纵向钢筋在支座内的锚固作法

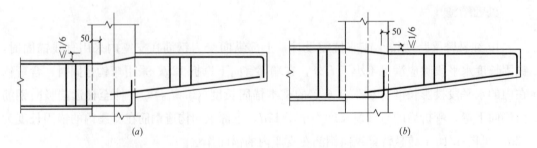

图 4.15-3　悬臂梁上部纵向受力钢筋在支座内连续配置作法

（a）悬臂段顶标高高于内跨作法；（b）悬臂段顶标高低于内跨作法

5. 当屋面楼层带连续内跨的框架悬臂梁顶面标高不相同且坡度大于 1/6 且小于梁高的 1/3 时，见图 4.15-5 屋面悬臂梁上部纵向受力钢筋在支座处分别锚固作法（当楼层带连续跨悬臂梁的边支座为梁时，也可以按此作法处理）。

6. 悬臂梁上部纵向受力钢筋不应采用端部焊钢板、钢筋、螺栓等机械锚固方式。

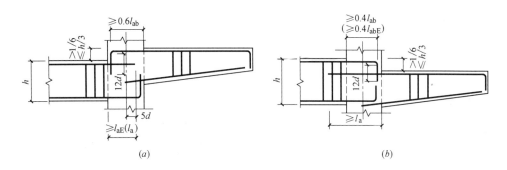

图 4.15-4　楼层悬臂梁上部纵向受力钢筋在支座处分别锚固作法

（a）悬臂段顶标高高于内跨作法；（b）悬臂段顶标高低于内跨作法

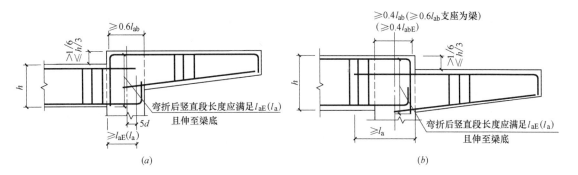

图 4.15-5　屋面悬臂梁上部纵向受力钢筋在支座处分别锚固作法

（a）悬臂段顶标高高于内跨作法；（b）悬臂段顶标高低于内跨作法

4.16　悬臂梁上部纵向受力钢筋弯折处理措施

悬臂梁上部钢筋为纵向受力钢筋，施工时必须保证在设计位置上。与梁两端均有支座的普通梁不同的是，悬臂梁沿梁全长都均为负弯矩且在支座处的弯矩和剪力值最大，"斜弯作用"以及"沿筋劈裂"所引起的受力状态更为不利，梁顶面均是受拉区，而梁下部均是受压区。当梁内的剪力较大时，由于梁全长均承受负弯矩的作用，临界斜裂缝的倾角明显较小，因此上部纵向受力钢筋不宜截断，可根据弯矩包络分批下弯至梁底部水平锚固。当上部配置多于一排纵向受力钢筋时，每排应在同一位置下弯，每次应先下弯最下排钢筋。

当前施工图设计文件均采用"平法"制图规则绘制，部分工程通常不注明下弯钢筋的位置，施工时应与设计方沟通确定下弯钢筋的数量及位置，当梁内及梁端无较大的集中荷载或梁内的负弯矩较小时，第一个下弯点可从 0.75l 开始，第二个下弯点距第一下弯点的间距不应小于 1/2 梁高。向下弯折角度应根据梁高确定，当梁高不大于 800mm 时可取 45°，大于 800mm 时取 60°。

处理措施

1. 悬臂梁上部纵向钢筋应至少两个角筋通长设置，在梁端部下弯，其弯折后竖向长度不小于 12d。

2. 悬臂梁的跨度不大于 1500mm 时，上部纵向受力钢筋应全部伸至梁端，当悬臂跨度较大时，上部通长钢筋的数量应不小于 2 根且不少于上部钢筋截面面积的 1/4，并且角筋向下弯折不少于 12d，作法见图 4.16-1 悬臂梁上部钢筋在端部的构造措施。

3. 悬臂梁内在不需要其钢筋的截面面积处下弯时，下弯钢筋应伸至梁底部并保证设置不小于 10d 的水平段。上部纵向受力钢筋为两排时，首先弯折最下排，作法见图 4.16-2 悬臂梁内上部钢筋下弯构造措施。

4. 当悬臂梁的端部有集中荷载（端部的次梁或封边梁）时，应设置附加横向钢筋，横向钢筋可以是上部钢筋兼做吊筋或另配置箍筋，箍筋不少于两道，间距不大于 50mm。

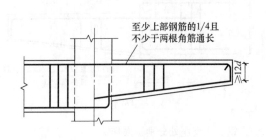

图 4.16-1　悬臂梁上部钢筋在
端部的构造措施

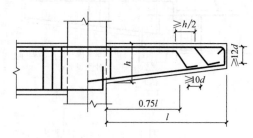

图 4.16-2　悬臂梁内上部钢筋
下弯构造措施

4.17　梁附加横向钢筋设置的构造措施

位于梁截面高度范围内或在梁的下部有集中荷载时，为防止集中力影响区下部混凝土的撕裂和裂缝，并弥补集中荷载导致的梁斜截面受剪承载力的降低，应在集中荷载影响区 S 的范围内加设附加横向钢筋，由附加横向钢筋全部承担因集中荷载产生的剪力。试验证明，梁中抗剪钢筋的面积配筋率满足要求时，集中力处配置的附加横向钢筋能很好地发挥抗剪作用，并且可以限制斜裂缝及受拉裂缝的宽度。梁截面高度范围内或在梁的下部集中荷载主要是主梁上的次梁、梁内的吊重、梁下部的吊柱、电梯屋面的检修吊钩、悬臂梁端的封边梁及挂板等。

附加横向钢筋通常有两种形式，即在集中力两侧面单独按计算配置箍筋和在集中力处配置吊筋。附加横向钢筋宜优先采用配置箍筋的形式，其好处是可以有效限制斜裂缝的宽度，当集中力较小时应优先采用，而当集中力较大时，附加箍筋配置的范围超出了集中力影响区范围，或箍筋的直径较大不方便施工，因此可以采用配置吊筋形式。采用附加箍筋时集中力每侧不少于两道，在设计和施工中不允许用按计算配置的抗剪箍筋在集中荷载影响区范围内代替附加箍筋，在该区域内梁中配置的正常抗剪箍筋不应取消，因此要正确理解附加箍筋的"附加"二字的含义。许多施工设计文件在总说明中用文字注明当梁内有集中力时，其两侧附加箍筋的作法及设置要求，应注意在附加箍筋范围内正常配置的抗剪箍筋不能取消。

当两个集中荷载相距较近时，会形成一个总的撕裂效应和撕裂破坏面，此时附加箍筋的布置应在不减少两个集中荷载之间应配置的附加箍筋外，分别适当增大两个集中荷载作用点以外附加箍筋的数量。当采用吊筋形式时，可将两个集中荷载合并设置吊筋。应明确的是，计算出的附加吊筋的截面面积为左右弯起钢筋截面面积之和，而不是单侧弯起钢筋的截面面积。

集中力处的附加横向钢筋通常不需要附加箍筋及吊筋同时设置，满足计算要求后仅选择一种形式即可。当采用吊筋形式时，其下端的水平段要伸至梁的底部主梁纵向受力钢筋附近处并保证钢筋间的净距要求，不应将吊筋的水平段设置在次梁的底部。吊筋的弯起段应伸至梁的上部并保证有足够的水平段。采用附加箍筋形式时，应注意当集中荷载较大或次梁底部与主梁底部距离较小时，附加箍筋的配置范围不应超出集中力影响区范围，否则附加箍筋不能承担由集中荷载产生的全部剪力。在工程中主次梁相交处属于主梁高度范围内有集中荷载，也应注意到在梁中有吊重时、预埋件传递集中力的钢管、传递集中力的螺栓等情况，也属梁高度范围内有集中荷载。当次梁或集中荷载不是在主梁的高度范围内而是次梁或集中荷载的底部在主梁顶面时，在该处不需要配置附加横向钢筋。

悬臂梁端部有次梁等集中荷载时，应根据集中荷载的大小、次梁的高度等确定上部纵向钢筋在端部是否弯折并设置一定长度的水平及弯折段，在悬臂梁端次梁的内侧根据计算或构造增设附加箍筋。采用"平法"标注的施工图设计文件，当悬臂梁端部集中荷载较大时，需注明上部纵向钢筋在梁端部的构造作法或绘制详图节点。

处理措施

1. 采用附加箍筋形式时，应在集中荷载两侧分别配置，每侧应不少于两道，梁内原有的箍筋照常配置。第一道附加箍筋距次梁的外边缘距离为 50mm，配置宽度范围为 $S=2h_1+3b$，见图 4.17-1 附加箍筋配置宽度。当次梁的宽度 b 较大时，可以适当减小附加箍筋的布置宽度。

2. 采用附加吊筋形式时，其弯起段应伸至梁上边缘，末端水平段长度不应小于 $20d$。吊筋下部水平段应在主梁的下部纵向钢筋处，吊筋的弯折角度，当主梁的高度不大于

800mm 时，弯折角度为 45°，当主梁的高度大于 800mm 时，弯折角度可取 60°，每个集中荷载处应设置不少于 2φ12 吊筋，见图 4.17-2 附加吊筋配置作法。

3. 当两个集中荷载距离较近，附加横向钢筋采用箍筋时，不减少两个集中荷载间的附加箍筋的数量，次梁外侧的布置长度按较近一侧次梁的宽度考虑，见图 4.17-3 两个集中荷载较近附加箍筋构造作法。

4. 当两个集中荷载距离较近，附加横向钢筋采用吊筋时可不分别设置吊筋，将两个集中荷载合成一个集中荷载计算，合并设置一组吊筋，见图 4.17-4 两个集中荷载较近附加吊筋构造作法。

5. 悬臂梁端部有集中荷载且次梁高度与悬臂梁端部高度相同时，根据集中荷载的大小确定端部的构造作法，见图 4.17-5 悬臂梁端部高度与次梁相同的构造作法；当次梁高度小于悬臂梁端部高度时，见图 4.17-6 悬臂梁端部高度大于次梁高度的构造作法。

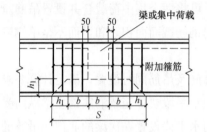

图 4.17-1　附加箍筋配置宽度

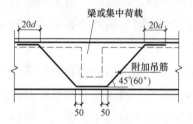

图 4.17-2　附加吊筋配置作法

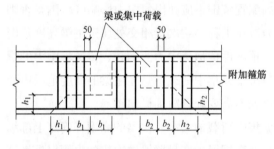

图 4.17-3　两个集中荷载较近附加
箍筋构造作法

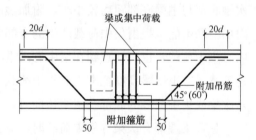

图 4.17-4　两个集中荷载较近附加
吊筋构造作法

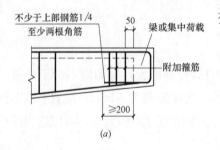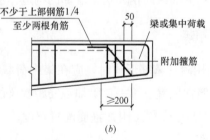

图 4.17-5　悬臂梁端部高度与次梁相同的构造作法
（a）集中荷载较小作法；（b）集中荷载较大作法

146

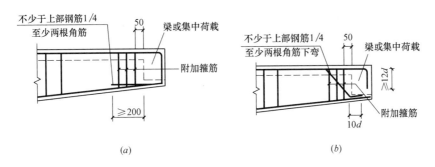

图 4.17-6　悬臂梁端部高度大于次梁高度的构造作法

（a）集中荷载较小作法；（b）集中荷载较大作法

4.18　梁下部有均布荷载时附加钢筋处理措施

当梁的下部有均布荷载作用时，在板端部产生的剪力应全部由附加悬吊钢筋承担，如工程中的梁下部的悬臂板、檐沟、雨篷等，在楼层或屋面层中板底与梁底标高相同时，均属于梁下部作用均布荷载。以往很多工程均忽略了此类抗剪作法，特别是当悬挑长度较大时或楼板跨度较大、荷载较重时，未设置抗剪附加悬吊钢筋是很不安全的。悬吊钢筋是按计算附加配置的，梁中的抗剪及抗扭箍筋不能作为附加悬吊钢筋考虑。当剪力较小时也应按构造配置。当楼（屋）面板的跨度较大或悬挑的跨度较大时，也可以在板与梁交接处设置板竖向加腋作法，板的竖向加腋是为方便吊筋的排布，不能认为加大了混凝土的截面而不设置附加吊筋可以满足梁下部的均布荷载问题。采用"平法"绘制施工图设计文件时，应绘制出该处的节点及构造详图。

处理措施

1. 当板下部与梁底平齐且未设置板竖向加腋时，应在板与梁的交接处配置按计算或构造的悬吊钢筋，弯折后的直线段为 $20d$，见图 4.18-1 未设置板竖向加腋悬吊钢筋作法。

2. 设置板竖向加腋的高度宜不小于板厚度，悬吊钢筋在梁、板内需满足直线锚固长度的要求，见图 4.18-2 设置板竖向加腋悬吊钢筋作法。

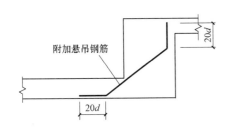

图 4.18-1　未设置板竖向加腋悬吊钢筋作法

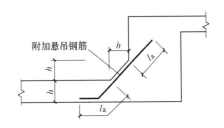

图 4.18-2　设置板竖向加腋悬吊钢筋作法

147

4.19 垂直折梁内折角处配筋处理措施

垂直折梁在竖向荷载作用下，在内折角及外折角处的下部纵向钢筋承受拉力，当折梁的内折角度较小时，该部位的混凝土会发生崩裂，导致梁承载能力的降低或破坏，因此下部纵向受力钢筋不应采用整根弯折通长配置，将下部纵向受力钢筋在内折角处截断分别斜向伸至梁上部受压区，延伸后的长度需满足锚固长度要求，当直线段不满足直线锚固长度时也可弯折锚固。构造上可以在内折角处增加托角配筋方式。当折梁的弯折角度较大时，下部纵向受力钢筋在内折角处不截断，可采用整根通长配置。

当折梁内折角处纵向钢筋截断后不能在梁上部受压区完全锚固时，需要在折角处配置增设箍筋来承担这部分受拉钢筋的合力，该箍筋应能承受未在受压区锚固纵向受拉钢筋的合力，在任何情况下均不应小于全部纵向钢筋合力的35%。当折梁的下部无内折角（梁底是平的）而上部有外折角时，虽然不是真正意义上的折梁，在外折角处也应按要求设置附加箍筋。这种梁常见于结构找坡的屋面梁，由于这样的梁外折角处混凝土处于受压区，混凝土的压力产生的径向力使外折角混凝土产生拉力，如果此拉力较大，需要根据计算配置附加箍筋来承担。折梁在折角处增设附加箍筋是按计算配置，不要认为是构造配置或简单的箍筋加密，应根据弯折的角度将箍筋配置在一定的长度范围内。设计施工时应注意：该处增设的附加箍筋不能按构造的箍筋加密处理。

采用"平法"绘制的折梁施工图，需绘制出折角处增设附加箍筋的配置节点详图，当前的标准设计图集的详图中无此类节点的作法。特别是下部无内折角的屋面梁构造作法。在折角处未采取按计算配置箍筋，或虽然根据计算不需要配置附加箍筋但也未按构造要求配置相应的箍筋，这样的作法都是不正确的。当施工图设计文件未对该处提出处理措施时，施工中不能简单地按局部箍筋加密的方法处理，或在折角处不设置箍筋的作法均不正确，应与设计方沟通确定该处的处理措施，否则影响该构件的安全性和耐久性。

处理措施

1. 当梁的内折角小于160°时，下部纵向受力钢筋在弯折处断开，分别斜向上伸入梁上部并满足锚固长度 l_a 后截断，当为抗震设计的框架梁时应为 l_{aE}，上部钢筋可不截断连续配置，见图 4.19-1 内折角处钢筋构造作法。

2. 当梁的内折角小于160°并在内折角处设置角托时，下部纵向受力钢筋在弯折处断开，分别斜向上伸入梁内并满足锚固长度 l_a 后截断，当为抗震设计的框架梁时应为 l_{aE}，角托纵向钢筋伸过角托折点后满足锚固长度 l_a（l_{aE}），见图 4.19-2 内折角处设置角托钢筋构造作法。

3. 在弯折处增设的附加箍筋按计算的钢筋直径和间距配置在 S 的范围内，$S = h\tan(3\alpha/8)$（α 为内折角度）。

4. 梁上部仅有外折角而底部平的折梁，外折角根据计算配置附加箍筋，在折角处需布置一道箍筋，且每侧不少于两道间距不宜大于 50mm，见图 4.19-3 仅有外折角梁附加箍筋构造作法。

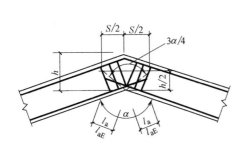

图 4.19-1　内折角处钢筋构造作法

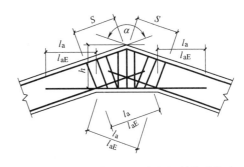

图 4.19-2　内折角处设置角托钢筋构造作法

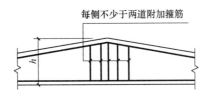

图 4.19-3　仅有外折角梁附加箍筋构造作法

4.20　悬臂倾斜框架梁箍筋处理措施

在工程中当遇到框架结构倾斜向上的悬臂梁时，由于与框架柱不是垂直相交，悬臂梁根部是剪力和弯矩最大处，当箍筋的配置方式不正确，不能承担全部剪力，该处会出现斜向的剪切裂缝，而裂缝宽度较大时会影响结构的耐久性和安全性。悬臂构件属静定结构无更多的冗余度，因此当发生承载力不足的破坏时更为危险。在体育场馆、汽车或火车站台等建筑中经常有这种悬臂梁的设计方式。箍筋的配置方式有垂直梁中心线、垂直平面两种方式，当倾斜的角度较大，用垂直梁中心线的箍筋间距配置方式时，在悬臂梁的根部下部位置，箍筋间距会大于设计的间距要求，而上部间距过小使箍筋与混凝土的握裹力不能正常发挥作用，因此会在梁根部另设置附加箍筋并增设腰筋。特别是当悬臂梁是变截面时，每个位置的箍筋长度尺寸均会不相同，种类较多，给钢筋的加工带来了很大的不便。若其他条件允许，从施工方便的角度考虑，悬臂倾斜向上的框架梁可不设计为变截面，这样箍筋的高度尺寸相同，便于加工和绑扎。

垂直平面的箍筋配置方式可以避免悬臂梁根部间距较大，是一种理想的配置方式，即能满足抗剪承载力的要求，也为施工提供了方便，因此设计者不要强调箍筋按垂直梁中心线布置，两种箍筋的布置方式对抗剪承载力无区别。悬臂梁的箍筋间距一般沿长度方向相同，不设置箍筋加密区。抗震设计悬挑长度较大时，设计时需考虑竖向地震作用的影响，施工图设计文件应提出相应的抗震构造要求。采用"平法"制图规则的注写方式绘制的施工图设计文件，通常按悬臂梁的集中标注或原位标注表达，但因图集中无相应的节点构造详图，施工图设计文件编制时可采用"平法"注写梁截面尺寸和配筋并附加节点构造详图，或者绘制构件详图的方式表达箍筋的配置方式及附加箍筋的配置要求。

处理措施

1. 当悬臂梁的倾斜角度较小，且能保证梁的下部箍筋间距满足设计要求时，上部的间距可以适当减小，不小于 50mm 时可以采用垂直梁中心线的布置方式，箍筋间距可沿梁长度方向全长均匀布置。

2. 当悬臂梁的倾斜角度较大，采取垂直梁中心线布置箍筋方式时，需保证梁上部的箍筋间距不小于 50mm，而下部大于设计间距时，可在梁根部支座附近增设直径相同的附加箍筋和另设附加腰筋，附加箍筋的形式也应做成封闭式，且角部应钩住梁的纵向钢筋和腰筋，且不大于设计间距的要求，见图 4.20-1 垂直梁中心线布置箍筋作法。

3. 箍筋垂直平面布置时，从梁的根部开始按设计间距向端部全长布置。见图 4.20-2 垂直平面布置箍筋作法。

4. 悬臂梁根部第一根箍筋应从竖向构件边缘不大于 50mm 开始布置。

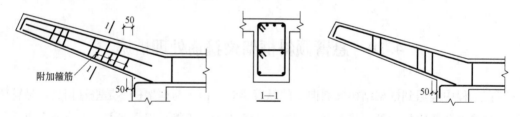

图 4.20-1　垂直梁中心线布置箍筋作法　　　图 4.20-2　垂直平面布置箍筋作法

4.21　楼层梁端第一道箍筋布置措施

配置在梁中的箍筋其重要目的是承担在荷载作用下产生的剪力、扭矩及固定纵向钢筋位置等作用，并可以约束箍筋内芯部的混凝土，提高抗剪承载力。箍筋沿梁长度方向布置的间距是根据计算及构造要求确定的，以前按构件详图绘制的施工图均会注明梁端第一道距柱、墙、梁等构件边缘的距离，而按"平法"制图规则绘制的施工图设计文件则不标注，在施工时经常因为此类问题产生歧义引起争议，现行的《混凝土结构设计规范》对有抗震要求的框架梁端第一道箍筋距框架节点边缘的距离有明确规定，这种规定的作法也是我国在建筑工程中的常规作法，虽然规范仅对有抗震设防要求的框架梁有明确的规定，但对于非抗震的框架梁及其他梁也可以遵照此规定执行。现行的《混凝土结构工程施工规范》中规定，梁箍筋距构件边缘起始距离宜为 50mm，这是常规的习惯构造作法，通常不需要在设计文件中特殊注明。施工时切不可以按设计文件标注的箍筋间距布置第一道箍筋的位置。无论是什么性质的梁，第一道箍筋距构件或支座边缘的距离不宜大于50mm，否则会影响梁端抗剪、抗扭承载力。

处理措施

1. 所有梁类构件的第一道箍筋距支座边缘的距离不宜大于50mm，再按设计文件标注的间距沿长度方向布置梁中箍筋，见图4.21-1第一道箍筋布置的位置作法。

2. 对于有抗震设防要求的框架梁，第一道箍筋按距框架节点外边缘不大于50mm布置后，再按设计文件标注的箍筋间距布置加密区箍筋和非加密区箍筋，当加密区的箍筋直径与非加密区不同时，应在交界处按较大直径设置分界箍筋，见图4.21-2抗震设计框架梁箍筋布置作法。

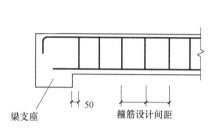

图4.21-1 第一道箍筋布置的位置作法

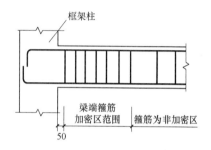

图4.21-2 抗震设计框架梁箍筋布置作法

4.22 梁箍筋形式的处理措施

梁中箍筋的形式基本分为开口式、非焊接封闭式和焊接封闭式三种，箍筋除要满足抗剪、抗扭强度的承载力外，很重要的构造要求是约束箍筋内部的混凝土，使之承载力提高。开口式箍筋由于不利于梁中纵向钢筋的定位，且不能有效地约束梁芯部混凝土，通常仅适用于跨度不大的非抗震设计的小梁，如跨度较小的门、窗过梁、仅承担剪力、固定纵向钢筋等构造要求的梁，在当前的工程建设中也极少采用。焊接封闭式箍筋适用于抗震设计的框架梁、托墙转换大梁、托柱装换大梁和有扭矩作用的梁，但是由于加工复杂、施工成本较高且焊接质量不易保证等原因，除非设计文件有特殊要求外，在实际工程施工中采用的也不多。非焊接封闭式箍筋是采用较多的一种箍筋形式，箍筋末端的封闭处需加工成一定的弯钩角度并保证弯钩后有规定长度的直线段，才能称之为非焊接封闭式箍筋（或绑扎封闭箍筋）。对抗震设计的框架梁、抗扭设计的楼（屋）面梁与普通梁中箍筋弯钩后直线段长度要求是不相同的，在许多工程中由于不了解哪些梁需要考虑抗震构造措施，造成所有梁箍筋弯钩后直线段均相同，抗扭设计梁的箍筋弯钩后的直线长度与普通梁相同，这种作法均是不正确的。在楼层中梁的箍筋非焊接箍筋封闭口的位置宜放置在上部楼板内并交错放置。根据震害调查表明，封闭口的位置放置在梁的下部，在地震反复作用下封闭口宜被拉脱，不能约束梁芯部的混凝土，使箍筋的有效抗剪能力丧失而导致梁混凝土剪切脆性破坏。

按"平法"注写的梁配筋，当腰筋的开头字母为 N 时，箍筋的弯钩后的直线段应按抗扭箍筋加工。当梁中的抗扭箍筋采用复合箍筋时，在梁截面内的箍筋截面面积不能全部计入受扭所需要的截面面积，当梁中配置多肢箍筋时，仅考虑梁截面最外侧的箍筋（大套箍筋）截面面积为抗扭箍筋的截面面积，而内部的箍筋仅按抗剪箍筋考虑。在非抗震的框架梁和普通梁（次梁）中的箍筋肢数多于双肢且梁承担扭矩时，最外侧箍筋的弯钩后直线段与梁内箍筋作法也不相同。

梁中箍筋肢数和截面面积是根据计算及构造要求确定的，其配置方式有双肢、三肢和多肢复合等形式，单肢箍筋端部的弯钩角度同绑扎封闭箍筋，弯钩后的直线段长度按抗震设计或非抗震设计的规定。抗扭梁中的单肢箍筋通常配置在梁的中部，因此不考虑其参加抗扭，其弯钩后的直线段仅考虑抗震构造要求或抗剪设计要求。单肢箍筋作用与梁的水平拉结钢筋不同，是为抗剪需要或满足框架梁箍筋加密区的最大箍筋肢距构造要求而设置的，其排布不需要同时拉住纵向钢筋及箍筋，而只需要拉住梁中的纵向钢筋即可。抗震设计的框架梁、承担扭矩的梁若采用复合多肢箍筋时，应按大箍筋套小箍筋的作法，不应采用平行排布的方式。

处理措施

1. 采用非焊接封闭箍筋时，箍筋的末端应做成 135° 弯钩，弯钩后的直线段抗震设计为 10d 和 75mm 两者较大值，非抗震设计为 5d，抗扭箍筋为 10d（d 为箍筋直径），见图 4.22-1 箍筋端部弯钩作法。

2. 单肢箍筋两个端部应做成 135° 弯钩，并根据是否为抗震设计确定直线段的长度，见图 4.22-2 单肢箍筋端部的弯钩作法。

3. 单肢箍筋端部拉住梁纵向钢筋并交错配置，抗震设计、抗扭设计采用多肢复合箍筋时，应大箍筋套小箍筋，箍筋封闭口放置在楼板范围内并左右交错配置，见图 4.22-3

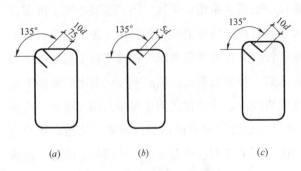

图 4.22-1 箍筋端部弯钩作法

（a）抗震设计作法；（b）非抗震设计作法；（c）抗扭箍筋作法

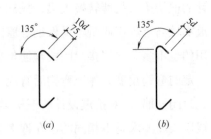

图 4.22-2 单肢箍筋端部的弯钩作法

（a）抗震设计作法；（b）非抗震设计作法

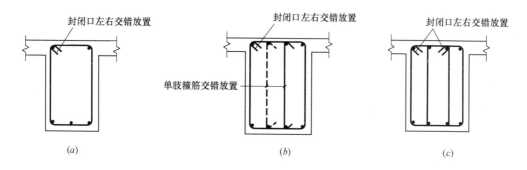

图 4.22-3 梁多肢箍筋配置方式作法
（a）双肢箍筋作法；（b）三肢箍筋作法；（c）多肢复合箍筋

梁箍筋配置方式作法。

4.23 抗震设计框架梁端箍筋加密区范围及箍筋肢距处理措施

抗震设计的框架梁端按构造要求需要设置一定长度的箍筋加密区范围，其目的是为保证框架节点的延性，在地震作用下塑性铰不首先出现在节点区，保证"强节点"，当梁端箍筋的间距较小时在地震的反复作用下，在混凝土压溃前受压钢筋一般不会压屈，体现了节点区具有很好的延性。根据试验和震害调查表明，在地震作用下梁端的剪切破坏主要集中在梁高的 1.5～2.0 倍长度范围内，根据震害调查发现，未在此范围内设置箍筋加密的节点区破坏均很严重，普遍出现了塑性铰，结构整体发生了较大的破坏甚至倒塌，而按规范要求在此范围内配置了箍筋加密，塑性铰基本不出现在节点区（含柱端箍筋加密区），结构破坏减轻了很多。因此现行规范强制性规定抗震设计框架梁箍筋加密区的最小长度范围，其范围与梁高、抗震等级有关，并且要求不小于 500mm 的最小长度规定。当前采用"平法"绘制的施工图设计文件只标注加密区及非加密区箍筋的间距，均不注明梁端箍筋加密区长度范围，施工时不考虑梁高、抗震等级等因素仅按 500mm 长度设置是不正确的，也应注意到一级抗震等级与其他抗震等级的梁端箍筋加密区范围是不相同的。

抗震设计框架梁端除有箍筋加密区长度范围的规定外，还应注意箍筋加密区内最大肢距的规定，其规定与抗震等级有关。对抗震设计框架梁端箍筋加密区最大肢距的要求，其目的之一是考虑"强节点"和"强剪弱弯"的设计理念，控制箍筋肢距可以更好地约束梁端箍筋内的混凝土，提高抗剪承载力。当框架梁较宽时箍筋的配置不仅要满足抗剪和抗扭要求，还应注意箍筋最大肢距的构造要求，故可在箍筋加密区范围内另设置单肢箍筋，单肢箍筋需拉住纵向钢筋。两肢箍筋范围内布置的纵向钢筋不应多于四根，在箍筋加工时应注意纵向钢筋排布的数量及最小净距的要求。

处理措施

1. 梁端箍筋加密区的长度范围，抗震等级为一级时为 2 倍梁高，二～四级时为 1.5

倍梁高，且均不应小于500mm。在加密区与非加密区的分界处，应设置一道分界箍筋，其直径、肢数同加密区要求，见图4.23-1梁端箍筋加密区长度范围作法。

2.梁端箍筋加密区范围的箍筋肢距，抗震等级为一级时不宜大于200mm，二、三级时不宜大于250mm，且均不宜大于20倍箍筋直径较大值，各抗震等级均不宜大于300mm，见图4.23-2梁端箍筋肢距处理措施。

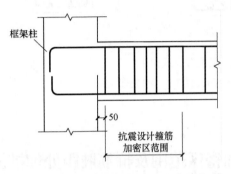

图4.23-1　梁端箍筋加密区长度范围作法

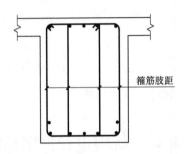

图4.23-2　梁端箍筋肢距处理措施

4.24　砌体结构中现浇混凝土梁支承长度处理措施

由于"平法"制图规制及表示方法为施工图设计文件编制提供了较大的方便，减少了设计周期，降低了设计成本，许多施工图设计文件在砌体结构中的混凝土构件也采用了此种表示方法，但国家标准系列图集G101是为现浇混凝土结构编制的制图规则和构造详图，其中构造详图中并无砌体结构的构造作法。砌体结构若采用"平法"绘制施工图设计文件中的混凝土构件，应对其构造作法绘制节点详图或文字注明。对抗震设计的砌体结构（含底部框架-抗震墙）也可以参考国家标准系列图集G329中的相应构造详图。对于在砌体结构中的独立的混凝土梁，施工图设计文件应注明在砌体上的支承长度等要求。梁在砌体上的支承长度首先应满足梁中纵向钢筋在支座上的锚固长度，砌体结构中的楼面梁（除底部框架-抗震墙砌体房屋的托墙梁外）与框架梁不同，抗震设计时不是主要抗侧力构件的一部分，纵、横砌体才是砌体结构的主要抗侧力构件，因此不需要按抗震设计和抗震构造，而是需要加强与楼板、圈梁等构件间连接及加长支承长度等抗震构造措施，纵向钢筋的锚固长度也按普通楼面梁考虑。由于支座的材料和构件的材料不相同，砌体对混凝土梁的约束较弱，不能形成刚性节点，设计时通常将边支座假定为铰接，实际砌体对混凝土梁还是有一定约束作用的，因此梁在边支座上部需配置构造上承担部分负弯矩的构造纵向钢筋。

现浇混凝土梁在砌体结构支座上的支承长度，除满足钢筋的锚固长度外，还要满足砌体局部承压强度的要求，并符合最小构造支承长度的措施。考虑到梁跨度较大，为提高支承处的局部受压承载力的需要，构造要求当独立梁、屋架等水平构件跨度大于6m时，应

154

在支承砌体上设置混凝土或钢筋混凝土垫块。当砌体墙的厚度为 240mm、梁跨度≥6m，砌体墙厚度为 180mm 及砌块、料石墙梁跨度≥4.8m 时，在梁端支承处宜设置壁柱。

抗震设计的砌体结构在墙体交接部位会设置构造柱及楼（屋）面圈梁，设置构造柱的主要目的是加强砌体结构的整体性及提高其延性，构造柱在砌体结构中不是单独的构件，而是按抗震构造要求采取的加强措施，当楼面梁支承在构造柱上时，纵向钢筋在支座内的锚固长度不需要按抗震构造要求确定，可按支承在混凝土构件上的最小长度考虑，并满足普通梁的锚固长度要求。设计文件应注明梁在边支座在设计时的支承假定，这不但与纵向钢筋在支座的锚固长度有关，也与上部纵向钢筋在跨内的截断长度有关。

处理措施

1. 现浇混凝土梁高≤500mm 时，在砖墙和砖柱上的支承长度不应小于 180mm；当梁高＞500mm 时，不应小于 240mm，见图 4.24-1 梁在砌体上的支承长度。

2. 现浇混凝土梁在混凝土柱或其他混凝土构件上的支承长度不应小于 180mm，见图 4.24-2 梁在混凝土构件上的支承长度。

3. 预制混凝土梁在砖墙、砖柱上的支承长度应≥240mm。

4. 钢筋混凝土檩条在砖墙上的支承长度应≥120mm，在混凝土梁上应≥80mm。

5. 抗震设防烈度为 6～8 度和 9 度时，梁（含门、窗过梁）在砖墙上的支承长度应分别不小于 240mm 和 360mm；楼梯间及门厅内墙阳角处的大梁不应小于 500mm，并应与圈梁连接。

6. 承重墙的托墙梁，在砌体墙、柱上的支承长度不应小于 350mm。

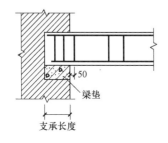

图 4.24-1　梁在砌体上的支承长度

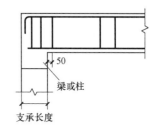

图 4.24-2　梁在混凝土构件上的支承长度

4.25　砌体结构上现浇混凝土梁纵向钢筋锚固长度处理措施

支承在砌体墙上混凝土梁中的纵向受力钢筋应满足锚固长度的要求，按"平法"绘制的施工图文件中应注明边支座的计算模型假定，如"边支座铰接（简支）"或"充分利用钢筋的受拉强度"，边支座计算模型的假定不同，上部纵向钢筋在支座内的锚固长度要求不同，非通长钢筋在跨内的截断长度也不相同。砌体支座对混凝土梁端不能完全约束，通常在砌体结构中楼面梁的边支座按"铰接"假定，而当支座为构造柱或是混凝土构件时，设计者也会认为是嵌固。无论支座是哪种情况的假定，梁纵向钢筋锚固长度按混凝土结构中的普通梁采用，下部纵向带肋钢筋在支座内的锚固长度应不小于 $12d$，采用光圆钢筋时不小于 $15d$，并在钢筋的端部采用 180°弯钩。上部纵向钢筋若能满足直线锚固长度要求时端部可不设置弯钩，若支座宽度不能满足直线锚固长度时可采用弯钩锚固，采用端部弯钩锚固时需满足弯钩前水平段足够的投影长度，并保证弯钩后有足够直线段长度。当设计的计算模型按半刚接或弹性嵌固假定时，设计文件应注明"充分利用钢筋的抗拉强度"，上部钢筋采用弯钩锚固的水平段投影长度与"铰接"是不相同的。

设计文件注明梁边支座为"铰接"时，边支座计算结果上部无负弯矩，考虑到砌体对梁端有一定的约束作用，要求梁端支座上部构造纵向钢筋的截面面积配置不少于跨中的1/4，它是不经计算配置的受力钢筋，因此也需要满足一定的锚固长度要求。计算假定的模型不同而采用弯钩锚固形式时，其水平段的长度要求也不相同。

砌体结构抗震设计时，楼（屋）面梁（除底部框架-抗震墙砌体房屋的托墙梁外）可不考虑抗震的构造要求，梁上部不设置纵向通长钢筋，仅设置非贯通钢筋和架立钢筋，梁端不设置箍筋加密区，纵向钢筋在支座内的锚固长度不需要按抗震构造要求加长。砌体结构的抗震构造要求一般是按设防烈度采取不同的抗震构造措施，而混凝土结构是按抗震等级采取相应的构造措施，因此无法确定纵向钢筋按抗震要求的锚固长度。当工程中有特殊要求时，设计文件应注明或注明按某一抗震等级构造作法。

端支座为砌体的楼（屋）面梁与端支座为混凝土构件时不同，由于砌体对梁端的约束能力不如混凝土构件，为加强端支座对梁纵向钢筋的约束能力，按构造要求在梁纵向受力钢筋的锚固长度范围内配置附加箍筋，并需满足最少箍筋道数、箍筋最小直径及最大间距等要求。

处理措施

1. 梁上部纵向钢筋在端支座内的锚固长度，根据计算模型假定同混凝土结构中的普通楼（屋）面梁要求；满足直线锚固长度时端部可不设弯钩，采用弯折锚固时，端支座注明为"充分利用钢筋受拉强度"时，水平段投影长度应不小于 $0.6l_{ab}$。端支座注明为"简支"时水平段的投影长度应不小于 $0.35l_{ab}$，见图 4.25-1 上部纵向钢筋在端支座锚固。

2. 上部纵向钢筋采用弯折锚固，当弯折角度为 90°时，弯折后的直线段不小于 $12d$，采用 135°弯折时，弯折后的直线段应不小于 $5d$。

3. 梁下部钢筋在支座内的锚固长度，带肋钢筋不小于 $12d$，光圆钢筋不小于 $15d$，当混凝土强度等级不大于 C25 的简支梁和连续梁简支端，距支座边缘 1.5 倍梁高范围内有集中荷载时，带肋纵向钢筋在支座内的锚固长度不小于 $15d$。

4. 梁端支座为砌体时，其纵向受力钢筋锚固长度范围内应配置不少于两道封闭箍筋，箍筋的直径不宜小于 $d/4$，d 为纵向受力钢筋的最大直径，间距不宜大于 $10d$，当采用机

械锚固时不宜大于 $5d$，d 为纵向受力钢筋的最小直径，见图 4.25-2 纵向受力钢筋锚固范围内附加箍筋构造作法。

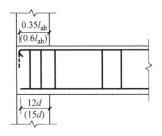

图 4.25-1　上部纵向钢筋在端支座锚固

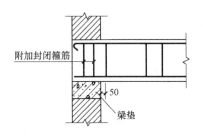

图 4.25-2　纵向受力钢筋锚固范围内附加箍筋构造作法

4.26　底部框架-抗震墙砌体结构中托墙梁处理措施

采用"平法"绘制的底部框架-抗震墙砌体结构中的托墙梁，宜绘制构件详图及相应的构造节点作法，非抗震设计与抗震设计的构造要求不完全相同，抗震设计时参考用国家标准设计图集《建筑物抗震构造详图》（多层砌体房屋和底部框架砌体房屋）G329-2 中的相应作法。现行的国家标准设计图集 G101 中的构造详图内容不包括底部框架-抗震墙这种结构体系中的混凝土构件的构造作法，底部框架-抗震墙砌体结构体系仍属砌体结构范畴，虽然有现浇混凝土构件，但构造处理措施与现浇混凝土结构不完全相同。

在砌体结构中为使下部有较大的使用空间，部分承重墙不落在基础上，而是落在某层的大梁上，此梁就是托墙梁。托墙梁可以是框支墙梁和托墙次梁，抗震设计时在一个结构单元内托墙次梁不宜多于两道。根据现行《抗规》的规定底部框架-抗震墙结构的底部框架不宜超过两层。托墙梁与混凝土结构中托墙转换大梁（框支梁）不完全相同，托墙梁是下部为混凝土梁而上部为砌体的组合构件，在静力竖向荷载作用下，混凝土托墙梁与上部砌体墙组合成共同工作的构件，上部砌体受压，托墙梁受拉，这种组合构件使梁不再是简单的受弯构件，其受力机理相当于拉杆拱。试验表明托墙梁是偏心受拉构件。托墙梁上部砌体墙上开洞位置是影响其承担竖向荷载的主要因素。当墙体洞口设置在梁跨的中间部位时，洞口位于墙体的低应力区，虽然开洞后墙体有所削弱，但并未严重影响拉杆拱的受力机理，在竖向静力作用下仍可以考虑墙梁的组合作用，与墙体无洞口的墙梁受力机理基本一致，仍然可以使墙梁荷载由于内拱作用有所分散。当上部砌体偏开洞口时，在地震作用下托墙梁的内力比较复杂，拉杆拱的受力机理受到影响，砌体墙的某些部位首先达到极限状态便形成不同的破坏形态，托墙梁除在组合结构中起到拉杆作用外，仍具有梁的受力特征，也被称之为梁-拱组合机构。影响托墙梁承担竖向荷载的最不利因素是在跨端部设置了洞口。现行有关设计规范对砌体偏开洞口的托墙梁（包括框支墙梁和托墙次梁）的构造措施有强制性的规定，设计和施工均应严格执行。

底部框架-抗震墙砌体结构体系，虽然在结构抗震性能方面并不值得提倡，但由于它造价相对低和施工方便等优点，当前在我国大部分地震设防地区仍然采用。若抗震的构造措施处理得当，重要部位、重要构件严格按现行国家规范设计和施工，完全可以满足抗震的要求；底部托墙梁承担上部砌体的全部竖向荷载，是非常重要的受力转换构件，在地震作用下影响到整体结构的安全，设计和施工中应更加重视其构造措施的正确处理方式。

在多遇地震和竖向荷载共同作用下，托墙梁上部墙体通常并未开裂，仍可以考虑墙梁的组合作用，而在偶遇地震和罕遇地震作用下，托梁上部砌体墙会出现开裂或严重的开裂，托墙梁的组合受力机构受到严重的影响，组合性能被削弱，受力特性也变得复杂，就无法考虑墙梁的组合作用了。托墙梁的上部砌体为过渡层，砌体开洞后为保证托墙梁与上部砌体还能共同工作，保证墙梁组合作用的发挥，在过渡层的砌体和托墙梁中均需要采取一定的构造措施，采取正确的构造措施才能保证这种组合构件正常地承受各种荷载作用，以达到大震不倒的设计目的。

处理措施

1. 托墙梁的纵向受力钢筋（含腰筋）在支座内的锚固长度，非抗震设计时应符合受拉钢筋的锚固要求，抗震设计时与混凝土结构托墙转换梁（框支梁）的要求相同。

2. 非抗震设计时托墙梁的腰筋设置，当梁高度≥450mm 时直径不应小于 Φ12，间距不应大于 200mm，抗震设计时不少于 2Φ14，间距不应大于 200mm。

3. 纵向钢筋的连接应采用机械连接或对焊焊接连接，不得采用绑扎搭接连接，连接接头应并避开上部墙体开洞范围。

4. 在梁端 1.5 倍梁高 h_b，抗震等级为一级时为 $2.0h_b$，不小于 1/5 梁净跨范围内及 500mm 三者较大值范围内，箍筋应加密其间距，不应大于 100mm，非加密区间距不应大于 200mm；当梁上设置构造柱时，宜在构造柱两侧 h_b 范围及 500mm 采取箍筋加密措施。见图 4.26-1 过渡层墙体不开洞处理措施。

5. 过渡层墙体开洞在托墙梁的跨中时，在洞口的范围内及洞口两侧各 500mm 且不小于梁高 h_b 的范围内箍筋加密，间距不应大于 100mm，见图 4.26-2 过渡层墙体开洞在跨中处理措施。

6. 过渡层墙体偏开洞时，距支座较近一侧托墙梁箍筋加密区应延伸到洞口边，见图 4.26-3 过渡层墙体偏开洞口处理措施。

7. 当托墙梁的宽度≤350mm 时，拉结钢筋的直径可采用 6mm，当宽度＞350mm 时，拉结钢筋直径为 8mm，间距为箍筋间距的 2 倍，设置多排拉结钢筋时应交错布置。

8. 过渡层构造柱纵向钢筋在托墙梁内的锚固长度应不小于 l_a 和 500mm 两者较大值，并在上、下端 500mm 范围内，箍筋采取间距不大于 100mm 的加密措施。

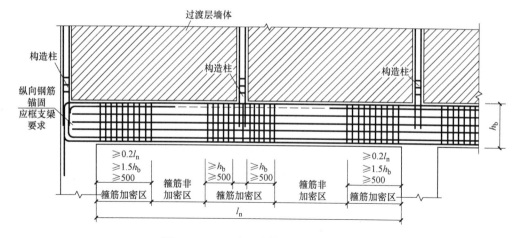

图 4.26-1　过渡层墙体不开洞处理措施

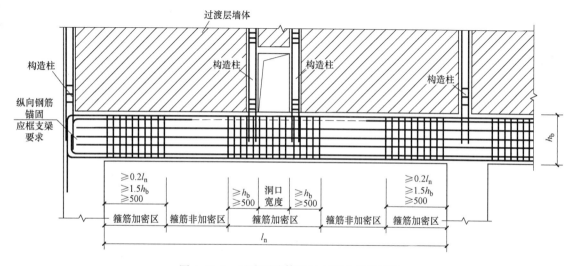

图 4.26-2　过渡层墙体开洞在跨中处理措施

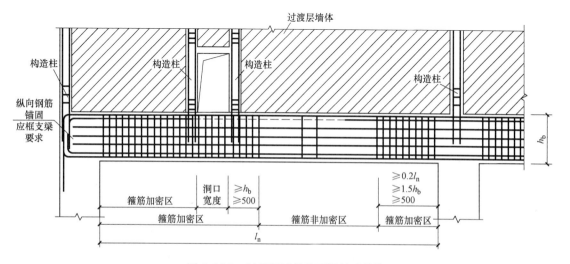

图 4.26-3　过渡层墙体偏开洞处理措施

4.27 梁腹板范围内腰筋配置要求及处理措施

现浇混凝土梁按规定在侧面应配置纵向腰筋，腰筋的设置分两种情况，承担扭矩而配置的纵向抗扭钢筋和防止梁腹板范围内侧面产生垂直梁轴裂缝而配置的构造钢筋，当前现浇混凝土构件尺寸越来越大，较高截面的梁由于侧面配筋少，往往在梁腹板范围高度 h_w 内出现垂直梁轴的上、下较窄中部较宽的"枣核"形温度裂缝，配置梁侧面纵向钢筋可以控制此种裂缝的发生或防止发生较宽的裂缝。当现浇混凝土梁的腹板高度超过一定尺寸时，每侧配置的纵向构造钢筋（不包括梁上、下纵向受力钢筋及架立钢筋）应满足不超过规定的最大间距，还应满足最小配筋率的要求。按抗扭配置的腰筋也可以起到控制温度裂缝的作用，但需要符合构造腰筋的最大间距的规定。

采用"平法"制图规则绘制的梁施工图设计文件，应该用"集中标注"或"原位标注"注明腰筋的配置，以大写字母 N 打头时为纵向抗扭钢筋，在支座内的锚固长度应符合受拉钢筋的锚固长度要求，以大写字母 G 打头时为纵向构造钢筋，在支座内的锚固长度不宜小于 $15d$。用文字说明表示纵向构造腰筋配置的施工图设计文件，应清楚地表示不同截面形状梁腹板高度的规定，不应只是梁的肋高而是腹板的有效高度。且应验算最小配筋率并符合规范的规定。当梁的宽度较宽时，最小配筋率可以适当放宽。

纵向抗扭钢筋应沿梁的周边均匀布置，特别应注意的是非抗震的框架梁和抗震设计的非框架梁，上部不设置贯通跨内的通长钢筋，除按计算配置承担负弯矩非贯通钢筋外，在跨中配置与非贯通钢筋连接的架立钢筋，当架立钢筋作为纵向抗扭钢筋时，应符合受拉钢筋的搭接和锚固要求，且在绑扎搭接范围内箍筋应采取加密处理措施，兼做纵向受扭钢筋的上部通长钢筋，可用"集中标注"的方式注明其数量，作为纵向受扭钢筋的上、下纵向钢筋在边支座内的锚固长度应按受拉钢筋要求锚固。

处理措施

1. 矩形截面的腹板高度 h_w 为截面的有效高度；T 形截面为有效高度减去翼缘高度 h_i；工字形截面为腹板的净高，见图 4.27-1 梁截面腹板高度示意图。

2. 构造腰筋的最小配筋率不宜小于腹板截面面积（bh_w）0.1%。

3. 梁侧面构造腰筋沿梁高度方向间距不宜大于 200mm。

4. 梁两侧楼板标高不相同时，腹板高度应按梁肋高度较高一侧计算，腹板的截面面积也应按较高一侧计算梁的有效高度，见图 4.27-2 梁两侧板不在同一标高的腹板高度。

5. 纵向抗扭腰筋除结合纵向受力钢筋在梁四角布置外，在腹板内的间距不应大于梁短边尺寸，且不大于 200mm。

6. 梁两侧纵向构造钢筋应采用拉结钢筋联系，间距为箍筋间距的 2 倍并交错布置。

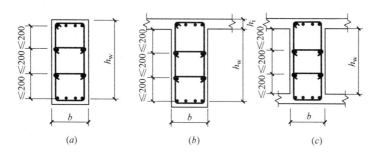

图 4.27-1 梁截面腹板高度示意图

（a）矩形截面；（b）T形截面；（c）工字形截面

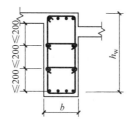

图 4.27-2 梁两侧板不在同一标高的腹板高度

4.28 梁纵向钢筋最小净距处理措施

现浇混凝土梁中纵向受力钢筋的净距应满足构造要求，最小净距的构造要求是为保证混凝土与钢筋间有足够的"握裹力"，使这两种不同的材料在荷载作用下能共同工作，除满足水平净距的最小要求外，也应方便施工时混凝土的浇筑及振捣。

施工中梁纵向受力钢筋的竖向净距不满足设计要求的位置排布是经常出现的问题，特别是在梁上部钢筋的各排间竖向净距，由于施工措施不当不能放置在设计要求的位置处，如梁上部配置多于一排钢筋时，第二排和第三排钢筋虽然绑扎时基本能保证在设计位置上，但由于施工时的扰动或设备管线的预埋等因素，使竖向净距变大，导致梁的抗弯承载能力降低，因此，施工应注意梁上部各排钢筋的固定，采取有效措施防止竖向净距不满足设计要求。当梁下部纵向受力钢筋多于两层时，第三层钢筋的水平距应加大，且避免与下部两层钢筋错位排布，保证下部纵向钢筋间混凝土的密实。当梁的下部钢筋为两排时，施工时基本能保证钢筋竖向净距的要求，而梁的上部钢筋多于两排时，往往超过了钢筋的净距要求，其结果是不能达到设计抗弯承载力要求。施工中梁上部第二排和第三排钢筋的固定应引起足够的重视，梁钢筋骨架绑扎好后，由于人为的踩踏和设备管线安装等因素，均会使上部第二排钢筋向下滑落，应采取有效的固定措施，避免第二排钢筋偏离设计位置。设计时应尽量避免梁上部位纵向受力钢筋设置超过两排，若纵向钢筋数量较多且比较密集，可采用加大梁的宽度或采用并筋（钢筋束）的配置方式处理。

梁纵向受力钢筋间的最小净距除满足最小构造尺寸要求外，当钢筋直径较大时还应满足不小于钢筋直径的要求。水平净距可根据梁的宽度及钢筋直径适当加大，为保证梁的承载能力，上、下纵向受力钢筋的竖向最小净距不能随意加大。按钢筋直径的因素计算最小净距时，当同一部位或上、下排钢筋直径不同，应按较大钢筋直径计算最小净距。

当梁的纵向钢筋比较密集时，可采用并筋（钢筋束）的配筋形式，施工图设计文件应注明，并应注意并筋的构造要求，特别是锚固长度的计算及采用并筋的根数和直径要求。施工时不能因钢筋的根数较多自行采用并筋的配置形式，应与设计人员沟通协商后采用。上部纵向钢筋的水平净距除满足理论上的最小要求外，设计时还应考虑到混凝土的浇筑和振捣器插入的因素。

处理措施

1. 梁上部纵向受力钢筋水平方向的最小净距（钢筋外边缘间的距离），不应小于30mm 和 1.5d（d 为上部钢筋直径较大值）的较大值。梁下部纵向钢筋不多于两层时，水平方向的最小净距不应小于25mm 和较大钢筋直径 d 两者较大值，见图 4.28-1 纵向钢筋不多于两排时最小净距要求。

2. 梁下部纵向钢筋多于两层时，第二层以上钢筋水平方向的中距应比下面两层的中距增大一倍，且上一排钢筋应布置在下一排钢筋的正上方，不允许错位布置，见图 4.28-2 纵向钢筋多于两排时最小净距要求。

3. 上、下层纵向钢筋多于一层时，在同一部位的两排钢筋应对应排布，不允许错位放置。

4. 除上部纵向钢筋的水平净距外，各层间钢筋的水平及竖向净距均不应小于25mm 和钢筋直径 d（d 为各层钢筋直径较大者）的两者较大值。

5. 纵向钢筋采用绑扎搭接连接的接头部位净距及机械连接的连接件间的净距，宜满足最小净距的构造要求。

6. 梁上部第二排钢筋应满足与第一排钢筋间的最小净距要求，第二排与第三排钢筋的最小净距并应采取有效的绑扎固定措施予以保证。

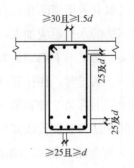

图 4.28-1　纵向钢筋不多于两排时
最小净距要求

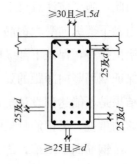

图 4.28-2　纵向钢筋多于两排时
最小净距要求

162

4.29　井字梁纵向钢筋及交点处构造处理措施

在民用建筑中由于需要较大的柱网及顶部的美观等要求，常在门厅、餐厅、大会议室及展览大厅的楼（屋）面采用现浇的混凝土井字梁设计，在柱距较大、柱网较规整的工业建筑中，也有采用现浇混凝土井字梁结构的情况，井字梁布置的特点是不分主梁和次梁且高度相同。井字梁的网格布置根据双向跨度是否相等因素可采用方格网格、矩形网格、斜交菱形网格等方式。

井字梁通常由非框架梁组成，支座一般是框架梁、非框架梁、砌体等构件，因此，井字梁的跨数是以支座的数量划分为单跨和多跨，纵向梁与横向梁高度相同时，交点不能认为是任一方向梁的支座，当与框架柱相交的梁高与非框架梁相同时，应视为框架梁，其构件的编号和构造作法应按框架梁，特别是抗震设计时应注意纵向受力钢筋在支座的锚固长度、梁端箍筋加密范围、上部通长钢筋的设置等构造要求。在平面中部框架梁的高度大于井字梁的高度时，应视为井字梁的支座。

按国家标准设计图集 G101 规定的制图规则及表示方法，施工图设计文件需注明纵、横方向梁的纵向钢筋在交点处上、下层排的关系，采用集中标注或截面注写方式时，均应注明上部纵向受力钢筋在端支座伸进跨内的长度。纵、横向梁的箍筋净尺寸宜相同，并在交点处每侧增设附加箍筋，梁中原配置的箍筋不能减少。在交点处两个方向的梁上部应配置适量的构造负弯矩钢筋，以防止活荷载不均匀时可能产生的负弯矩，其截面面积为下部纵向钢筋的 1/4～1/5。由于井字梁的跨度较大，故应控制其挠度，根据工程跨度的具体情况及使用要求，挠度一般不大于计算跨度 1/300～1/400。施工时可根据施工图设计文件要求起拱。

支座为非框架柱的井字梁应注明端支座设计假定模型，如在设计文件中注明：边支座为"铰接（简支）设计"或"充分利用钢筋抗拉强度（弹性嵌固或刚接）"，无论采用任何一种假定模型，均应注意纵向钢筋在端支座的锚固长度要求，特别是采用弯折锚固时水平段投影长度应满足相应的规定。

处理措施

1. 在横向与纵向梁交点处，短方向梁下部纵向受拉钢筋应放置在长方向下部受拉钢筋的下面，即短向在下；上部纵向钢筋长跨方向放置在短跨方向的上面，即长向在上，见图 4.29-1 两个方向纵向钢筋放置位置梁剖面图。

2. 在横向与纵向梁交点处，每侧增设不少于两道附加箍筋，箍筋的直径同梁内配置的箍筋，间距为 50mm，见图 4.29-2 井字梁交点处附加箍筋设置平面图。

3. 两个方向梁箍筋净高尺寸宜相同，即梁高减两倍保护层厚及两倍箍筋的直径。

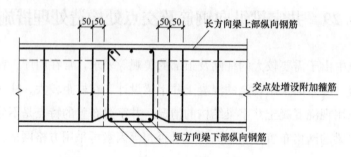

图 4.29-1　两个方向纵向钢筋放置位置梁剖面图

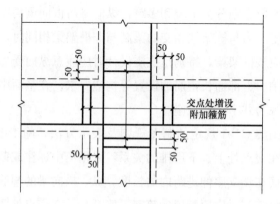

图 4.29-2　井字梁交点处附加箍筋设置平面图

4.30　密肋梁构造处理措施

　　密肋梁楼（屋）盖系统由厚度不小于 50mm 的薄板及间距较小的肋梁现浇混凝土组成，肋梁的间距一般不大于 1.5m，通常用于跨度较大、梁高受到限制的建筑。现浇混凝土密肋梁楼（屋）盖施工时采用可以重复使用的专用模壳，如塑料模壳、钢模壳、玻璃钢模壳、充气模壳等。因此，在设计时确定密肋梁的网格布置及肋梁的尺寸时应符合各种模壳的规格尺寸。根据柱网两个方向的跨度的比值确定采用双向密肋楼盖和单向密肋楼盖，当柱网的长边与短边跨度比值≤1.5 时可选用双向密肋楼盖，当柱网的长边与短边跨度比值＞1.5 时可选用单向密肋楼盖。双向密肋楼盖由于双向共同承受竖向荷载，受力性能好，且比单向密肋楼盖美观，目前应用比较广泛。

　　与柱不相连的肋梁布置称为全次肋梁，次肋梁高度相同，不分主、次肋梁。当柱网的跨数较多时，与柱相连的肋梁可采用高度与次肋梁相同的主肋梁，但主肋梁的宽度可比次肋梁宽度大，主肋梁的构造要求同非抗震设计或抗震设计的框架梁。密肋梁上部纵向钢筋除满足计算要求外，还应配置不小于各自梁下部纵向钢筋截面面积的 1/4～1/5 通长构造钢筋，以保证在不均匀竖向荷载作用下承受负弯矩。

密肋梁的截面形状通常根据定型模壳的规格为上大下小的梯形，肋梁的箍筋根据肋梁的间距不同可采用双肢箍筋或单肢箍筋，施工图设计文件应绘制箍筋的图样并注明箍筋的肢数。由于密肋梁的高度较小，为充分利用纵向钢筋的强度，上、下部位均应按单排设置，当上部纵向受力钢筋在肋梁的宽度范围内放置不下时，可考虑布置在肋梁箍筋附近的楼板内。柱周边有实心板时，考虑到柱周边存在着一定的抗扭作用，实心板部分应按梁的构造要求配置纵向抗扭钢筋及抗扭箍筋。

次肋梁在边支座通常假定为简支，上部纵向受力钢筋在边支座内的锚固长度按普通楼面梁构造要求，采用弯折锚固时水平段含弯弧在内的投影长度不小于 $0.35l_{ab}$，当按"充分利用钢筋的受拉强度"（刚接）设计时，水平段含弯弧在内的投影长度不小于 $0.6l_{ab}$，无论边支座的假定是何种情况，采用弯折锚固时均应保证弯折前的水平投影长度，弯钩角度为 90°时，弯折后的竖向直线段长度为 $12d$，弯钩角度为 135°时直线段长度为 $5d$。下部纵向受力钢筋锚固长度不小于 $12d$（带肋钢筋）。边支座设计时无论采用何种假定模型，在设计文件中均应注明，方便在施工时选用正确的锚固长度。

现行的国家标准设计系列图集 G101 中无关于密肋梁的注写方式和构造详图，当施工图设计文件按此图集规则编制时，应特别注明梯形、三角形肋梁的上、下宽度，箍筋的形状等，并应绘制肋梁的剖面详图及相应的构造要求，也可采用剖面表示法。

处理措施

1. 密肋梁的箍筋形式根据梁截面形状不同可采用矩形箍筋、梯形箍筋、三角形封闭箍筋、单肢箍筋等，除抗震设计主肋梁箍筋直线段的长度不小于 $10d$ 和 75mm 的较大值外，其他情况可采用 $5d$，见图 4.30-1 密肋梁箍筋的形式。

2. 密肋梁上部纵向钢筋应单排设置，当纵向钢筋较多，在箍筋范围内布置不下时，可布置在箍筋附近板内，见图 4.30-2 上部纵向钢筋的布置方式。

3. 柱周边实心板范围配置的双向箍筋应采用封闭箍筋，箍筋封闭处的直线段长度不小于 $10d$，见图 4.30-3 柱周边实心板配筋构造作法。

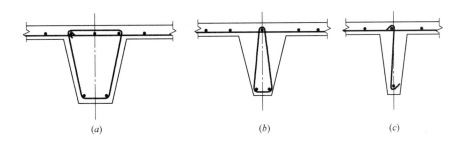

图 4.30-1　密肋梁箍筋的形式

(a) 梯形箍筋；(b) 三角形箍筋；(c) 单肢箍筋

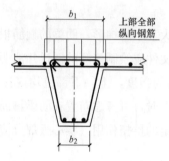

图 4.30-2　上部纵向钢筋的布置方式

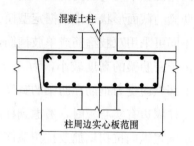

图 4.30-3　柱周边实心板配给构造作法

4.31　水平折梁、弧形梁配筋构造处理措施

为丰富建筑立面造型，工程中在悬挑楼梯、悬挑阳台及外立面幕墙等部位，很多设计均采用水平折梁或水平弧形梁。在竖向荷载作用下，梁内的受力比较复杂，水平折梁和弧形梁与普通直线梁受力状态不同，不但有弯矩、剪力，还有扭矩存在。

水平折梁和水平弧形梁通常为悬挑结构，其所有纵向受力钢筋在支座内应按受拉钢筋可靠地锚固，由于扭力的存在，腰筋作为抗扭纵向受力钢筋，在支座内的锚固长度也应符合受拉钢筋的锚固要求。当支承在框架柱、垂直于折梁和弧形梁的框架梁上时，上部纵向受力钢筋满足直线锚固长度要求，也宜向下弯折一定长度的直线段。采用弯钩锚固时，应首先满足规定的水平段投影长度，并采用 90°弯钩及一定的直线段长度，不宜采用 135°弯钩和相应的直线段锚固作法。

支承在砌体结构上的折梁和弧形梁、悬臂梁应验算其抗倾覆能力，伸入砌体内的最小长度应根据其梁上是否有砌体而确定，施工时对悬臂段应做好竖向临时支护措施，防止施工中发生倾覆破坏。梁中的纵向受力钢筋需有一定数量伸至梁的末端，与设置圈梁的纵向钢筋可靠搭接。在砌体墙一定长度范围内梁的箍筋间距同悬挑段，末端范围间距可适当加大，设计文件应对此类构造措施有特殊说明。

水平折梁的纵向受力钢筋在阳角处可弯折连续配置，在阴角处应截断分别配置，纵向钢筋截断后继续延伸，并保证一定的锚固长度，延伸后的直线段不能满足锚固长度要求时可以水平弯折，但弯折后的水平段应有足够长度。水平弧线梁纵向钢筋沿梁全长不应截断配置。水平折梁和水平弧形梁的悬挑段上部钢筋不应采用搭接连接，其他采用搭接连接的纵向受力钢筋应符合受拉钢筋同一搭接范围内接头面积百分率的规定，并在搭接范围内采取构造加密箍筋的处理措施。

现行的国家标准设计系列图集 G101 没有水平折梁及水平弧线梁的构造详图，采用"平法"编制的施工图设计文件应绘制相应的节点构造详图，并注明有关锚固、钢筋弯折、钢筋截断、箍筋的特殊配置要求等。由于这类梁内存在扭力，除所用纵向钢筋按受拉钢筋要求外，箍筋作为抗扭钢筋的一部分应该采用封闭箍筋，采用人工加工封闭箍筋 135°弯钩后的直线段不小于 $10d$，也可以焊接封闭箍筋。

处理措施

1. 水平折梁及水平弧线梁中全部纵向钢筋在支座内均应符合受拉钢筋的最小锚固长度要求，当支座为框架柱及正交的框架梁时，上部纵向钢筋伸进满足直线锚固长度时，宜向下 90°弯折，直线段为 $12d$；采用弯折锚固形式时，含弯弧半径在内的水平段投影长度应不小于 $0.6l_{ab}$，弯折后的直线段为 $12d$，见图 4.31-1 支座为框架柱、梁时纵向钢筋锚固作法。

2. 支承在砌体结构上的水平折梁和水平弧形悬臂梁，梁伸入砌体内的长度 l_1 与悬挑长度 l 的比值（l_1/l）应不小于 1.2，当悬挑梁上无砌体时不小于 2.0；梁四角纵向受力钢筋及全部纵向钢筋截面面积的 50% 应伸至梁末端，其余纵向受力钢筋可伸至不少于 $2l_1/3$，且在该范围内的箍筋直径和间距与悬臂段相同，其余部分箍筋间距可适当放大，见图 4.31-2 梁支座为砌体的构造作法。

3. 水平折梁在内弯折角处纵向受力钢筋应截断配置，截断后伸至梁内的长度不小于 l_a（l_{aE}），直线段长度不满足要求时可水平弯折，弯折后的直线段长度不小于 $20d$ 且还应满足不小于总锚固长度 l_a（l_{aE}）的要求，见图 4.31-3 水平折梁弯折节点纵向钢筋的构造作法。

4. 箍筋应做成 135°封闭式，其末端直线段长度不应小于 $10d$，也可以采用焊接封闭箍筋。

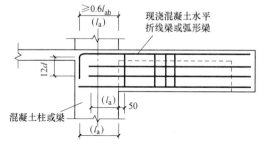

图 4.31-1　支座为框架柱、梁
时纵向钢筋锚固作法

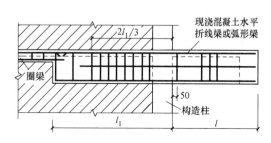

图 4.31-2　梁支座为砌体的构造作法

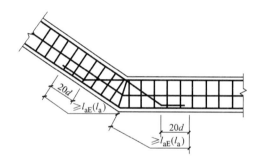

图 4.31-3　水平折梁弯折节点纵向钢筋的构造作法

4.32　次梁底低于主梁底时支座处理措施

现浇混凝土结构的楼（屋）平面布置通常为次梁（普通楼面梁）截面高度小于主梁（框架梁）的截面高度或与主梁相同，次梁的底部一般会高于主梁的底部或相同，此时，次梁的下部纵向受力钢筋应排布在主梁下部纵向钢筋之上。当有特殊情况时次梁的底部低于主梁的底部且两者底部高差较小时，次梁的下部纵向受力钢筋可以自然弯折伸入主梁下部纵向受力钢筋之上，而当两者底部高差较大时，需在主梁内设置截面高度与主梁同宽、截面宽度不小于次梁宽度的吊柱作为次梁支座，吊柱中的纵向钢筋作为受拉钢筋不得采用搭接连接方式，伸入主梁内需要满足受拉钢筋的锚固长度，并在吊柱范围内配置箍筋。

主梁下设置吊柱在现行的国家标准设计图集 G101、G329 中均无此类构造作法详图，采用"平法"绘制的施工图设计文件应绘制相应的构造详图及节点。当施工图设计文件中无此节点详图且梁底高差较大时，施工不应将次梁下部纵向受力钢筋弯折入主梁内锚固，也不应擅自设置吊柱，吊柱内的纵向钢筋及箍筋均需按计算配置。需要与设计人员确认其做法并办理设计变更或工程洽商。主梁下部设置吊柱时属在梁内有集中荷载，在吊柱的两侧应按计算配置附加箍筋承担相应的集中荷载，通常不宜采用吊筋形式的附加钢筋。

处理措施

1. 当次梁底部与主梁底部高差较小时，并保证次梁最大钢筋保护层厚不大于 50mm 时，次梁下部纵向受力钢筋可按 1∶6 的坡度弯入主梁下部钢筋之上，并满足锚固长度要求，见图 4.32-1 次梁下部纵向钢筋弯入主梁内锚固作法。

2. 当次梁底部与主梁底部高差较大时，应在主梁下部设置吊柱，吊柱的纵向钢筋宜采用 U 形伸入主梁内，锚固长度不小 l_a，且应伸至主梁顶部，水平弯折不小于 $20d$。吊柱为边支座时次梁纵向钢筋在吊柱内的锚固要求应按计算假定确定，当吊柱为次梁的中间支座时，次梁下部纵向受力钢筋宜在吊柱内贯通，见图 4.32-2 主梁下部设置吊柱作法。

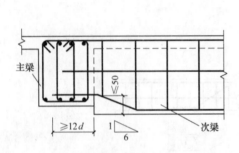

图 4.32-1　次梁下部纵向钢筋弯入主梁内锚固作法

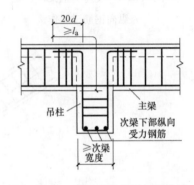

图 4.32-2　主梁下部设置吊柱作法

4.33 框架梁下部挂板与相邻框架柱连接的处理措施

当框架梁下部标高不在建筑的门、窗顶标高处且门、窗宽度较大或外立面为带形窗时，为了不设置门、窗过梁，通常在框架梁下部设置挂板作为门、窗上端的固定端。非抗震设计时框架梁下部挂板可以与相邻的框架柱整体相连，因为挂板的平面内刚度较大，若与相邻的框架柱连接成整体，会使框架柱成为短柱或超短柱而对抗震不利。在地震灾害调查中发现，在地震作用下未采取相应构造措施的短柱和超短柱延性很差，均发生剪切脆性破坏，特别是在罕遇地震发生时，竖向构件的严重破坏造成建筑物的整体倒塌。在框架柱间设置的半高砌体填充墙而形成的框架短柱，在地震中破坏的实例也很多。框架柱作为结构的主要抗侧力构件，抗震设计时尽量避免短柱，特别应避免在同一楼层内既有长柱也有短柱的情况，无法避免时对框架柱应采取有效的处理措施，使之具有足够的延性，避免发生脆性剪切破坏，脆性破坏的特征是构件突然丧失承载能力。因此，在抗震设计及抗震构造处理时尽量避免出现短柱或超短柱的情况。

抗震设计时，施工图设计文件应提出框架梁下部挂板或砌体填充墙与相邻的框架柱连接要求，或绘制节点详图。通常的作法是在框架柱与挂板相邻部位根据抗震等级的大小，预留一定宽度的缝隙，填充墙与框架柱柔性连接等措施，避免挂板或砌体填充墙对框架柱形成约束而形成短柱，外墙缝处可根据建筑的外装修作法填充可压缩的松散材料，挂板中的水平分布钢筋不伸进框架柱内，在缝处截断。当挂板或砌体填充墙与框架柱刚性连接时，应对可能形成的框架短柱采取增加延性、防止发生剪切脆性破坏的构造措施。挂板的竖向钢筋应按受拉钢筋在梁内可靠的锚固，且在挂板高度范围内的竖向钢筋不应采用绑扎搭接接头。

处理措施

1. 非抗震设计时，框架梁下部挂板可与框架柱整体连接，挂板水平分布钢筋伸进框架柱内的长度不小于 $5d$，见图 4.33-1 梁下挂板与框架柱不设缝作法。

2. 抗震设计时，框架梁下部挂板与框架柱间不宜整体连接，根据抗震等级设置 20～30mm 的缝隙，挂板的水平分布钢筋在缝处截断，见图 4.33-2 梁下挂板与框架柱设缝作法。

3. 挂板竖向分布钢筋应按抗拉设计，伸进框架梁内的锚固长度应不小于 l_a，若直线长度不足可采用弯钩锚固形式。设置双层分布钢筋时拉结钢筋直径不小于 Φ6，间距不大于 600mm，并按梅花状布置。

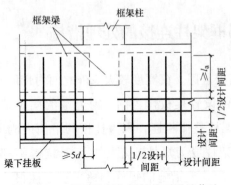

图 4.33-1　梁下挂板与框架柱不设缝作法

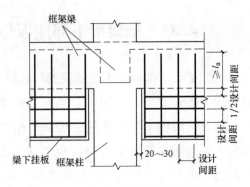

图 4.33-2　梁下挂板与框架柱设缝作法

4.34　电梯间检修吊钩处理措施

在建筑中因使用功能的需要通常设计有电梯间，在电梯机房的顶板上应设置电梯安装和检修的吊钩梁，电梯的安装检修吊钩应埋置在吊钩梁内，不宜将吊钩直接预埋在电梯机房的混凝土顶板内。吊钩设置的目的是为电梯安装检修时使用的，应由电梯供应商提供吊钩的设置位置、吊重及电梯间的净高尺寸等对土建要求的资料，吊钩通常设置在电梯井的中心点位置，但在工程中由于电梯的订货滞后于土建施工，不能按时提供上述对土建要求的资料，因此，在设计时结构工程师可根据电梯的型号、运载重量和工程经验暂定检修吊钩的吊重及位置，有条件时应取得电梯供应商的认可，避免影响施工进度或遗漏设置。

由于安装检修吊钩需要做 180° 的弯钩，螺纹钢筋的弯折机械性能不如光圆钢筋好，特别是当弯弧半径较小时，螺纹钢筋在弯折处会发生裂纹，影响受拉钢筋截面面积，所以应采用 HPB300 级钢筋制作，吊钩预埋钢筋的截面面积按两个截面考虑，计算的钢筋抗拉应力不应大于 $65N/mm^2$，由于钢筋的产品标准中 HPB300 级钢筋最大直径为 14mm，而这个直径无法承受吊钩的重量，因此当吊钩的直径大于 14mm 时应采用 Q235 圆钢，计算的钢材抗拉应力不应大于 $50N/mm^2$，检修吊钩在使用时还会直接承受动力荷载，因此也不应采用经冷加工后的钢筋和钢材。

吊钩钢筋的加工应满足使用要求，施工图设计文件宜绘制详图节点，并提出相应的技术要求，吊钩两个钢筋间应有足够的净宽度及露出吊钩梁的净尺寸，吊钩钢筋在吊钩梁中满足一定的锚固长度及构造要求，由于吊钩梁的截面高度较小，吊钩钢筋应伸至梁上部水平弯折，弯折后的水平段尺寸在混凝土梁的受压区不应小于 $10d$，在受拉区不应小于 $20d$，施工时无法判断时应按较大值考虑。吊钩是在梁下部的集中荷载，因此，应在吊钩两侧设置按计算配置附加抗剪箍筋。

处理措施

1. 安装检修吊钩宜采用未经冷加工后的 HPB300 级钢筋或 Q235B 圆钢制作。

170

2. 吊钩的净宽度不宜小于 80mm，露出结构面的净尺寸不宜小于 100mm。在混凝土梁内锚固长度按受拉钢筋考虑，且伸至梁上部水平弯折 20d，见图 4.34 电梯安装检修吊钩构造作法。

3. 在吊钩两侧按计算设置附加抗剪箍筋。

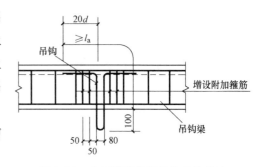

图 4.34　电梯安装检修吊钩构造作法

4. 吊钩梁内的纵向受力钢筋不应采用绑扎搭接接头，采用机械连接时在同一连接区段范围内，接头面积百分率不应大于 50%。

4.35　深受弯构件中深梁构造处理措施

当梁的计算跨度（l_0）与梁的截面高度（h）之比（跨高比）小于 5.0（$l_0/h<5.0$）时，简支的混凝土单跨梁或多跨连续梁在计算时均按深受弯构件设计，统称为深受弯构件（有时也称为短梁）。抗震设计的框架梁净跨与截面高度比不宜小于 4，截面的高宽比不宜大于 4，因此深受弯构件通常不能作为抗震设计的框架梁。根据分析及试验结果，通常把跨高比小于 2 的简支梁及跨高比小于 2.5 的连续梁称之为深梁，梁的计算跨度（l_0），可取支座中心线距离和 1.15 倍梁净跨两者较小值。深受弯构件受力性能与普通梁有较大区别，构造要求也不相同，因此，施工图设计文件不能采用"平法"表达方式，应绘制详图表示此类构件的配筋及构造作法。本条适用于建筑结构中以承受竖向静力荷载为主，端支座为简支的深梁构造处理措施。简支深梁与普通梁的内力分布规律基本相同，但是连续深梁内力分布规律与一般连续梁不同，其跨中正弯矩比普通连续梁偏大，而支座的负弯矩偏小，在工程设计中应按弹性分析确定，不宜考虑内力重分布。深梁的抗震试验研究较少，有抗震设防要求且梁、柱按嵌固连接的深梁应特殊研究。

深梁不能认为是承受竖向荷载的混凝土墙，深梁与混凝土墙的区别是深梁端部有支座，而混凝土墙的支座是基础或托墙转换梁等。深梁截面的高宽比较大（普通梁为 2～4），其稳定性很重要，为加强其平面外的稳定性，需对深梁的截面宽度、高宽比、跨高比有所限制，另外，在简支深梁的顶部、连续深梁的顶部和底部均应设置较厚、水平刚度较大的楼（屋）面板并可靠连接，当深梁支承在混凝土柱上时，需将混凝土柱伸至深梁的顶部。

深梁与普通梁下部钢筋配置的范围不同，单跨深梁和连续深梁的下部受拉钢筋应均匀配置在梁下部一定范围内。连续深梁中间支座截面的纵向受拉钢筋，根据跨高比和配筋比例均匀布置在相应的高度范围内，对跨高比较小的深梁在一定高度范围内应满足最小配筋率的要求。水平分布钢筋可以作为支座部位的上部受拉钢筋，不足部分可以由附加水平钢筋补足。

由于深梁在垂直及斜裂缝出现后将形成"拉杆拱"的传力机制，此时下部纵向受拉钢筋到支座附近拉力仍较大，下部受拉钢筋应全部锚固在支座内，不应在跨中弯起和截断，连续深梁下部纵向受拉钢筋满足直线锚固长度可不弯折，采用弯折锚固时需保证一定长度的水平段，因钢筋锚固端的竖向弯钩会引起在支座区沿深梁中面的劈裂，应采用 $180°$ 水平弯折形式锚固。当不能满足直线和弯折锚固时，可采用机械锚固方式。深梁一般配置成双排钢筋，为约束两排钢筋网在平面外的变形，防止"拉杆拱"拱肋内斜向压力较大时发生在中面劈开的侧向劈裂型斜压破坏，应在两排钢筋网间设置拉结钢筋，特别是在支座一定范围内应采取减少拉结钢筋的间距、增加拉结钢筋的数量等措施。

处理措施

1. 深梁的截面宽度 b 不应小于 140mm，，当跨高比 l_0/h 不小于 1 时（$l_0/h \geqslant 1$），深梁的高宽比 h/b 不宜大于 25，当跨高比 l_0/h 小于 1 时（$l_0/h < 1$），计算跨度与宽度之比不宜大于 25。

2. 单跨深梁和连续深梁的下部受拉纵向钢筋，均匀布置在梁下边缘以上 $0.2h$ 高度的范围内，见图 4.35-1 单跨深梁的钢筋配置和图 4.35-2 连续深梁的钢筋配置。

3. 连续深梁的下部纵向受拉钢筋，应全部通过中间支座。在边支座自支座边缘算起的锚固长度不应小于 l_a。单跨简支深梁支座及连续深梁简支端支座，纵向受拉钢筋应沿水平方向弯折锚固，伸入支座内的直线长度不应小于 $0.6l_{ab}$ 并伸至梁端部，其总锚固长度不小于 $1.1l_a$，见图 4.35-3 下部纵向受拉钢筋水平锚固作法。

4. 当下部纵向受力钢筋水平弯折锚固长度不能满足要求时，可采用在纵向钢筋末端加焊横向短钢筋、加焊锚固钢板等有效锚固措施，且伸入支座内的直线长度不应小于 $0.6l_{ab}$ 并伸至梁端部，见图 4.35-4 下部纵向受拉钢筋锚固措施。

5. 连续深梁中间支座的上部全部纵向受拉钢筋截面面积 A_s，按跨高比和配筋比例均匀配置在规定高度范围内，见图 4.35-5 连续深梁支座上部纵向受拉钢筋配置比例。当跨高比 $l_0/h < 1.0$ 时，连续深梁上部纵向受拉钢筋，在中间支座底面以上 $0.2l_0$ 到 $0.6l_0$ 的高度范围内的纵向受拉钢筋配筋率不小于 0.5%；水平分布钢筋可作为支座部位的上部受拉钢筋，不足部分可由附加水平钢筋补足，附加水平钢筋从支座向跨中延伸长度不小于 $0.4l_0$，见图 4.35-2。

6. 深梁均应配置双层钢筋网，直径不应小于 $\Phi 8$，间距不应大于 200mm，双层网片间应设置拉结钢筋，间距不宜大于 600mm，在支座区高度为 $0.4h$、宽度从支座伸出 $0.4h$ 的范围内应增加拉结钢筋的数量，见图 4.35-1 和图 4.35-2 虚线所示范围。

7. 当深梁端部竖向边缘设置混凝土柱时，水平分布钢筋应弯折锚入柱内，也可以采取在深梁中部搭接，在同一搭接区段内接头面积百分率不应大于 25%，搭接长度为 $1.2l_a$，钢筋搭接端部距离不应小于 $0.3l_a$，见图 4.35-6 水平分布钢筋的搭接。

8. 在深梁上、下边缘处，竖向分布钢筋宜做成 $135°$ 封闭式箍筋，箍筋末端直线段不小于 10d。见图 4.35-7 竖向封闭式分布钢筋作法。

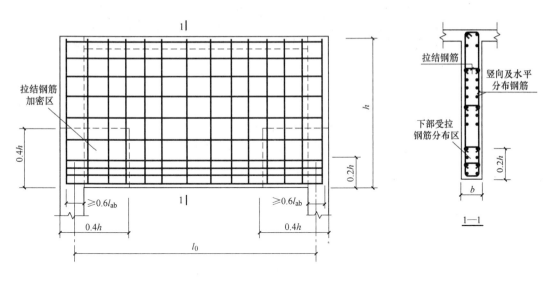

图 4.35-1 单跨深梁的钢筋配置

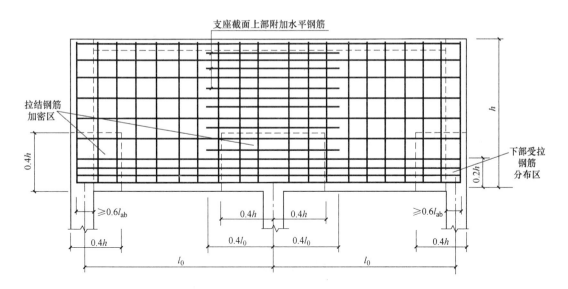

图 4.35-2 连续深梁的钢筋配置

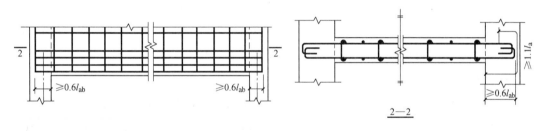

图 4.35-3 下部纵向受拉钢筋水平锚固作法

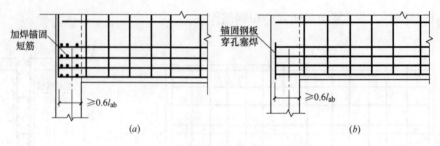

图 4.35-4　下部纵向受拉钢筋锚固措施

（a）末端加焊横向短筋；（b）末端焊接钢板

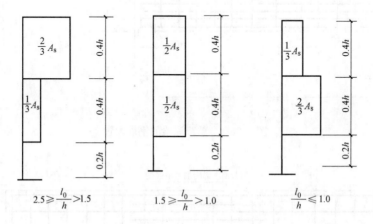

图 4.35-5　连续深梁支座上部纵向受拉钢筋配置比例

图 4.35-6　水平分布钢筋的搭接　　　　图 4.35-7　竖向封闭式分布钢筋作法

4.36　深梁沿下边缘作用均布荷载及深梁集中荷载时，附加吊筋的处理措施

当深梁全跨沿下部边缘作用有均布荷载时，应沿梁全跨均匀布置附加竖向吊筋。当有集中荷载作用在深梁下部 3/4 高度范围内时，该集中力应全部由附加吊筋承担，吊筋的形式可以采用竖向吊筋或斜向吊筋。竖向吊筋应布置在集中力两侧，并应从梁底伸到梁顶，且在梁顶和梁底应做成封闭式。

当梁的高度范围内或在梁的下部有次梁等集中荷载时，需在集中荷载影响区的范围内设置附加横向钢筋，其目的是为防止集中荷载影响区下部混凝土拉脱，并弥补间接加载导致的梁斜截面受剪承载力降低。不允许用布置在集中荷载影响区内的受剪横向钢筋代替附

174

加横向钢筋。深梁水平和竖向分布钢筋对抗剪承载力的提高很有限，但是可以限制斜裂缝的发展。对控制深梁中的温度、收缩裂缝的出现也可以起到一定的作用。当分布钢筋采用较小直径和较小间距时，这样的作用就更明显。因此，必须按设计文件中规定的附加横向钢筋配置。

承受集中荷载所配置的附加竖向吊筋的布置范围 S 内，其范围与从深梁下边缘到传递集中荷载构件（梁）底边高度 h_1 和传递集中荷载构件（梁）的截面高度 h_b 的比值 (h_1/h_b) 有关。当传来集中荷载的次梁宽度 b_b 较大时，宜适当减小由 $3b+2h_1$ 所确定附加钢筋布置宽度 S。当梁与主梁高度差 h_1 较小时，宜适当增大附加钢筋的布置宽度 S。

现行的国家标准设计图集 G101 中无深梁的配筋注写方式，也无相应的构造详图。深梁的施工图设计文件应采用详图表示，并将详细构造按要求绘制，特别是当梁下部有均布荷载或集中荷载时，不应采用"平法"绘制的施工图，施工时应计算其比值然后确定附加吊筋布置的范围，由于附加吊筋承担均布荷载及集中荷载时，因钢筋的抗拉强度不能被充分利用，因此设置的目的也是为了控制荷载作用下裂缝的宽度。

处理措施

1. 当深梁下部沿全跨有均布荷载时，附加竖向吊筋应沿全跨均匀布置。间距应按施工图设计文件的规定，且不宜大于 200mm。

2. 当深梁承受集中荷载，施工图设计文件要求设置附加吊筋时，吊筋的布置范围 S 应满足下列要求：

当 $h_1 > h_b/2$ 时，$S = b_b + 2h_1$

当 $h_1 \leqslant h_b/2$ 时，$S = b_b + h_b$

3. 承受集中荷载设置的附加吊筋形式应按施工图设计文件规定执行，附加吊筋的形式可以是垂直的竖向吊筋，见图 4.37-1 附加竖向吊筋；也可以是斜向吊筋，见图 4.37-2 附加斜向吊筋。

4. 集中力处的竖向吊筋应沿传递集中荷载构件的两侧布置，并从深梁底部伸至深梁的顶部，在梁顶和梁底做成封闭式。

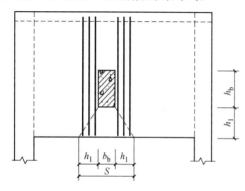

图 4.37-1 附加竖向吊筋图

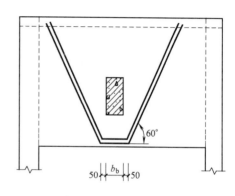

图 4.37-2 附加斜向吊筋

5. 采用附加斜向吊筋时，斜向的角度为 60°，附加吊筋下部水平段的弯折点距传递集中荷载构件外边缘的距离为 50mm。附加斜向吊筋的上部应伸至深梁的顶部。

4.37 抗震设计框架宽扁梁梁柱节点处理措施

抗震设计的结构构件应合理控制截面尺寸，框架梁的截面尺寸应从整体框架结构的梁、柱关系等因素来处理，如：在强柱弱梁的设计思想指导下提高梁的变形能力、防止剪切破坏先于弯曲破坏（强剪弱弯）、钢筋的锚固粘结破坏先于钢筋的受拉破坏等。由于各种原因限制了框架梁的高度，因此目前工程中扁梁和宽扁梁的使用越来越多，当框架梁扁梁的高度满足一定要求，而宽度大于框架柱相应边的宽度时称之为框架宽扁梁。为避免或减小扭转的不利影响，宽扁梁中心线宜与柱中心线重合，为了使宽扁梁端部在柱外的纵向钢筋有足够的锚固，应在两个方向均设计成框架宽扁梁，并应采用现浇混凝土楼、屋盖体系。一级抗震等级的框架不宜采用宽扁梁，框架边梁不应采用大于柱宽度的宽梁。满足此类构件的构造要求与普通的框架梁有很大的不同，特别是在节点及节点核心区的箍筋处理方式更是不一样。采用"平法"制图规则编制的施工图设计文件，除标注构件的断面尺寸及配筋外，还应绘制节点区的构造节点详图，现行的国家标准设计图集 G101 中无宽扁梁的构造详图。按普通的框架梁处理有抗震设防要求的框架梁箍筋加密区，及节点核心区的箍筋构造作法很不正确，也不安全。特别是在节点的外核心区，由于箍筋的水平段纵横交叉，施工比较困难。当地震作用时，扁梁端部还会产生扭矩，因此还应考虑箍筋的抗扭，并应在梁端部配置抗扭腰筋。

除在宽扁梁节点核心区内配置了梁端部纵向受力钢筋外，还应配置附加腰筋和水平箍筋，其目的就是为加强柱边到节点外核心区范围内的抗弯承载力，在地震作用下使梁端塑性铰尽量向跨内转移，起到保护内核心区的有利作用，达到"节点更强"的设计目的。在框架宽扁梁内中柱节点核心区还需配置附加水平箍筋及拉结钢筋，其目的是为了提高核心区的抗剪承载力，也能增强对核心区混凝土的约束作用，提高扁梁内纵向受力钢筋与混凝土的粘结锚固性能。在节点核心区内和梁内的边柱节点核心区配置附加腰筋，也可以提高节点核心区的抗剪承载能力。

由于框架宽扁梁体系与普通框架结构体系在构造处理上不完全一样，因此，倘若施工图设计文件无节点详图或未绘制核心区构造要求时，应与设计人员沟通，确认正确的处理方式。宽扁梁节点核心区内的钢筋较密集，施工比较困难，应事先放样，安排好各种钢筋的尺寸及相互的位置等。为了避免梁在正常使用时的挠度和裂缝宽度过大，设计时应对其挠度和裂缝宽度进行验算，并要求施工中采取起拱等措施，减小正常使用时挠度过大和减小裂缝宽度的措施。抗震设计的框架宽梁及框架宽扁梁箍筋加密范围的肢距较大不能满足规范规定时，可增设单肢箍筋，使之满足不同抗震等级箍筋最大肢距的要求，增加直径和间距同加密区箍筋的单肢箍筋。

处理措施

1. 框架宽扁梁的截面高度 h_b 应为计算跨度的 1/16～1/22，不小于板厚的 2.5 倍且应 ≥16 倍柱纵向钢筋直径。截面宽度 b_b 大于柱该方向的宽度 b_c（圆柱取直径的 0.8 倍），且不大于 $2b_c$、不大于 b_c+h_b，见图 4.37-1 框架宽扁梁截面尺寸要求。

2. 箍筋加密区的范围应从框架柱边处开始计，一级抗震等级不应小于 2.5 倍梁高，其他抗震等级不应小于 2.0 倍梁高，且均不应小于 500mm，对于中间节点，梁边至柱边的距离也应按箍筋加密区设置箍筋的间距；对于边柱节点，当边梁的宽度与柱宽不相同时，柱边至边梁边的距离也应加密箍筋，见图 4.37-2 框架宽扁梁箍筋加密范围。

3. 核心区内的箍筋竖直段可做成拉结钢筋的形式，由外侧拉筋承担扭矩，内侧拉筋承担剪力。拉结钢筋的两个端部均应做成 135°弯钩，弯钩的直线段长度不小于 $10d$。

4. 节点核心区内的附加腰筋的设置长度，从扁梁外边缘向跨内延伸长度不应小于 l_{aE}，见图 4.37-2 中标注的腰筋长度。

5. 边节点处框架柱宽度以内的梁纵向钢筋采用弯折锚固时，锚固长度水平段投影长度应从框架柱边算起，框架柱宽度以外梁纵向钢筋从边梁的内侧算起，见图 4.37-3 梁纵向钢筋在边支座的锚固。

6. 梁内纵向钢筋宜采用一排，且应有 60% 以上的纵向钢筋截面面积布置在柱宽度范围内，并在端柱内可靠锚固，见图 4.38-4 梁纵向受力钢筋配置方式。

7. 有抗震设防要求的框架梁，梁端箍筋加密区范围内的箍筋应满足不同抗震等级最大肢距的要求，可采用增设单肢箍筋的措施解决箍筋肢距过大问题。

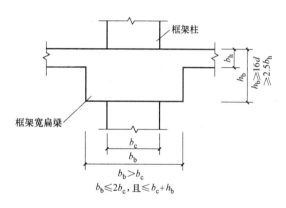

图 4.37-1 框架宽扁梁截面尺寸要求

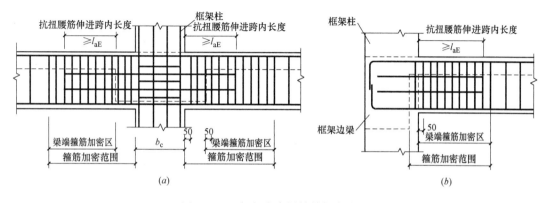

图 4.37-2 框架宽扁梁箍筋加密范围

（a）中间节点；（b）边节点

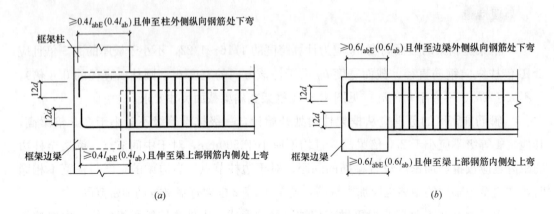

图 4.37-3　梁纵向钢筋在边节点的锚固

(a) 在框架柱范围内的弯折锚固；(b) 在框架边梁范围内的弯折锚固

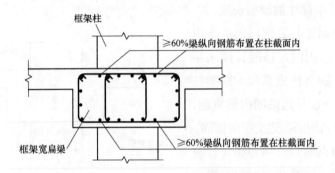

图 4.37-4　梁纵向受力钢筋配置方式

第 5 章 楼（屋）面板及板式楼梯处理措施

5.1 现浇混凝土板下部钢筋在支座内锚固处理措施

现浇混凝土板的分离式配筋因施工方便，已成为我国工程中的主要配筋形式。楼板和屋面板的下部受力钢筋，如：人防顶板边支座、转换层楼板边支座、嵌固楼层边支座、屋面板边支座、地下室顶板边支座等有特殊的锚固规定外，普通的楼板上、下层钢筋在支座的锚固无特殊要求。但现浇混凝土板的支座材料不同，对下部钢筋在支座内的锚固长度构造要求也不同，通常设计时均把边支座假定为简支，板中的最大正弯矩基本在跨中。在边支座内的锚固长度不需太长，板与混凝土墙、梁整体浇筑时，下部纵向受力在中间支座可以贯通设置，也可以在各跨内单独配置，并在支座内满足锚固长度的要求。目前工程中已很少采用将板的部分下部钢筋在支座附近处弯折到板上部再伸入支座内锚固的作法了，采用分离式配筋的多跨板，板下部受力钢筋宜全部伸入支座内锚固。若施工图设计文件中有特殊要求时，应按图纸规定伸入支座内的长度及锚固要求实施。现行的国家标准设计图集G101-1 要求在设计文件中应注明现浇混凝土板在边支座支承假定，其目的是考虑上部钢筋在边支座采用弯折锚固时水平段的投影长度，不同的假定其水平段的投影长度不同，与下部钢筋在边支座的锚固长度关系不大。

当一个结构单元的长度较长，超过了规范规定的设置温度缝的最大要求，或连续板要考虑板内较大的温度和收缩应力时，要采取相应的措施来保证。若板下部钢筋采用绑扎配置，考虑到板的下部钢筋除要满足受弯的承载力外，还需要考虑到下部钢筋承担温度和收缩的应力，因此需加大下部纵向受力钢筋在支座内的锚固长度，通常设计者把下部钢筋在支座内的锚固长度加大，也是解决超长结构不设置温度缝方式的一种，工程中有此类情况时设计文件应特殊注明，施工时也应注意设计文件中对锚固长度的特殊要求。

处理措施

1. 简支板或连续板的端支座下部纵向受力钢筋伸入支座内的锚固长度不应小于 $5d$，d 为受力钢筋的直径，且当板与混凝土梁、墙整体浇筑时宜伸至支座中心线处。

2. 对各单独配筋的连续板，下部钢筋伸入中间支座内的锚固长度不小于 $5d$，且宜伸至支座中心线，见图 5.1-1 下部受力钢筋在混凝土支座内的锚固要求。

3. 板下部纵向受力钢筋采用光圆钢筋时，端部应设置180°弯钩，弯钩后的直段长度不小于3d（d为钢筋直径），弯钩不计入锚固长度。

4. 当结构单元超长或考虑温度和收缩应力时，板下部钢筋在支座内的锚固长度不宜小于l_a，见图5.1-1（c）。

5. 当板支座为砌体结构时，板在边支座的搁置长度不小于120mm且不应小于板厚；下部受力钢筋在边支座内的锚固长度不小于5d，且不小于板在支座内的搁置长度减15mm。中间支座同混凝土支座构造要求，见图5.1-2板下部受力钢筋在砌体支座内的锚固要求。

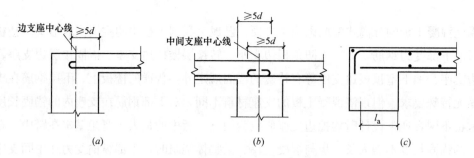

图5.1-1　板下部受力钢筋在混凝土支座内的锚固要求

（a）边支座；（b）中间支座；（c）考虑温度收缩锚固

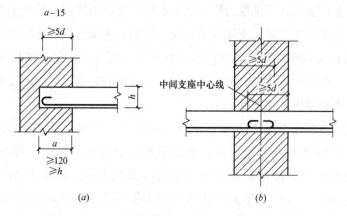

图5.1-2　板下部受力钢筋在砌体支座内的锚固要求

（a）边支座；（b）中间支座

5.2　现浇混凝土板上部钢筋在边支座锚固长度处理措施

现浇混凝土板的上部钢筋除有特殊要求外，如：人防顶板边支座、转换层楼板边支座、嵌固层楼板边支座、屋面板边支座、地下室顶部边支座等，普通楼板上部钢筋在边支座的锚固要求是根据计算时的支承假定确定的，应注意的是当采用弯折锚固时对水平段的投影长度的要求不相同。特殊部位或在边支座有特殊锚固要求的现浇板，设计文件会有特

180

殊的构造要求并在设计文件中注明。当边支座设计按简支假定时，虽然计算时此处无负弯矩，由于支座对板有一定的约束作用，在边支座的板上部需配置构造钢筋，构造钢筋虽然不是计算需要的受力钢筋，构造上也需要承担一定的负弯矩，因此在边支座内也需要满足相应的锚固长度要求。当支座为混凝土构件时，因材料相同支座对板有一定的嵌固作用，计算按嵌固假定时端部要承担负弯矩，板上部钢筋在边支座内的按受拉钢筋要求锚固，且长度应满足构造要求。当边支座计算假定为简支时，上部钢筋按构造配置，一般不小于Φ8@200。在支座内弯折锚固长度水平段的投影长度与嵌固假定要求不同；当板边支座按弹性嵌固假定时，上部钢筋均是按计算结果配置的，因此，应按受拉钢筋的锚固长度要求在支座内锚固，当采用弯折锚固方式时，应注意不同的假定对弯折前的水平段投影长度是可以不相同的，也应注意弯折后的直线段长度不要与竖直段的投影长度混淆。当前各设计单位绘制的施工图一般只注明板上部钢筋伸进板内的截断长度，而不注明在边支座的锚固长度要求，根据现行的国家标准设计图集 G101-1 中的规定，现浇混凝土板在施工图设计文件中应注明现浇板边支座的支承假定，施工时应根据施工图设计文件规定的假定采取相应的锚固处理措施。

当现浇混凝土板边支座为砌体时，计算假定均为按简支考虑，现浇板边支座的上部钢筋在支座内的锚固长度满足构造要求就可以了，支座宽度能满足直线锚固长度要求可按受拉钢筋计算锚固长度 l_a，而采用弯折锚固时水平段的投影长度满足要求后向下弯折。根据现浇混凝土板边支座的不同假定，可以按现行国家标准图集 G101-1 中有关作法施工。

人防顶板（楼板）上、下纵向钢筋在边支座的锚固有特殊规定，人防构件中受力钢筋的锚固长度为 l_{aF}，相当于三级抗震等级的要求（$l_{aF}=1.05l_a$）。当顶板或楼板在边支座需满足抗震锚固长度要求时，应按抗震等级或人防锚固要求两者较大值采用。抗震设计的嵌固部位楼板、转换层楼板均是抗震的关键部位，应采取特殊的加强措施，按现行规范规定楼板的厚度不宜小于 180mm 并要采用双层双向配筋，上、下层钢筋在边支座的锚固长度应符合抗震的锚固长度 l_{aE} 的要求。

处理措施

1. 现浇钢筋混凝土板上部钢筋采用绑扎且边支座计算按简支假定时，上部钢筋伸入边支座满足直线锚固长度 l_a 可不弯折；采用弯折锚固时水平段投影长度满足不小于 $0.35l_{ab}$ 后向下弯折，见图 5.2-1（a）边支座简支。

2. 边支座计算假定为嵌固（充分利用钢筋的抗拉强度）时，满足直线锚固长度 l_a 可不向下弯折。采用弯折锚固时，水平段应满足 $0.6l_{ab}$ 并伸至梁角纵向钢筋内侧向下弯折，见图 5.2-1（b）边支座嵌固。

3. 当支座为混凝土墙时，弯折锚固的水平段应满足不小于 $0.4l_{ab}$，并伸至混凝土墙水平分布钢筋内侧下弯直线段 $12d$，见图 5.2-1（c）边支座为混凝土墙。

4. 上部钢筋采用弯折锚固方式时除有特殊规定外，90°弯折后的直线段为12d，135°弯折后的直线段为5d；

5. 现浇钢筋混凝土板上部采用绑扎钢筋且为砌体支座时，上部钢筋在支座内弯折锚固长度水平段投影长度不小于0.35l_{ab}，并满足在支座内的水平段长度$a-15$mm并向下弯折至板底；若边支座设有混凝土圈梁或现浇混凝土梁时，应根据图中的边支座假定确定弯折锚固的水平段。见图5.2-2边支座为砌体时板上部钢筋锚固作法。

6. 边支座上部采用光圆钢筋且直线锚固时，端部应有180°弯钩且水平段不小于3d，若采用弯折锚固时端部不需要做180°弯钩。

7. 人防地下室楼板或顶板上、下纵向钢筋在边支座内的锚固长度应不小于l_{aF}，直线锚固长度不足而采用弯折锚固时的总长度也应不小于l_{aF}。上、下层钢筋网片间应设置直径不小于6mm、间距不大于500mm的拉结钢筋，见图5.2-3人防楼板纵向钢筋在边支座的锚固，以及图5.2-4人防楼板上、下网片间拉结钢筋布置。

8. 抗震设计的嵌固层楼板、转换层楼板的上、下层钢筋在边支座的锚固长度应不小于l_{aE}，当采用弯折锚固时总长度也应不小于l_{aE}。

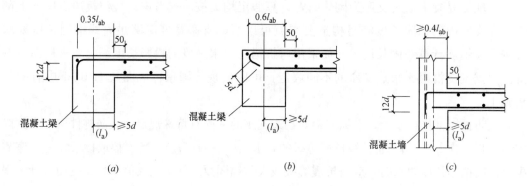

图5.2-1 边支座为混凝土构件时板上部钢筋锚固作法

(a) 边支座简支；(b) 边支座嵌固；(c) 边支座为混凝土墙

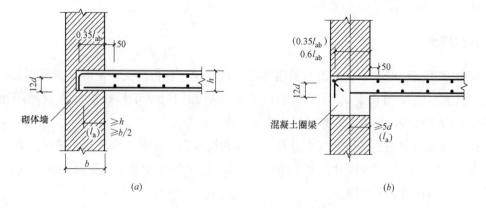

图5.2-2 边支座为砌体时板上部钢筋锚固作法

(a) 边支座为砌体墙；(b) 边支座为砌墙体的圈梁

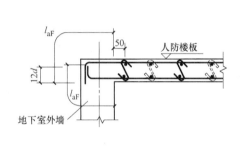

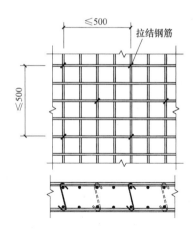

图 5.2-3　人防顶板纵向钢筋　　　　图 5.2-4　人防楼板上、下网片
　　　　 在边支座的锚固　　　　　　　　　　间拉结钢筋布置

5.3　现浇混凝土板采用焊接钢筋网片时在支座内锚固处理措施

　　随着建筑业的产业化、标准化和工业化的进程，为降低建筑工人的劳动强度和改善劳动环境，越来越多的工程现浇混凝土板的钢筋采用工厂生产的焊接网片到现场拼装。由于目前此种工程作法的造价稍高，在工程中广泛采用还需要一段时间，但未来将是一种有价值的工程施工方式。上、下层焊接钢筋网片在支座内的锚固要求与绑扎钢筋要求不同，现浇混凝土板的支座材料不同对锚固要求也不同。

　　当板与混凝土梁或墙整体浇筑时，无论边支座设计假定按弹性嵌固还是简支，板受力钢筋按受力或构造要求配置时，网片下部纵向受力钢筋伸入边支座或中间支座内应满足规定的长度要求，并要求网片最外侧横向钢筋距支座内边缘的距离不应大于该方向钢筋间距的一半且不大于 100mm。边支座处上部网片的受力钢筋均应伸至梁或墙的外侧可靠锚固，钢筋的锚固性能应能满足端部承受相应的负弯矩承载能力的要求。若上部网片受力钢筋按充分利用钢筋的受拉强度设计进行锚固时，在边支座内锚固长度的水平段及弯折后的直线段应满足相应的构造要求。

　　当支座为砌体结构时，网片下部受力钢筋在支座内的锚固要求同混凝土支座；上部网片纵向受力钢筋在边支座内的锚固长度应不小于一固定值，也可以采用端部焊接附加横向钢筋或纵向钢筋下弯的作法。

　　由于焊接网片均是在工厂加工后到现场拼装，因此下部钢筋在中间支座的锚固要求同边支座；上部钢筋在中间支座应采用整片焊接网片，不宜采用两片焊接网片分别在中间支座锚固的作法。伸入板跨内的长度与结构计算时的均布活荷载和均布静荷载的比值有关。相邻板的跨度不同时应按较大板跨取值。上部钢筋伸入跨内的长度均按净跨计，施工设计文件中应有明确的注明。

处理措施

1. 焊接光圆钢筋、热轧或冷轧带肋钢筋网片，在中间及边支座均可以采用直线锚固，锚固长度不小于 $10d$（d 为伸入支座的受力钢筋直径）及 100mm 较大值；光圆钢筋焊接网片在支座范围内端部至少焊接一根横向钢筋，直径不应小于纵向受力钢筋直径的 0.6 倍；

2. 当板与混凝土梁或墙整体浇筑时，上部焊接网片受力钢筋在边支座内的锚固长度不小于 $0.6l_a$，端部可采用焊接一根横向钢筋或纵向受力钢筋 90°向下弯折，弯折后的直线段不小于 $12d$（d 为伸入支座的受力钢筋直径），见图 5.3-1 板与混凝土梁或墙整体浇筑上部焊接网片边支座的锚固作法。

3. 当现浇混凝土板嵌固在砌体墙内时，上部焊接网片受力钢筋伸入边支座内的长度不小于 110mm，端部可采用焊接一根直径不应小于纵向受力钢筋直径 0.6 倍的横向钢筋，或端部纵向受力钢筋 90°向下弯折至板底，见图 5.3-2 嵌固在砌体墙内上部焊接网片边支座的锚固作法。

4. 上部钢筋在中间支座应采用整片网片，伸入板跨内的长度按净跨计算，当相邻跨度不同时应按较大跨度计算；均布活荷载标准值与均布静荷载标准值的比值不大于 3 时，伸入跨内的长度不小于净跨的 1/4，大于 3 时不小于净跨的 1/3。当相邻跨度相差较大时，短跨内的上部网片应通长配置，见图 5.3-3 连续板上部网片在支座处作法。

5. 现浇板在边支座的搁置长度：在混凝土构件上不小于 80mm，在砌体构件上不小于 120mm，在钢构件上不小于 50mm。

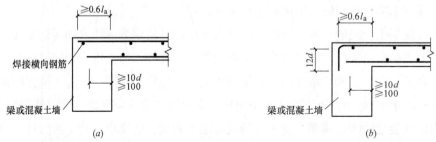

图 5.3-1　板与混凝土梁或墙整体浇筑上部焊接网片边支座的锚固作法

(*a*) 上部网片端部焊一根横向钢筋；(*b*) 上部网片端部设 90°弯钩

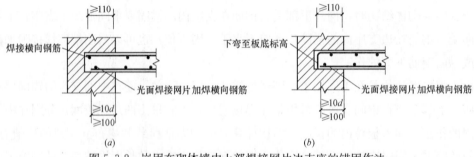

图 5.3-2　嵌固在砌体墙内上部焊接网片边支座的锚固作法

(*a*) 上部网片端部焊一根横向钢筋；(*b*) 上部网片端部设 90°弯钩

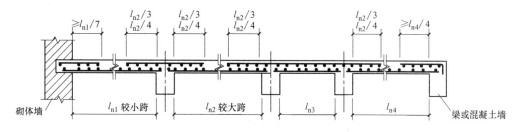

图 5.3-3　连续板上部焊接网片在支座处作法

5.4　地下室顶板与地下室外墙钢筋连接处理措施

抗震设计时，地下室顶板是否作为上部结构的嵌固部位与地下一层和地上一层侧向刚度比有关，当地下一层及相关范围与地上一层的侧向刚度比不小于 2 时，地下室顶部可以作为上部结构的嵌固部位，此时地下室顶板及相关范围应采用现浇梁板式现浇混凝土结构，楼板的厚度不宜小于 180mm，并应双层双向配筋，此时地下室外墙是首层楼板的嵌固支座。在首层楼板边支座与挡土墙的钢筋连接应满足抗震锚固长度的要求。在高层建筑中，若地下室顶板不能作为上部结构的嵌固部位时，地下室的顶板厚度不宜小于 160mm，首层楼板边支座与挡土墙的钢筋连接宜按抗震要求满足锚固长度的作法。地下室上部无建筑及非抗震设计时，楼板与地下室外墙钢筋的连接与首层楼板与地下室外墙的支承假定有关，不同的支承假定钢筋的作法是不相同的。通常有两种计算假定：顶板作为外墙的简支支承和弹性嵌固支承，在许多工程计算地下室外墙时，若外墙在地下室顶板以上无剪力墙，则假定首层楼板是地下室外墙的简支支座，而外墙在地下室顶板以上有剪力墙，该支座假定为嵌固。在不同的工程设计中边界条件也是多样的，施工图设计文件应注明计算假定，并绘制相应的节点构造详图，或指定参照相应的标准图集施工。

处理措施

1. 当计算假定把地下室顶板作为地下室外墙支座简支支承时，地下室顶板的上、下层受力钢筋根据板的计算假定在地下室墙内锚固，若按抗震设计时应满足抗震锚固长度作法；地下室外墙的竖向钢筋伸至板上部水平弯折直线段不小于 $12d$。见图 5.4-1 顶板作为地下室外墙简支支承作法。

2. 当地下室顶板作为地下室外墙的弹性嵌固支承时，外墙的外侧竖向钢筋与板上部钢筋满足搭接连接的长度要求，墙内侧竖向钢筋及板下部钢筋伸至远端后弯折，弯折直线段长度为 $12d$，见图 5.4-2 顶板作为外墙弹性嵌固支承作法。

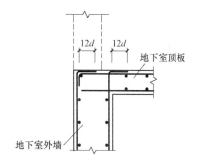

图 5.4-1　顶板作为地下室
外墙简支支承作法

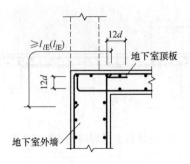

图 5.4-2　顶板作为外墙弹性嵌固支承作法

5.5　抗震设计嵌固层及转换层楼板边支座、大洞口边处理措施

根据住建部颁发的《建筑工程设计文件编制深度规定》要求，抗震设计建筑工程施工图设计文件应注明结构体系整体分析时的嵌固部位，其目的之一就是要求施工时注意嵌固部位的楼板抗震构造要求与其他层混凝土楼板不同。嵌固部位的确定是根据地下一层相关范围与地上一层侧向刚度比，通常是在地下室顶板、地下一层楼板或基础顶面处。

高层建筑中由于使用功能的要求，底部通常会布置较大的空间，因此上部结构的竖向构件（剪力墙、框架柱）不能直接连续落在基础上，而是在某层的框支梁或托柱转换大梁上生根，这样的结构体系属抗震竖向不规则结构，该层为结构的转换层。在水平荷载及水平地震作用下，框支剪力墙的剪力在转换层处需通过楼板传递给落地剪力墙。因此转换层楼板是重要的传力构件和关键部位，为保证内力传递的直接和可靠，需要楼板有足够的厚度才能保证其需要的刚度，尽量避免在此层楼板上预留较大的洞口，当不可避免时应对洞口进行加强处理，使之符合整体分析时的计算假定。

嵌固部位和转换层楼板的厚度一般不小于 180mm，并采用双层双向配筋，单层单向最小配筋率不应小于 0.25%。当楼板有较大预留洞口时，为防止因开洞削弱了楼板的平面内刚度，洞边应设置梁或暗梁。在转换层楼板的边支座若为剪力墙时也应设置暗梁，这种暗梁的设置是部分框支剪力墙结构体系的特殊构造作法，忽略这种梁的设置也是常见的构造问题，因此在施工图设计文件中应注明相应的构造要求，施工图会审时应特别注意此类梁是否按规范设置。

处理措施

1. 双层双向配筋的嵌固层和转换层楼板应注明上、下层排的关系，短方向的钢筋应布置在最外侧。

2. 嵌固层和转换层楼板的上、下层钢筋在边支座内应可靠锚固，上部受力钢筋采用弯折锚固时水平段长度不应小于 $0.6l_{abE}$（$0.6l_{ab}$）并伸至远端下弯，弯折后的直线段为

$12d$，板下部纵向受力钢筋应伸至板端向上弯折并排布在上部向下弯折钢筋的内侧，弯折后的直线段为 $12d$，且钢筋总锚固长度不应小于 l_{aE}，见图 5.5-1 上、下部受力钢筋在边支座的锚固法。

3. 若在大洞口边缘设置暗梁或在楼板边缘部位设置暗梁时，宽度不小于 2 倍的楼板厚度，箍筋应为封闭箍。暗梁内全部纵向钢筋的最小配筋率不小于 1.0%，且不应采用绑扎搭接连接，见图 5.5-2 楼板中暗梁的构造作法。

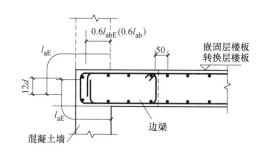

图 5.5-1　上、下层受力钢筋在边支座的锚固作法

图 5.5-2　楼板中暗梁的构造作法
（a）转换层楼板边支座暗梁；（b）转换层、嵌固部位楼板大洞边暗梁

5.6　普通楼（屋）面板预留洞口边处理措施

现浇混凝土板设置预留洞口无论尺寸大小和形状如何均对平面内刚度有一定的影响，只是对不同尺寸和形状的洞边采取的加强处理措施不同而已。抗震设计为保证楼板在平面内的水平刚度符合计算假定，并有效传递水平荷载和地震作用，开洞的面积与楼层的面积比值太大属平面不规则，对传递内力有一定的影响且对抗震不利，需采取特殊的处理措施。单个矩形洞口的尺寸、圆形洞口的直径不大于 300mm（施工图设计文件中有具体要求除外）不需要特殊的加强措施，将板中的上、下层钢筋在洞口边绕过不需要截断。当单个矩形洞口的尺寸、圆形洞口的直径大于 300mm 而不大于 1000mm 时，可将不少于被洞口截断的钢筋面积的 50% 放置在洞边一侧作为洞边加强钢筋。有些施工图设计文件中会注明洞边加强钢筋的根数和直径，也会比截断钢筋面积的 50% 稍大些，其目的就是因预留洞口对楼板的削弱而采取的加强措施。预留的圆

形洞口除在洞边布置加强钢筋外，还需要在板面和板底各设置两道环形加强钢筋。被洞口截断的楼板上下层钢筋均应伸至洞边并弯折，现浇板中的双层配筋与单层配筋不能在洞边简单的截断，应在洞边作弯折处理。

当单个矩形洞口的尺寸、圆形洞口的直径大于1000mm时，由于预留洞对楼板的刚度削弱较大，不能采用洞边设置加强钢筋的措施保证楼板平面内刚度的办法，而需要在洞边设置边梁，当楼板较厚时也可以设置暗梁。洞口的边梁配筋应经计算确定。

处理措施

1. 现浇板预留圆形洞口直径 D 或矩形洞口的最大边尺寸 $b \leqslant 300$mm 时，可将板中钢筋绕过洞口不需截断，也不需要配置附加加强钢筋，见图5.6-1板中钢筋遇洞口绕过作法。

2. 当板预留圆形洞口直径 D 或矩形洞口尺寸 $b > 300$mm< 1000mm 且洞周边无集中荷载时，在洞口每侧配置补强钢筋，其钢筋截面积不小于被洞口切断的受力钢筋截面积的50%，且不小于2根直径12mm。

3. 单向板矩形洞边受力方向的补强钢筋应伸至支座内不小于 $12d$，非受力方向的补强钢筋伸过洞边不小于 l_a。圆形洞边还应设置上、下各一道直径为12mm的环形钢筋，环形钢筋采用绑扎搭接时搭接长度不小于 $1.2l_a$，见图5.6-2单向板洞边补强钢筋的作法。双向板洞边两个方向的补强钢筋均应伸至支座内，长度不小于 $12d$。

4. 预留矩形洞尺寸或直径大于300mm且洞边有集中荷载、预留矩形洞尺寸或直径大于1000mm时，洞边设置边梁或暗梁并以楼面梁为支座；当矩形洞口一个方向的尺寸小于1000mm时，可设置洞口补强钢筋，伸至梁内长度为 l_a，见图5.6-3洞口设置边梁的作法。

5. 洞口边未设置边梁时，被截断的板内上、下钢筋应伸至洞边并向上或向下弯折，见图5.6-4被截断板中钢筋在洞边的作法。

6. 当洞边有翻边时，翻边的构造钢筋下部伸进板内不小于200mm并伸进洞边加强钢筋内；洞口边翻边上有较大的设备荷载时，伸入板内下部水平段长度不小于300mm，也不应小于 l_a，见图5.6-5洞口翻边的构造作法。

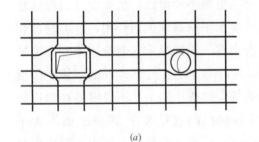 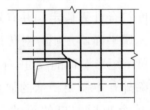 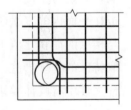

(a) (b)

图5.6-1 板中钢筋遇洞口绕过作法

(a) 预留洞在板中部 (b) 预留洞在板边、角部

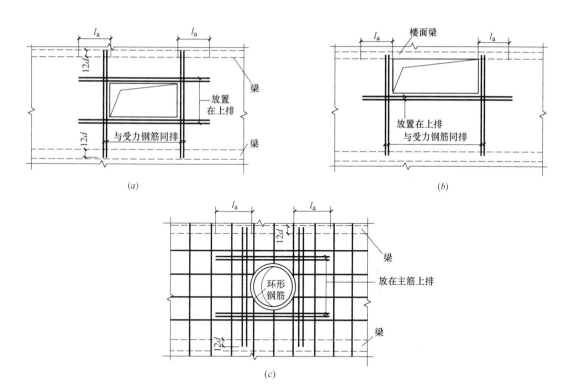

图 5.6-2 单向板洞边补强钢筋的作法

（a）洞边无梁构造作法；（b）洞边一侧有梁构造作法；（c）圆形洞边无梁构造作法

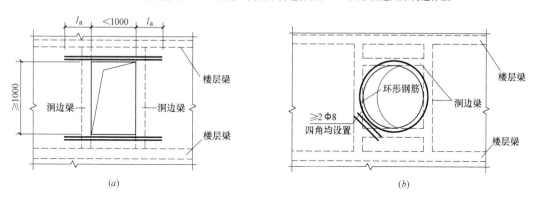

图 5.6-3 洞口设置边梁的作法

（a）矩形洞边两侧无边梁构造作法；（b）矩形洞边两侧无边梁构造作法

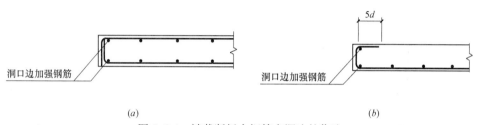

图 5.6-4 被截断板中钢筋在洞边的作法

（a）洞边双层钢筋构造作法；（b）洞边单层钢筋构造作法

189

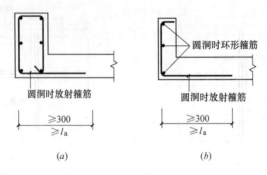

图 5.6-5 洞口翻边的构造作法

（a）洞边双层钢筋构造作法；（b）洞边单层钢筋构造作法

5.7 现浇混凝土板中温度钢筋的构造处理措施

混凝土本身的收缩和环境的温度变化会在现浇板内引起约束拉应力而导致裂缝出现，特别是在屋面或结构单元长度超出了规范规定的最大设置温度缝的间距要求时，并且未采取相应的防止混凝土收缩及防止温度裂缝发生的措施，导致近些年来现浇板出现开裂的问题较为严重。部分较宽的裂缝已影响了正常使用和构件的耐久性，并给人们带来不安全感。当温度缝间距增大得不太多时，可以采取很多处理措施解决，比如采用专门的预应力会增配构造钢筋措施，采用低收缩混凝土材料，采用跳仓浇筑、后浇带和控制缝等施工方法，但要加强对混凝土的养护。当板块的跨度较大及屋面板，若在板块的中间区域上部未配置钢筋也会产生温度裂缝，在现浇混凝土板内设置温度收缩钢筋就是增配构造钢筋的一种处理措施，有利于减少这类裂缝的发生。当伸缩缝间距增大较多时，应考虑温度变化和混凝土收缩对结构的不利影响。现在人们对建筑的品质要求不断提高，仅满足承载力已不能满足要求了，因此结构设计工程师和施工企业的技术人员，需对楼板开裂的问题更加重视，在温度、收缩应力较大的区域，应在板的表面双向配置防裂构造钢筋，其配筋率不宜小于 0.1%。控制楼板裂缝时还应考虑上、下层受力钢筋的间距也不宜太大，当板厚不大于 150mm 时不宜大于 200mm，当板厚大于 150mm 时不宜大于板厚的 1.5 倍且不宜大于 250mm。

防止温度收缩的钢筋宜在未配筋的板面双向平配置，特别是要配置在温度和收缩应力的主要作用方向，如在结构单元超过规范规定长度的长方向。防裂构造钢筋可以利用板中上部钢筋受力钢筋贯通布置，也可以另行设置防裂钢筋或防裂钢筋网片，并与板中的受力钢筋、分布钢筋搭接连接或在周边的构件中可靠锚固。现浇板中的受力钢筋及分布钢筋也可以起到一定的抗温度和收缩应力的作用，因此应重点在未配置钢筋的部位或配筋量不足的部位布置温度收缩钢筋。未配置钢筋的部位通常是双向板的跨中上部、单向板非受力方向（为固定受力钢筋而设置的分布钢筋）；由于板中的收缩和温度应力目前尚不易准确计算，现行《混凝土结构设计规范》规定，在温度和收缩应力较大的现浇板区域，应在板表面双向设置防裂构造钢筋，并根据工程经验规定了温度钢筋的配置原则和最小配筋要求。

当板中的钢筋考虑防裂时，下部受力钢筋及分布钢筋在支座内的锚固长度应加长，一般不小于12d或满足受拉钢筋的锚固长度要求，施工图设计文件应明确注明。另行布置的温度钢筋应与板上部受力钢筋采用搭接连接或在周边构件中可靠锚固。板上部设置的构造温度收缩钢筋与板中上部的受力钢筋可靠连接，钢筋才能发挥抵抗混凝土收缩和温度变化产生的拉应力。现浇混凝土板中的钢筋直径一般都不大，通常的作法是采用绑扎搭接连接方式，并有足够的搭接长度；在板瓶颈部位施工图设计文件应注明增加板厚适当加大配筋。沿板洞边、凹角部位设置附加防裂构造钢筋，并提出可靠的锚固措施要求。

处理措施

1. 温度钢筋的间距为 150～200mm，在板上、下表面沿纵、横两个正交方向的配筋率均不宜小于 0.1%。

2. 构造设置的温度收缩钢筋与板中的受力钢筋可以采用绑扎搭接连接方式，搭接长度为 $1.2l_a$，见图 5.7 板上部温度钢筋与受力钢筋搭接构造作法。

3. 板下部的受力钢筋及分布钢筋，当考虑抵抗温度、收缩应力时，在支座内的锚固长度不小于 12d 或不小于 l_a。

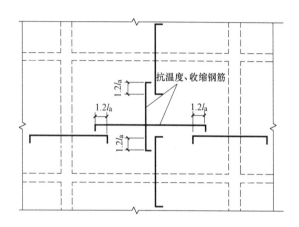

图 5.7 板上部温度钢筋与受力钢筋搭接构造作法

5.8 现浇混凝土单向板上部钢筋处理措施

单向板下部受力钢筋的绑扎配筋方式通常有两种，即分离式和弯起式。分离式配筋因施工方便已成为工程中采用的主要配筋方式。板上部钢筋在边支座内的锚固长度及伸进板内跨的长度，是根据边支座计算假定及支座的材料确定的。中间支座的板上部钢筋伸过支座边缘的长度与板上均布活荷载标准值 Q_k 与恒荷载标准值 G_k 的比值有关。对按塑性内力重分布相邻跨度相差较大的多跨连续板、设计要求钢筋必须按弹性分析的弯矩图而配置的多跨连续板，上部受力钢筋伸过支座边缘的长度应根据弯矩包络图确定，并满足在板内的延伸长度和锚固的要求。这种情况施工图设计文件应特殊注明，施工时不能按标准图集中的详图构造作法确定钢筋截断的长度。当无特殊要求时，可按国家标准设计图集中详图的常规构造作法。

上部受力钢筋在边支座内的锚固长度与板在边支座的设计假定有关，当板边支座为砌体材料时通常假定为简支（或铰接），上部受力钢筋伸至混凝土板远端下弯至板底，伸至跨内的长度为净跨的1/7。板与边支座的混凝土梁整体浇筑时，上部受力钢筋在支座内的锚固长度不满足直线锚固时可采用弯折锚固，若采用90°弯折锚固要求水平段不小于$0.6l_{ab}$，向下弯折后的直线段为$12d$。在跨内弯折后的直线段端部不应支承在模板上，考虑到钢筋的锈蚀对耐久性和美观影响的因素，钢筋端部也应保证满足最小保护层厚度的要求。

处理措施

1. 中间支座的上部受力钢筋应按净跨计算其伸过支座边缘的长度，当板面没有较大高差时应连续配置，不应采用相邻跨分别锚固在中间支座的作法。

2. 板上均布活荷载标准值Q_k与恒荷载标准值G_k的比值≤3（Q_k/G_k≤3）时，中间支座上部非贯通受力钢筋伸过支座边缘的长度a按净跨l_n的1/4（$l_n/4$）取值；当比值>3时按净跨l_n的1/3（$l_n/3$）取值取并均应下弯，弯折后的投影长度为板厚减去两个保护层厚度。

3. 单跨楼板边支座为砌体结构时，上部钢筋在跨内的长度a不小于净跨的1/7（≥$l_n/7$）；边支座与混凝土梁、墙整体浇筑时不小于净跨的1/5（≥$l_n/5$），见图5.8-1单跨单向板上部钢筋伸入跨内长度。

4. 等跨连续单向板上部受力钢筋在跨内的截断长度a，根据均布活荷载标准值Q_k与恒荷载标准值G_k的比值确定，见图5.8-2等跨单向板上部钢筋伸入跨内长度。

5. 不等跨（相邻跨度差≤20%）连续单向板上部受力钢筋在跨内的截断长度a，根据均布活荷载标准值Q_k与恒荷载标准值G_k的比值，按相邻较大净跨的尺寸确定，见图5.8-3不等跨单向板上部钢筋伸入跨内长度。相邻跨度差>20%时，施工图设计文件应特殊注明；同一跨内两侧上部非贯通受力钢筋合计长度大于该净跨时，不宜采用绑扎搭接连接，可按上部受力钢筋较大者在较小跨内通长设置。

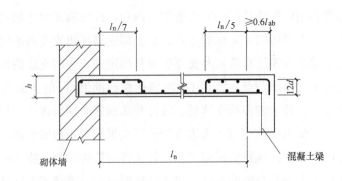

图5.8-1 单跨单向板上部钢筋伸入跨内长度

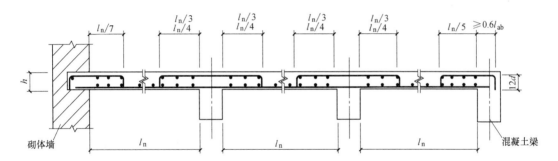

图 5.8-2 等跨单向板上部钢筋伸入跨内长度

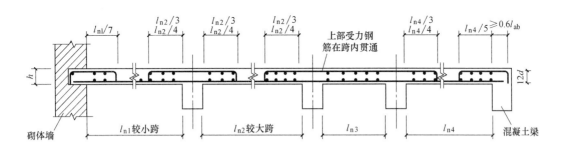

图 5.8-3 不等跨单向板上部钢筋伸入跨内长度

5.9 现浇混凝土双向板钢筋的配置处理措施

现浇混凝土板四边具有支承而形成矩形区格的板，当板的长边长度与短边长度之比不大于 2 时称之为双向板。较早的工程设计为了节省板下部钢筋，按弹性理论设计双向板，当短边的尺寸≥2.5m 时将板在两个方向划分成三个板带，中间板带按跨中最大正弯矩配置下部钢筋，而在边板带按跨中板带的 50% 配筋。目前为简化施工时的配筋，设计已不再划分板带，均按跨中和支座的最大弯矩分别计算配筋。当板的长边长度与短边长度之比大于 2、小于 3 时，短方向按单向板受力计算配筋，沿长方向还应布置足够的构造钢筋。施工时应注意，此种情况下不要认为长方向是分布钢筋而不伸入支座内可靠地锚固。当板的长边长度与短边长度之比大于或等于 3 时，计算假定为短方向的单向板，长方向配置分布钢筋。若板跨长方向下部钢筋还考虑兼做温度收缩钢筋时，施工图设计文件应提出相应的锚固要求。

双向板绑扎配筋的方式通常有两种，即弯起式配筋和分离式配筋，由于分离式配筋方便施工，与单向板一样目前已很少采用弯起式配筋方式了。因板下部两个方向的钢筋全部为受力钢筋，因此均应伸进支座内可靠锚固。由于在竖向荷载作用下跨中的两个方向的正弯矩相等挠度相同，因此短方向受力更大，钢筋的配置也比长方向大。钢筋排布时要求板中上、下层的受力钢筋短方向在最外侧。施工图设计文件中注明的楼板配筋为"双层双向"时，应将短方向钢筋放置在最外侧。无论板中配置的受力钢筋、构造钢筋或分布钢筋，第一根的排布位置宜距构件边缘 50mm。

处理措施

1. 采用绑扎分离式配筋时，板下部受力钢筋应均匀配置，短方向放置在最外侧且两个方向的受力钢筋应在支座内可靠锚固；上部受力钢筋伸至跨内的长度均按短方向净跨计算。

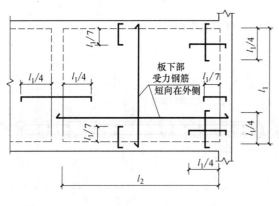

图 5.9-1　单跨双向板配筋作法（$l_2 > l_1$）

2. 单跨双向板上部受力钢筋在角部 $l_1/4$ 宽度范围内，伸至跨内的长度为 $l_1/4$，其他部位的钢筋为 $l_1/7$，在支座内的锚固长度同单向板要求，见图 5.9-1 单跨双向板配筋作法；

3. 多跨连续双向板的下部受力钢筋在支座处可以连续配置，也可以可靠地锚固在支座内，上部受力钢筋伸入跨内的长度为短方向净跨长度的 1/4，见图 5.9-2 多跨连续双向板配筋作法。

4. 当双向板跨度较大时，宜在中心部位设置上部温度构造钢筋，与板上部非贯通钢筋绑扎搭接连接，搭接长度应不小于 $1.2l_a$。

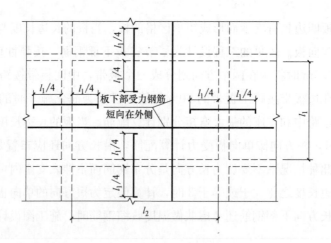

图 5.9-2　多跨连续双向板配筋作法（$l_2 > l_1$）

5.10　现浇混凝土板中构造钢筋和分布钢筋处理措施

设计时支座按简支边假定或按非受力边设计的混凝土板，无论板与混凝土梁、墙整体

194

浇筑还是嵌固在砌体墙内，由于其非受力方向的侧边上因边界约束会产生一定的负弯矩，导致板面出现裂缝。为此，需要在板边和板角部位配置防裂的构造钢筋。在工程中有些板不便准确计算出内力，但在实际工程中该处由于有一定的约束而存在内力，根据工程实践经验也需要配置构造钢筋。虽然构造钢筋不是经计算确定的受力钢筋，但它也是受力钢筋，构造要求与受力钢筋相同，其锚固要求应按受拉钢筋充分发挥抗拉强度考虑并可靠地在支座内锚固。

板中的上部构造钢筋对砌体支座和与梁、墙整体浇筑时伸入板内的长度不同，对于单向板和双向板所采用的计算跨度也不相同。设计要求板边支座的上部构造钢筋截面面积与跨中受力钢筋的截面面积有关，也与梁、墙整体浇筑的单向板非受力方向的构造钢筋有关，应按受力方向跨中下部钢筋的截面面积的比值计算。除满足与板跨中下部受力钢筋的计算比值外，还应满足最小钢筋直径和最大间距要求。

在楼板的角部宜沿两个方向布置正交、斜向平行或放射状构造钢筋。为了施工方便通常在板的角部均配置正交构造钢筋。对于嵌固在砌体墙的板角双向正交的上部构造钢筋，伸入板内的长度需加长。在楼板平面的瓶颈部位除适当增加板的厚度，还应加大其配筋。沿板的洞边凹角部位宜另加防裂构造钢筋。以上的构造配筋作法应引起设计、施工的重视；在板中另配的温度、收缩应力钢筋也属构造钢筋，配筋率不宜小于 0.1%，间距不宜大于 200mm，并按受拉钢筋的要求采取构造措施。为保证柱支承板（如无梁楼板）或悬臂板自由边端部的受力性能，当板的厚度较厚时，按现行的《混凝土结构设计规范》规定并参考国外的标准作法，板的端部应采取相应的封边构造措施。这样的构造措施要求常常被有些设计和施工单位忽略，因此也应引起重视。

在单向板中除配置受力钢筋和构造钢筋外，还配置有分布钢筋。分布钢筋的主要作用是承受和分布板上局部荷载产生的内力，在浇筑混凝土时用来固定受力钢筋的位置，也可以抵抗混凝土收缩和温度变化产生的沿分布钢筋方向的拉应力。采用绑扎方式配筋的时候，分布钢筋截面面积应满足不小于受力钢筋截面面积规定的百分比，并且也有最小配筋率的要求。在施工图设计文件中均会对单向板中的分布钢筋提出相应的要求，有些设计单位会根据板厚直接给出分布钢筋的直径和间距，有些设计院会原则地提出分布钢筋的配置要求，这时需要根据相应的要求施工并计算分布钢筋的直径和间距，当板上有较大的集中荷载时，分布钢筋的截面面积还应加大，间距也应适当加密。

处理措施

1. 双向板的构造钢筋在单位宽度内配筋面积不宜小于跨中相应方向板底钢筋截面面积的 1/3。

2. 与混凝土梁、墙整体浇筑的单向板的非受力方向，构造钢筋的截面面积不宜小于受力方向跨中板底钢筋截面面积的 1/3。

3. 板上部构造钢筋伸入支座边缘内的长度，对于混凝土结构不宜小于 $l/4$，对于砌体

支座不宜小于 $l/7$。

4. 伸入跨内长度的计算跨度 l，单向板按受力方向考虑，双向板按短方向考虑。

5. 在楼板角部沿两个方向配置上部附加构造钢筋，伸进板内的长度不小于短边跨度的 $l_{1/4}$，见图 5.10-1 板角部两个方向正交上部附加构造钢筋作法。

6. 当混凝土板的无支承端部厚度≥150mm 时，宜设置 U 形构造钢筋，并与板上部及下部钢筋进行搭接，搭接长度不小于 U 形钢筋直径的 $15d$ 且不小于 200mm；也可以采用板上、下部钢筋在端部 90°弯折搭接方式；当板的厚度不大时可分别弯至板上、下边，当板的厚度较大时，搭接长度应不小于 150mm，见图 5.10-2 板端封边的构造作法。

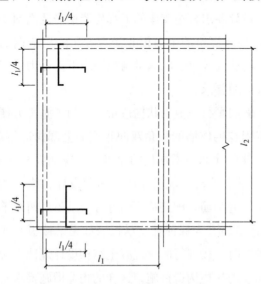

图 5.10-1　板角部两个方向正交上部附加
构造钢筋作法（$l_1 < l_1 = l_2$）

7. 构造钢筋的直径不宜小于 8mm，间距不宜大于 200mm。

8. 现浇混凝土单向板垂直于受力钢筋方向布置的分布钢筋，其单位宽度内的配筋不宜小于单位宽度内受力钢筋的 15%，且配筋率不宜小于 0.15%。

9. 分布钢筋直径不宜小于 6mm，间距不宜大于 250mm；当板上的集中荷载较大时，配筋面积还应加大，间距不宜大于 200mm。

10. 预制的单向板中的分布钢筋，当有实践经验或有可靠措施时其直径和间距可不受限制。

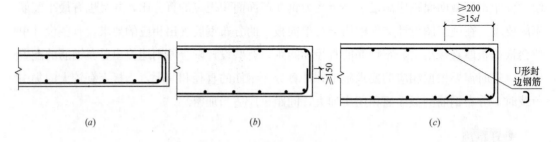

图 5.10-2　板端封边的构造作法

（a）板上、下钢筋弯折作法；（b）板上、下钢筋搭接作法；（c）板端部附加 U 形钢筋作法

5.11　现浇混凝土悬挑板构造钢筋处理措施

当连续板带悬挑跨，其中悬挑跨度较大而相邻内跨跨度较小时，由于悬挑支座处的负

弯矩对内跨的影响，在相邻内跨的中部较长范围内存在负弯矩甚至全部为负弯矩，因此，悬挑板上部受力钢筋伸入内跨的长度需按弯矩包络图确定，甚至应在相邻内跨连续通长布置，施工图设计文件应注明悬臂板上部受力钢筋伸入内跨的截断长度。当悬挑板与相邻内跨板在支座处有较大的高差时，上部钢筋不应在支座处采用贯通的配置方式，应采用分离式配筋方式。悬挑板的上部受力钢筋可在内跨中直线锚固并满足锚固长度的要求，相邻内跨板的上部受力钢筋在支座内可靠锚固。内跨板的上部钢筋在跨内的长度，应根据板上均布恒荷载标准值与使用荷载标准值的比值及板的跨度确定。

无内跨的悬挑板（纯悬挑板），上部钢筋应伸入支座内可靠的锚固。当支座为砌体结构时，需进行抗倾覆验算。施工中的竖向支撑需待配重达到平衡后方可拆除，如雨篷或竖向不在楼层标高处的挑檐等，设计者经过计算后在设计文件中注明拆除的时间和具体要求。当支座为混凝土梁时，其梁为受扭构件，需配置纵向抗扭钢筋和箍筋，纵向抗扭钢筋应在梁的周边外侧均匀布置，抗扭箍筋不需要单独配置，应结合抗剪箍筋合并配置。无论该梁是否为按抗震要求设置的框架梁或非框架梁，其箍筋均需做成封闭箍筋 $135°$ 弯折后的直线段不小于 $10d$（d 为箍筋直径）。非抗震设计的框架梁及非框架梁箍筋多于两肢时，仅最外侧的箍筋需满足抗扭箍筋封闭做法的构造要求。

悬臂板的上部沿悬臂方向配置的钢筋是受力钢筋，在施工中应保证钢筋的设计位置，保护层的厚度过大或钢筋不在设计位置上，都会造成板面在根部的开裂。悬挑板面的开裂会影响结构的耐久性和安全。无论是否有内跨的悬臂板均属于静定结构，无多余的冗余度，在悬臂的根部内力最大，该处若出现裂缝在长期的干湿交替环境作用下，板面受力钢筋锈蚀使直径不断的减小，当直径减小到不能承担所需要的内力后，将发生悬臂板在根部折断破坏，许多建筑的阳台和挑檐等悬臂构件，在使用若干年后发生了折断事故，此类原因占较大部分的因素。

在高层建筑中由于建筑的表面风荷载压力分布很不均匀，如在角隅、檐口、雨篷、遮阳板、阳台等构件，需要考虑局部上浮的风荷载作用，所以在悬挑板的下部需配置构造钢筋，伸进支座内的锚固长度不小于 l_a。抗震设计的建筑当悬臂长度较大时（7度悬挑跨度不小于 2m，8度悬挑跨度不小于 1.5m），要考虑竖向地震作用的影响并按计算或构造配置板下部钢筋。在支座内的锚固长度应符合抗震构造措施的要求并可靠的锚固；悬挑板悬挑跨度较小时，下部可不配置构造钢筋，如分体空调室外机组的搁板、装饰性的挑檐和飘窗的上下悬挑板等，当悬挑板的悬挑跨度不小于 1m 时，无论计算是否需要均应在板下部配置构造钢筋，设计文件均需标注其钢筋的配置和锚固要求。

处理措施

1. 带连续跨的悬挑板与其上部标高相同时，其上部钢筋在支座处应连续通长配置。伸入内跨的长度当 $Q_k \leqslant 3G_k$ 时，$C \geqslant l_n/4$，当 $Q_k > 3G_k$ 时，$C \geqslant l_n/3$，且不小于悬挑长度 C（Q_k 板上均布活荷载标准值，G_k 恒荷载标准值）。见图 5.11-1 带悬挑连续板的构造作法。

2. 悬臂板与相邻的内跨板面有较大高差时，上部钢筋应分别锚固在支座内，悬臂板和相邻内跨板的上部钢筋在支座内的锚固长度均不小于 l_a，见图 5.11-2 悬挑板面与内跨有较大高差构造作法。

3. 无内跨纯悬挑板的上部钢筋伸入支座内的锚固长度应采用弯折锚固，满足直线锚固长度也应向下弯折，不满足直线锚固长度时，水平段投影长度不应小于 $0.6l_{ab}$ 并伸至远端后 90°弯折，任何一种情况的弯折后直线段均应不小于 $12d$，见图 5.11-3 无内跨悬挑板的构造作法。

4. 悬挑跨度不小于 1m 且按构造要求设置的下部钢筋直径不小于 8mm 间距不大于 200mm，伸入支座内的锚固长度不小于 $12d$，且至少伸到支座的中心线，见图 5.11-4 按构造要求设置下部钢筋的构造作法。

5. 根据上浮风荷载、竖向地震作用计算配置的下部钢筋，伸入支座内的锚固长度在设计文件中应明确提出要求，且锚固直线长度分别不应小于 l_a 或 l_{aE}。

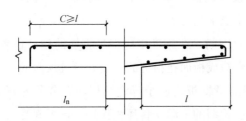

图 5.11-1　带悬挑连续板的构造作法

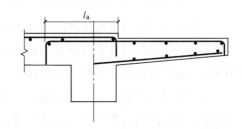

图 5.11-2　悬挑板面与内跨有较大高差构造作法

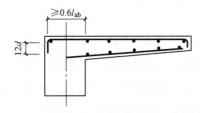

图 5.11-3　无内跨悬挑板的构造作法

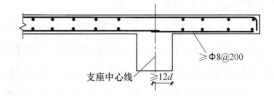

图 5.11-4　按构造要求设置下部钢筋的构造作法

5.12　现浇混凝土悬挑板转角处构造处理措施

悬挑板在阳角和阴角部位均应配置附加构造钢筋，当转角部位为阳角时，由于两个方向的受力钢筋均沿悬挑跨度布置，在角部无法布置任何一个方向的受力钢筋，因此在阳角处板上面需要配置承受负弯矩的放射状的加强构造钢筋。通常可采用两种形式配置附加构造钢筋，平行加强形式和放射状加强形式，由于平行加强形式的构造钢筋施工不方便，目前很少采用，基本都采用放射状的加强形式。放射加强形式是从跨内向外放射状布置，并在跨内应有足够的锚固长度，当内跨无楼板或板面不在同一个设计标高时，如在楼、电梯间处，宜适当加大锚固长度并水平锚固在混凝土梁或墙内，此处的梁属受扭构件，其纵向钢筋及箍筋应按抗扭要求配置并满足相应的构造要求。在悬挑跨度 $L/2$ 处还需满足最小构造间距的要求；在高层建筑中悬挑板需要考虑上浮的风荷载，因此，在阳角处除配置上部放射状钢筋外，下部应配置根据计算需要的放射状受力钢筋或构造钢筋。当悬挑跨度≥1000mm 的阳角宜配置下部放射状构造钢筋；需要验算竖向地震作用的长悬挑板，在阳角处下部也应配置根据计算需要的放射状受力钢筋或构造钢筋。放射状加强钢筋的根数应采用奇数不宜采用偶数。

悬挑板的阴角处，板中两个方向的上、下层钢筋均应伸至悬挑端部，为防止在阴角处产生斜裂缝，根据悬挑板的跨度需配置 3Φ10～3Φ14 的 45°斜向构造钢筋，此构造钢筋在板的上、下层均要配置并要满足一定的构造长度要求。

处理措施

1. 悬挑板阳角配置的上部放射状加强钢筋，其间距沿悬挑跨度 $L/2$ 处不应大于 200mm，钢筋直径不小于上部受力钢筋直径且≥Φ8。放射钢筋伸入支座内的直线锚固长度应为 l_a 及不小于悬挑长度 L 及 300mm 的较大值。当两侧的悬挑长度不相同时应按较大跨度计。见图 5.12-1 阳角放射状加强钢筋构造作法；

2. 悬挑板阳角内跨无现浇混凝土板时，放射状钢筋在支座内的锚固可采用弯折锚固方式，弯折前的水平段投影长度需≥$0.6l_{ab}$，弯折后的直线长度为 $12d$。可采用竖向或水平弯折锚固在混凝土梁或墙内。见图 5.12-2 阳角内跨无现浇板放射状加强钢筋锚固作法；

3. 阳角下部需配置下部受力或构造加强放射状钢筋时，应根据设计文件的要求配置，构造做法同上部放射状加强钢筋；

4. 悬挑板的阴角处应在垂直板角的对角线处配置不少于 3 根的斜向构造钢筋，其间距不大于 100mm 并在上、下层均应配置，钢筋的直径应按设计文件要求，从阴角向外延伸长度不小于 l_a。见图 5.12-3 阴角斜向构造钢筋作法。

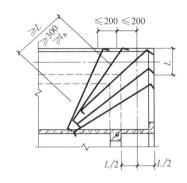

图 5.12-1 阳角放射状加强钢筋构造作法

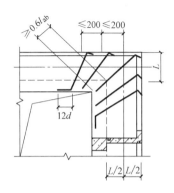

图 5.12-2 阳角内跨无现浇板放射状加强钢筋锚固作法

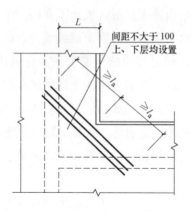

图 5.12-3　阴角斜向构造钢筋作法

5.13　现浇混凝土斜向板纵向钢筋处理措施

当现浇混凝土板为斜向时，对于双向板两个方向均为受力钢筋，而单向板则一个方向应是分布钢筋，在施工中常因按间距标注的钢筋排布是沿斜向布置的钢筋间距还是按垂直地面布置其间距，引起很多争议和不同的理解。对于双向板若斜向钢筋间距布置的不正确，将影响构件的受力安全，无论是双向板还是单向板垂直斜方向的钢筋均应按垂直斜面按设计要求的间距布置钢筋，而不是按垂直地面布置钢筋的间距。现浇混凝土板在竖向荷载作用下属受弯构件，斜向板在设计时通常有两种简化计算方法，一是按实际工作状况的斜向计算，另一种是转化成水平板计算。无论哪种计算方法得到的受力钢筋数值均应按垂直斜面间距配置。分布钢筋除了是为固定受力钢筋的作用外，还起到可以抵抗混凝土收缩和温度变化产生的沿分布钢筋方向拉应力的作用，因此在单向斜板中非受力方向的分布钢筋应按斜向满足不大于最大间距的要求。根据规范的规定还要符合最小的配筋率的要求等。因此，垂直斜向的分布钢筋间距应按垂直斜面间距布置。

在筏形基础、箱形基础的底板或防水板上设有集水坑和电梯地坑等情况时，局部需要降板来满足使用要求，为防止底板在高差处产生的应力集中，构造作法也会将底板面设计成斜面，通常斜面的坡度为 45°，当高差较大时也可以设计成 60°。筏形基础（板筏或梁筏）、箱形基础的底板或防水板，无论是双向板还是单向板，斜面上布置的钢筋应沿斜面符合设计的间距要求排布。

现浇混凝土板式楼梯的踏步段也是斜向板，一般均为两端支座的单向板，斜向的板式楼梯沿斜方向是受力方向，沿斜方向布置的钢筋为纵向受力钢筋，而垂直受力钢筋布置的是分布钢筋。通常的作法是每个踏步台阶下应布置一根分布钢筋，倘若设计文件标注的是分布钢筋的间距时，其间距不应按垂直地面而是按斜面布置，否则不能满足分布钢筋的最小配筋率的构造要求。设置分布钢筋的主要目的是为保证受力钢筋在设计位置上，分布钢筋放置在受力钢筋之上。梁式楼梯的斜板中，垂直梁方向的钢筋为受力钢筋，应按垂直斜板方向布置钢筋的间距，另方向为构造钢筋或分布钢筋，受力钢筋应布置在最外侧。

处理措施

1. 垂直斜面的钢筋无论是受力钢筋或分布钢筋，均应按设计要求的间距 S 垂直于斜面布置；

2. 基础底板中集水坑、电梯地坑等垂直斜面钢筋的间距 S 应垂直于斜面方向按施工图设计文件的规定间距布置。见图 5.13-1 基础底板斜向钢筋间距布置方式；

3. 现浇混凝土单向板式楼梯中的斜向踏步段分布钢筋间距 S，应按垂直斜面沿斜方向布置，并应满足每踏步下不少于一根分布钢筋。见图 5.13-2 板式楼梯踏步下分布钢筋布置方式。

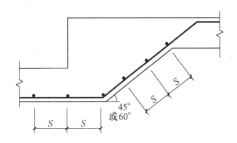

图 5.13-1 基础底板斜向钢筋间距布置方式

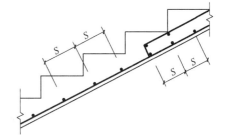

5.13-2 板式楼梯踏步下分布钢筋布置方式

5.14 板柱、板柱-剪力墙结构体系抗冲切构造处理措施

在板柱、板柱-剪力墙结构体系中（简称无梁楼板），由于不设置框架梁而由柱直接的支承现浇混凝土楼板，可以使建筑内的有效净高增大，是很多建筑师和结构工程师在多、高层商业建筑及仓储等建筑中经常采用的结构体系，非抗震设计可选用板柱结构体系，抗震设计时需增加剪力墙作为抗侧力构件，则需要选用板柱-剪力墙结构体系。若在柱间设置了刚度不大的混凝土梁或暗梁且不会改变柱支承楼板的受力性能时，也属于板柱结构体系。在非地震区的高层建筑及在设防烈度不超过 8 度的抗震设防地区若采用此类结构体系时，需在两个主轴方向设置剪力墙作为抗侧力构件形成板柱-剪力墙结构体系。

为使楼板荷载能直接传给柱，在板柱节点处应验算抗冲切承载能力，为提高板柱节点的抗冲切承载力，可以将板柱节点附近板的厚度适当加大，形成柱帽或托板。当冲切力较大或不允许设置柱帽和托板时，需要在节点处配置抗冲切箍筋、弯起钢筋、抗剪和抗冲切栓钉、在柱截面范围内配置相互垂直的型钢剪力架等措施来解决。对抗震设计的板柱节点不宜采用抗冲切弯起钢筋的配筋形式。采用型钢剪力架时应注意混凝土柱纵向钢筋的布置及纵向钢筋水平间距不宜太大。

当不允许设置柱帽或托板采用弯起钢筋、抗冲切箍筋时，楼板需要有足够的厚度且不应小于 200mm。采用弯起钢筋配筋方式时，弯起钢筋的倾斜段应与冲切破坏锥体的斜面相交，其弯起角度应根据板的厚度选择 30°～45°之间，施工图设计文件中均会有标注。当局部荷载或集中荷载较大时，一排弯起钢筋不能满足设计强度要求时，可采用双排弯起钢筋。弯起钢筋弯折后伸入下（上）部的水平段应有一定的长度要求。采用箍筋配置方式时，计算所需要的箍筋截面面积应配置在冲切破坏锥体范围内，且箍筋的布置范围还要从局部荷载或集中荷载的外边缘向外延伸一定的长度。箍筋应为封闭式，并应勾住纵向钢筋或架立钢筋。抗震设计时，在柱间设置的暗梁可与抗剪、抗冲切箍筋合并设置。

采用托板或柱帽时，应根据计算和构造要求配置箍筋及斜向钢筋，箍筋应采用封闭式斜筋应满足相应的构造要求。

处理措施

1. 采用弯起钢筋时，第一排弯起钢筋的倾斜段与冲切破坏斜截面的交点，选择在距局部荷载或集中荷载（集中反力）作用面积周边以外 $1/2～2/3h_0$（h_0 为板的有效厚度）范围内；当采用双排弯起钢筋时，第二排钢筋应在 $1/2～5/6h_0$ 范围内，且每个方向不少于三根，见图 5.14-1 抗冲切弯起钢筋配置方式；

2. 弯起钢筋的弯折点从荷载边缘的 50mm 处开始，伸入上（下）部的水平段长度不小于 20d（d 为弯起钢筋的直径）；

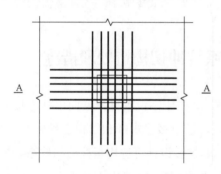

图 5.14-1 抗冲切弯起钢筋配置方式

3. 采用配置箍筋方式时，除按设计要求在冲切破坏锥体范围内配置所需要的箍筋外，还应从局部或集中荷载的边缘向外延伸 $1.5h_0$（h_0 板有效高度）长度，在此范围内配置相同的箍筋直径和间距，见图 5.14-2 抗冲切箍筋配置方式；

4. 第一个箍筋距局部荷载或集中荷载边缘的距离按梁的构造要求取 50mm，箍筋的间距不大于板有效高度的 1/3 即 $\leqslant 1/3h_0$，且不应大于 100mm。

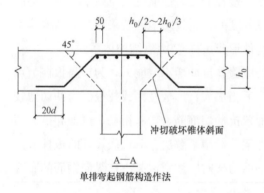

单排弯起钢筋构造作法

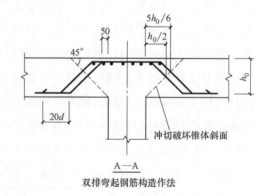

双排弯起钢筋构造作法

图 5.14-2 抗冲切箍筋配置方式

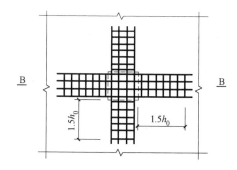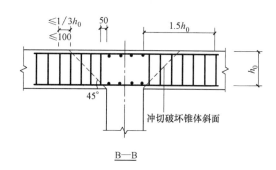

图 5.14-2　抗冲切箍筋配置方式（续）

5. 柱端有托板时，U 形钢筋伸至板上端水平段不小于 $15d$，水平箍筋应采用封闭式并从板底 50mm 开始排布，见图 5.14-3 柱托板构造作法；

6. 柱帽的斜向钢筋伸入柱及板内长度不小图 l_a，长度不足时可在板内水平弯折，水平箍筋应为封闭式并从板底 50mm 开始排布。变倾角的柱帽应在倾角改变交界处布置一道水平封闭箍筋，见图 5.14-4 柱帽构造作法。

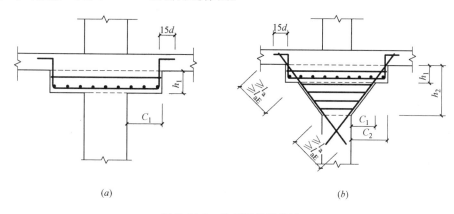

图 5.14-3　柱托板构造作法

（a）矩形托板；（b）带倾角托板

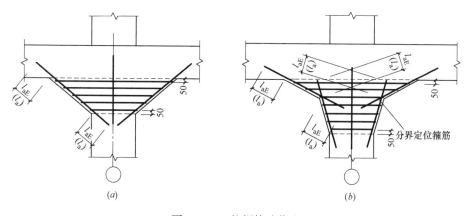

图 5.14-4　柱帽构造作法

（a）倾角柱帽；（b）变倾角柱帽

5.15 现浇板柱结构体系抗剪栓钉处理措施

在现浇板柱结构体系中当不允许设置柱帽和托板时,也可以采用抗剪栓钉增强板柱节点的受冲切承载力。抗剪栓钉由多个上端为方形或圆形锚头的圆钢筋,并在下端与底部条状钢板焊接而共同组成。每个栓钉可以看作是一肢等效的抗冲切箍筋的竖向肢,其计算方法与配置抗冲切箍筋的情况基本相同。栓钉的锚头应不小于栓钉截面面积的 10 倍。楼板的厚度不应小于 200mm,栓钉的最小保护层厚度与纵向受力钢筋要求相同,并应在现浇混凝土板的上、下面纵向钢筋绑扎前做好固定措施。

处理措施

1. 栓钉的锚头板和底部条状钢板的厚度不应小于 $0.5d$,底部条状钢板的宽度可以取 $2.5d$ (d 为栓钉的直径),见图 5.15-1 栓钉尺寸构造要求;

2. 栓钉的保护层厚度及与板纵向钢筋的相互关系作法,见图 5.15-2 现浇混凝土板栓钉底部条状钢板剖面图;

3. 按施工图设计文件注明的栓钉应配置在于 45°冲切破坏椎体面相交的范围内,另外还要按相同的间距从不需要栓钉的截面再延长 h_0,(h_0 为楼板的有效厚度),最里侧栓钉距柱外边缘的距离取 $S_0 = 50mm$,见图 5.15-3 抗剪栓钉增强抗冲切承载力作法;

4. 矩形截面柱栓钉条状钢板应采用正交布置,栓钉底部条状钢板的间距不应大于 $2h_0$,栓钉的间距 S 根据设计文件的要求布置,一般不大于楼板厚度的 3/4,见图 5.15-4 矩形截面柱抗剪栓钉条状钢板布置图;

5. 圆形截面柱栓钉条状钢板可采用正交或放射状布置,采用正交布置时构造要求同矩形截面柱。采用放射状布置时,最内侧的栓钉间距不应大于 $2h_0$,栓钉底部条状钢板的间距不应大于 60°,栓钉圈间的径向距离 S 不大于 $0.35h_0$,见图 5.15-5 圆形截面柱抗剪栓钉条状钢板布置图。

图 5.15-1 栓钉尺寸构造要求

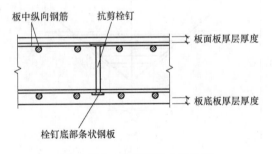

图 5.15-2 现浇混凝土板栓钉
底部条状钢板剖面图

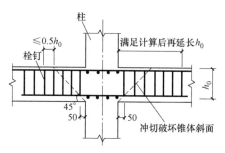

图 5.15-3 抗剪栓钉增强抗冲切承载力作法

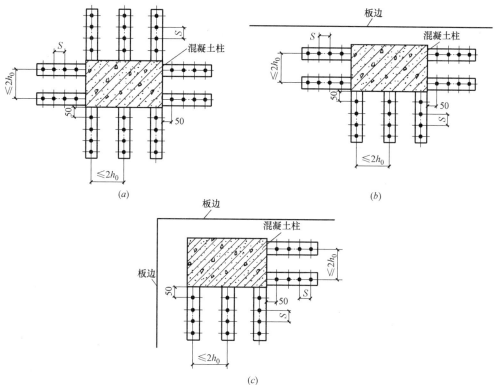

图 5.15-4 矩形截面柱抗剪栓钉条状钢板布置图
(a) 中柱；(b) 边柱；(c) 角柱

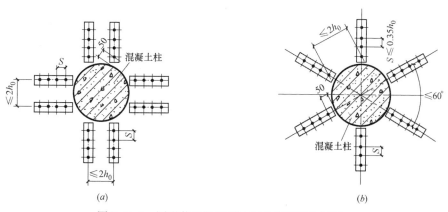

图 5.15-5 圆形截面柱抗剪栓钉条状钢板布置图
(a) 正交布置；(b) 放射状布置

5.16 楼、屋面板上设备基础与板的连接处理措施

当楼、屋面板上有较大集中荷载或者布置振动较大的小型设备时，设计图纸均会在设备基础下设置梁；设备基础的荷载在板上分布的面积较小时可设置单梁，而设备底部的面积较大时需设置双梁。在地下室底板的设备基础可不考虑设置梁，直接的坐落在筏板基础或防水板上；较大的设备基础下若不设置梁，需验算对楼、屋面板的冲切强度是否满足要求。屋面上设备基础的高度除需要考虑设备的使用要求外，还要考虑屋面建筑的面层作法及防水作法，不宜将设备基础坐落在建筑面层上，特别是当设备有振动时，设备基础应与楼、屋面板有可靠的连接，通常需要设置设备基础与楼（屋）面板间的连接钢筋。当设备基础坐落在地下室的筏板或防水板上时，也应按在楼、屋面的处理措施设置连接钢筋。设备基础宜与板同时浇筑混凝土，当施工条件限制不能一次浇筑时，允许二次浇筑设备基础的混凝土，但在接触面处必须将混凝土凿成毛面，冲洗干净再浇筑设备基础的混凝土；当设备的振动较大时，需要配置板与基础连接的钢筋。设计文件中均会对连接钢筋的直径和间距有明确的标注。

当设备基础上的地脚螺栓的拔力较大时，在设备基础中要配置与板拉接的构造钢筋。当设备基础与板的厚度不能满足预埋螺栓的锚固长度时，预埋螺栓可在板内弯折锚固。设备基础与板的连接构造要求，施工图设计文件或产品说明书中均有明确的要求。

设备基础预埋地脚螺栓的中心线、预留地脚螺栓孔壁至基础外边缘的距离应满足最小尺寸的要求，若不能满足要求时，应采用附加钢筋的作法。

当施工时不能确定设备基础的位置、大小及与结构主体的连接方式时，可采用后锚固技术解决，即时应有设计单位的确认。

处理措施

1. 当设备无振动荷载或振动较小时，设备基础与板间可不设置连接钢筋；当需要设置连接钢筋时间距不宜大于200mm，钢筋的直径可采用Φ6～Φ8，连接钢筋采用光圆钢筋时端部设置180°弯钩，见图5.16-1设备基础与结构板连接处理措施；

2. 当设备基础中的地脚螺栓拔力较大时需按计算配置抗拉连接钢筋，钢筋的直径不小于Φ6间距为150～200mm，水平箍筋可采用Φ6～Φ8@200，采用光圆钢筋时端部设置180°弯钩，见图5.16-2设备基础配置抗拉连接钢筋处理措施；

3. 预埋地脚螺栓的中心线、预留地脚螺栓孔壁至基础外边缘的距离需满足最小构造要求。见图5.16-3预埋地脚螺栓或预留孔至基础边缘最小尺寸要求；

4. 预埋地脚螺栓的中心线、预留地脚螺栓孔壁至基础外边缘的距离不能满足最小构造要求时，应设置附件构造钢筋，见图5.16-4预埋地脚螺栓或预留孔附加构造钢筋措施；

5. 设备基础加板的总厚度不能满足预埋螺栓的锚固长度时，可采用端部弯钩预埋螺栓、U 形预埋螺栓和焊接锚板预埋螺栓等处理措施。见图 5.16-5，预埋螺栓长度不足处理措施。

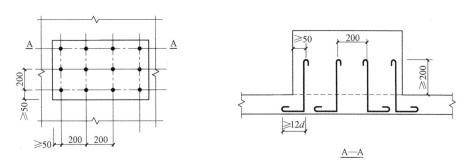

图 5.16-1 设备基础与结构板连接处理措施

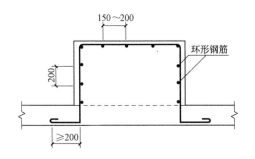

图 5.16-2 设备基础配置抗拉连接
钢筋处理措施

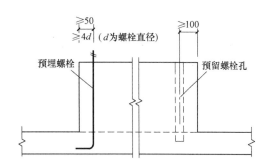

图 5.16-3 预埋地脚螺栓或预留孔
至基础边缘最小尺寸要求

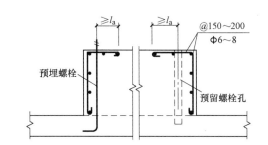

图 5.16-4 预埋地脚螺栓或预留孔附加构造钢筋措施

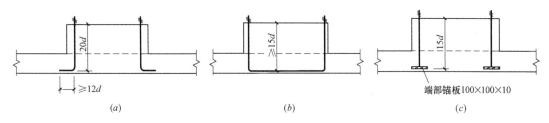

(a)　　　　　　　　　(b)　　　　　　　　　(c)

图 5.16-5 预埋螺栓长度不足处理措施

(a) 预埋螺栓端部变钩；(b) 端部 U 形预埋螺栓；(c) 端部锚板预埋螺栓

5.17 折板式现浇混凝土楼梯在弯折处钢筋配置处理措施

现浇钢筋混凝土板式楼梯传力直接、设计简单，是在工程中被广泛采用的一种形式。由于消防疏散和使用净空间等要求，或当楼梯的水平投影跨度不大于 4m 且荷载不大时，通常被设计为板式楼梯，踏步板与楼梯平台板交接处有时不设置楼梯梁，而形成了折板式楼梯，这时平台板应与踏步斜板的厚度相同。折板式楼梯分为上折板式和下折板式，在上折板楼梯的折角处由于节点约束作用，应配置承受负弯矩的构造受力钢筋。而在下折板式的弯折处如果平台板的上部构造负弯矩钢筋长度不需要伸至折角处时，则在弯折节点处不需要配置上部构造负弯矩钢筋。当构造负弯矩钢筋长度超过弯折节点时，应采用分离式配筋，不宜采用整根弯折配置。下部受力钢筋在上折板的弯折节点处不应通长配置，应采用分离式配筋方式，因下部纵向受力在内折角连续通过时，纵向受力钢筋的合力会使内折角处的混凝土保护层崩出，而使钢筋丧失锚固力（有此粘结锚固力，钢筋与混凝土才能共同工作），导致楼梯折断破坏。在下折板的折角处，下部纵向受力钢筋可整根连续配置，不需要截断分离配置。

现浇混凝土板式楼梯的配筋方式有两种，弯起式与分离式。弯起式配筋是将下部纵向受力钢筋在距支座 1/6 净跨处，间隔弯起至板的上部并伸入支座内锚固，代替部分支座构造负弯矩钢筋。这种配筋方式可节约一定钢筋，但施工不方便，目前采用很少。分离式配筋比弯起式配筋增加的钢筋量不多，但施工方便，在当前工程中使用最为广泛。

板式现浇混凝土楼梯在设计时，两边支座通常假定为简支，但考虑到支座对楼梯板的有一定的嵌固作用，因此在支座处板的上部需配置构造的负弯矩钢筋，该钢筋在支座内的锚固长度应按受拉钢筋的锚固长度要求取值。当楼梯踏步段板厚度≥200mm 时，上部钢筋宜通长配置。

处理措施

1. 上折板式楼梯在折角处，下部纵向受力钢筋不应连续配置，应在折角处截断并交叉锚固，锚固长度不小于 l_a。上部构造钢筋伸入斜板内的水平长度不小于斜板水平长度 $l_n/4$，见图 5.17-1 上折板在弯折处构造处理措施。

2. 下折板式楼梯在折角处，当上部构造负弯矩钢筋超过弯折角时，应采用分离式配筋并交叉锚固，锚固长度不小于 l_a，见图 5.17-2 下折板在弯折处构造处理措施。

3. 下部纵向钢筋在支座内的锚固长度不小于 $5d$，且至少伸至支座的中心线处；上部钢筋在支座内的锚固长度为 l_a。

4. 人防楼梯应采用双层配筋，在上、下钢筋网层间设置拉接钢筋，并拉住最外侧钢筋，拉结钢筋直径不小于 6mm，间距不大于 500mm，且呈梅花状布置，纵向受力钢筋的锚固长度为 $l_{aF}=1.05l_a$。

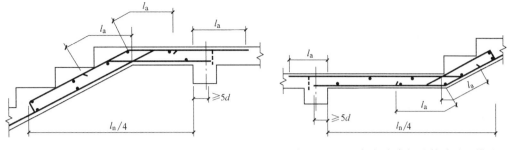

图 5.17-1　上折板在弯折处构造处理措施　　　　图 5.17-2　下折板在弯折处构造处理措施

5.18　带滑动支座板式现浇混凝土楼梯处理措施

楼梯是非常重要的竖向紧急逃生和救援的通道，当发生强烈地震时楼梯若发生了倒塌破坏，会造成楼内人员延缓撤离，也会使救援人员无法进入楼内进行救援，从而造成严重伤亡。周边有混凝土墙的楼梯间，由于混凝土墙的侧向刚度较大，在强烈地震时通常不会发生倒塌性破坏，而框架结构体系属单一抗震设防体系，其楼梯间（包括框架-剪力墙体系周边无混凝土墙的楼梯间）由于楼梯中的斜向构件在地震作用下参加抗侧力工作，使结构的整体刚度增大，楼层平面内的刚度分布不均匀，当楼梯间在平面内布置较偏时对结构会产生扭转影响，结构整体分析的结果有很大的变化。在地震作用下，楼梯踏步斜板沿梯板方向受力状态非常复杂，承受着较大的轴向力及剪力力矩，不能按简单的受弯构件设计，实为拉（压）弯剪的复合受力构件，在平面内还有弯矩和扭矩，应按压弯剪构件设计。楼梯是否考虑地震影响、是否考虑抗震构造措施等问题，在业内一直有不同的观点，1976 年唐山大地震中收集到的楼梯震害资料不多，所以在 2008 年汶川地震发生前基本认为楼梯对结构整体的抗震影响可以不考虑，楼梯本身也不考虑抗震承载力设计和构造处理措施。

由于以往在框架结构中的板式楼梯基本仅按受弯构件设计，未考虑楼梯在地震分析时对结构整体的不利影响，因此在历次地震中破坏得比较严重，特别是在四川汶川地震中框架结构的楼梯间大部分均受到较严重的破坏。框架结构体系中的楼梯构件与主体整浇时，踏步斜板起到了斜撑的作用，对结构整体刚度、承载力和规则性影响比较大，所以从设计方面需要考虑减小楼梯刚度对整体结构的影响，防止楼梯斜向构件在地震作用下产生的拉、压力对框架的影响。现行《建筑抗震设计规范》规定，框架结构的楼梯间需参加整体抗震分析，应计入楼梯构件对地震作用及其效应的影响，对楼梯构件应进行抗震承载力验算。

汶川地震后通过震害的调查，许多学者和专家对楼梯进行了大量的研究工作，证明周边无混凝土墙的楼梯间在平面中的布置位置对结构整体抗震性能有较大影响，楼梯自身也应考虑抗震承载力设计。由于板式楼梯的平面内刚度较大而平面外刚度较小，在楼梯参与的抗震设计的整体分析中，因楼梯间的布置一般不可能对称和均匀，分析结果会出现整体扭转现象，且楼梯本身的承载力也不能满足抗震要求，所以提出楼梯在半层休息平台与主体结构脱开和设置滑动支座等措施。采取了这样措施后经计算和试验表明，楼梯构件对结构整体刚度影响较小，楼梯本身的抗震承载力也能满足要求，滑动支座的抗震性能良好，楼梯可以不参与整体分析。通常采用楼梯上端与楼梯梁整体连接，下端做成滑动支座的处理措施。

在抗震设防低烈度区或框架的抗震等级不高时，整体分析时楼梯参与抗震，不设置滑动支座也可以满足抗震要求。因此设计文件中不会要求一定设置下端滑动支座，但应采取相应的抗震构造措施。踏步斜板的厚度不小于140mm，上、下层纵向钢筋通长设置，并在上、下端支座内满足抗震锚固长度的最小要求，在梯段板两侧设置边缘构件并设置箍筋，梯段踏步斜板两端均应支承在楼梯梁上，不应设置上段或下端折板。

当楼梯设置下端滑动支座时，踏步段上端也应支承在楼梯梁上，不能采用带平台段的折板形式，下端可以支承在楼梯梁或楼梯梁挑出的平板上，踏步斜板的厚度需经计算确定，上、下层纵向钢筋应通长设置，并在上端满足抗震锚固长度的最小要求，在梯段板两侧根据抗震等级设置附加纵向钢筋，在滑动面处应根据设计文件要求放置预埋钢板或采用滑动性能较好的材料。在滑动端面与建筑地面接触处按设计文件要求预留足够的供自由滑动的缝隙。这种带下端滑动支座的楼梯通常称为"抗震楼梯"，与以前的楼梯作法有很大的不同，特别在下端滑动支座处的构造作法，许多施工企业未接触过，未来可通过大量的工程实践逐渐掌握。

处理措施

1. 抗震设计的框架结构中楼梯间周边无混凝土墙且未设置滑动支座的板式楼梯，上、下纵向钢筋伸入支座内应满足抗震最小锚固长度要求；上、下层钢筋网片间设置 Φ6@600 同时拉住两个方向钢筋的拉结筋；梯段板两侧设置宽度不小于1.5倍板厚的边缘构件，边缘构件内的纵向钢筋，当抗震等级为一、二级时不少于6根，三、四级时不少于4根，钢筋直径不小于Φ12，且不小于板中纵向受力钢筋直径，箍筋为 Φ6@200，见图 5.18-1 楼梯下端不设滑动支座的构造作法。

2. 当下部的滑动支座放置在楼梯梁上时，配置的上、下纵向钢筋伸入支座内应满足抗震最小锚固长度 l_{aE} 要求，滑动踏步段在支座应有足够的搁置长度，防止在强烈地震作用下滑落。梯段板两侧设置附加纵向钢筋，当抗震等级为一、二级时为 2Φ20，三、四级时为 2Φ16，见图 5.18-2 下端滑动支座支承在楼梯梁上构造作法。

3. 当下端滑动支座不能完全支承在楼梯梁上时，可支承在楼梯梁挑出的悬臂板上，厚度根据计算确定但不能小于梯段板的厚度，其构造作法同第2条，见图 5.18-3 下端滑动支座支承在楼梯梁的悬挑板上构造作法。

4. 滑动面应根据设计文件要求采用预埋钢板或铺设其他有利于滑动的材料，滑动端面与建筑地面接触处按设计文件要求预留足够缝隙，缝隙宽度不小于 50mm，并填入水平刚度较小的材料，见图 5.18-4 滑动支座处构造作法。

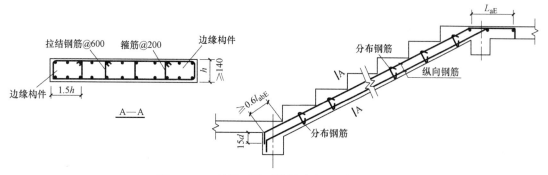

图 5.18-1 楼梯下端不设滑动支座的构造作法

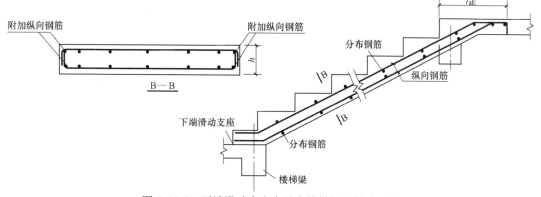

图 5.18-2 下端滑动支座支承在楼梯梁上构造作法

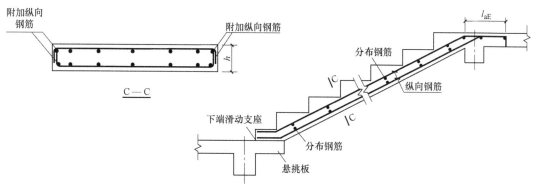

图 5.18-3 下端滑动支座支承在楼梯梁的悬挑板上构造作法

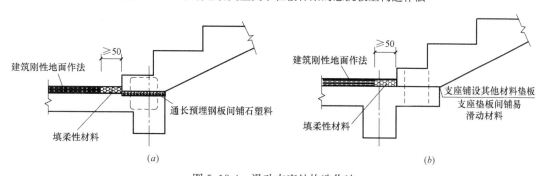

图 5.18-4 滑动支座处构造作法
（a）滑动支座采用预埋钢板作法；（b）滑动支座采用其他垫板作法

5.19 现浇混凝土板式楼梯第一阶与基础构造措施

在计算时不考虑地震作用及非人防的普通楼梯，支座通常按简支假定，在支座处楼梯斜板的上部纵向钢筋通常为构造配置，虽然该钢筋不是计算配置的受力钢筋，但构造钢筋也是承担弯矩的受力钢筋，在支座内也应按受拉钢筋满足最小锚固长度的要求。踏步斜板的下部纵向钢筋为计算配置的纵向受力钢筋，在支座内的锚固长度要求同普通楼板。

人防楼梯踏步斜板的上、下层纵向钢筋均为按计算需要而配置的受拉钢筋，在支座内的锚固长度应按受拉钢筋采用，人防楼梯的纵向钢筋锚固长度与普通楼梯和楼板在支座内的锚固长度要求不同，支座不能按简支考虑，应满足人防构件中受拉钢筋的锚固长度要求。

当框架结构中的楼梯在地震作用下不设置下端滑动支座时，踏步斜板中的纵向受力钢筋应按抗震要求在支座内锚固，其锚固长度应按主体结构的抗震等级采用。建筑无地下室若采用滑动支座时，楼梯第一阶与基础间钢筋不应采用锚固作法，应采用滑动支座。

设计文件均会对楼梯第一阶与楼梯基础的连接作法提出相应的构造要求，或引用相关的标准设计图集中的节点作法。若踏步斜板中的纵向钢筋不能满足直线锚固长度时也可以采用弯折锚固。

处理措施

1. 普通现浇混凝土板式楼梯下部纵向受力钢筋按楼板的锚固长度要求，伸入基础内不小于 $5d$ 且不小于斜板的厚度；上部钢筋采用直线锚固时，伸入支座内的长度不小于 l_a，采用弯折锚固时弯折前在支座内投影长度不小于 $0.6l_{ab}$，弯折后的直线段不小于 $12d$，见图 5.19-1 普通楼梯构造作法。

2. 有抗震设防要求的楼梯上部钢筋通长布置，上、下层纵向钢筋在支座内采用直线锚固时，伸入支座内的长度不小于 l_{aE}，上部钢筋采用弯折锚固时，弯折前在支座内投影长度不小于 $0.6l_{abE}$，弯折后的直线段不小于 $12d$，见图 5.19-2 楼梯纵向钢筋抗震构造作法。

3. 人防现浇混凝土板式楼梯上、下纵向受力钢筋在基础内的锚固长度，直线锚固长度为 l_{aF}（$l_{aF}＝1.05l_a$ 相当于三级抗震等级），若采用弯锚时可按三级抗震等级，满足弯折前的水平段投影长度及弯折后的竖直段长度规定，见图 5.19-3 人防楼梯构造作法。

4. 与基础间采用滑动支座时，可按本章第 5.18 条相应的作法采用，楼梯的基础结构顶面可与建筑作法标高相同，见图 5.19-4 滑动支座楼梯构造作法。

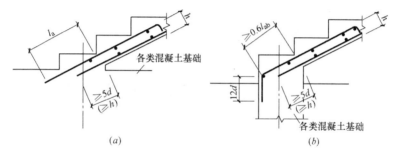

图 5.19-1 普通楼梯构造作法

（a）直线锚固；（b）弯折锚固

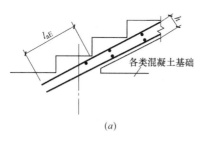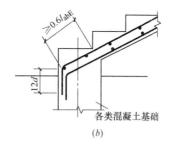

图 5.19-2 楼梯纵向钢筋抗震构造作法

（a）直线锚固；（b）弯折锚固

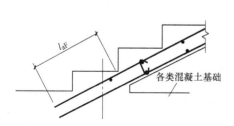

图 5.19-3 人防楼梯构造作法

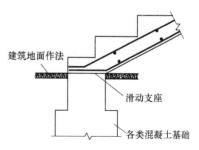

图 5.19-4 滑动支座楼梯构造作法

213

第六章 地基基础构造处理措施

6.1 柱纵向受力钢筋在独立基础内锚固处理措施

现浇钢筋混凝土柱纵向受力钢筋在独立基础内应满足锚固长度的要求，抗震设计时还应根据最底层柱的抗震等级确定最小抗震锚固长度并满足相应的构造要求。锚固方式一般分直线锚固和弯折锚固两种，当独立基础高度满足柱纵向受力钢筋直线锚固长度 l_a（l_{aE}）时，钢筋端部应根据构造要求设置为固定纵向钢筋位置的 90°弯钩，并放置在基础底部的钢筋网片上，当基础高度较高时可仅将柱四角及每隔 1000mm 纵向钢筋伸至网片上固定，其他纵向钢筋可伸入独立基础内满足直线锚固长度即可。应注意的是，锚固长度 l_a（l_{aE}）可根据锚固条件在钢筋基本锚固长度 l_{ab}（l_{abE}）基础上乘锚固长度修正系数：即 $l_a = \zeta_a l_{ab}$，$l_{aE} = \zeta_{aE} l_a$。若基础高度不能满足纵向受力钢筋的直线锚固长度时，可以采用弯折锚固方式，纵向受力钢筋弯折前需保证最小的竖直段投影长度，并弯折一定水平段长度。直线锚固和弯折锚固是两种不同的锚固形式，采用弯折锚固方式时只要弯折前的水平段投影长度和弯折度直线段长度符合相应的规定，则不需要满足将竖直段与弯折后的水平段长度相加后不小于直线锚固长度的要求。

独立基础的剖面通常被设计成"阶形"和"坡形"两种形式，其总高度是根据基础的宽高比、柱对基础的冲切验算和柱纵向受力钢筋的锚固长度等因素而确定的，当采用弯折锚固方式基础高度不能满足钢筋的最小竖直段长度投影要求时，不能用加长水平段的长度使之满足总锚固长度不小于直线锚固长度的作法。采用弯折锚固方式时，必须满足弯折前的竖直段最小投影长度要求，如有此类问题时在施工前应与设计方沟通，并采取有效措施解决钢筋锚固长度不足的问题。

柱纵向受力钢筋在锚固区内箍筋不需要加密处理（保护层厚度小于 $5d$ 时，需设置附加构造横向钢筋除外），为固定其位置可设置固定柱纵向受力钢筋的箍筋，该箍筋能保证起到固定作用后不需要一定采用复合箍筋，只要满足固定柱纵向钢筋在设计位置即可，但不能采用固定箍筋与柱纵向钢筋焊接的方式固定；采用"平法"绘制的施工图设计文件通常不注明柱纵向钢筋在基础内的锚固要求，施工时可根据基础的高度选择锚固方式，而不特殊规定哪些钢筋必须伸至独立基础下部的钢筋网片上后弯折，当基础的高度较高时，根据柱的不同受力状态需要将四角纵向钢筋设置在基础网片上，但是设计文件中未注明柱的受力状态时，施工时也无法判断，应与设计工程师沟通确认，防止不满足柱纵向钢筋在基础中锚固长度的构造要求。

处理措施

1. 柱纵向钢筋在独立基础内采用直线锚固方式时，锚固长度应≥l_a（l_{aE}）且钢筋的端部宜做90°水平弯钩放置在独立基础底部的钢筋网片上，弯钩后的水平段长度可为6d且不小于150mm，见图6.1-1柱纵向受力钢筋在独立基础内直线锚固作法。

2. 柱纵向钢筋在独立基础内采用弯折锚固方式时，竖直段含弯弧在内的投影长度应不小于0.6l_{ab}（0.6l_{abE}），弯折后的直线段长度为12d，并放置在独立基础底部的钢筋网片上，见图6.1-2柱纵向受力钢筋在独立基础内弯折锚固作法。

3. 当柱为轴心受压或小偏心受压，且基础的高度h≥1200mm时，柱为大偏心受压，基础的高度h≥1400mm时，若柱纵向受力钢筋在基础内满足直线锚固长度，可仅将柱四角插筋伸至基础底板的钢筋网片上，水平弯折段长度为6d且不小于150mm，其余插筋伸入基础内的长度满足直线锚固长度l_a（l_{aE}）可不弯折，见图6.1-3柱仅四角纵向钢筋伸至基础底部作法。

4. 在锚固区内固定柱纵向钢筋的定位箍筋不少于两道且间距不大于500mm，可不采用复合箍筋，但应为封闭箍筋，弯钩后的直线段长度可为5d；当柱纵向钢筋的保护层厚度较大时，可根据保护层厚度的不同，对纵向钢筋直线锚固长度折减。

5. 柱下端第一道箍筋可从基础顶面50mm处开始布置，基础内固定柱纵向钢筋的箍筋可从基础顶面向下100mm处开始布置。

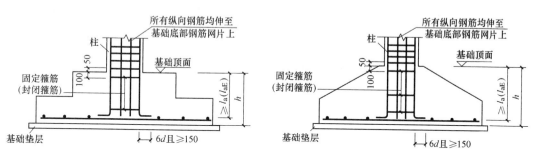

图6.1-1　柱纵向受力钢筋在独立基础内直线锚固作法

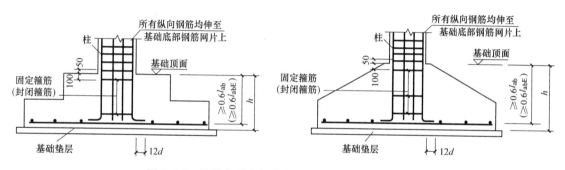

图6.1-2　柱纵向受力钢筋在独立基础内弯钩锚固作法

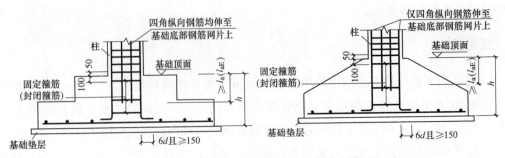

图 6.1-3　柱仅四角纵向钢筋伸至基础底部作法

6.2　柱纵向受力钢筋在条形基础及基础梁内锚固处理措施

　　柱下条形基础平面布置通常会采用单向、双向正交和双向斜交条形形式，抗震设计时不应采用单向条形，应采用双向布置方式，柱下条形基础的截面通常为倒 T 形，梁肋的高度根据柱距确定，一般为柱距的 1/4～1/8，翼缘板的厚度分为等截面或变截面厚度，变截面厚度的翼缘板坡度不小于 1：3。在梁筏式基础中基础梁均为双向设置。通常基础梁的宽度大于柱截面宽度，为方便柱纵向受力钢筋在基础梁的锚固和固定，基础梁每边至少应大于柱边每侧 50mm，当基础梁的宽度小于柱宽或与柱的截面尺寸相同时，基础梁应在与柱相交处局部设置水平加腋且每侧不小于 50mm，并配置水平和竖向构造钢筋。

　　柱基础是梁板式筏形基础时，柱纵向受力钢筋应锚固在基础梁（或肋梁）内，若柱的截面尺寸大于基础梁的宽度时，若将基础梁假定为柱的支座，基础梁在柱边增设水平腋距柱边的净尺寸不小于 50mm，并配置水平和竖向构造钢筋，柱纵向受力钢筋的锚固长度可从基础顶面算起。柱下条形基础和梁板式筏形基础的边、角柱若基础梁无外伸时，其纵向钢筋即使满足直线锚固长度，也应伸至基础底部水平弯折。中柱考虑到柱纵向钢筋在基础内的固定要求，可仅将四角纵向钢筋伸至基础底部水平弯折，当柱任意边长长度大于 1000mm 时，应每隔 1000mm 有一根纵向钢筋伸至基础底部水平弯折，其他柱纵向钢筋满足直线锚固长度可不需要伸至基础底部；需要注意的是，当边、角柱纵向钢筋在锚固区里保护层厚度≤5d（d 为柱较大纵向钢筋直径）时，在纵向钢筋的锚固区内应设置附加横向钢筋，对于柱下条形基础及梁板式筏形基础的基础梁端部水平加腋的水平及竖向构造钢筋，可作为附加横向钢筋，但是应满足最小直径、最大间距及锚固长度的构造要求。当柱两侧的基础梁高度不相同时，应按较低一侧计算柱纵向受力钢筋的锚固长度。

处理措施

　　1. 柱下条形基础的宽度每侧大于柱边不小于 50mm 时，柱纵向受力钢筋从条形基础顶面计算其锚固长度，采用直线锚固、弯折锚固、四角伸至基础底部的构造要求，同第 6.1 条的作法，见图 6.2-1 柱纵向钢筋在柱下条形基础内锚固作法。

2. 梁板式筏形基础的梁宽度大于柱宽时，柱纵向钢筋在基础梁内的锚固长度从基础梁顶面算起，锚固长度的要求同第 6.1 条，并贯穿基础梁插入筏板中。当柱下基础梁设置水平加腋时，柱纵向钢筋可布置在基础梁的外侧水平加腋范围内，柱纵向受力钢筋的锚固长度从基础梁顶面算起。为方便施工可将柱范围内的基础梁箍筋做成开口式，开口端应在下部的基础筏板中，见图 6.2-2 柱纵向钢筋在筏板基础梁内锚固作法。

3. 柱纵向钢筋在锚固区内的定位箍筋设置要求、第一道箍筋在柱内的设置位置等同第 6.1 条的作法。

4. 柱纵向钢筋在锚固区内的保护层厚度≤5d（d 为柱纵向钢筋最大直径）时应设置附加横向钢筋，其作法见第 6.6 条的处理措施。

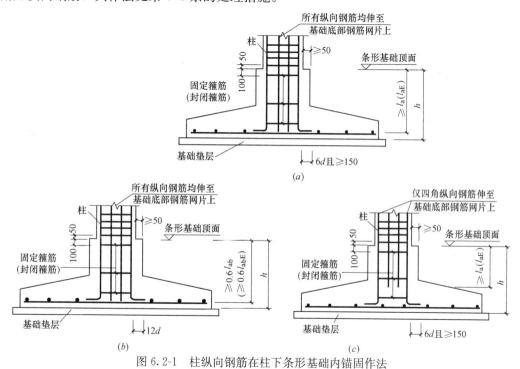

图 6.2-1　柱纵向钢筋在柱下条形基础内锚固作法

（a）直线锚固作法；（b）弯折锚固作法；（c）四角纵筋伸至底部作法

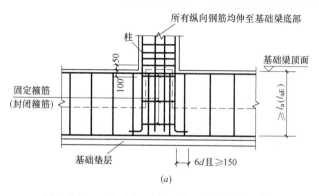

图 6.2-2　柱纵向钢筋在筏板基础梁内锚固作法

（a）直线锚固作法

217

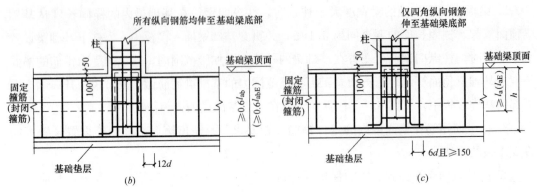

图 6.2-2　柱纵向钢筋在筏板基础梁内锚固作法（续）

(b) 弯折锚固作法；(c) 四角纵筋伸至底部作法

6.3　现浇混凝土柱纵向受力钢筋在板式筏形基础内锚固处理措施

　　现代高层建筑及超高层建筑的筏形基础越来越多地采用平板式筏形基础，而较少采用梁板式筏形基础形式。筏板基础的厚度主要根据柱、剪力墙和筒体对筏板的受冲切承载力计算，以及筏板的抗弯和抗剪等因素确定。筏板的最小厚度不宜小于 400mm，当筏板的厚度不能满足柱冲切承载力要求时，会在局部增加筏板的厚度来满足。根据工程的具体情况，加厚的位置可选择在筏板的上部（俗称上柱墩），也可以选择在筏板的下部（俗称下柱墩）。柱纵向钢筋在筏板基础内均应满足锚固构造要求，中柱纵向钢筋在筏板内的锚固长度满足直线锚固要求时，应伸至筏板底部钢筋网片上水平弯折一定的长度。设置水平段的目的主要是考虑纵向钢筋的固定，若能很好地固定并保证在设计位置上，也可以不用水平弯折。当筏板的厚度较厚时，纵向钢筋满足锚固要求后可伸至中间的温度网片上固定。而筏板的厚度不能满足直线锚固长度时，可采取弯折锚固作法，弯折前的竖直段投影长度需满足一定要求，且伸至筏板下部网片上，并保证弯折后有足够的水平段长度。

　　边柱和角柱的纵向钢筋均应伸至筏板底部的钢筋网片上固定，当筏板有悬挑时，也可以按中柱作法处理。中柱在筏板内固定纵向钢筋的箍筋，只要能满足将纵向钢筋固定在设计位置上，不要求必须采用复合封闭箍筋，固定箍筋在筏板基础内不少于两道且间距不宜大于 500mm。边柱及角柱的固定箍筋同中柱要求，但应注意到，当边柱和角柱的柱纵向钢筋保护层厚度不大于纵向钢筋 5 倍时，在钢筋的锚固范围内应设置横向构造钢筋，防止保护层混凝土发生劈裂时对钢筋失去锚固能力。施工时柱纵向受力钢筋在基础内应采取有效措施固定在设计位置上，不应将柱纵向钢筋与筏板中的受力钢筋焊接固定。

> **处理措施**

　　1. 中柱纵向受力钢筋伸入筏板内的锚固长度，从筏板顶面算起满足直线锚固长度时，宜伸至筏板底部钢筋网片上水平弯折 6d 和 150mm 两者较大值；若筏板厚度不满足直线锚固长度可采用弯折锚固，弯折前竖直段投影长度不小于 $0.6l_{abE}$（$0.6l_{ab}$），然后水平弯折直线段 $12d$，并放置在筏板下部钢筋网片上固定，见图 6.3-1 中柱纵向钢筋在平板筏形基础内的锚固作法。

2. 当筏板基础顶部设有上柱墩时，纵向钢筋的锚固长度应从柱墩顶面算起，筏板底部设有下柱墩时，锚固长度应从筏板顶部算起，柱纵向钢筋的直线锚固或弯折锚固作法同上条，见图 6.3-2 柱纵向钢筋在有柱墩平板筏形基础内的锚固作法。

3. 边柱、角柱纵向钢筋应从筏板基础顶部起算锚固长度，筏板厚度满足直线锚固长度时，应伸至筏板底部钢筋网片上水平弯折 $6d$ 和 150mm 两者较大值；筏板厚度不满足直线锚固长度可采取弯折锚固，弯折前竖直段投影长度不小于 $0.6l_{abE}$（$0.6l_{ab}$），然后水平弯折直线段 $12d$，并放置在筏板下部钢筋网片上固定，见图 6.3-3 边柱、角柱纵向钢筋在平板筏形基础内的锚固作法。

4. 边柱、角柱纵向钢筋在锚固区内的保护层厚度≤$5d$（d 为柱纵向钢筋最大直径）时，应设置附加横向钢筋，其做法见第 6.6 条的处理措施。

5. 在柱纵向钢筋锚固区内固定纵向钢筋的箍筋从筏板顶板以下 100mm 设置，固定箍筋如果能固定好柱纵向钢筋时可不采用复合箍筋，并在锚固区内设置不少于 2 道，间距不大于 500mm。不应采用柱纵向钢筋与筏板上、下部受力钢筋焊接固定的方法。

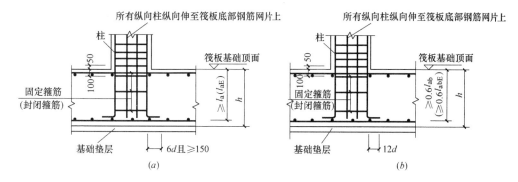

图 6.3-1　中柱纵向钢筋在平板筏形基础内的锚固作法

（a）直线锚固作法；（b）弯折锚固作法

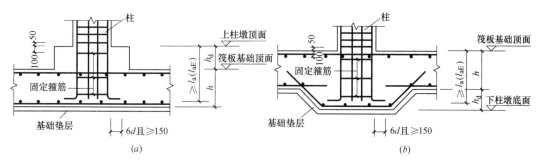

图 6.3-2　柱纵向钢筋在有柱墩平板筏形基础内的锚固作法

（a）上柱墩锚固作法；（b）下柱墩锚固作法

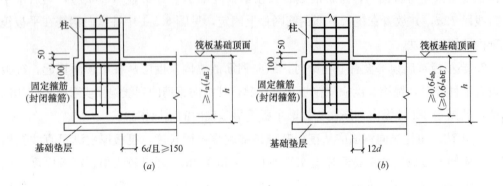

图 6.3-3　边柱、角柱纵向钢筋在平板筏形基础内的锚固作法

（a）直线锚固作法；（b）弯折锚固作法

6.4　现浇混凝土墙竖向钢筋在基础内的锚固处理措施

混凝土墙下基础一般为条形基础或筏形基础，剪力墙中的竖向分布钢筋在基础内的锚固要求按受拉钢筋最小锚固长度计算。当为条形基础时，混凝土墙竖向钢筋除满足直线锚固、弯折锚固长度外，应全部伸至基础底部钢筋网片上固定。带地下室筏形基础的剪力墙竖向分布钢筋，当筏板厚度满足剪力墙竖向钢筋的直线锚固长度且厚度较大时，若有相应的施工措施能保证竖向分布钢筋的位置符合设计要求时不偏移，则伸入筏板内的长度满足锚固要求时不需要伸至筏板底部水平弯折，当筏板厚度大于剪力墙边缘构件中的纵向受力钢筋的锚固长度，且为一层地下室时，边缘构件纵向钢筋除满足锚固长度外还宜伸至底部固定。当地下室层数不少于两层时，边缘构件纵向钢筋在筏板内满足锚固长度且可以固定好，不需要均伸至筏板底。若为了墙内竖向分布钢筋的定位，根据竖向分布钢筋的直径大小可按"隔一布一"或每隔不大于1000mm设置一根伸至筏板底部固定；当筏板太厚时，若能将竖向钢筋可靠固定在设计位置上且满足锚固要求时，则不需要将竖向钢筋伸至基础板底。当筏板厚度不能满足竖向分布钢筋的锚固长度时，竖向钢筋应伸入筏板内，首先要满足弯折锚固要求的竖直段投影长度，并伸至筏板底部钢筋网片上水平弯折固定。剪力墙边缘构件的竖向受力钢筋的弯折锚固作法与墙内竖向分布钢筋相同。

地下室外墙通常均是挡土墙，其竖向钢筋是按计算配置的受力钢筋，外侧竖向钢筋除满足在筏板内的锚固要求外，应伸至筏板底部并与筏板下部钢筋满足搭接长度要求。外侧竖向钢筋在锚固区内的保护层厚度≤5d（d为外侧竖向钢筋的最大直径）时，应配置横向构造钢筋保证纵向受力钢筋的有效锚固。当地下室外墙与筏板厚度相差不大，应考虑到地下室外墙与筏板交接处内力的平衡，外墙外侧竖向钢筋不是简单地在筏板基础内的锚固问题，墙中外侧竖向钢筋与筏板下部钢筋在该处应满足搭接要求，此问题应在设计文件上明确做法，若设计文件未注明连接作法，施工时应征得设计方的同意方可实施。

处理措施

1. 无挡土要求的地下室混凝土墙竖向钢筋伸入条形基础、筏板基础内满足直线锚固长度 l_{aE} 或 l_a 时，宜伸至基础底板网片上水平弯折 $6d$ 固定；筏板厚度不能满足直线锚固长度时，可采用 $90°$ 弯折锚固，弯折前的竖直段投影长度不应小于 $0.6l_{abE}$（$0.6l_{ab}$），弯折后的水平直线段长度为 $12d$，并在基础底部钢筋网片上可靠固定，见图 6.4-1 混凝土墙竖向钢筋在基础内锚固作法。

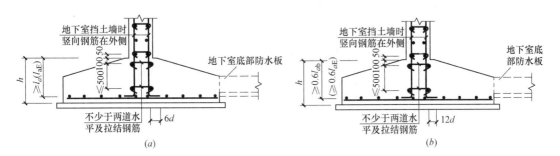

图 6.4-1 混凝土墙竖向钢筋在基础内锚固作法

（a）直线锚固作法；（b）弯折锚固作法

2. 当筏板基础较厚且采取相应的措施能保证墙竖向钢筋固定在设计位置时，伸入基础内满足直线锚固长度后不需要伸至筏板底部水平弯折；当筏板厚度稍大于竖向钢筋的直线锚固长度时，可将全部竖向钢筋伸至筏板底部水平弯折 $6d$ 固定。而筏板厚度大得较多、竖向分布钢筋直径较小时可"隔一布一"伸至板底固定，钢筋直径较大时每隔不大于 $1000mm$ 设置一根伸至筏板底部固定；边缘构件纵向受力钢筋可根据地下室层数、筏板的厚度，确定是否设置筏板底部固定，见图 6.4-2 部分竖向钢筋伸至筏板底部作法。

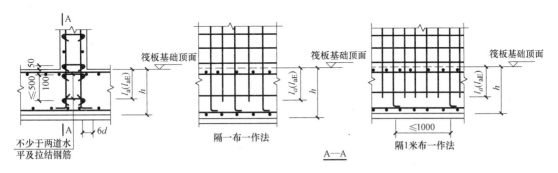

图 6.4-2 部分竖向钢筋伸至筏板底部作法

3. 地下室外墙或地下室挡土墙的外侧与筏板端部基本平齐时，且筏板厚度较薄，墙外侧竖向钢筋伸至筏板底部后水平弯折不小于 $15d$，筏板下部钢筋伸至墙外侧上弯至筏板顶部，并满足搭接长度 l_l（l_{lE}）要求，内侧竖向钢筋应满足锚固要求的构造作法。当筏板端部有较大的悬挑时，可按锚固要求处理，见图 6.4-3 地下室外墙外侧竖向钢筋与筏板钢筋搭接作法。

4. 当地下室外墙为条形基础时（如地下室为独立基础、条形基础加防水板时），墙体内的竖向受力钢筋应按本处理措施第一条处理。

5. 筏板基础、箱形基础的地下室墙体水平钢筋直径不应小于12mm，间距不应大于200mm，且不宜采用光圆钢筋。

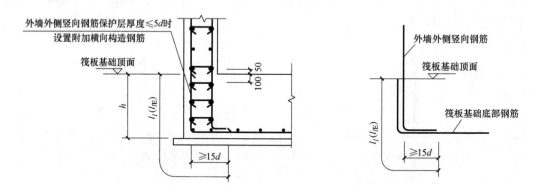

图 6.4-3   地下室外墙外侧竖向钢筋与筏板钢筋搭接作法

6.5   短柱独立基础构造处理措施

当框架结构的基础采用的是独立基础时，由于局部地基土的不均匀、地基承载力特征值不满足设计要求，不采用换填方法而是将局部埋置较深的基础直接落在持力层上，当基础的持力层较深，为减少底层柱的计算高度，以及基础的底部不在同一设计标高而基础顶面要求在相同的设计标高等原因时，而将部分基础或全部基础设计成短柱独立基础。短柱独立基础的短柱属基础的一部分，为保证框架柱的下部嵌固部位是在基础顶面，短柱的顶面应该设置在柱的嵌固位置。短柱作为上部框架柱的嵌固部位应满足刚度比的要求，当不设置独立基础联系梁时，短柱与框架柱的线刚度比值宜不小于10，为增加基础的整体性等原因在短柱顶面处设置基础联系梁时，其线刚度比值可适当减小，但不应小于2。

短柱的纵向钢筋锚固长度从独立基础的台阶处算起，并满足锚固长度的要求，短柱纵向钢筋除满足计算要求外，还应满足最小配筋率及构造要求，四角纵向钢筋应伸至底板钢筋网片上固定。由于框架柱位置在短柱的中间部位，因此框架柱纵向受力钢筋在短柱内不但要满足锚固长度的要求，还应采取有效的措施保证其位置的准确固定。

<u>处理措施</u>

1. 短柱四角的纵向钢筋直径不宜小于Φ20，并延伸至基础底板钢筋网片上固定，从台阶顶面处计算锚固长度不小于l_a，水平弯折长度$6d$且$\geqslant 150mm$；当不能满足直线锚固时，可采用弯折锚固方式，弯折前的竖直段投影长度不小于$0.6l_{ab}$，并伸至网片上水平弯

折直线段 12d，见图 6.5-1 短柱纵向钢筋在台阶顶面以下的锚固作法。

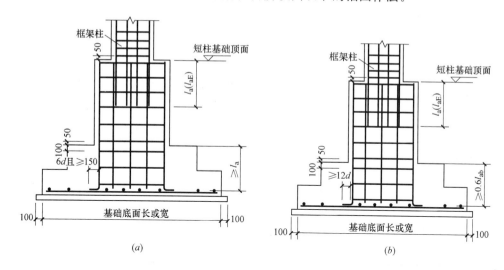

图 6.5-1　短柱纵向钢筋在台阶顶面以下的锚固作法

(a) 直线锚固作法；(b) 弯折锚固作法

2. 除短柱四角纵向钢筋外的其他纵向钢筋，当短柱截面长边尺寸不大于 1000mm 时，钢筋在满足计算需要后，直径应不小于 Φ12，间距不大于 300mm。大于 1000mm 时，钢筋直径不应小于 Φ16，间距不大于 300mm，并从台阶顶面处计算锚固长度不小于 l_a，每隔 1000mm 有一根钢筋伸至底部钢筋网上水平弯折 6d 且≥150mm 固定，见图 6.5-2 短柱部分纵向钢筋固定在基础钢筋网片上锚固作法。

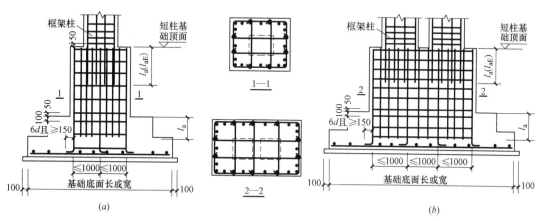

图 6.5-2　短柱部分纵向钢筋固定在基础钢筋网片上锚固作法

（a）单柱作法；（b）双柱作法

3. 短柱短边应配置直径不小于 Φ12、间距不大于 300mm 的纵向钢筋，且每侧配筋率不小于 0.05% 短柱截面积。

4. 短柱内的箍筋直径应不小于 Φ8、间距不大于 300mm，当抗震设防为 8、9 度时，间距不应大于 150mm，水平拉结钢筋直径同箍筋，并对短柱纵向钢筋至少应"隔一拉一"，宜同时拉住箍筋和纵向钢筋或紧靠纵向钢筋拉住箍筋。

5. 框架柱的纵向受力钢筋锚固长度从短柱顶部算起且不小于 l_a（l_{aE}），应可靠固定在短柱内。

6.6 柱、墙纵向钢筋基础内设置横向构造钢筋处理措施

在钢筋混凝土结构中，钢筋和混凝土这两种性能不同的材料组成的构件能够共同承受荷载，是由于钢筋与混凝土之间存在着粘结锚固作用，这样的作用使钢筋与周边混凝土间能够传递应力。钢筋在混凝土中的粘结锚固作用若受到影响，构件就不能达到承担预期荷载的能力，影响因素之一是钢筋的保护层厚度。当受力钢筋的保护层厚度较大时，混凝土对钢筋的握裹作用加强，才能建立起结构承载所必需的工作应力，受力钢筋锚固长度可以适当减短。当保护层厚度较薄时，握裹作用的降低会使钢筋在混凝土中产生滑移，导致构件在钢筋的锚固区内发生较宽的裂缝，在受力钢筋锚固区混凝土保护层劈裂时会突然失去锚固能力，影响结构的安全和耐久性。因此，当竖向构件的纵向受力钢筋在基础内的保护层厚度较小时，应在钢筋锚固区内设置横向构造钢筋（箍筋或横向钢筋），防止这样的破坏发生，构造钢筋应有最小直径和最大间距的控制要求。需要说明的是，梁、柱节点中梁纵向受力钢筋在柱中的锚固做法及构造钢筋的设置要求另有具体规定，可不受此条的做法限制。

结构设计通常特别关注构件的承载能力，而忽略受力钢筋在锚固区内的构造要求。锚固破坏也会使构件丧失部分承载能力，达不到设计要求的承载能力。当前各设计单位均采用"平法"编制施工图设计文件，基本不绘制构件详图和构造节点详图，钢筋在锚固区构造钢筋的做法需要施工中完成，因此，在施工图设计文件中应对受力钢筋保护层厚度较小时的附加构造钢筋提出要求，最好是绘制构造节点详图，避免遗漏。施工时也应对此类构造做法给予必要的重视，避免构件承载力降低、失效而影响结构的可靠性，应按现行国家标准规定采取正确的构造措施。

处理措施

1. 竖向构件纵向钢筋在锚固区内的保护层厚度 $\leqslant 5d$（d 为纵向钢筋的最大直径）时，在锚固长度范围内应配置横向构造钢筋，其直径不应小于 $d/4$（d 为锚固钢筋的最大直径），对梁、柱和斜撑等构件间距不应大于 $5d$，对板、墙等平面构件间距不应大于 $10d$（d 为锚固钢筋的最小直径），且均不应大于 $100\mathrm{mm}$；

2. 对于边、角柱等纵向钢筋在锚固区保护层厚 $\leqslant 5d$ 时，横向构造钢筋可以是箍筋（不需要复合箍筋），弯钩后的直线段长度可为 $5d$，见图 6.6-1 柱纵向钢筋在锚固区内横向构造钢筋作法一；

3. 当柱的基础为筏板时，筏板的水平封边钢筋或基础梁腰筋能满足本处理措施 1 的

作法时，可不另设置横向构造钢筋，如不能满足可另补横向构造钢筋，伸过柱边的长度 l_a，见图 6.6-2 柱纵向钢筋在锚固区内横向构造钢筋作法二；

4. 混凝土墙竖向钢筋在锚固区内需设置横向构造钢筋时，可利用在锚固区内定位钢筋与竖向钢筋绑扎作法，横向构造钢筋的不足部分可另行补齐，见图 6.6-3 混凝土墙竖向钢筋锚固区内横向构造钢筋作法。

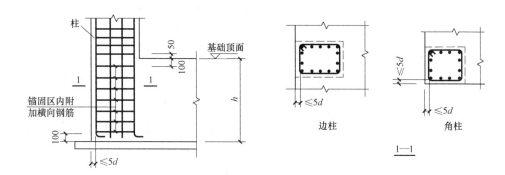

图 6.6-1 柱纵向钢筋在锚固区内横向构造钢筋作法一

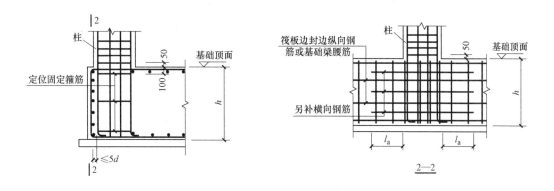

图 6.6-2 柱纵向钢筋在锚固区内横向构造钢筋作法二

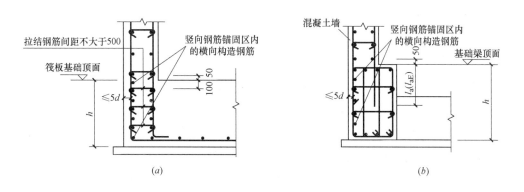

图 6.6-3 混凝土墙竖向钢筋锚固区内横向构造钢筋作法

（a）墙竖向钢筋锚固区为筏板；（b）墙竖向钢筋锚固区为基础梁

225

6.7 基础梁水平加腋处理措施

梁板式筏形基础的梁当满足刚度和承载力要求时尽量要减小高度，可以较少基坑的挖土工作量，也可以方便基坑的支护，基础梁的宽度根据纵向钢筋的排布情况可以大于框架柱的截面尺寸，通常不需要设计得很宽，为满足柱纵向钢筋在基础内的锚固长度构造要求，每侧大于柱边 50mm 即可，锚固长度从梁的顶面开始算起。若梁的宽度不大于柱该方向的宽度时，锚固长度则不能从基础梁顶面算起。为了满足柱在基础中的嵌固，需在与柱相交的部位设置梁端水平腋（通常称为八字角），柱纵向钢筋应穿过基础梁伸入基础筏板内并满足锚固长度的要求。当梁宽与柱宽相同或梁一侧与柱平时，会使柱、梁纵向钢筋在该处交叉排布出现困难，柱纵向钢筋无法满足在设计位置的要求，也不能满足柱纵向钢筋排布在梁纵向钢筋内侧的要求，设计上应调整梁的宽度使之大于柱宽或在梁端设置水平腋。根据住建部的《建筑工程设计文件编制深度规定》要求，施工图设计文件中应注明建筑结构底部嵌固部位，所谓"嵌固部位"是指整体力学分析时上部结构在底部的嵌固端，不能完全理解为框架柱在基础的锚固位置，当建筑设有地下室且采用的梁筏式筏板基础时，施工图设计文件不能简单地注明嵌固部位是基础顶面，应具体说明是筏板顶面还是基础梁顶面（当基础梁的宽度小于柱截面尺寸时，对柱纵向钢筋的锚固有较大影响），这与柱纵向钢筋的锚固长度计算有很大的关系。应注意的是：带地下室的框架结构和框架-剪力墙结构，框架柱的底层柱根部位与整体计算的底部嵌固部位未必是相同的位置。

当基础梁宽度小于或等于柱截面尺寸时，在梁端设置的水平腋距柱边的最小处水平距离不应小于 50mm，并在水平腋内配置竖向和水平构造钢筋，当柱纵向钢筋在锚固区内的保护层厚度不大于纵向钢筋直径 5 倍时（柱纵向钢筋的最大直径），梁端水平腋中的水平构造钢筋应按附加横向构造要求设置，并满足最小直径和最大间距的规定。梁端水平腋的最小水平尺寸宜考虑柱纵向钢筋的最大直径，并使之大于 $5d$。当柱与基础梁相交处梁顶面标高不相同时，梁端水平腋的顶面标高应相同（与较高梁顶面平齐），柱纵向钢筋在基础内的锚固长度宜从较低基础梁顶面算起。

处理措施

1. 基础梁宽大于柱该方向宽度时，每侧从柱边尺寸不宜小于 50mm；设置梁端水平腋的最小水平尺寸从柱外轮廓算起不小于 50mm。

2. 水平腋内应配置水平及竖向钢筋，竖向钢筋不宜小于 $\Phi 8@200$，水平钢筋的直径和间距同柱箍筋非加密区，见图 6.7 基础梁端水平腋作法。

3. 柱纵向钢筋在锚固区内的保护层厚度不大于 $5d$ 时（d 为柱纵向钢筋最大直径），梁端水平腋内配置的水平钢筋直径不应小于 $d/4$（d 为柱纵向钢筋的最大直径），间距不应大于 $5d$（d 为柱纵向钢筋的最小直径），且不应大于 100mm。

4. 当基础梁顶面高度不相同时，梁端水平腋的高度应相同，水平腋顶面至较低基础梁顶面到高度范围内的钢筋可按边柱或一个方向无基础梁的方式配置。

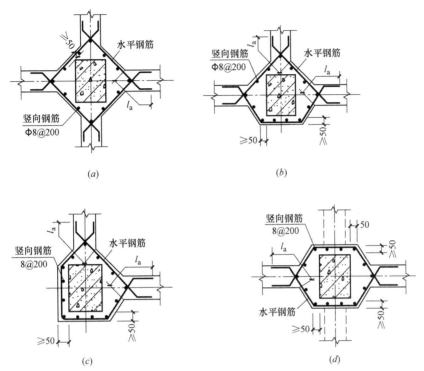

图 6.7　基础梁端水平腋作法

（a）中柱基础梁；（b）边柱基础梁

（c）角柱基础梁；（d）一个方向无基础梁或梁顶标高不同

6.8　单柱独立基础底板配筋处理措施

独立基础属扩展基础的一种，其底部形状根据受力情况设计成为正方形或矩形，底部为矩形时，长边与短边的之比不宜大于 2，基础的高度是根据柱对基础的冲切承载力、柱纵向钢筋的锚固长度和底板配筋等要求确定的，剖面形式为阶梯形或锥形两种；锥形基础的顶部与柱相交处，为方便柱模板的施工应设置不小于 50mm 的水平段。

基础底板受力钢筋均采用双向交叉配置，除满足抗弯计算外还应满足最小配筋率不小于 0.15% 的要求。底板钢筋的底部及周边的保护层厚度当有垫层时，应从垫层顶面算起符合耐久性的最小保护层厚度要求且不小于 40mm，基础处于腐蚀环境时还应符合有关标准的规定且不小于 50mm。目前不再采用无基础垫层的做法（无基础垫层时，施工中钢筋定位不方便且钢筋也易受到污染，影响基础的工程质量），垫层的厚度一般为 70～100mm，混凝土的强度等级不应小于 C10，当基础有防水、防渗要求时（如独立基础加防水板），垫层混凝土强度等级不应小于 C15，垫层厚度不应小于 100mm。当基础底面各方向的边长较大且柱中心与基础底板中心重合时（中心基础），独立基础底部钢筋网片除最外侧的钢筋不得减短外，其他钢筋可减短10％并交错配置，而当柱中心与基础底板中心不重合（偏心基础），柱中心至基础外边缘的尺寸较小一侧钢筋不应较短，较大一侧可按柱中心至基础外边缘尺寸的10％减短交错配置。无论何种情况，底板周边的第一根钢筋都不应减短。

处理措施

1. 柱中心与基础底板中心重合且底板的边长不小于2500mm时，除基础底板最外侧钢筋不得减短外，其他钢筋均可减短10％交错配置，见图6.8-1中心基础底板配筋作法。

2. 柱中心与基础底板中心不重合且短方向的尺寸不大于1250mm时，短方向的钢筋不得减短，长方向尺寸大于1250mm且总尺寸不小于2500mm时，可从柱中心至长方向基础底板边缘的尺寸减少10％交错配置，见图6.8-2偏心基础底板配筋作法。

3. 基础底板应双向交叉配置，对于矩形底板长方向钢筋在下，短方向钢筋在上（除施工图设计文件有规定外）。

4. 底板两个方向最外侧钢筋不应减短，其摆放的位置从基础外边缘算起不小于0.5倍设计间距，也不应小于75mm，钢筋的端部也应满足最小保护层厚度的要求。

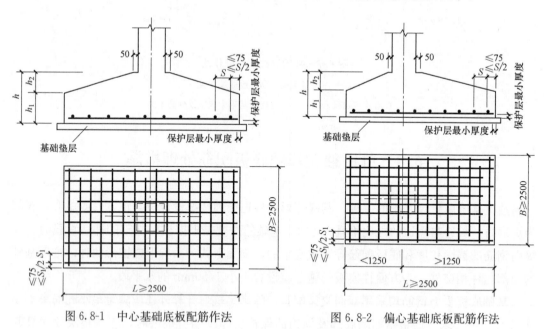

图6.8-1　中心基础底板配筋作法　　　图6.8-2　偏心基础底板配筋作法

6.9　多柱联合基础配筋处理措施

多柱联合基础，系指在同一独立基础上有两个以上的柱，底板形状为矩形，剖面形状可采用阶梯式和坡形。坡形基础因支模板简单宜优先采用。在地基反力的作用下多柱之间基础的顶部为受拉区，应根据抗弯计算及构造要求配置受拉钢筋，当长边与短边的比值大于2或柱间距离较大时应在柱间设置基础梁，基础梁根据工程设计情况可设置高出基础顶部高度的"明梁"，也可以设计成在基础高度范围内的"暗梁"，明梁的宽度宜大于柱宽不小于100mm，每侧宽出不小于50mm，若梁的宽度不大于柱宽时，可在柱端处设置水平加腋，设置基础暗梁时宽度可不受限制。基础的长边与短边的比值不大于2时可不设置基础梁，而在基础顶部配置钢筋网片。施工图设计文件应注明底板钢筋的排布要求，通常当从柱边算起伸出较长方向的钢筋在最下层，较小方向的钢筋在上层。顶部钢筋网片纵向在上层，分布钢筋在下层。底板在平行基础梁宽度范围内不配置底板钢筋。设计成明梁的基础梁当基础顶面至梁顶面的高度 h_w 不小于450mm时，应配置间距不大于200mm的腰筋，拉结钢筋可"隔一拉一"交错布置，基础梁中的纵向钢筋及箍筋不需要考虑抗震构造措施，基础梁端不设置加密区范围，箍筋135°弯钩后的直线段为5d，明梁中的箍筋封闭口宜设置在下部并交错排布。

处理措施

1. 多柱联合基础配置上部钢筋网片时，柱间纵向钢筋在上层，分布钢筋在下层。纵向钢筋从柱内侧算起满足直线锚固长度 l_a 时应伸至顶部边缘处，不能满足直线锚固长度时，可采用弯折锚固方式，水平段不小于 $0.6l_{ab}$ 伸至端部向下弯折，弯折后的竖直段为12d。底板钢筋悬挑较长方向在下层（或按设计说明），见图6.9-1基础顶部设置钢筋网片作法。

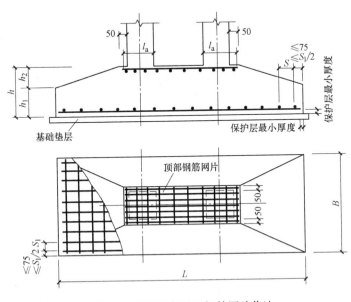

图6.9-1　基础顶部设置钢筋网片作法

2. 基础内设置暗梁时，梁下部纵向钢筋伸至基础端部向上弯折投影长度12d，梁上部纵向应伸至基础的端部向下弯折投影长度12d。底板钢筋短方向在下层（或按设计说

229

明），见图 6.9-2 基础内设置暗梁作法。

3. 当设置基础梁（明梁）时，梁内纵向钢筋均应伸至基础端部弯折投影长度 12d，箍筋的封闭弯钩宜设置在基础内并交错放置，h_w 不小于 450mm 时应配置间距不大于 200mm 的腰筋，拉结钢筋间距为箍筋间距的 2 倍交错排布。底板钢筋短方向在下层（或按设计说明），见图 6.9-3 双柱联合基础梁的作法。

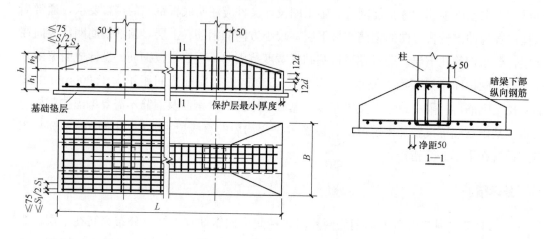

图 6.9-2　基础内设置暗梁作法

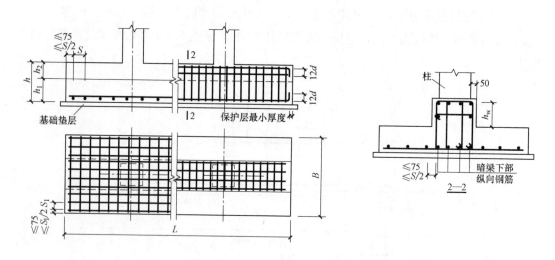

图 6.9-3　双柱联合基础梁的作法

6.10　独立柱基础间系梁处理措施

独立柱基础间设置系梁的主要目的是为增加基础的整体性、调节相邻基础的不均匀沉降、平衡柱底部弯矩等目的。当地面上框架结构层数不超过三层，基础的埋深较浅，地基土主要受力层范围内不存在软弱土层、液化土层和很不均匀的土层时，可以不设置基础联系梁。对抗震设防的框架结构独立柱基础，有下列情况之一者宜沿两个主轴方向设置基础联系梁：（1）抗震等级为一级或Ⅳ类场地的二级框架；（2）各柱基础底面在重力荷载代表值作用下的压应力差别较大时；（3）基础埋深较深，或各基础埋深差别较大，如局部有短柱深基础时；（4）地基主要受力层范围内有软弱黏土层、液化土层或者严重不均匀土层等。

独立柱基础间设置的系梁应连接相邻的独立基础，而与框架柱相连的梁不是基础系梁，应按框架梁设计并采取相应的构造措施。基础系梁中的纵向钢筋均为受力钢筋，通常按以下几个方面考虑：（1）为增加基础的整体性设置时，按相邻柱较大轴向力的10％作为系梁的轴心拉力配置，此时独立柱基础按偏心受压考虑；（2）按平衡柱底弯矩设置时，下部纵向钢筋应全跨贯通，上部纵向钢筋至少50％全跨贯通，构造应符合抗震要求（施工图设计文件应特殊注明）；（3）当系梁上部有砌体、楼梯或其他竖向荷载时，还应按墙梁或受弯构件考虑。

基础系梁通常与基础顶面标高相同，仅为承担上部隔墙、围护墙、楼梯等竖向荷载而单独设置的独立基础间的梁不作为基础系梁考虑，应按一般的受弯构件或拉弯构件设计和施工，其钢筋的构造要求与系梁也不相同。在土中基础系梁和独立梁应按相应的环境类别及腐蚀程度保证符合耐久性的基本要求，如混凝土的最低强度等级、保护层的最小厚度等。在特殊的土层中还应注意对联系梁周边采取有效的防护措施，如冻胀土、湿陷土、膨胀土等。

当梁端的箍筋直径及间距与梁中部不相同而为两种配置方式时，不能理解为按抗震设计的构造要求，也不能理解为纵向钢筋按抗震锚固要求在基础内锚固及梁端按抗震要求设置箍筋加密区。梁端的箍筋配置与梁中部不相同时，梁端的箍筋直径比跨中大或箍筋间距小，有可能是因梁端的抗剪承载力的计算要求而设置的，设计文件不能用梁端箍筋加密的集中标注注写方式标注，而应按在梁端原位标注注写方式表达箍筋的道数、间距。如：在梁端原位标注为10φ12@150，集中标注为φ12@200，而不是φ12@150/200。设计和施工不应将两种不同的表达方式所表示的内容含义混淆了。

处理措施

1. 基础系梁的纵向钢筋（包括腰筋）锚固长度应从柱边开始算起不小于 l_a（l_{aE}），第一道箍筋从柱边50mm开始排布，不设置箍筋加密区（设计文件有特殊要求除外），见图6.10-1 基础系梁钢筋的构造作法。

2. 单独设置的基础间独立梁（非基础系梁）纵向钢筋锚固长度从基础边缘算起不小于 la，腰筋根据标注的性质确定其在支座内的锚固长度。箍筋从基础边缘50mm开始布置第一道，见图 6.10-2 基础间独立梁钢筋的构造作法。

3. 基础联系梁中的纵向钢筋不应采用绑扎搭接连接，可采用机械连接或焊接连接。

4. 在土中与柱相连的梁应按框架梁标注，钢筋的构造要求应符合相应抗震等级框架梁的构造要求，抗震设计时应设置箍筋加密范围。

5. 沿梁长度配置两种不同直径或间距的箍筋时，抗震设计不能按框架梁箍筋加密区的构造要求设置。

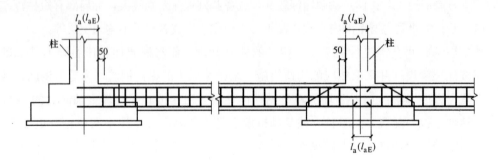

图 6.10-1　基础系梁钢筋的构造作法

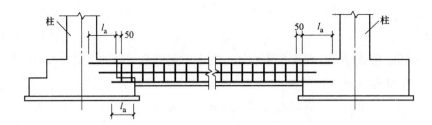

图 6.10-2　基础间梁钢筋的构造作法

6.11　条形基础配筋处理措施

底板配置受力钢筋的条形基础属扩展基础的一种（无筋扩展基础除外），截面形式通常有两种，即板式条形基础和带纵肋的梁板式条形基础，板式条形基础多用于上部为砌体结构或多层剪力墙结构，当地基承载力特征值较小或土质不均匀、沿基础的纵向荷载分布不均匀时，在板式条形基础内会设置暗梁或纵向肋梁，暗梁或带纵向肋梁目的是增加基础的刚度，抵抗不均匀沉降和提高条形基础纵向抗弯承载力。带纵肋的梁板式条形基础多用于上部为框架结构或多层剪力墙结构。

条形基础的底板厚度 h 是按剪切强度承载力计算、上部竖向钢筋在基础内锚固长度等因素而确定的（上部为剪力墙或地下室挡土墙时），板式条形基础的宽度 b 不大于 1500mm 时截面形状可以为等高，而大于 1500mm 时采用变高度的坡形。带纵肋梁板式条形基础的梁宽每侧比墙宽出 50mm，翼板的高度按抗剪切强度承载力确定，悬挑的净跨度不大于 750mm 时翼板的高度可以做成等高，而大于 750mm 或翼板厚度不小于 250mm 时，可以做成变高的坡形截面，板式条形基础和翼板边缘的最小高度不应小于 200mm，且坡度按不大于 3 设计。

板式条形基础及带纵向肋梁的条形基础，底板和翼板短方向或悬挑段受力钢筋应布置在最下侧，当板式条形基础底板的宽度不小于 2500mm 时，短方向的钢筋可以减短并交错配置。底板最外侧钢筋距垫层顶面的保护层厚度不应小于40mm，当地基土或地下水对混凝土及钢筋有腐蚀性时，还应符合耐久性的最小保护层厚度的要求。

处理措施

1. 条形基础的底部钢筋短方向在最下侧，当底板宽度不小于2500mm时，除端部及底板相交范围内不可以减短外，其他部位均可以减短10％交错配置，见图6.11-1底板短向钢筋减短10％交错布置作法。

2. 板式条形基础的分布钢筋在短向钢筋之上，并在基础宽度内满布。当设置暗梁时，分布钢筋在暗梁范围内可取消，分布钢筋距暗梁外侧纵向钢筋距离不大于分布钢筋的间距，见图6.11-2带暗梁板式条形基础底板配筋作法。

3. 带纵向肋梁的条形基础，在肋梁范围内可不布置分布钢筋，分布钢筋距肋梁外侧纵向钢筋距离不大于分布钢筋的间距。肋梁的 h_w 不小于450mm时应配置间距不大于200mm的腰筋，拉结钢筋间距为箍筋间距的2倍并交错放置，见图6.11-3带肋梁条形基础底板配筋作法。

4. 第一道分布钢筋距基础外边缘的距离不大于75mm。

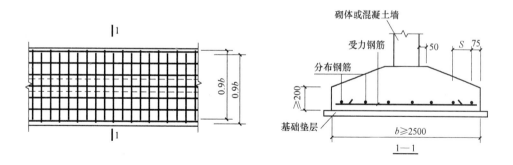

图6.11-1 底板短向钢筋减短10％交错布置作法

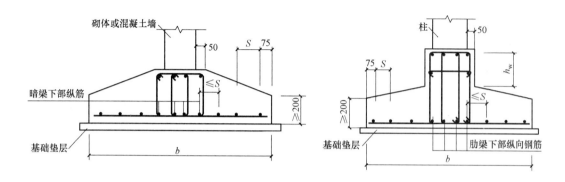

图6.11-2 带暗梁板式条形基础底板配筋作法　　　图6.11-3 带肋梁条形基础底板配筋作法

233

6.12　条形基础相交处底板钢筋处理措施

底板配置受力钢筋的条形基础在相交处，沿一个方向的受力钢筋在重叠部分应通长设置，另一个方向条形基础中的受力钢筋也不能在基础边缘停止配置，考虑到该处另一个方向的受力钢筋具有分散荷载的作用，也有利于底板的内力重分布，应进入配置通长钢筋条形基础内一定范围，不同的相交节点作法也不相同。对于 L 形相交处及一字形条形基础的端部考虑到应力重叠等因素，两个方向的受力钢筋应通长配置。当条形基础的宽度不小于 2500mm 时，在重叠范围内布置的受力钢筋不应减短 10％配置。分布钢筋与受力钢筋采用搭接连接，搭接长度按分布钢筋考虑。设计文件中无特殊注明时，施工时相交的条形基础可选择任何一个轴方向受力钢筋通长配置。

处理措施

1. 十字相交和丁字相交的条形基础在交接处，受力钢筋仅沿一个主要受力轴方向通长放置，另一个轴方向的受力钢筋，伸入主要受力轴底板宽度 1/4 范围。在转角处两个方向均有端部向外延伸的条形基础可按十字相交的做法，见图 6.12-1 条形基础相交底板配筋作法一。

2. 当两个方向条形基础 L 形相交时，底板两个方向受力钢筋在重叠范围内沿轴向均应通长放置，主要受力轴向的分布钢筋应通长放置，另一个轴向分布钢筋可在交接边缘断开与受力钢筋搭接，见图 6.12-2 条形基础相交底板配筋作法二。

3. 一字形条形基础底板与另一个轴向无交接时，在端部两个方向的底板均按受力钢筋的要求配置，分布钢筋断开后与受力钢筋搭接，见图 6.12-3 条形基础相交底板配筋作法三。

4. 分布钢筋放置在受力钢筋的上部，搭接长度为 150mm。

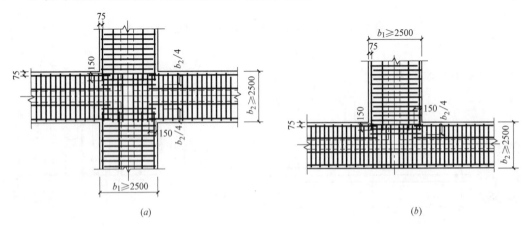

图 6.12-1　条形基础相交底板配筋作法一

（a）十字相交；（b）丁字相交

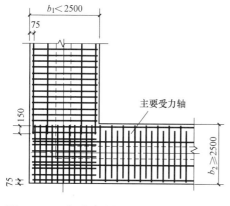

图 6.12-2 条形基础相交底板配筋作法二

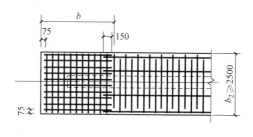

图 6.12-3 条形基础相交底板配筋作法三

6.13 条形基础底部标高不同时处理措施

墙下条形基础通常为浅基础，经常为多层民用建筑及轻型工业厂房所选用的基础形式，条形基础分为两种形式：无筋扩展条形基础（又称为刚性基础）和扩展基础（又称为柔性基础）。无筋扩展基础是用砖、毛石、混凝土、毛石混凝土、灰土及三合土等材料组成的基础。这种基础的特点是抗压强度高，抗弯能力很差，因此采用这样的基础形式时，主要用限制刚性角的大小不超过允许的最大值，或基础的高宽比不超过允许值确定基础的宽度和高度。对不同的地基需满足上述要求才能将上部的荷载通过基础传递到地基土上。为施工方便，通常基础截面做成台阶形，每个台阶高宽比均应满足刚性角的要求。当基础的外伸长度超过刚性角的要求时，由于基础材料的抗弯强度不足而发生破坏，不能把上部的荷载传递到地基上，致使基础的承载力下降，影响上部结构的安全。刚性角的高宽比是根据所使用的基础材料、施工质量和基础底面压力的大小而确定的。当不同墙段下条形基础因刚性角的限制或因地基承载力、土层不均匀等原因，使基础底面的标高不在同一高度时，高差不大时可采用换填垫层法使基础底标高相同，但处理的结果应与天然地基土软硬度接近，高差较大时可采用放坡连接方式，而不能采用直茬连接方式。

扩展基础通常是为基础刚性角太大，基础的埋置深度较深，挖土方工作量较大，或基础底面积较大、外伸长度较长，不适合采用无筋扩展基础时的一种钢筋混凝土基础作法。扩展基础的底板处需要根据上部荷载的大小，按计算配置抗弯钢筋。当基础的埋深不同或因地基局部承载力不足需要加深等原因，在基础底面标高不同处也不应采用直槎连接方式，而需要采用放坡连接方式。

无论设计图纸采用什么形式的条形基础，当地基土的持力层不在同一标高时，或局部有扰动的土层时，施工可挖至设计标高后与岩土勘察单位及设计单位的工程师商定处理措施，比如可采用放坡的处理方式，这样可以减少挖方和填方的工作量，不需要均挖到天然土层标高后再处理。对于无地下室的首层非承重墙或非整体基础的地下室非承重内隔墙，当采用与建筑地面作法相结合的无筋扩展基础时（元宝式基础），其下部的回填土应提出特殊的压实系数要求，否则在建筑设计使用年限内，由于基础的下沉会影响到非承重墙的上部与结构的紧密连接，影响到墙体自身的稳定，特别是在地震作用下，会发生非承重墙的倒塌，危及人的安全。

无地下室框架结构的首层外围护墙若未设置基础时，宜设置独立的基础梁或地下框架梁，也可以设计成墙下条形基础，但不能设计成元宝式基础。在寒冷地区应注意基础底标高从室外地面算起埋置在标准冰冻线以下，围护墙上部应与上部结构顶紧，为防止地基的下沉，也应同内隔墙扩展基础一样对其下部的回填土提出压实系数的要求。施工时应严格注意回填土的质量问题，在工程事故中因非承重墙的基础下沉，使墙体开裂、失稳甚至倒塌的案例很多。特别是在地震设防地区的建筑，在地震作用下虽然主体结构可以达到"大震不倒"，但由于非承重墙的倒塌也会造成人员的伤亡，应引起设计和施工的技术人员的高度重视。

处理措施

1. 无筋扩展基础在底标高不同处，应采用台阶放坡连接，放坡台阶的宽高比不宜大于 2，通常的作法为水平方向不大于 1m，高度方向不大于 0.5m，见图 6.13-1 无筋扩展基础底标高不相同时的处理措施。

2. 当无筋扩展基础采用多孔烧结砖时，其孔洞应采用水泥砂浆灌实。采用混凝土小型空心砌块时，其孔洞应采用强度等级不低于 Cb20 的混凝土灌实。

3. 阶梯形毛石基础每阶伸出宽度不宜大于 200mm。

4. 无筋扩展基础台阶宽高比的允许值见表 6.13 无筋扩展基础台阶宽高比的允许值。

无筋扩展基础台阶宽高比的允许值 　　　表 6.13

基础材料	质量要求	台阶（$b：H$）宽高比的允许值		
		$p_k \leqslant 100$	$p_k > 100$ $\leqslant 200$	$p_k > 200$ $\leqslant 300$
混凝土基础	C15	1：1.00	1：1.00	1：1.25
毛石混凝土基础	C15	1：1.00	1：1.25	1：1.5
砖基础	砖不低于 MU10 水泥砂浆不低于 M5	1：1.5	1：1.5	1：1.5
毛石基础	水泥砂浆不低于 M5	1：1.25	1：1.5	—
灰土基础	体积比为 3：7 或 2：8	1：1.25	1：1.5	—
三合土基础	体积比为 1：2：4～ 1：3：6（石灰：沙：骨料）	1：1.5	1：2.0	—

注：表中 p_k 为标准组合时基底平均压应力平均值（kPa）。

5. 非承重内墙基础可结合建筑地面作法设计成混凝土无筋扩展基础（元宝式基础），其高度不小于 300mm，宽度不小于 500mm，放坡角度可采用 45°，回填土的夯实系数不

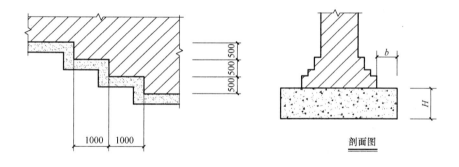

图 6.13-1 无筋扩展基础底标高不相同时的处理措施

低于 0.94，见图 6.13-2 非承重内隔墙基础作法。

6. 扩展基础底标高不同处，应采用台阶放坡连接，落深高宽比不小于 1：1.5 且每阶高度不宜大于 500mm，并在原基础标高处设置基础暗梁，见图 6.13-3 扩展基础底标高不相同时处理措施。

7. 基础底面遇局部不均匀土层时，应清除软弱土，将基础底面坐落在老土以下 100mm

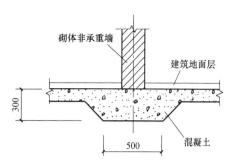

图 6.13-2 非承重内隔墙基础作法

处。如遇软弱下卧层时应同设计、勘察单位商定，根据下卧层的允许承载能力，适当调整基础的宽度。

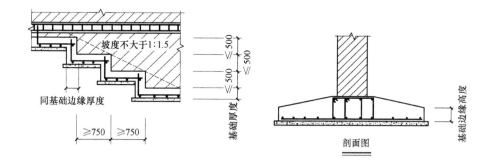

图 6.13-3 扩展基础底标高不相同时处理措施

6.14 混凝土灌注桩成孔方式选择及桩身构造处理措施

建筑工程基础选用混凝土桩的原因很多，主要是由于上部结构竖向荷载较大的高层建筑或高耸构筑物，对其倾斜和地基变形有严格的特殊要求；地基较软弱、沉降变形较大，采用天然地基无法满足正常使用要求；地表软弱、土层较厚不宜做基础的持力层或局部有古河道、暗浜和深坑等；地震区场地上部有液化土层，采用人工处理的地基承载力特征值无法满足上部荷载重量和沉降要求；建筑在坡地、岸边等原因，结构设计会选择采用工程桩作为承担上部结构荷载的基础。对于设置有地下室的建筑，当地下水位较高且建筑的重量不能满足抗浮时，会采用配重法或抗浮锚杆法解决抗浮问题，当这两种方式不能满足抗浮设计要求时，也会采用抗浮桩的方案。混凝土工程桩有很多形式，灌注桩是其中的一种，在工程中较为常用，不同的地质条件应选择适当的成孔方式，混凝土灌注桩根据承载力要求和地质情况通常分为两种：摩擦型和端承型（也有端承和摩擦混合型）。施工图设计文件一般不会规定桩的成孔施工方式，仅会要求承载力的特征值和最终沉降量，因此应根据现场的具体情况和岩土勘察报告提供的工程地质、地下水位等资料、施工条件及周边的环境条件等因素综合确定，为防止在施工中出现塌孔、偏孔等原因降低桩的承载力，应在施工前制定出相应的处理措施。

长螺旋钻孔压灌桩成桩工艺是近年开发且使用较广的一种新工艺，有施工效率高、质量稳定等特点。灌注桩后注浆（简称PPG）是灌注桩的辅助工法，该技术是通过在桩底、桩侧后注浆固化沉渣和虚土，并加固桩底和桩周一定范围的土体，可以大幅度提高桩的承载力，增强桩的质量及减少桩基的沉降，注浆导管为金属管材，注浆完成后不必拔出，可以代替桩的纵向钢筋，此种工艺注浆装置安装简便、成本较低、可靠性高。它除在沉管灌注桩中常被使用外，也适用不同钻具成孔的锥形和平底孔型的桩。目前在全国数千个桩基工程中应用取得了良好的成效。

不同桩型的成孔控制深度应符合相应的控制要求，考虑到在各类持力层中成桩的可能性及难易程度，并保证桩端阻力的发挥，还应满足桩端进入持力层的最小深度要求，这样方能保证单桩承载力达到设计特征值。桩中钢筋笼的后插工艺近年也有较大的发展，一般可以达到 20～30m，这种工艺较好地解决了地下水位以下压灌桩的配筋问题，但是后插钢筋笼的导向问题没有得到很好解决，若工程中采用此种工艺应在施工时根据具体条件采取综合措施控制垂直度和有效保护层厚度。

钢筋笼分段制作时，当纵向钢筋的直径大于 20mm，其接头宜采用焊接或机械连接方式，纵向钢筋的净距不应小于 60mm。钢筋笼的长度较大时，为加强其刚度，应在长度范围内分段设置焊接水平加劲箍，并宜设置在纵向钢筋的内侧与纵向钢筋点焊固定；当灌注桩的直径较大时，在钢筋笼的水平加劲箍处的内侧宜再设置三角内撑，用来保证截面尺寸、形状及刚度。钢筋笼的箍筋应采用螺旋式，当承受较大水平荷载的桩和抗震设防的桩，在桩顶一定范围内箍筋应加密，间距不应大于 100mm。由于桩身埋在土中在使用年限内不能正常维护和维修，需采取措施保证其耐久性，特别在桩顶附近位于地下水变化的区域，为保证混凝土的密实性，除因承载力对桩身混凝土强度等级满足最低要求外，还会考虑用混凝土的抗渗等级控制混凝土的密实性。桩纵向钢筋的保护层厚度根据环境类别、是否在水下浇筑混凝土和腐蚀程度等因素有相应的规定。为使在工程中有可操作性，现行

238

的《建筑地基基础设计规范》GB 50007—2011把桩身环境分为非腐蚀环境（含微腐蚀环境）和腐蚀环境两大类，在施工图设计文件中对腐蚀环境桩身提出抗渗等级的要求，特别是受拉桩（抗拔桩），其目的是为保证混凝土的密实度、减小桩裂缝宽度。

处理措施

1. 灌注桩根据表6.14中的不同土质宜采用相应的成孔工艺。

不同成孔工艺适用的土质

表6.14

序号	成孔工艺	适用的土质
1	泥浆护壁正、反循环灌注桩	地下水位以下的黏性土、粉土、砂土、填土、碎石土及风化岩层
2	旋挖成孔灌注桩	黏性土、粉土、砂土、填土、碎石土及风化岩层
3	冲击成孔灌注桩	同上；还可以用于旧基础、建筑垃圾填土及大孤石等障碍物
4	长螺旋钻孔压灌桩	黏性土、粉土、砂土、填土、非密实碎石类土、强风化岩层
5	干作业钻、挖孔灌注桩	地下水位以上的黏性土、粉土、填土、中等密实以上沙土、风化岩
6	沉管灌注桩	黏性土、粉土、砂土
7	夯扩灌注桩	桩端持力层埋深不超过20米的中、底压缩性黏性土、粉土、砂土和碎石类土

注：1. 在岩溶发育地区应慎用冲孔灌注桩成孔工艺；
  2. 人工挖孔桩不得在地下水位较高，有承压水的砂土层、滞水层、厚度较大的流塑状淤泥、淤泥质土层中采用。

2. 桩端进入持力层的深度，宜为桩身直径的1～3倍。嵌岩灌注桩周边嵌入完整和较完整的未风化、微风化、中风化硬质岩体的最小深度，不宜小于0.5m。

3. 桩的成孔深度应符合下列要求：

1) 摩擦型桩：以设计桩长控制成孔深度；端承摩擦桩必须保证设计桩长及桩端进入持力层深度。采用锤击沉管时，桩管入土深度应以深度控制为主，以贯入度控制为辅。

2) 端承型桩：采用钻（冲）成孔时，必须保证桩端进入持力层的设计深度；采用锤击沉管时，桩管入土深度以贯入度控制为主，以标高控制为辅。

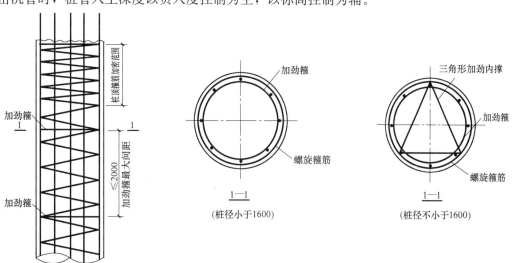

图6.14　灌注桩钢筋笼水平加劲箍作法

239

4. 扩底灌注桩的扩底直径不应大于桩身直径的 3 倍。

5. 灌注桩纵向钢筋的保护层厚度，在非腐蚀（含微腐蚀）环境不应小于 50mm，腐蚀环境不应小于 55mm。

6. 灌注桩纵向钢筋的直径不宜小于 16mm，非腐蚀环境不应小于 12mm。

7. 钢筋笼长度大于 4m 时，应每隔 2m 设置一道直径为 12～18mm 焊接水平加劲箍，并与纵向钢筋焊接，置于内侧，当桩身直径不小于 1600mm 时，在水平加劲箍内侧增加与钢筋直径相同的三角内撑，并与主筋焊接，见图 6.14 灌注桩钢筋笼水平加劲箍作法。

6.15　工程桩与承台、筏板、条形承台梁连接处理措施

桩顶嵌入承台、条形梁、桩筏和箱筏底板中需要满足一定的锚固长度，现行《建筑桩基技术规范》JGJ 94 及《建筑地基基础设计规范》GB 50007，对不同受力的桩其顶部嵌入长度有明确规定，嵌入长度是根据实际工程经验确定的，嵌入长度不宜过大，否则会降低承台的有效高度而对承台、筏板受力不利。嵌入的通常按桩的断面尺寸或直径的大小的不同而规定最小的限值，当桩径较小时，嵌入的长度小些，反之则长度大些。我国地域广阔而且地质条件各不相同，部分省、市、自治区根据本地的地质条件特点和成熟的工程施工经验，编制了符合本地区的基础设计及施工规范的地方标准，施工时除应符合国家、行业桩基的技术规范外，还应遵守当地的地方规范或技术规程的规定，但地方标准的要求不应低于国家和行业标准的规定。

桩纵向钢筋在承台、筏板内应满足足够的锚固长度要求，根据桩的受力状态、钢筋的种类不同锚固长度要求也不相同，若桩纵向钢筋采用光圆钢筋时，端部应设置 180° 弯钩，当承台或筏板厚度不能满足桩纵向钢筋的直线锚固长度时，也可以采用弯折锚固处理措施。当设置地下室的建筑地下水位较高时，且上部结构的重量不能平衡地下水的浮力作用时，设计会采用重力平衡法或设置抗拔锚杆、抗拔桩等措施解决建筑的整体抗浮问题。若设计采用抗拔锚杆或抗拔桩时，其纵向钢筋在承台或筏板中的锚固长度应按充分利用钢筋抗拉强度计算。施工图设计文件对不同受力桩的纵向钢筋锚固长度应注明。

在工程中当地下室的层数较多且地下水位在桩基础顶标高以上时，桩顶与承台、桩筏和箱筏底板连接的防水构造应采用有效的处理方式，虽然目前的处理方式很多，但若处理方法不合理会造成桩和承台间的无效连接，有些虽然采取了防水措施，如果没有处理好或因施工质量的问题没能阻止底板与桩之间的渗水通道，达不到预想的防水和防渗效果，会影响基础筏板和桩的耐久性，设计文件宜绘制相应的防水构造作法，也可以采用现行相应的标准或标准图集的做法和处理措施。

为了保证桩基的可靠性，根据现行的国家、行业标准规定，除设计等级为丙级的建筑外，单桩的竖向承载力特征值和单桩水平承载力特征值应通过现场荷载试验确定，丙级的建筑可根据静力触探或标准贯入试验方法确定单桩竖向承载力特征值。当前许多工程为缩

短工期，对甲类和乙类建筑不采用先试桩确定单桩承载力的作法，而直接施工工程桩并在工程桩中抽取部分桩作为试桩，这种作法不可取。若试桩不能满足设计的承载力要求时，设计重新调整桩的数量及布置会有很大难度。

处理措施

1. 桩径或桩截面边长小于800mm时，桩顶嵌入承台、条形承台梁、桩筏和箱筏底板中的长度为50mm，当桩径和桩截面边长不小于800mm及桩主要承受水平力时为100mm。

2. 工程桩纵向钢筋在筏板、承台等直线锚固长度为35d（d为桩纵向钢筋较大直径），采用光面钢筋时端部应做180°弯钩。当直线锚固长度不足时，可采取弯折锚固措施，弯折前的竖直段长度不应小于20d，并向轴线方向做90°弯折，弯折后的水平段不应小于15d，见图6.15桩与承台连接构造作法。

3. 抗拔桩的纵向钢筋在承台、筏板内的锚固长度应按充分利用钢筋抗拉强度计算，直线锚固长度不应小于l_a，若有抗震要求时不应小于l_{aE}。采用弯折锚固时可按受拉钢筋的弯折锚固处理措施确定竖直段的投影长度和水平段长度。

4. 桩纵向钢筋在承台内的锚固长度，从承台底部开始计算；纵向钢筋端部设置180°弯钩时，弯钩的长度不应计在总锚固长度尺寸内（按投影长度计）。

5. 桩顶与承台连接的防水做法若施工图设计文件无相应的节点详图时，可参考《建筑桩基技术规范》JGJ 94中相应的条文解释中推荐的作法。

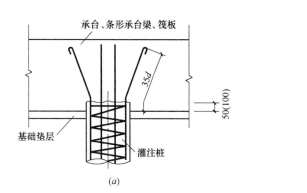 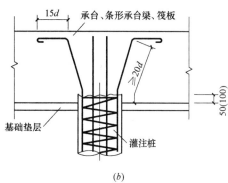

图6.15　桩与承台连接构造作法

（a）纵向钢筋直线锚固；（b）纵向钢筋弯折锚固

6.16　桩基承台下部钢筋、条形承台梁纵向钢筋构造处理措施

独立柱下矩形桩承台中的下部钢筋应按双向均通长配置，当承台下为多桩，承台的任何一个方向的尺寸不小于2500mm时，不能按独立柱基础下部钢筋减短10%交错配置。

矩形承台下部钢筋及条形承台梁的纵向钢筋，在端部应满足锚固长度的构造要求，当从桩内侧算起的锚固长度（截面为圆桩时应折算成方桩）满足直线锚固长度时可不弯折，若不能满足直线锚固长度时，可采用弯折锚固方式，但必须满足弯折前有足够长度的水平段，因此，桩承台及条形承台梁的端部尺寸除要考虑最小构造要求尺寸外，还应考虑钢筋在端部锚固时的弯锚水平段的最小尺寸。

承台、条形承台梁下部宜设置垫层，其钢筋的保护层厚度应按环境类别及腐蚀程度满足最小要求，下部钢筋还应考虑到桩顶嵌入承台内的深度。条形承台梁的纵向钢筋宜采用机械连接或焊接连接，若采用搭接连接时，应选择在受力较小的部位，在同一连接区段内的接头面积百分率不宜大于 50%，且在纵向钢筋搭接范围内应采取箍筋加密的构造措施。

处理措施

1. 多桩承台板下部钢筋应双向通长配置，并在承台的端部满足锚固长度的要求，见图 6.16-1 承台下部钢筋配筋作法。

2. 桩承台下部钢筋的保护层厚度不小于 50mm，且应不小于桩顶嵌入承台内的深度。

3. 桩承台下部钢筋在端部应满足锚固要求，锚固长度从边桩的内侧（当为圆桩时，应将其直径乘 0.8 后折算为等效方桩）算起，满足直线锚固长度 $35d$（d 为纵向钢筋直径），

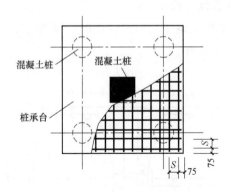

图 6.16-1 承台下部钢筋配筋作法

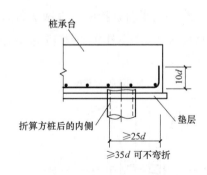

图 6.16-2 承台下部钢筋端部 90°弯折锚固作法

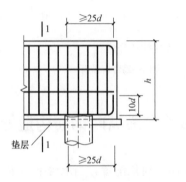
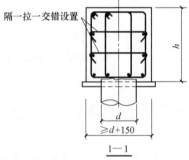

图 6.16-3 条形承台梁纵向钢筋端部 90°弯折锚固作法

端部可不弯折，采用90°弯折锚固时，水平段投影长度应不小于25d，向上弯折后的竖直长度为10d，见图6.16-2承台下部钢筋端部弯折锚固作法。

4. 条形承台梁纵向钢筋在端部采用弯折锚固时，水平段投影长度应不小于25d，并分别向上、向下90°弯折，弯折后的竖直长度为10d，箍筋应沿梁的长方向通长配置，见图6.16-3条形承台梁纵向钢筋端部90°弯折锚固作法。

5. 条形承台联系梁的拉结钢筋直径不小于8mm，间距为箍筋间距2倍，上、下排拉结钢筋在竖向错开布置。

6.17 三桩承台受力钢筋的布置方式及构造处理措施

当独立柱下的桩为三根时，桩承台平面形状通常设计成为等边三角形或等腰三角形，承台下部受力钢筋布置方式与矩形承台不同，受力钢筋在平面上是按三个方向的板带排布，应沿三个边平行均匀通长布置，为提高承台中部的抗裂性能，最内侧的三根钢筋围成的三角形应在柱的范围内。承台内的受力钢筋有最小直径和最大间距的要求，其主要目的是为满足施工方便和受力要求。

承台下部钢筋在端部也应满足锚固长度的要求，工程中的灌注桩截面均为圆形，计算锚固长度时应将圆形桩的直径乘以0.8，折算成等效的方桩边长，并从桩边内侧的位置计算锚固长度。因三角形承台与矩形承台下部受力钢筋的布置方式不同，所以三角形承台每个方向的每根钢筋的长度均不相同，因此，每根钢筋从折算成方桩边的内侧算起的直线锚固长度能满足35d时，可不采取向上弯折锚固的构造作法。不能满足直线锚固长度时，可采取端部90°向上弯折锚固，弯折前应保证足够的水平段投影长度，弯折后也应有足够的竖直段长度。在工程设计时除应注意端部的最小构造尺寸外，还应考虑到承台下部钢筋在端部的锚固长度，最小值也应满足90°弯折的水平段长度。

处理措施

1. 三角承台按板的三个方向板带均匀通长布置受力钢筋，且应在三个方向咬合布置，三个方向最内侧的钢筋应布置在柱的范围内，见图6.17-1承台下部钢筋的布置作法。

2. 承台内的受力钢筋最小直径d宜≥12mm，间距应≤200mm，板带上的分布钢筋布置在受力钢筋上排，且应垂直受力钢筋方向。

3. 圆形截面的桩应折算成方桩后，计算承台受力钢筋在端部的锚固长度。满足直线锚固长度35d可不向上弯折，采取90°弯折锚固时，弯折前的水平段投影长度不应小于25d，弯折后的竖直长度为

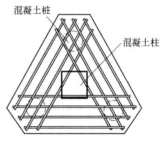

图 6.17-1 承台下部钢筋的布置作法

$10d$，见图 6.17-2 端部 90°弯折锚固水平段投影长度。

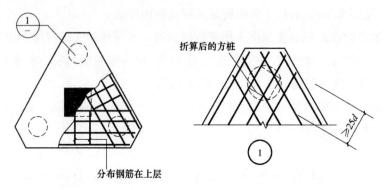

图 6.17-2　端部 90°弯折锚固水平段投影长度

6.18　桩基承台间联系梁构造处理措施

为增加桩基的整体性及改善承台的受力性能，桩承台间根据不同工程具体情况需设置承台间联系梁。为保证桩基的整体刚度，一柱一桩的承台应在承台顶两个相互垂直的方向设置联系梁。当设计采用一柱一桩且桩与柱截面的直径比大于 2 时，在水平力的作用下承台水平位移很小，可以认为满足结构内力分析时柱在桩内的嵌固假定，可以不设置桩间联系梁。两桩承台由于短方向抗弯刚度较小，因此在短方向应设置联系梁。有抗震设防要求时，由于在地震作用下，各桩承台所受的剪力和弯矩是不确定的，在桩承台间在两个方向均需设置联系梁，这样有利于桩基的受力性能。联系梁的顶面与承台顶面应在同一标高，有利于把柱底的剪力和弯矩直接传递至承台。

承台间的联系梁与条形桩基承台梁，在端部的锚固要求不相同，在施工中不要把这两种梁的构造作法混淆。当承台间的联系梁中的纵向钢筋是根据强度计算配置的，梁上部有砌体墙时，在竖向荷载作用下，连系梁的工作状态相当于墙梁，纵向钢筋应按墙梁的构造要求配置，且不宜采用绑扎搭接接头。

联系梁和条形承台梁应按相应的环境类别及腐蚀程度保证耐久性的基本要求，如混凝土的最低强度等级、保护层的最小厚度等，地下水和地基土有腐蚀介质时还应考虑防腐设计要求。在特殊的土层中还应注意对联系梁四周采取有效的防护措施，如冻胀土、湿陷土、膨胀土等。

处理措施

1. 同一轴线上的相邻跨联系梁中的纵向钢筋应在承台内通长设置，不应分别在各自跨度锚固在承台内。联系梁第一道箍筋距柱边 50mm 开始布置，见图 6.18-1 连系梁在中间承台构造作法。

2. 边跨承台联系梁中的纵向钢筋，在边承台内的锚固应从柱边开始计算，锚固长度

244

按充分利用钢筋的抗拉强度计算，并不小于 l_a（l_{aE}）的要求，见图 6.18-2 连系梁在端部承台构造做法。

3. 承台联系梁纵向钢筋不应采用绑扎搭接连接。

4. 箍筋应为封闭式，间距不宜大于 200mm；箍筋 135°弯钩后的直线段长度根据是否考虑抗震确定。

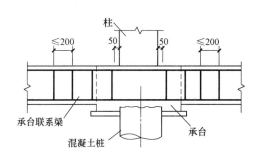

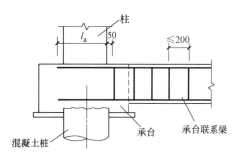

图 6.18-1　连系梁在中间承台构造作法　　　图 6.18-2　连系梁在端部承台构造作法

6.19　平板式筏形基础钢筋处理措施

筏形基础分成平板式和梁板式两种类型，设计中的选型主要根据工程地质、上部结构体系、荷载大小等因素确定，与梁式板式筏形基础相比，平板式筏形基础具有抗冲切和抗剪切能力强等特点，并且施工方便构造简单，具有很好的适用性。国外许多经济发达国家和地区，由于施工人员的费用较高，以及减短地下工程的施工周期等原因，在高层建筑中基本采用厚板式平板式筏形基础或桩筏基础。我国在框架-核心筒、筒体结构体系的高层和超高层建筑的基础基本均采用平板式筏板基础。在地基承载力特征值较小的软弱地基土上（$f_{ak} \leqslant 90kPa$）多层砌体结构和混凝土结构若设计成条形基础其宽度会太大，故也会设计成平板式筏形基础。筏板的厚度根据抗冲切、抗剪、抗弯设计的配筋、上部竖向构件的纵向钢筋在筏板内的锚固长度等因素确定。对于砌体结构的筏板厚度不应小于 250mm，对混凝土结构不应小于 400mm。在设计时按上部结构每层 50mm 确定筏板厚度的方法不科学、不准确，除根据强度验算外也与柱网的区格大小有关。

筏板内的配筋的计算方法，一般是根据工程具体条件采用倒楼盖法或弹性地基梁法。筏板的配筋应分别按柱上板带和跨中板带分别配置，对于砌体结构的筏板基础一般不分板带满堂相同地配置。当柱、墙等竖向构件混凝土强度等级比筏板高时，应验算交接处的局部抗压承载力，当不能满足要求时，可设置方格式或螺旋式间接钢筋及设置柱墩等处理措施。带悬挑的筏板在阳角及阴角部位还应配置构造钢筋。筏板的混凝土强度等级不宜大于 C40，一般的高层建筑采用 C30 足以满足强度要求，混凝土强度太高水泥的用量会较大，若养护不及时或不能维持足够的养护时间，混凝土在固化的过程中水化热及收缩量会增大，对大面积筏板基础极易出现裂缝。

当筏板基础的厚度较大时属大体积混凝土，应采取有效措施控制内部与表面的温差，不宜大于25℃，也应采取控制混凝土表面与大气温差不宜大于20℃的有效措施。当前我国某些超高层建筑的筏板基础厚度高达到6m甚至更厚。当筏板厚度较大时，在筏板中间部位应设置防温度裂缝的水平构造钢筋网片，可以从构造上解决筏板上、下层钢筋网片竖向固定时的侧向稳定及温度收缩裂缝问题，固定上、下层及中间层钢筋网片的竖向支撑（钢筋马凳），施工图设计文件一般不标注，施工时应采取有效措施解决。筏板上、下层钢筋水平间距不应过小，一般可采用200～300mm，但不宜小于150mm。当上、下层钢筋配置不止一层时，各层钢筋应上下对齐配置不应错位，保证混凝土的顺利浇筑。

按基底反力直线分布计算的筏板，分别按柱下板带和跨中板带配筋时，柱上板带中的纵向钢筋不应在板带范围内均匀配置，在柱宽及两侧一定范围的有效宽度内，其钢筋的配置量不应小于柱下板带配筋量的50%，用以保证板柱间的弯矩专递，并能承受板与柱间的部分不平衡弯矩，可以使筏板在地震作用的过程中处于弹性状态。对于这样的情况，设计文件中应有明确的表达。

处理措施

1. 柱上板带和跨中板带的下部钢筋至少应有1/3在全跨通长设置，上部钢筋应全跨通长配置，上、下贯通钢筋的最小配筋率不应小于0.15%。

2. 筏板中通长纵向钢筋的接头位置应选择在受力较小的区域，上部钢筋选择在柱两侧各$l_n/4$范围内（l_n为净跨尺寸），下部钢筋选择在跨中$l_n/3$范围内，见图6.19-1纵向钢筋连接位置的处理措施。

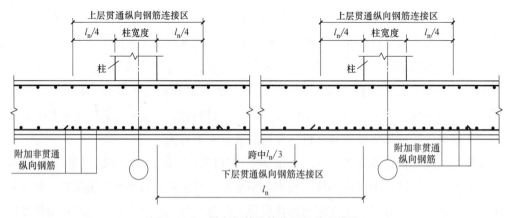

图6.19-1　纵向钢筋连接位置的处理措施

3. 筏板上、下纵向钢筋宜采用机械连接或有质量保证的焊接连接，不应采用在现场电弧焊接接头。

4. 按基底反力直线分布计算的筏板，在柱上板带中，柱宽及两侧各0.5倍板厚且不

246

大于 1/4 板跨的有效宽度范围内，其配筋量不应小于柱下板带钢筋数量的一半，见图 6.19-2 柱两侧有效宽度范围示意图。

5. 带悬挑边筏板阳角处应配置上、下层放射状构造钢筋，在悬挑中心线处的间距不应小于设计间距 S 且不应小于 200mm，见图 6.19-3 阳角放射状钢筋的布置处理措施。

6. 带悬挑边筏板阴角处应配置上、下层斜向构造钢筋，每层不宜少于 2 根，间距不大于 100mm，从阴角向两侧延伸长度均不小于 l_a，见图 6.19-4 阴角斜向钢筋的布置处理措施。

7. 施工图设计文件应注明两个方向上、下层钢筋的排布位置关系。

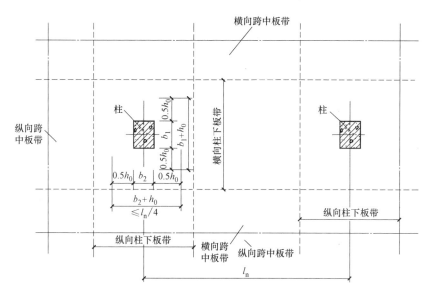

图 6.19-2　柱两侧有效宽度范围示意图

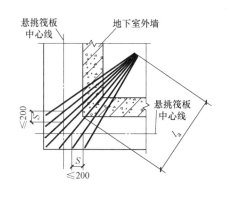

图 6.19-3　阳角放射状钢筋的布置处理措施

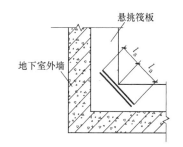

图 6.19-4　阴角斜向钢筋的布置处理措施

6.20　平板式筏形基础柱墩的处理措施

当柱的竖向荷载较大，等厚度的平板式筏形基础不能满足柱对筏板冲切承载力强度计算要求时，不宜将筏板的厚度全部改厚，可在柱下的筏板顶面增设上柱墩，或者在柱下的筏板底面局部增加厚度（下柱墩），也可以在柱下设置抗冲切钢筋等措施，提高抗冲切承载力，并应根据工程的具体情况采取不同的处理方式。采用上柱墩方式时，需根据冲切椎体45°线确定柱墩的上部和下部尺寸，柱墩的截面形式可以做成梯形或矩形。当采用下柱墩时，下柱墩的外边缘应在冲切椎体45°线以外。为筏板底部建筑防水做法的施工方便，通常下柱墩采用梯形的截面形式，其坡度可根据附加厚度的尺寸分别采用45°或60°。

柱竖向荷载较大时通常混凝土强度等级也会较高，筏板基础的混凝土强度等级一般不宜大于C40，当柱与筏板混凝土强度等级相差较大时，应验算柱根与筏板顶面的局部抗压强度，当不能满足强度要求时，设计为了解决局部抗压强度不足可采用设置上柱墩的做法，这时上柱墩的混凝土强度等级与柱相同，上柱墩的底面积根据局部抗压验算确定，并在上柱墩配置水平和竖向构造钢筋。上柱墩的混凝土强度等级与筏板相同时，可在上柱墩内按局部抗压验算设置局部抗压钢筋网片。若因使用的需要筏板上不能设置上柱墩时，也可在柱与筏板交接处的筏板顶部设置局部抗压钢筋网片。对于矩形截面柱通常采用方格式间接式网片，圆形柱采用螺旋式间接钢筋，柱竖向受力钢筋的锚固长度起算点应在施工图设计文件中注明，无特殊要求时从上柱墩的顶面开始计算，并应伸至筏板内锚固。

处理措施

1. 上柱墩中的竖向钢筋在柱墩内应均匀布置，在筏板内的锚固应满足锚固长度 l_a（l_{aE}）的要求，水平箍筋应为封闭式，见图 6.20-1 上柱墩配筋构造做法。

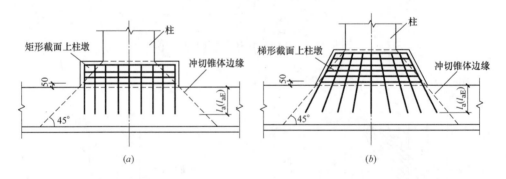

图 6.20-1　上柱墩配筋构造作法

（a）矩形截面；（b）梯形截面

2. 下柱墩的底部钢筋直径及间距同筏板底部钢筋，在筏板变厚度处下部钢筋应采用分离式配筋，截断后的钢筋延伸长度不小于 l_a，见图 6.20-2 下柱墩配筋构造作法。

3. 局部抗压间接钢筋网片应配置在规定的高度范围 h 内，方格式网片 h 应不小于短边尺寸 l_1（长边尺寸为 l_2），螺旋式间接钢筋配置高度 h 应不小于螺旋钢筋内表面范围内的混凝土截面直径 d，且均不应小于 $15d$（d 为柱纵向钢筋的最大直径），见图 6.20-3 局部受压间接钢筋的构造作法。

4. 局部受压间接钢筋的配置数量除满足体积配筋率 ρ_v 外，方格式网片不应少于 4 层，

248

螺旋式钢筋不应少于 4 圈。

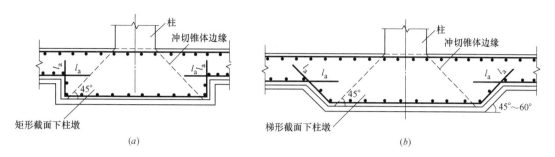

图 6.20-2　下柱墩配筋构造作法
（a）矩形截面；（b）梯形截面

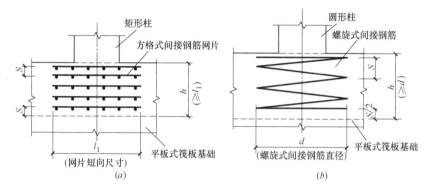

图 6.20-3　局部受压间接钢筋的构造作法
（a）矩形截面柱；（b）圆形截面柱

6.21　剪力墙洞口下筏板内暗梁处理措施

　　平板式筏板基础的上部为混凝土墙时，在墙下可不设置基础梁或筏板内的暗梁。当底层混凝土墙的底部在筏板顶面较近处设有洞口时（通常为门洞口），应根据计算在筏板上设置洞口的下过梁来承受基底反力产生的弯矩及剪力，洞口下过梁只设置在洞口范围而不需要全跨通长设置。暗梁的宽度与墙同厚可以满足强度设计要求时，暗梁的宽度不要加宽；当洞口尺寸较大，在墙宽度范围内设置的暗梁同墙宽不能满足强度要求时，可将暗梁的宽度加大，做成宽梁或宽扁暗梁，但是宽度不能随意加宽，应根据筏板的有效高度，确定满足强度计算要求及能放置下纵向钢筋的宽度，不需要将宽度做成最大宽度。暗梁的纵向钢筋伸过洞口边的锚固长度可不考虑抗震构造要求（当施工图设计文件有特殊要求者除外），在纵向钢筋的锚固区内也应配置箍筋。

处理措施

　　1. 混凝土墙洞口下过梁宽度 b 与墙厚相同时，上、下纵向钢筋伸过洞口边的锚固长

度应不小于 l_a 且不小于 600mm，在锚固区范围内也应配置箍筋，箍筋直径与下过梁相同，间距不小于 150mm，箍筋应做成封闭式，箍筋的封闭口应摆放在筏板内并交错放置，见图 6.21-1 洞口下过梁宽度与墙厚相同的处理措施。

2. 混凝土墙洞口下过梁宽度 b 大于墙厚度时，最大宽度不应大于墙宽加 2 倍的筏板有效厚度，见图 6.21-2 洞口下过梁宽度大于墙厚的处理措施，其他构造措施同上条。

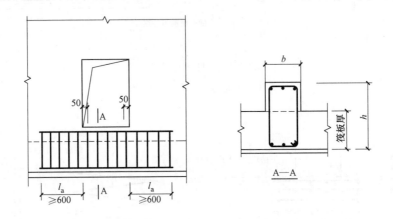

图 6.21-1　洞口下过梁宽度与墙厚相同的处理措施

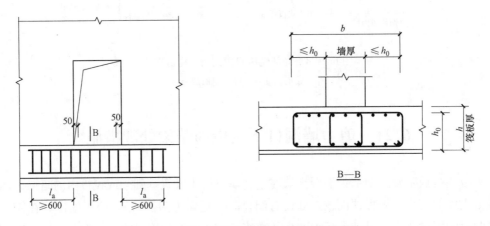

图 6.21-2　洞口下过梁宽度大于墙厚的处理措施

6.22　梁板式筏形基础底板钢筋处理措施

梁筏式基础底板的厚度通常是根据受冲切承载力（双向板）、受剪切承载力（单向板）等验算确定的，基础底板的厚度比平板式筏形基础板小得多，基础底板顶部、底部的纵向钢筋直径也会较大。考虑到筏形基础的整体性，板上部纵、横两个方向钢筋按跨中计算的实际配筋全部通长设置，底部纵、横两个方向的支座钢筋应有 1/3 全跨通长配置，当各板跨度相同时，底部非通长支座钢筋的延伸长度应从基础梁边算起，无特殊要求时延伸至板

内的长度为 $l_n/4$（l_n 为板净跨）。底板各跨度不相同时，延伸长度应按相邻较大净跨计算支座非通长钢筋的长度，当相邻的短跨较小时，可在短跨内通长设置或根据弯矩图确定其长度。施工图设计文件均会标注支座短钢筋的具体长度。

基础板上部、下部通长钢筋的摆放位置在施工图设计文件中应注明。当无具体注明时，不等跨的双向板短方向放置在最外侧，单向板计算跨度（短方向）方向放置在外侧，等跨的双向板除施工图设计文件有注明外，两个方向的钢筋均可选择任意一个方向放置在最外侧。在基础梁宽范围内不配置平行梁跨度方向的基础板纵向钢筋。支座非通长的短钢筋满足构造长度要求后不需要设置 90°弯钩。上部和下部的通长钢筋连接宜选择在受力较小的部位，上部钢筋选择在支座附近，下部钢筋选择在跨中部位，连接方式宜采用机械连接或焊接连接（不宜采用现场电弧焊），当钢筋的直径较小时也可以采用绑扎搭接连接，连接长度按非抗震考虑。无论采用何种连接方式，在同一连接区段内的接头面积百分率不宜大于 50%。

处理措施

1. 基础板下部钢筋在纵、横两个方向至少应有 1/3 全跨通长布置，上部钢筋应在纵、横两个方向全跨通长配置，上、下通长钢筋的最小配筋率不应小于 0.15%。

2. 基础板通长纵向钢筋的接头位置应选择在受力较小的区域，上部宜选择在柱两侧各 $l_n/4$ 范围内（l_n 为净跨尺寸），下部钢筋宜选择在跨中 $l_n/3$ 范围内，见图 6.22-1 纵向钢筋连接位置的处理措施。

3. 底板下部非通长钢筋在板内的延伸长度从基础梁边计算为 $l_n/4$（l_n 为净跨尺寸），两个方向跨度不相同的双向板按短方向净跨计算其长度。

4. 平行于基础梁筏板的上、下纵向钢筋在梁宽度范围内不设置，第一根钢筋距基础梁边为 1/2 设计间距且不大于 75mm，见图 6.22-2 距基础梁边第一根板纵向钢筋的布置作法。

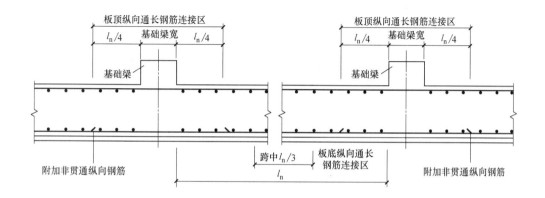

图 6.22-1　纵向钢筋连接位置的处理措施

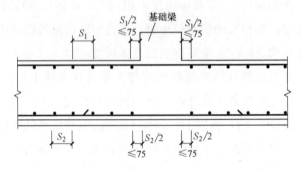

图 6.22-2　距基础梁边第一根板纵向钢筋的布置作法

6.23　筏板基础板端部封边处理措施

　　平板式筏形基础的板端面及梁板式筏形基础的悬臂端面，应进行封边处理。板的端部由于无支撑，为保证柱支撑板或悬臂板自由边端部的受力性能，参照国外的有关标准做法，当板的厚度不小于 150mm 时均应采取布置钢筋封边的构造处理措施，筏板基础的厚度通常均大于 150mm，一般不小于 400mm。当筏板的端部有边梁（基础梁）、地下室挡土墙或无地下室的混凝土墙（剪力墙），且筏板无悬挑时，筏板的端面不需要配置端面构造钢筋。当筏板的厚度较小时，可采用板的上层纵向钢筋与板下层纵向钢筋 90°弯折搭接，当筏板厚度较厚时，可在端面设置附加 U 形构造钢筋与板上、下层弯折钢筋搭接，并配置端面的纵向构造钢筋。

　　目前许多标准设计图集基本无此构造处理措施的详图节点，施工图设计文件应绘制相应的做法详图，若施工图设计文件无此做法时，施工时应要求设计单位明确具体构造处理措施，保证筏板端部的受力性能。当筏板的厚度不小于 2m 时，在筏板厚度的中部设置间距不大于 1m 与板面平行的构造钢筋网片。

　　处理措施

　　1. 筏板端面采用上、下层纵向钢筋在端部 90°弯折搭接时，弯折后的直线段不小于 12d，搭接长度不小于 150mm，在搭接长度范围内至少配置一根纵向钢筋，见图 6.23-1 板端面搭接构造作法。

　　2. 筏板端面采用附加 U 形封边构造钢筋的做法时，筏板上、下层纵向钢筋应分别按 90°弯折，弯折后的直线段长度不小于 12d 与 U 形附加筋搭接，搭接长度不小于 U 形钢筋直径的 15 倍且不小于 200mm，见图 6.23-2 板端面设置 U 形附加钢筋构造作法。

　　3. 附加 U 形钢筋的直径可根据筏板的厚度采用，通常选择在 Φ12～Φ20 之间，间距与筏板上、下层钢筋间距相同，并应在施工图设计文件上注明。

　　4. 施工图设计文件应注明筏板端面的纵向钢筋直径及间距，间距不宜大于 250mm。

5. 筏板厚度不小于 2000mm 时应在中部设置构造钢筋网片，钢筋直径不小于Φ12，间距不大于 300mm，端部做 90°的向下弯折，弯折后的直线段不小于 12d。

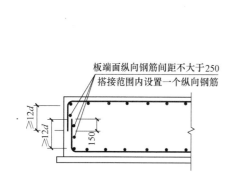

图 6.23-1　板端面搭接构造作法

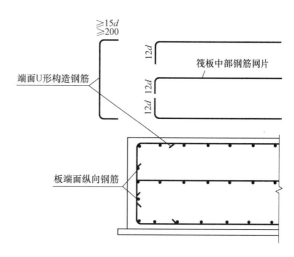

图 6.23-2　板端面设置 U 形附加钢筋构造作法

6.24　筏形基础底板、地下室防水板地坑配筋构造处理措施

当地下室采用筏形基础或扩展基础加防水板时，由于使用功能的要求，设备用房及设置电梯均会在底板设置集水坑、电缆沟、排水沟及电梯地坑等，该处的底部标高会低于筏形基础板或防水板的顶板标高，底坑的底板厚度应不小于筏基底板或防水板的厚度，并根据底坑的深度侧面做成一定的坡度方便建筑防水的施工和防止局部压力集中。

底板或防水板的两个方向的配筋不小于筏板基础及防水板的配筋，在阳角处可以弯折连续配筋，在阴角处钢筋应截断配置，一般情况下当上部结构是抗震设计时，基础底板一般不考虑抗震构造措施，截断的钢筋延伸锚固长度满足 l_a 即可。当底坑的顶部与筏板的底部标高相差较小时，可将筏板的底部钢筋延伸至底坑的顶部连续配置，底坑的底部钢筋应按筏板或防水板底部钢筋配置要求施工（施工图设计文件有特殊说明者除外）。在底部放坡交点处由于底板底部钢筋在此处两个方向均无法配置，宜在此处附加构造钢筋，构造钢筋的直径同筏板底部钢筋，上部延伸至筏板顶部水平弯折，下部伸至地坑的底部水平弯折。

当筏板地坑的周边有混凝土墙时，如电梯地坑等，墙体的竖向钢筋插筋应从筏形基础的顶板面向下满足直线锚固长度（l_a 或 l_{aE}），不需要从地坑的顶面算起满足墙体竖向钢筋的锚固长度要求，施工时除应特别注意竖向钢筋的固定问题，还应注意混凝土墙一侧竖向钢筋在锚固区内的保护层厚度不大于 5d（d 为混凝土墙竖向钢筋直径）时，在竖向钢筋锚固长度范围内应配置横向构造钢筋。

处理措施

1. 地坑的底板厚度应不小于筏基底板或防水板的厚度，地坑底板两个方向的配筋及排、层的上、下排布关系同筏基底板或防水板。

2. 底板与地坑相连的阳角处，纵向钢筋应连续不截断配置，延伸的长度不小于 l_a，在阴角处应截断配置，截断后的钢筋延伸长度也不小于 l_a，当直线长度不能满足时可弯折，并满足总长度不小于 l_a 的要求，见图 6.24-1 地坑配筋构造处理措施。

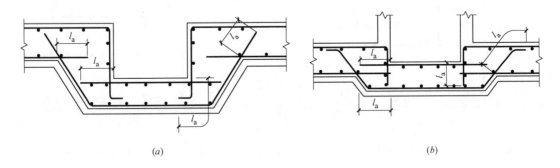

(a) (b)

图 6.24-1 底坑配筋构造处理措施

(a) 底坑深度大于底板厚度；(b) 底坑深度小于底板厚度

3. 当地坑的顶部与筏板或防水板的底部标高相差较小时（坡度不大于 1∶6），地坑的顶部钢筋可利用筏板或防水板的底部钢筋弯折通长配置，见图 6.24-2 地坑顶部钢筋利用筏板底部钢筋通长配置构造处理措施。

4. 地坑内侧壁的水平钢筋除施工图设计文件有特殊注明外，按筏基底板上部或下部同方向的平行钢筋要求配置，伸至相垂直的侧壁内的长度不小于 l_a。

5. 两个方向底部放坡相交部位的三角区，宜配置与底板相同的钢筋，在 1/2 高度处的间距同底板下部钢筋的间距且不少于 3 根，上、下各伸入板内的长度不小于 l_a，见图 6.24-3 放坡相交部位下部附加放射钢筋构造作法。

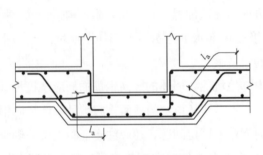

图 6.24-2 底坑顶部钢筋利用筏板底部钢筋贯通配置构造处理措施

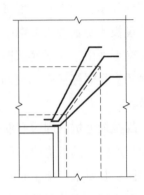

图 6.24-3 放坡相交部位下部附加放射钢筋构造作法

6. 若地坑周边有混凝土墙时，墙中的竖向钢筋伸入筏板内的锚固长度不小于 l_a，如果该墙体作为抗震墙时应不小于 l_{aE}。锚固长度从筏基底板顶部算起，当墙体一侧钢筋在锚固长度范围内保护层厚度不大于 $5d$ 时，附加横向构造钢筋直径不应小于 $d/4$，间距不应大于 $10d$ 且不应大于 100mm（d 为混凝土墙竖向钢筋直径）。

6.25　筏形基础底板变截面处钢筋构造处理措施

筏形基础底板厚度不同通常是因地面以上主楼与裙房的结构荷载不同、层数相差较多、荷载差异较大等原因，此时筏板基础不需要设计成厚度相同的底板。如：高层建筑主楼与裙房的筏形基础，地下车库上部无建筑与地上有建筑的筏形基础的交接处等。筏形基础形式有两种，一种为梁板式筏形基础，一种为平板式筏形基础。梁板式筏形基础的基础梁作为基础平板的支座，在筏板厚度变化处梁板式筏形基础与平板式筏形基础的做法不相同。根据实际使用功能的要求及设计者设计原则，厚度变化处分为三种情况：筏板底部平而顶部有高差、筏板顶部平底部有高差、筏板的底部和顶部均有高差。梁板式筏形基础板的厚度变化处通常设置在基础梁边，而平板式筏形基础则需考虑柱对筏板的冲切强度问题，当不设置抗冲切柱墩时，厚度变化处应满足抗冲切的最小厚度要求，并还需要进行抗剪验算，筏板变截面处的顶部及底部应在抗冲切锥体的范围外。若按较薄筏板厚度验算冲切强度能满足要求时，可不考虑筏板的底部及顶部是否在冲切锥体外开始变截面。当然也可以设置柱墩来满足冲切强度要求。施工图设计文件会标注筏板厚度变化的具体位置。由于基础一般不考虑抗震构造措施，筏板中的纵向钢筋截断后的延伸长度满足 l_a 即可。基础板底部高差处应做坡形连接过渡处理，过渡角度可根据高差的大小在 $45°\sim 60°$ 间选择。

当基础筏板的厚度大于 2m 时（通常在平板式筏形基础有此类情况），为减少大体积混凝土中的温度收缩影响，提高受剪承载力，在板厚不超过 1m 的范围内设置与板面平行的构造钢筋网片，在变截面厚度处仅一侧厚度大于 2m 时，构造钢筋网片应伸至另一侧板内一定的长度，若变截面两侧厚度均大于 2m，构造钢筋网片在变截面处应满足搭接长度要求。

处理措施

1. 梁板式筏形基础板变厚度处钢筋处理措施：

1）基础板上部平而底部有高差时，变厚度的位置从梁底部边缘开始，截面高度较小的筏板下部纵向钢筋从内折角算起延伸长度为 l_a。截面高度较大筏板下部纵向钢筋伸入截面高度较小筏板内，从内折角算起延伸长度为 l_a，当延伸的直线段不能满足 l_a 时，可在板顶面处水平弯折，并保证总长度不小于 l_a，见图 6.25-1 基础板底有高差构造作法。

2）基础筏板底部平而顶部有高差时，截面高度较小筏板的上部纵向钢筋从基础梁边算起伸入截面高度较大板内长度为 l_a，截面高度较大筏板的上部纵向钢筋伸至基础梁内锚

固长度不小于 l_a 时，可不设置端部 90°弯钩，若不能满足要求时，应延伸至梁边向下 90°弯折，弯折后的投影长度为 15d，也可以采用 135°弯折，弯折后的直线段为 5d，见图 6.25-2 基础板顶有高差构造作法。

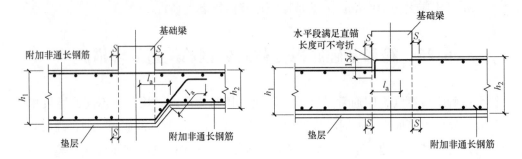

图 6.25-1　基础板底有高差构造作法　　　　图 6.25-2　基础板顶有高差构造作法

3）当基础板在截面变厚度处板顶及板底均有高差时，可按以上方法综合处理，见图 6.25-3 基础板顶及板底均有高差构造作法。

4）基础板第一道纵向钢筋距基础梁边的距离 S，应不大于设计间距的一半也不宜大于 50mm。

2. 平板式筏形基础板变厚度处钢筋处理措施：

1）基础筏板上部平而底部有高差时，变厚度的位置从柱边算起的抗冲切锥体外，截面高度较小的筏板下部纵向钢筋从内折角算起延伸长度为 l_a。截面高度较大筏板下部纵向钢筋伸入截面高度较小筏板内，从内折角算起延伸长度为 l_a，当延伸的直线段不能满足 la 时，可在板顶面处水平弯折并保证总长度不小于 l_a，见图 6.25-4 平板基础板底有高差构造作法。

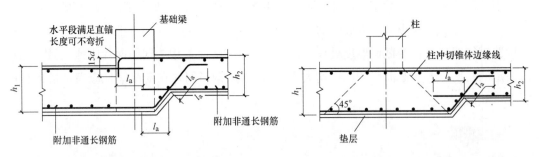

图 6.25-3　基础板顶及板底均有高差构造作法　　　图 6.25-4　平板基础板底有高差构造作法

2）基础筏板底部平而顶部有高差时，变厚度的位置从柱边算起的抗冲切锥体外开始，截面高度较小筏板的上部纵向钢筋从柱边算起伸入截面高度较大板内长度为 l_a，截面高度较大筏板的上部纵向钢筋伸至变截面处向下弯折，弯折后的竖直长度从较低筏板顶面算起不小于 l_a，见图 6.25-5 平板基础板顶有高差构造作法。

3）当基础板在截面变厚度处，板顶及板底均有高差时，可按以上方法综合处理，见图 6.25-6 平板基础板顶及板底均有高差构造作法。

3. 筏形基础板厚度大于 2m 时，中部构造网片的构造处理措施：

1）当基础板在变厚度处一侧厚度大于 2m，构造钢筋网片从变厚度处延伸 l_a，见图 6.25-7 基础板一侧厚度大于 2m 作法。

2）当两侧基础板厚均大于 2m 且顶部及底部均有高差时，构造钢筋网片在变厚度处应从柱边算起分别满足锚固长度 l_a，且在重叠部分应满足搭接长度 l_l，见图 6.25-8 基础板边厚度处两侧均大于 2m 构造作法。

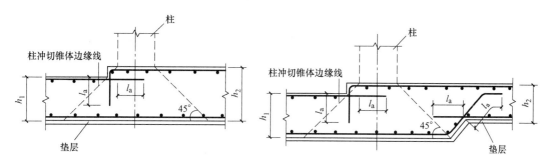

图 6.25-5 平板基础板顶有高差构造作法　　图 6.25-6 平板基础板顶及板底均有高差构造作法

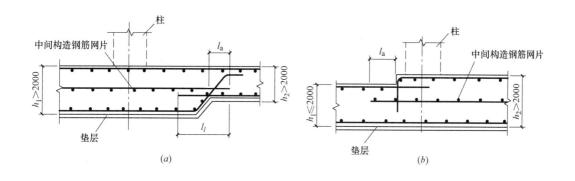

图 6.25-7 基础板一侧厚度大于 2m 作法

（a）基础底有高差构造作法；（b）基础顶有高差构造作法

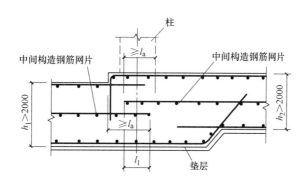

图 6.25-8 基础板边厚度处两侧均大于 2m 构造作法

6.26 筏板纵向钢筋在端部的构造处理措施

筏形基础的端部通常有向外悬挑及无悬挑两种作法，当地基土质较好，筏板底面积不用外挑也可以满足承载力及沉降的要求时，若筏板底部设置建筑柔性防水层也不宜设置外挑。当地下水位较低筏板底部不设置建筑柔性防水层，根据构造要求也可以设置外挑筏板，挑出的净跨度不宜大于 1.0m；地基处的承载力特征值或沉降变形量不能满足要求时，外挑的筏板跨度是根据计算确定的，根据筏板厚度出挑的净跨度不宜太大，对于梁板式筏形基础，当出挑净跨度大于 1.0m 时，应将基础梁同时挑出，但挑出的净跨度不宜大于 2m。

当有地下室的筏板无外挑，地下室外墙与筏板端部平齐时，应注意外墙底部外纵向钢筋与筏板底部的边支座纵向钢筋需满足弯矩平衡的要求，此处不是地下室外墙纵向钢筋在筏板内的锚固作法，而是外墙外侧纵向钢筋与筏板底部纵向钢筋在此处搭接问题，应满足搭接长度的要求，其做法见本章相应的处理措施；若地下室的筏板基础未设置端部边梁时，施工图设计文件应注明筏板在端支座的支承假定（简支或充分利用钢筋的抗拉强度），此假定影响筏板下部纵向钢筋在边梁内的弯折锚固时水平段的长度，也影响附加下部钢筋在跨内的截断长度；当筏板有出挑时，出挑部分的上部纵向钢筋不是受力钢筋，应满足最低构造要求，有些施工图设计文件将筏板上部钢筋全部伸至悬挑端部，没有必要也比较浪费，可按构造要求另设置构造钢筋比较合理，特别是当悬挑段是变截面时，单独设置上部构造钢筋更为合理。

平板式筏形基础通常采用双层双向或按板带配置纵向钢筋，施工图设计文件宜注明纵向钢筋的上、下层排的关系，梁板式筏形基础若为双向板时，短向钢筋放置在最外侧（为单向板时，短方向一定是在最外侧），当采用双层双向配筋时，也应注明排布的关系，施工图设计文件未特殊注明时，施工前应由设计方向施工方交代清楚，无特殊要求时，可根据钢筋的加工和施工方便任意排布。

筏板基础悬挑边的端部应设置封边构造做法，其做法见本章相应的处理措施。

处理措施

1. 无地下室且有基础边梁的筏形基础，筏板上部纵向钢筋伸进边梁内的锚固长度不小于 $12d$ 且伸至支座中心线。下部钢筋在边梁内满足直线锚固长度时，端部可不设置 $90°$ 弯钩，采用弯折锚固时，根据边支座的支承假定确定水平段的投影长度，假定为简支时，水平段的投影长度含弯弧在内不小于 $0.35l_{ab}$，假定为充分利用钢筋的抗拉强度时，水平段的投影长度含弯弧在内不小于 $0.6l_{ab}$，弯折后的竖直段投影长度含弯弧在内为 $15d$，见图 6.26-1 筏板端部无挑出作法。

2. 平板式筏形基础的基础板，无论端部是否有挑出，基础板纵向钢筋均应伸至端部弯折，弯折后的直线段长度为 $12d$。

3. 当筏板端部挑出为等截面时，挑出部分的上部钢筋可利用筏板的上部钢筋延伸至端部后向下弯折，弯折后的直线段长度为 $12d$，当挑出部分的上部钢筋单独配置时，筏板上部钢筋在端支座的墙或梁内应满足受拉钢筋的锚固长度要求。单独配置的出挑部分上部钢筋应满足最低配筋构造要求，伸入边支座内的长度不小于 $12d$，见图 6.26-2 悬挑筏板等截面端部作法。

4. 筏板出挑部分为变截面时，端部的最小厚度不宜小于 400mm，其端部构造做法同上条，见图 6.26-3 出挑筏板变截面端部作法。

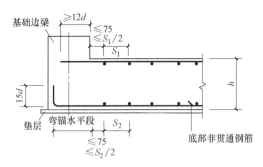

图 6.26-1　筏板端部无挑出作法

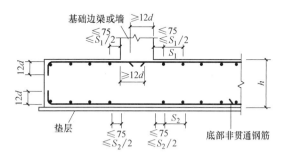

图 6.26-2　出挑筏板等截面端部作法

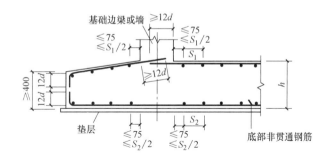

图 6.26-3　出挑筏板变截面端部作法

6.27　梁板式筏形基础主梁纵向钢筋连接及箍筋的配置处理措施

梁板式筏型基础的主梁系指与框架柱相连的基础梁，主梁的上部纵向钢筋应通长设置，下部钢筋至少为相邻支座钢筋最大量的 1/3 通长设置，通长钢筋的配筋率应满足最小配筋率要求，非通长钢筋的截断长度根据弯矩包络图确定，当地基土质均匀且上部结构荷载均匀时，截断长度可按经验值确定，当基础主梁的相邻跨度不同时，在较小跨度内应按相邻较大跨度计算截断长度；纵向钢筋的连接应选择在受力较小的范围，在同一连接区段内接头面积百分率不宜大于 50%。接头的连接方式可选择绑扎搭接、机械连接和焊接连接，当钢筋直径大于 25mm 时不宜采用绑扎搭接连接，在搭接连接范围内箍筋应加密。

不应采用现场电弧焊连接方式。

梁内的箍筋是根据抗剪强度计算配置的，基础主梁端部不设置抗震构造要求的箍筋加密区，当梁端的剪力较大时，可采用梁端与梁中不同的配置箍筋方式，如：梁端的箍筋肢数或间距不同。当梁端箍筋的间距与梁中部不同时，不应采用抗震设计框架梁端箍筋加密的集中标注方式，这种表示方式表明箍筋在梁端的加密范围为 1.5～2.0 倍的梁高，未必能满足梁端部的抗剪承载力要求，当基础梁有两种不同箍筋直径或不同间距时，集中标注的箍筋间距为梁中部的配置要求，梁端应采用原位标注，注明箍筋的总道数、间距和箍筋的肢数，如 10Φ12@100（4）。基础主梁与框架柱相交的节点核心区内一个方向应按梁端箍筋设置，当纵横两个方向的梁高度不相同时，按较高的梁箍筋在节点核心区设置，高度相同时应由施工图设计文件注明。梁端有竖向加腋时，节点核心区的箍筋按梁正常高度箍筋配置。

当梁板式筏形基础设置基础次梁时（支座为基础主梁），在基础主梁集中力处应设置横向附加抗剪钢筋，附加横向钢筋为箍筋时应配置在规定的范围内，且该范围内主梁原有配置的箍筋不应取消，附加横向钢筋为吊筋（反扣）时，其顶部的水平段需满足最小构造要求并应在基础主梁纵向钢筋附近，并满足钢筋间的净距要求，通常基础主梁高度较大，吊筋的弯折角度可采用 60°。基础主梁在筏板高度范围内可不设置腰筋及拉结钢筋，若为固定箍筋的位置或加强钢筋笼的刚度时，可根据工程的具体情况由施工企业自行处理，通常设计文件中不会标注腰筋的设置要求。当基础梁的肋高不小于 450mm 时，设计文件会注明在肋高范围内配置的纵向腰筋。

处理措施

1. 梁中上部纵向钢筋应选择在柱端的本跨 1/4 净跨范围内连接，下部钢筋应选择在本跨中 1/3 净跨范围连接，同一连接区段内的接头面积百分率不宜大于 50%，见图 6.27-1 基础主梁纵向钢筋构造作法。

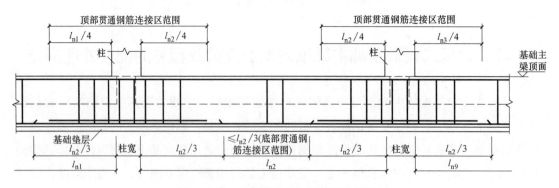

图 6.27-1　基础主梁纵向钢筋构造作法

2. 梁下部非通长纵向钢筋截断长度无特殊要求时：最下排为净跨的 1/3，第二排为净跨的 1/4，当配置三排钢筋时，其截断长度应由施工图设计文件注明，且应不小于 1/4 净跨，相邻跨度不同时按较大跨计算。

3. 梁端箍筋从柱边50mm开始设置，箍筋的封闭口应放置在筏板内且交错设置，封闭箍筋的直线段长度可不考虑抗震构造要求。当梁端的箍筋与跨中箍筋配置要求不相同时，梁端应采用原位标注，集中标注为梁中部的箍筋，梁柱节点核心区内的箍筋按梁端配置。不同箍筋的分界处定位箍筋应为直径较大箍筋，见图6.27-2基础主梁两种箍筋构造作法。

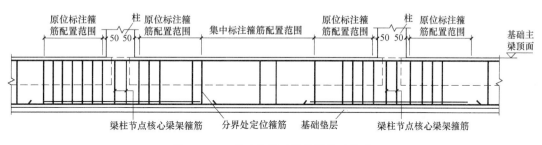

图 6.27-2　基础主梁两种箍筋构造作法

4. 当梁端有竖向加腋时，加腋的附加纵向钢筋伸入柱或基础主梁内应满足锚固长度l_a，节点核心区内的箍筋按正常梁高及间距设置，见图6.27-3基础主梁竖向加腋构造作法。

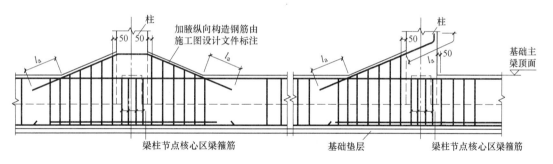

图 6.27-3　基础主梁竖向加腋构造作法

5. 集中力处的荷载应全部由附加横向钢筋承担，采用附加箍筋时应配置在规定的长度$S=3d+2h_1$范围内，采用吊筋时其截断的水平段长度为$20d$。上部水平段应在梁纵向钢筋附近并满足钢筋间最小净距要求，见图6.27-4次梁处附加构造钢筋作法。

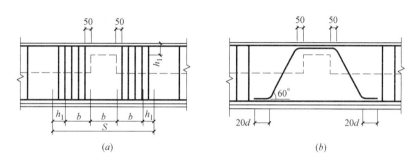

图 6.27-4　次梁处附加构造钢筋作法

（a）附加箍筋；（b）附加吊筋

6. 基础梁在筏板高度范围内不需设置腰筋，在梁肋高范围内设置的腰筋伸入支座内的锚固长度为 15d，拉结钢筋宜同时拉住箍筋和纵向钢筋，若设计文件无特殊注明，拉结钢筋的间距为箍筋间距的 2 倍（隔一拉一），直径不宜小于 Φ8 并交错布置，拉结钢筋 135° 弯钩后的直线段为 5d。

6.28　梁板式筏形基础主梁端部构造处理措施

梁筏式筏形基础的端部通常有向外悬挑及无悬挑两种作法，当地基土质较好，筏板底面积不用外挑也可以满足承载力及沉降的要求时，基础梁伸至边柱、地下室外墙处不再向外延伸，梁内纵向钢筋在边支座需满足受拉钢筋的锚固长度要求。为方便竖向构件（柱或墙）纵向钢筋在基础梁内的锚固，基础边梁宜宽出竖向截面尺寸构件 50mm，上部结构的竖向构件为框架柱且基础梁的宽度不大于柱截面尺寸时，也可以在基础梁的端部设置水平腋。当筏板底面积不能满足承载力及沉降的要求，筏板出挑净跨度大于 1.0m 时，应将基础梁同时挑出。梁中顶部及底部的纵向钢筋在挑出梁端部应弯折并满足最小构造长度要求。

处理措施

1. 基础主梁（边支座为柱）端部无悬挑时，梁纵向钢筋伸入支座内满足直线锚固长度的同时也应伸过中心线 5d，当节点核心区内设置该方向梁的箍筋时，上、下纵向钢筋应伸至柱远端；采用弯折锚固时，水平段长度不小于 $0.4l_{ab}$ 且伸至柱远端纵向钢筋内侧 90° 弯折，弯折后的投影长度为 15d，见图 6.28-1 基础梁端部无外挑的构造作法。

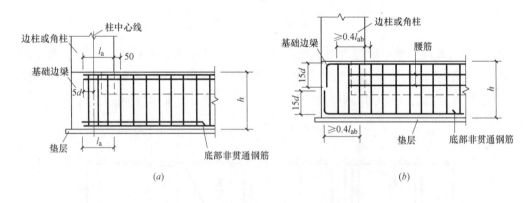

图 6.28-1　基础梁端部无外挑的构造作法
（a）纵向钢筋直线锚固作法；（b）纵向钢筋弯折锚固作法

2. 基础次梁（边支座为基础主梁）端部无悬挑时，梁上部纵向钢筋伸入支座内满足 12d 的直线锚固长度，下部纵向钢筋若满足直锚长度可不弯折，采用弯折锚固时，水平段投影长度不小于 $0.6l_{ab}$，采用 90° 弯折后的直线段长度为 12d，采用 135° 弯折后的直线段

长度为 $5d$。

3. 悬挑基础梁下部纵向钢筋应伸至端部向上弯折 $12d$（第二排钢筋可不弯折），上部纵向钢筋伸至端部向下弯折 $12d$，第二排钢筋伸进边支座内满足直线锚固长度 l_a 即可，见图 6.28-2 悬挑基础梁端部构造作法。

4. 基础梁中若设置腰筋时，构造腰筋伸入支座内的锚固长度不宜小于 $15d$，抗扭腰筋在支座内的锚固长度不小于 l_a，当直线锚固长度不足时，可采用弯折锚固方式，作法同上下纵向钢筋的锚固要求。抗扭纵向腰筋在梁内采用搭接连接时，搭接范围内设置箍筋加密做法按受拉钢筋搭接要求处理。

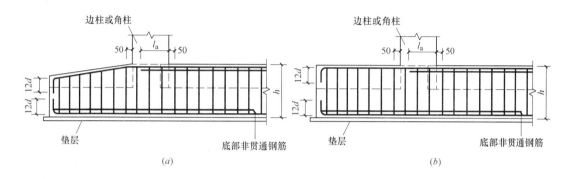

图 6.28-2 悬挑基础梁端部构造作法

（a）悬挑段变截面；（b）悬挑段等截面

6.29 梁板式筏形基础主梁变截面及有高差处构造处理措施

在工程中因相邻的跨度相差较大，或者由于地面以上建筑的层数及荷载相差较大等原因，当采用梁筏式筏板基础时，基础主梁会在支座两侧出现截面尺寸或梁的顶面及底面不在同一标高处等情况，设计时应尽量避免基础主梁在支座处变宽度，一侧不能贯通的纵向钢筋需锚固在柱内，会使节点核心区的钢筋太密集，混凝土不易浇筑密实。若设计文件注明的基础主梁宽度不相同时，施工时应采取措施将不能贯通的纵向钢筋，在钢筋放样和加工时就考虑在柱内"能通则通"的原则来处理，避免在节点核心区内弯折锚固，确因部分纵向钢筋无法在节点核心区内通过，也可以采取弯折锚固的做法，但尽量减少弯折锚固钢筋的数量。当基础主梁宽度小于柱宽且设置了梁端水平加腋时，纵向钢筋水平段锚固长度可从柱边算至远端加腋处，满足直线锚固长度可不弯折。当梁顶或梁底标高不同时，支座两侧纵向钢筋应分别在支座内锚固，并满足锚固长度 l_a 的要求。梁底部有高差时，还应设置坡形连接，高差较小时坡度通常为 $45°$，高差较大时坡度可采用 $60°$。施工图设计文件中有特殊规定时，按施工图设计文件执行。

基础主梁除施工图设计文件特殊注明外，通常不需要考虑抗震的延性构造要求，即梁端不需要按抗震构造要求设置箍筋加密区，当梁端的剪力较大采用两种不同的箍筋配置时，不应理解为按梁高的 1.5～2.0 倍范围内箍筋加密，施工图表达方式应按梁端配置的道数及间距原位标注。箍筋均应为封闭式，135°弯钩后的直线段为 $5d$，当配置纵向抗扭腰筋时为 $10d$，封闭口放置在筏板范围内并交错布置。

处理措施

1. 基础主梁在框架柱两侧的宽度不同时，不能拉通的纵向钢筋应在框架柱或从柱边至梁端水平加腋内可靠锚固，直线锚固长度不小于 l_a 且过柱中心线 $5d$。直线锚固长度不满足时可采用 90°弯折锚固，上、下纵向受力钢筋伸至框架柱竖向纵筋内侧或梁端水平加腋远端向上、下弯折，弯折前的水平段不小于 $0.4l_{ab}$，弯折后的竖直段投影长度为 $15d$。非贯通钢筋在支座处应连续设置，见图 6.29-1 梁宽度不同纵向钢筋弯折锚固作法。

2. 基础主梁顶部有高差时，较低梁的上部纵向受力钢筋可伸至较高主梁内直线锚固，锚固长度不小于 l_a 且过柱中心线 $5d$。较高梁顶部最上层纵向受力钢筋应伸至框架柱远端竖向纵筋内侧或梁端水平加腋远端向下弯折，并从较低梁顶面向下锚固长度不小于 l_a。上部其他层纵向受力钢筋，满足直锚长度时可以不弯折，直锚长度不满足时可采用 90°弯折锚固，弯折前的水平段投影长度不小于 $0.4l_{ab}$，见图 6.29-2 梁顶标高不同纵向钢筋锚固作法。

3. 基础主梁的顶部标高相同而底部不平时，较低梁的底部应坡形连接到较高梁的底部。底部标高较高梁下部纵向受力钢筋伸至底部标高较低梁内直线锚固，锚固长度的起算点为坡形变化处，较低梁的下部纵向受力钢筋不应连续弯折配置，截断后伸过上部弯折点后的长度为 l_a，当斜线长度不能满足要求时可伸至顶部水平弯折，含弯折后的总长度为 l_a。底部弯折起点的位置应由施工图设计文件注明并不小于 50mm，见图 6.29-3 梁顶标高不同纵向钢筋锚固作法。

4. 基础主梁在框架柱两侧的上、下均有高差时，纵向受力钢筋可按以上各条标高不同时的部位构造措施处理，见图 6.29-4 梁顶、底均有高差纵向钢筋锚固作法。

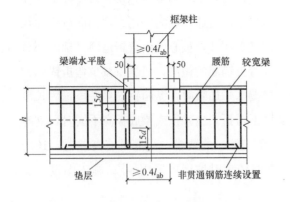

图 6.29-1　梁宽度不同纵向钢筋弯折锚固作法

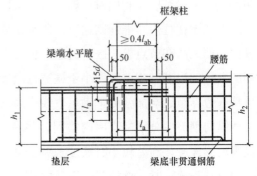

图 6.29-2　梁顶标高不同纵向钢筋锚固作法

5. 当基础主梁的肋高范围内设置腰筋时，在支座内的锚固长度从柱边或有水平加腋的起点开始算起，构造腰筋不小于 $15d$，抗扭腰筋不小于 l_a，直线锚固长度不能满足时可采用同纵向受力钢筋的 90° 弯折锚固作法。

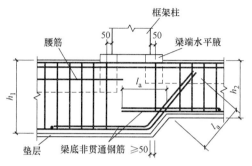

图 6.29-3　梁顶标高不同纵向钢筋锚固作法

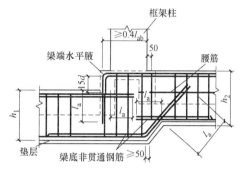

图 6.29-4　梁顶、底均有高差纵向钢筋锚固作法

6.30　梁板式筏形基础次梁钢筋连接及箍筋配置处理措施

梁板式筏型基础的次梁系指支座为基础主梁的梁，当柱距较大时设置基础次梁可以减小筏板的计算跨度、减少筏板的厚度，也可以减少某一个方向基础主梁的截面及配筋，并可以增强基础的整体性及刚度。当柱距较大时可在主梁跨度范围内设置 1～2 道次梁，通长基础次梁仅单向设置，特殊情况下也可以双向设置成井字梁。基础次梁的上部纵向钢筋应通长配置，下部钢筋至少为相邻支座钢筋的最大量 1/3～1/4 通长设置。采用平法标注时应在集中标注处注明通长钢筋的根数，通长钢筋的配筋率应满足最小配筋率的构造要求。上、下纵向钢筋的连接应选择在受力较小的范围，上部纵向钢筋宜在支座附近连接，下部通长钢筋宜选择在跨中范围内连接。在同一连接区段内接头面积百分率不宜大于 50%。接头的连接方式可选择绑扎搭接、机械连接和焊接连接，当钢筋直径大于 25mm 时不宜采用绑扎搭接连接，在搭接连接范围内箍筋应加密，不应采用现场电弧焊连接方式。

基础次梁无悬挑时，上、下纵向钢筋在端支座的锚固要求与基础主梁不同，施工图设计文件应注明端支座的计算假定，不同的计算假定影响上、下纵向钢筋在端支座内弯折锚固的水平段投影长度，当有悬挑段时可参照基础主梁的做法。梁内的箍筋是根据抗剪强度计算配置的，基础次梁不考虑抗震构造措施，梁端部不设置抗震构造要求的箍筋加密区，当梁端的剪力较大时，可采用梁端与梁中不同的配置箍筋方式，如肢数不同或箍筋间距不同，但不能用"平法"集中标注表达方式按加密区和非加密区注写，应采用原位标注方式标注梁端的箍筋配置要求。箍筋宜采用封闭式，且宜将封闭口排布在筏板内交错放置。除施工图设计文件注明外（如抗扭箍筋），直线段不考虑抗震构造措施的长度。

处理措施

1. 基础次梁上部纵向钢筋应选择在支座端处 1/4 净跨范围内连接，下部钢筋应选择在本跨中 1/3 净跨范围内连接，同一连接区段内的接头面积百分率不宜大于 50%，见图

6.30-1 基础次梁纵向通长钢筋连接范围。

2. 基础次梁下部非通长纵向钢筋截断长度：最下排为净跨的 1/3，第二排为净跨的 1/4，当配置三排钢筋时，其截断长度应由施工图设计文件注明，且应小于 1/4 净跨。相邻跨度不同时除图纸有特殊标注外按较大跨计。

3. 上部纵向钢筋在端支座的锚固长度不小于 $12d$ 且应伸至支座中心线，见图 6.30-2 非通长钢筋截断长度及在端支座的锚固作法。

4. 下部纵向钢筋在端支座内的锚固长度，满足直线锚固长度 l_a 时端部可不弯折。采用弯折锚固时，当图纸注明计算假定为"铰接"或"简支"，弯折前的水平投影长度不小于 $0.35l_{ab}$，图纸注明计算假定为"充分利用钢筋的抗拉强度"或"弹性嵌固"时，弯折前的水平投影长度不小于 $0.6l_{ab}$，采用 90°弯折后的直线段长度为 $12d$，采用 135°弯折后的直线段长度为 $5d$。

5. 梁端第一道箍筋从主梁边 50mm 开始设置，箍筋的封闭口应放置在筏板内且交错摆放，封闭箍筋的直线段长度为 50mm 可不考虑抗震构造措施要求。

6. 基础梁中若设置腰筋时，构造腰筋伸入支座内的锚固长度不宜小于 $15d$，抗扭腰筋在支座内的锚固长度不小于 l_a，当直线锚固长度不足时，可采用弯折锚固方式，水平段投影长度不小于 $0.6l_{ab}$，弯折后的直线段长度为 $12d$。抗扭纵向腰筋在梁内采用搭接连接时，搭接范围内设置箍筋加密做法按受拉钢筋搭接要求处理。

7. 若设计文件无特殊注明，拉结钢筋的间距为箍筋间距的 2 倍，直径不小于 $\phi8$，并交错布置。

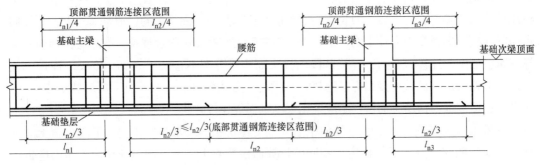

图 6.30-1　纵向通长钢筋连接范围

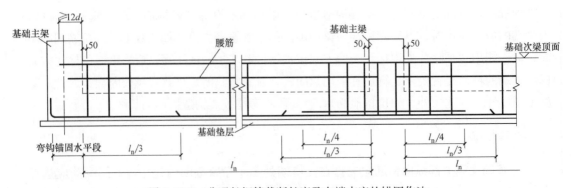

图 6.30-2　非通长钢筋截断长度及在端支座的锚固作法

6.31 筏形、箱形基础底板及地下室防水板后浇带处理措施

筏形、箱形基础底板的后浇带通常有两种，即温度后浇带和沉降后浇带。温度后浇带是解决在施工期间混凝土因温度变化、混凝土硬化过程中的收缩变形而产生的裂缝问题，需要在纵横两个方向每隔 30～40m 设置一道，后浇带的宽度为 800～1000mm，设置的位置宜选择在柱距中部 1/3 的范围内，后浇带处的基础梁和筏板纵向钢筋可不断开。有人认为在后浇带处纵向钢筋全部断开有利于混凝土的收缩，因此要求在后浇带处纵向钢筋全部断开并采用搭接连接的做法，但此种做法因纵向钢筋需满足同一截面 100% 搭接长度 $1.6l_l$ 的要求，会使后浇带的宽度较大，不方便施工。后浇带处构件的纵向钢筋不采用截断后搭接配置方式，可采用另加设附加钢筋的作法，经多年的工程经验证明，后浇带处构件纵向钢筋连续配置，只要施工时严格按相应的规定要求，基本未发生影响使用的质量问题。后浇带的混凝土要待基础底板混凝土浇筑完成一段时间后，按照一定的技术要求再后浇筑混凝土封闭。沉降后浇带主要解决相邻建筑的沉降差较大的问题，有时也可兼做温度后浇带的作用，在高层带裙房的建筑沉降后浇带应设置在裙房范围内，高层建筑施工周期较长，一般要求高层部分结构封顶且沉降基本稳定后才可以浇筑后浇带混凝土，因此沉降后浇带在施工期间存在时间也较长，在施工期间难免有建筑垃圾掉进后浇带内，施工前应考虑清扫垃圾的方法，板底应留有足够的空间方便清理。当地下水位高于地下室筏板基础时，基础施工的降水时间也较长，若考虑提前终止降水时，需与设计单位商定抗浮计算所需要结构施工完成的高度，并在后浇带处底板、基础梁的下部采取相应的措施，根据计算配置构造钢筋网片。应特别注意的是，在基础或上部结构施工期间需要提前结束降水时，施工企业不可自行决定，应满足上部结构的重量能抵抗地下水浮力要求，也应注意沉降是否稳定及后续沉降差是否过大，应同设计人员协商一致后方可实施。

当地质条件较好，地基土均匀且承载力较高、地下水位较低，通常地下室可以采用扩展基础加防水板的形式，防水板厚度根据柱距的尺寸一般采用 200～250mm，并双层双向配筋。当防水板的纵横任意方向长度大于 40m，也应设计温度后浇带，其做法及构造要求与筏形基础底板基本相同。

沉降后浇带通常设置在高层建筑与裙房相连的裙房一侧部位，在上部结构高度相差不大但上部荷载相差较大，或采用不同的基础形式沉降差较大需在结构施工期间完成一部分时，也会根据工程的具体情况设置沉降后浇带。当地质条件较好或采用桩基础，高层与裙房或纯地下室间沉降差较小，或在施工期间可以完成大部分沉降量等原因，设计通常不设置沉降缝而设置控制沉降差的后浇带，沉降后浇带也可以兼做温度后浇带，其宽度与温度后浇带基本相同。沉降后浇带的平面设置位置是考虑高层建筑地基承载力和变形的因素，当施工图设计文件将沉降后浇带设置在与高层建筑相邻裙房的第一跨内时，是因为高层建筑的基础底面积能满足地基承载力和变形要求不需要扩大。而当设置在第二跨内时，基本

是因为要满足高层建筑的地基承载力、减少高层建筑的沉降量、减少高层与裙房的沉降差等因素，而增大高层建筑的基础面积，此时要求地基土比较均匀，裙房的结构刚度较好且基础以上的地下室或裙房的结构层数不少于2层，此时裙房第二跨筏板厚度应与高层筏板厚度相同。沉降后浇带混凝土浇筑时间，需待主楼结构封顶后沉降基本稳定且沉降观测值与计算确定的后期沉降差满足设计要求，方可按照一定的技术要求浇筑混凝土封闭。考虑到后浇带混凝土封闭时，沉降后浇带两侧结构并没完全达到设计要求的沉降差，剩余的沉降量或沉降差将在后续几十年使用期间内才能逐步完成，因此在底板及地下室外墙在缝处宜设置橡胶止水带，橡胶止水带有一定的柔性，可以起到调节微小变形的作用，不建议采用刚性的钢板止水带。

温度后浇带通常要在同一位置一直设置到地下室顶板标高，沉降后浇带要设置到结构的顶板标高处。由于后浇带需要保留一定时间后才能浇筑混凝土补齐，因此，后浇带两侧的结构改变了正常使用状态，构件的受力情况也有所改变，施工时应对两侧结构做好妥善的临时支撑，特别是沉降后浇带地上裙房一侧跨数很少时，地下室周边的填土使裙房挡土墙的水平侧压力不能传递给高层主楼，可能导致裙房地上部分发生较大侧向变形，甚至会在施工期间发生部分倾覆、倒塌事故。在寒冷、严寒地区设置后浇带的工程不能在一个施工周期内封顶，在冬季停工期间应作好防护措施，避免因地基土的冻胀导致后浇带两侧的结构发生不能恢复的残余变形而影响建筑的正常使用和结构安全。

高层建筑与之相连的裙房间不设置后浇带而设置沉降缝时，高层部分从地面算起的埋深要比裙房的埋深至少深2m，考虑到高层建筑在地面以下的嵌固，地面以下的沉降缝间采用粗砂填实。

1. 后浇带的宽度不小于800mm，下部应留出一定清扫垃圾的深度空间，底板、基础梁的纵向钢筋可不截断，且在筏板上、下层宜增加配置 $\Phi12@200$ 的加强钢筋，伸进筏板内的长度不小于 l_a，见图6.31-1基础后浇带构造作法。

2. 当提前停止降水时，后浇带下部应设置抗水压的垫层，并根据地下水的反力配置计算所需要的钢筋，钢筋的配置及底部混凝土的厚度应在设计文件中详细注明。根据后浇带功能的不同，附加抗水压垫层内可设置附加柔性防水层及外贴式止水带，见图6.31-2提前停止降水后浇带构造作法。

3. 后浇带侧面混凝土采用专用钢板网隔断，当地下水位较高时，应在侧面设置橡胶止水带或钢板止水片。结合面应为粗糙面，后浇混凝土浇筑前应清除浮浆、松动的石子、软弱的混凝土层，结合面处用清水冲洗干净，并检测已浇筑的混凝土强度等级不应低于1.2MPa。

4. 温度后浇带的后浇混凝土应在底板混凝土浇筑两个月后浇筑，沉降后浇带需待高层结构封顶后，根据沉降观测沉降量基本稳定后，并结合当地的工程经验，均采用高一强度等级（5MPa）微膨胀混凝土浇筑，振捣密实并加强养护。

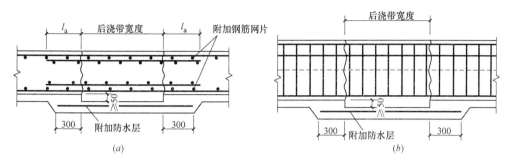

图 6.31-1　基础后浇带构造作法

（a）基础底板作法；（b）基础梁作法

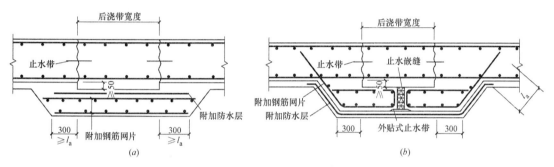

图 6.31-2　提前停止降水后浇带构造作法

（a）温度后浇带作法；（b）沉降后浇带作法

6.32　地下室防水板与扩展基础连接构造处理措施

当地基承载力特征值较高、地下室的防水、抗浮设计水位较低的多、高层建筑有地下室时，采用扩展基础（独立基础、条形基础）就可以满足上部荷载作用下的承载力和变形要求时，而不将基础设计成筏形基础或箱形基础，而是采用扩展基础加防水板，防水板可以作为地下室的刚性地面，可以起到防渗、防潮作用，也可以作为抗浮的防水板（当地下水位不高、水压不大时），这种做法既可以满足地下室的使用要求，也比筏形、箱形基础造价低，且施工也方便，在多、高层建筑工程中使用的也很多。为防止扩展基础在长期使用过程中的沉降与防水板不一致，通常在防水板下会设置软垫层协调沉降差，避免扩展基础较大的沉降使交接部位发生剪切破坏，软垫层需要能承担防水板和地面作法的自重及地下室地面荷载的能力，其材料技术要求及作法在施工图设计文件中均需注明。防水板的厚度通常为 $200\sim250\mathrm{mm}$，且应符合相应的防水等级或抗渗等级要求，在工程中防水板的设计位置分为上板位（与扩展基础的顶面平）、中板位（与扩展基础的顶面和底面均不平）和下板位（与扩展基础的底面平），地下室的外墙及内承重墙下应设计成条形基础，不能将独立基础之间的联系梁作为墙的基础。为了防止在施工期间发生温度裂缝，当防水板任意方向的长度大于 40m，也应设置温度后浇带或采用跳仓法、膨胀带等方式施工。当采用后浇带的做法时，可参照筏形基础的温度后浇带做法施工。由于扩展基础的底部均配置受力所需要的钢筋，防水板的下部钢筋伸进扩展基础内满足锚固要求即可，不需要在扩展基础内连续贯通，上部钢筋是否应在基础内贯通，应考虑扩展基础的上部是否配置了双向钢筋网片、防水板至扩展基础顶部的净尺寸等因素。应注意的是，扩展基础加防水板与筏形基础设置了上、下抗冲切柱墩，两者受力状态不同，其构造作法不应混淆。

处理措施

1. 下板位和中板位的防水板下部钢筋伸入扩展基础内的锚固长度应为 l_a，当扩展基础上部未配置钢筋网片时，上部钢筋应在扩展基础内贯通设置，当扩展基础上部设置了双向钢筋网片时，伸入扩展基础的锚固长度为 l_a，见图 6.32-1 下、中板位纵向钢筋在基础内的构造作法。

2. 上板位的防水板上部钢筋在扩展基础内应贯通配置，下部钢筋伸入基础内的锚固长度为 l_a，扩展基础内的下部钢筋应伸入防水板内满足锚固长度 l_a，当直线段不能满足时可水平弯折，见图 6.32-2 上板位纵向钢筋在基础内的构造作法。

3. 有防水要求时，防水板的防水等级不应低于二级，无防水要求时，抗渗等级不应低于 P6。

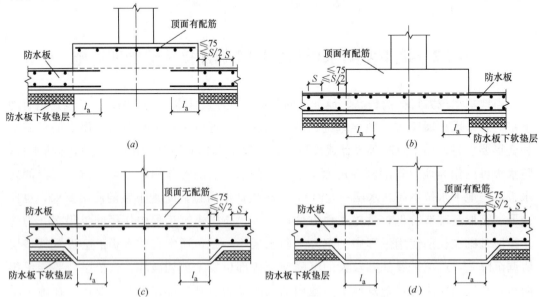

图 6.32-1　下、中板位纵向钢筋在基础内的构造作法

（a）下板位上部钢筋在基础内贯通作法；（b）下板位纵向钢筋在基础内锚固作法；

（c）中板位上部钢筋在基础内贯通作法；（d）中板位纵向钢筋在基础内锚固作法

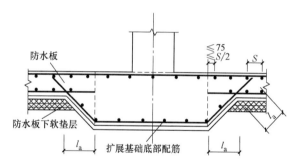

图 6.32-2　上板位纵向钢筋在基础内的构造作法

第七章　其他构造处理措施

7.1　混凝土结构中普通钢筋牌号选用原则

混凝土结构中的钢筋选用应根据强度、延性、连接方式、施工适用性等要求来选择。混凝土结构的安全在很大程度上由混凝土的强度等级决定，而混凝土构件中的主要受力钢筋对结构的承载力起着决定性的作用，钢筋作为结构的原材料由国家产品标准决定其牌号和力学性能（强度、伸长率等），现行国家产品标准不再限制钢筋材料的化学成分和制作工艺，而是按性能确定钢筋牌号和强度级别，并以相应的符号表达。根据"四节一环保"的要求，在工程建设中提倡采用高强、高性能的钢筋，根据混凝土构件受力性能的需要，选择现行《混凝土结构设计规范》中规定的各种牌号钢筋。

现行《混凝土结构设计规范》中的钢筋按强度等级分为 300MPa 级、335MPa 级、400MPa 级、500MPa 级四个等级。按牌号分为普通热轧系列钢筋：HPB300（HPB235 已取消）、HRB335、HRB400、HRB500；细晶粒热轧带肋系列钢筋（在钢筋的轧制过程中，通过控轧和控冷工艺形成细晶粒，晶粒度不粗于 9 度）：HRBF400、HRBF500。余热处理系列钢筋（扎制钢筋经高温淬火、余热处理后提高强度）：RRB400。按外形分为：光圆钢筋（HPB）、带肋钢筋（HRB、HRBF、RRB）。

普通钢筋采用屈服强度标准值 f_{yk} 作为标志（钢筋牌号后的阿拉伯数字），钢筋强度标准值按现行国家标准《钢筋混凝土用钢》GB 1499、《钢筋混凝土用余热处理钢筋》GB 13014 等的规定，其应具有不小于 95％的保证率。普通钢筋极限强度标准值 f_{stk}（钢筋拉断前相应于最大拉力下的强度）相当于钢筋标准中的抗拉强度特征值 R_m，用于结构抗倒塌设计，普通钢筋强度设计值 f_y 和 f'_y 是其标准强度除以材料分项系数 γ_s 而得到的，延性较好的热轧钢筋 γ_s 取 1.10，对 500MPa 强度等级的钢筋适当提高了安全储备，γ_s 取 1.15。钢筋抗压的强度设计值 f'_y 取与抗拉强度设计值 f_y 相同（对轴心受压构件，当采用 500MPa 级钢筋时，其钢筋的抗压强度设计值取为 400N/mm²）。构件中横向钢筋（箍筋）的抗拉强度设计值 f_{yv} 按抗拉 f_y 采用。普通钢筋除对其强度有规定外，还应对钢筋的延性有要求，根据我国的钢筋产品标准规定，钢筋在最大拉力下的总伸长率 δ_{gt}（或称为均匀伸长率）作为控制钢筋延性的指标，对于 HPB 牌号的钢筋应 $\delta_{gt} \geqslant 10$，对于 HRB、HRBF 牌号的钢筋 $\delta_{gt} \geqslant 7.5$，对于 RRB 牌号的钢筋应 $\delta_{gt} \geqslant 5.0$。

在工程设计文件中经常要求所有混凝土构件中使用的钢筋均为 HPB、HRB 系列钢筋，这样的要求并不完全合理，有抗震设防要求建筑中的主要混凝土构件、抗侧力构件、有延性要求的构件等，应该采用 HPB、HRB、HRBF 系列钢筋，对有些构件还要有特殊的强制性的规定。而次要构件、对延性无特殊要求的构件，从经济的角度考虑也可采用 RRB 系列钢筋。细晶粒热轧带肋系列钢筋 HRBF 与普通热轧系列钢筋 HRB 的强度和均匀伸长率要求是相同的，所不同的是细晶粒热轧带肋钢筋的可焊性差，不宜采用焊接连接，除非焊接经试验确定是能满足要求。HRBF 系列钢筋也不应作为直接承受动力荷载构件中的受力钢筋。HRB500 级带肋钢筋还没有进行充分的疲劳试验研究，也不宜用于承受疲劳作用构件中的纵向受力钢筋。RRB 系列余热处理的钢筋由于延性、可焊性、机械连接性能及施工适应性不好，因此可用在对变形性能、加工性能及施工适用性要求不高的构件中，也不宜用于直接承受疲劳荷载构件中的受力钢筋。现行《混凝土结构设计规范》GB 50010 仅列出了一种，即 RRB400。

应注意的是，根据"四节一环保"的要求，高强钢筋在工程中使用的越来越多，当 500MPa 钢筋用于受剪、受扭、受冲切箍筋时，其抗拉设计强度设计值应按不高于 400MPa 钢筋抗拉设计强度设计值采用。但用作围箍约束混凝土的间接配筋时，其设计强度值可不受限制。在工程中箍筋的钢筋代换时，应注意此项规定。

根据国家标准《钢筋混凝土用钢 第 2 部分：热轧带肋钢筋》GB 1499.2 修订稿中，已不再列入 HRBF335 钢筋和直径不小于 16mm 的 HRB335 钢筋，保留小直径（6～14mm）HRB335 钢筋的用途，主要用于中、小跨度楼板配筋以及剪力墙分布钢筋的配筋，还可用于构件的箍筋与构造配筋；对 HPB300 光圆钢筋从产品供应与实际应用中已基本不采用直径不小于 16mm 的规格，直径 6～14mm 钢筋主要用于小规格梁柱的箍筋与其他混凝土构件的构造配筋。对既有结构进行再设计时，强度为 235MPa 级光圆钢筋的设计值仍可按原规范取值。

处理措施

1. 400MPa、500MPa 级高强热轧带肋钢筋作为构件纵向受力的主导钢筋推广应用。

2. 梁、柱和斜撑构件的纵向受力配筋应优先采用 400MPa、500MPa 级高强钢筋，500MPa 级高强钢筋用于高层建筑的柱、大跨度与重荷载梁的纵向受力配筋更为有利。

3. 箍筋宜采用高强度的 HRB、HRBF 及 HPB 系列钢筋，也可以采用低强度的 HRB、HRBF、系列钢筋；当用作受剪、受扭、受冲切时，不宜采用强度高于 400MPa 级的钢筋，当用作约束混凝土的间接钢筋（连续螺旋箍筋、焊接封闭箍筋等），可采用强度为 500MPa 级钢筋。

4. 承受疲劳荷载的构件宜选用 HRB400 级钢筋，HRBF 系列钢筋，HRB500 级钢筋不宜用于承受疲劳荷载的构件。

5. RRB400 级钢筋不宜用于直接承受疲劳荷载的构件和对延性要求不高的构件，如基础、大体积混凝土、楼板以及次要的中小结构构件等。

6. 钢筋进行检测时不但要检测钢筋的抗拉强度，还应检测钢筋的均匀伸长率，均应满足现行相关标准的规定。

7.2 抗震结构混凝土构件中使用普通钢筋的要求

抗震结构中的抗侧力构件需要具有一定的延性，其目的是为避免在大震时发生倒塌破坏，因此对主要构件及重要性较高构件的材料有一般性要求和强制性要求。对混凝土有最高和最低强度等级的限制，混凝土的强度对保证构件塑性铰区发挥延性能力具有较重要的作用，现行的国家强制性标准中规定了对重要性较高的框支梁、框支柱，抗震等级为一级的框架梁、框架柱及节点核心区混凝土最低强度等级要求，抗震设计比非抗震设计要求得更高。高强度混凝土因有明显的脆性，由于侧向变形系数偏小，使箍筋对它约束的效果达不到预期要求，以此对高烈度地震区主要抗侧力构件混凝土使用的强度等级也做必要的限制。

在抗震结构中抗侧力构件纵向钢筋的变形性能直接影响构件在地震作用下的延性，因此，宜选用高强度的热轧带肋系列钢筋（HRB、HRBF），箍筋宜选用热轧系列钢筋（HPB、HRB、HRBF）。当有较高要求时，可采用国家标准《钢筋混凝土用钢 第二部分：热轧带肋钢筋》GB1499.2牌号带"E"的钢筋。

抗震设计的纯框架结构由于属单一设防防线对抗震不利，在地震作用下水平变形较大，且二阶效应较明显，因此层数不宜较多，总高度也不宜太高，应严格控制顶点的水平位移。对抗震设计等级较高的各类框架，包括斜撑构件（未设置下端滑动支座的楼梯踏步斜段），现行国家强制性标准中的强制性条文有特殊的严格规定，当采用普通热轧带肋系列钢筋时，对纵向受力钢筋实测抗拉强度最大值与受拉强度屈服比值（强屈比）的限制，其目的是结构某部位在出现较大塑性变形或已形成了塑性铰后，钢筋在大变形时具有一定的强度潜力，保证构件的基本承载能力，并且在塑性铰处有足够的转动能力和耗能能力。对纵向受力钢筋受拉屈服强度实测值与受拉强度标准值比值（屈强比）的限制，主要是为实现现行国家强制性标准规定的"强柱弱梁"和"强剪弱弯"的目的，不至于因钢筋屈服强度离散性过大而受到影响。对纵向钢筋在最大拉力下的总伸长率要求，主要是为保证在地震大变形条件下，钢筋具有足够的塑性变形能力。以上三条是控制钢筋延性的重要性指标。施工图设计文件对某些构件中的普通热轧带肋钢筋有这三条强制性要求，施工应单独设置验收批，检测结果必须符合此要求。

处理措施

1. 在柱、梁、支撑及剪力墙边缘构件中，受力钢筋宜采用热轧带肋钢筋；当采用牌号带"E"的热轧带肋钢筋时，其强度、弹性模量应符合普通热轧带肋钢筋的规定。

2. 抗震等级为一～三级框架和斜撑构件（含未设置滑动支座的楼梯踏步段），其纵向受力钢筋采用普通钢筋时应符合以下要求（强制性规定）：

    1）钢筋的抗拉强度实测值与屈服强度实测值的比值（强屈比）不应小于1.25。

    2）钢筋屈服强度实测值与屈服强度标准值的比值（屈强比）不应大于1.30。

    3）钢筋在最大拉力下的总伸长率实测值不应小于9%。

    3. 不需要考虑抗震构造措施构件中的受力钢筋，可按本章第7.1条的处理措施采用。

7.3 带"E"牌号钢筋的使用处理措施

在工程中混凝土结构使用的普通热轧带肋系列钢筋（HRB）和细晶粒热轧带肋系列钢筋（HRBF），按现行国家标准《钢筋混凝土用钢》GB 1499.2中的牌号分为带"E"和不带"E"两种，牌号带"E"的钢筋在"强屈比"、"屈强比"和最大伸长率均能符合本章第7.2条处理措施中的要求，其强度设计值和弹性模量的取值与不带"E"同牌号热轧带肋钢筋相同。由于这种牌号的钢筋具有良好的延性通常被称为"抗震钢筋"，可以优先选择使用在抗震结构中对构件延性要求较高的关键部位和重要构件中的纵向受力钢筋，不带"E"牌号的热轧带肋钢筋用以上部位时，需经检测满足以上3项指标要求。在工程建设中有些部门要求抗震结构中的所有钢筋均采用"E"牌号的钢筋，这种要求不尽合理，由于带"E"牌号钢筋的单位价格稍贵，对次要构件和对延性要求不高的构件不要求必须采用。

细晶粒热轧带肋系列钢筋由于焊接性能不稳定，焊后的焊接接头力学性能也不稳定，在施工中不宜采用焊接连接，当钢筋直径较小时可采用绑扎搭接，当钢筋直径较大时可采用机械连接接长。

处理措施

1. 牌号带"E"的普通热轧带肋系列钢筋、细晶粒热轧带肋系列钢筋，宜优先在抗震结构中的一～三级抗震等级中的框架梁、框架柱、斜撑构件（含未设置下端滑动支座的楼梯踏步段）中的纵向受力钢筋使用。

2. 抗震结构中的框支柱、框支梁、板柱-抗震墙的柱，以及伸臂桁架的柱和周边未设置混凝土墙的楼梯间中的板式楼梯（未设置下端滑动支座）等构件，其纵向受力钢筋宜优先采用牌号带"E"的普通热轧带肋系列钢筋、细晶粒热轧带肋系列钢筋。

3. 目前可选用牌号带"E"的高强普通热轧带肋系列钢筋有：HRB400E、HRB500E。

4. 目前可选用牌号带"E"的高强细晶粒热轧带肋系列钢筋有：HRBF400E、HRBF500E。

5. 牌号带"E"的细晶粒热轧带肋系列钢筋和直径大于28mm的普通热轧带肋钢筋，若采用焊接连接时，应经试验确定其焊接后的有关性能符合相关规定后方可采用。

7.4 细晶粒带肋钢筋的使用处理措施

我国土建行业使用的高强度钢筋主要为普通热轧带肋钢筋，特别是在抗震结构的抗侧力构件中的受力钢筋不允许采用冷加工钢筋，所以设计者通常都选用 HRB 牌号的普通热轧带肋钢筋，普通热轧带肋钢筋中主要是添加钒、钛等合金元素的普通低合金钢。由于土建行业钢筋用量巨大，近年来已造成钒、钛等低合金资源资紧张，对热轧钢筋的生产和应用带来不利影响。细晶粒带肋钢筋（HRB）也是热轧的，是在生产的过程通过控轧和控冷工艺而轧制成的带肋钢筋，晶粒度不粗于 9 级，在生产过程中不需要添加或只需添加很少的钒、钛等合金元素，可节约钒、钛等合金元素资源，降低碳当量和钢筋的价格，属低碳、节能的建筑材料。其外形、强度和延性与普通热轧带肋钢筋相同，完全可以满足混凝土结构对钢筋性能的要求。根据《混凝土结构设计规范》GB 50010—2010 的 2015 年局部修订，细晶粒带肋钢筋（HRB）可作为结构的主要受力钢筋，不再是"也可"的选择了。特别是在混凝土结构中的柱、梁和斜撑构件中宜采用此类钢筋。由于此类钢筋的焊接性能和焊后的力学性能不稳定，若工程中采用焊接连接时，应通过试验确定其可行性，否则小直径的可采用绑扎搭接连接，较大直径的可采用机械连接。

处理措施

1. 现行产品标准中的高强细晶粒热轧带肋钢筋为：HRBF400、HRBF500。

2. 细晶粒带热轧肋钢筋采用焊接连接时，应经试验确定其可行性。直径较小时宜采用绑扎搭接，直径较大时宜采用机械连接。

3. HRBF500 钢筋安全储备较高，宜在高层建筑中的柱、转换构件、承受较重荷载的水平构件中的纵向受力钢筋使用。

7.5 混凝土构件中钢筋代换处理措施

在混凝土结构施工中由于材料用量较大，部分构件的纵向受力钢筋中会出现缺少设计规定牌号的钢筋情况，而采用其他牌号的钢筋替代。不应误认为用相同直径的比设计要求强度高的钢筋替代原设计的钢筋，或用相同牌号直径大于原设计的钢筋就是安全的。钢筋代换应遵循等强度代换的原则，并需作相关内容的验算，构件中纵向受力钢筋不宜用高于设计强度等截面面积代换，也不应采用数量不变而用大直径钢筋替代小直径的钢筋。特别是在抗震结构中有抗震构造措施要求的构件，当采用代换后的纵向受力钢筋总承载力设计值大于或小于原设计时，会造成结构整体薄弱部位的转移，设计时要求的在地震作用下首先发生破坏或出现塑性铰的部位反而被加强了，而不能起到消能的作用。有些部位被加强后会发生混凝土的脆性破坏（混凝土局部压碎、剪切破坏等），对结构的整体并不安全。还应注意纵向受力钢筋的强度、直径的变化会影响构件在正常使用条件下的挠度和裂缝宽度等情况。因此，对抗震设计的结构，现行《抗震规范》对构件中纵向钢筋的代换是强制性规定，钢筋代换时应办理书面的设计变更或洽商文件。设计文件中应提出明确规定提醒施工单位。

由于构件在受力时钢筋是处于受拉或受压状态，在同一构件中的同一部位钢筋代换时，应采用同一牌号的钢筋且直径不宜大于两级，采用不同牌号的纵向受力钢筋是有安全隐患的。特别是当构件处于极限状态时，由于钢筋的设计强度标准值不同，部分较低强度的钢筋首先达到设计强度标准值，会造成构件未达到设计承载极限能力时就产生了破坏。在结构抗倒塌设计时，同一部位的钢筋的极限强度标准值相差较大，会造成抗倒塌设计失效。

处理措施

1. 钢筋代换应办理书面变更文件，注明变更的主要内容，如钢筋的牌号、直径、数量等。

2. 钢筋代换的原则应是构件中纵向钢筋的总承载力设计值基本相同，不高于原设计的纵向钢筋总承载力设计值。

3. 代换的钢筋应验算最小配筋率、最大配筋率，代换钢筋的直径大于原设计时，应注意纵向钢筋的净距要求。

4. 应验算构件在正常使用阶段的裂缝宽度、挠度，并在规定的允许范围内。

5. 同一构件中同一部位的钢筋应采用相同牌号、强度等级相同的钢筋。

6. 同一部位纵向受力钢筋的直径相差不宜太大，一般不大于两级。

7.6 混凝土构件纵向受力钢筋配筋率的计算方法及处理措施

混凝土构件中的纵向受力钢筋必须满足最小配筋百分率的规定，纵向受力钢筋最小配筋百分率是现行国家标准中的强制性规定，纵向受力钢筋配筋百分率计算方法也是强制性规定。有些构件中的钢筋虽然不是纵向受力钢筋，但是也有最小配筋百分率的强制性的规定，如：抗震设计高层建筑剪力墙中的水平和竖向分布钢筋等。而构件中某些钢筋虽然有最小配筋百分率的规定，但不是强制性的规定，如：混凝土板中的分布钢筋和构造钢筋、梁腰筋等。在工程设计时工程师均会根据规定验算混凝土构件中的最小配筋百分率，并且满足相应的规定，施工时不需要施工人员计算构件中的最小配筋百分率。

构件中的配筋率应由设计人员验算，施工中通常不需要施工企业的技术人员再验算，但有些时候也必须计算某些构件中的配筋率才能确定钢筋的加工长度。当前所有设计院的施工图设计文件基本均按"平法"制图规定编制，标准节点的构造做法需要按现行国家标准设计系列图集 G101 的详图构造节点施工，有些节点需要施工时计算构件的配筋百分率才能确定采用的构造措施方式和钢筋的长度。如：框架结构的顶层边节点和角节点，当采用不同的钢筋连接方式时，计算框架梁上部钢筋的配筋百分率是否大于 1.2%，以及框架柱外侧竖向钢筋的配筋百分率是否大于 1.2% 来确定钢筋是否采用两次截断。混凝土构件的受力类型不同，计算配筋百分率的方法也不相同。因此，需要按正确的方法计算不同受力类型构件中的配筋百分率，才可以符合详图节点的构造要求。

<u>处理措施</u>

1. 混凝土构件中的配筋百分率 ρ（%）为钢筋的截面面积 A_s 与规定的构件截面面积 A 的比值，即 $\rho = A_s/A$。

2. 受压构件中的全部纵向钢筋和一侧纵向钢筋的配筋百分率，其构件的截面面积应按全截面面积计算，见图 7.6-1 受压构件截面面积及配筋百分率计算。

3. 轴心受拉构件和小偏心受拉构件一侧受拉钢筋的配筋百分率，其构件的截面面积应按全截面面积计算，见图 7.6-2 构件截面面积及一侧配筋百分率计算。

4. 受弯构件、大偏心受拉构件一侧受拉钢筋的配筋百分率，其构件的截面面积应按全截面面积扣除受压翼缘面积（$b'_f - b$）h'_f 后的截面面积计算，见图 7.6-3 构件截面面积及一侧配筋百分率计算。

5. 当钢筋沿构件截面的周边布置时，"一侧纵向钢筋"系指沿受力方向两个对边中一边布置的钢筋计算，见图 7.6-4 构件截面的周边布置时的一侧钢筋。

6. 框架顶层边节点及角节点计算框架梁上部配筋百分率时，按不扣除翼缘面积的矩形截面为构件的截面面积计算；框架柱一侧钢筋的配筋百分率按受压构件计算。

7. 单向板中的分布钢筋最小配筋率不宜小于 15%，板中温度钢筋不宜小于 0.10%，梁侧面的构造腰筋不应小于 0.10%（截面面积为腹板截面面积）。

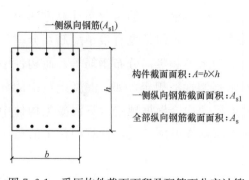

图 7.6-1　受压构件截面面积及配筋百分率计算

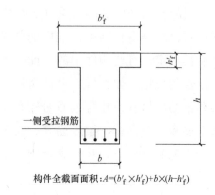

图 7.6-2　构件全截面面积及
一侧配筋百分率计算

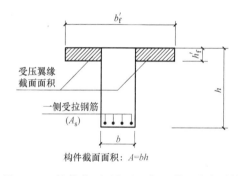

构件截面面积：$A=bh$

图 7.6-3　构件截面面积及一侧配筋百分率计算

图 7.6-4　构件截面的周边布置时的一侧钢筋

7.7　混凝土构件中纵向受力钢筋最小间距规定

混凝土构件中的纵向受力钢筋除有最大间距要求外，还规定有最小间距或净距的要求。不同构件的要求不相同，其目的主要是为保证混凝土的浇筑质量、方便施工，钢筋的间距或净距太小，振捣器不易插入，且混凝土不易振捣密实，影响混凝土的密实度和质量。钢筋不能在混凝土中很好地锚固（握裹），也会影响构件的受力性能。

当前所有的现浇混凝土结构施工图设计文件基本采用"平法"编制，有些构件仅注明构件的截面尺寸、纵向钢筋的数量，而未对纵向钢筋的最小间距或净距提出要求，在设计时设计者通常只考虑到钢筋的最大间距要求，而不考虑钢筋的最小间距和净距的要求是不正确的设计做法，也不仅仅按理论排布钢筋能排得下而忽视施工时能否满足振捣器的插入，特别是水平构件的上部钢筋间距更应重视。在施工中只满足钢筋的数量符合设计文件的规定是不够的，在构件中纵向受力钢筋的排布、箍筋的加工等工序中，还应注意钢筋最小间距或净距的要求，特别是有些规定是较严格的"不应"，需严格执行。在施工图交底前应熟悉相关的规定，当不能满足最小要求时，应及时与设计人员沟通解决，避免钢筋加工完成后，在排布、绑扎时才发现，解决的难度太大。

处理措施

1. 梁上、下部纵向钢筋的净距要求详见第四章的相关处理措施；水平浇筑的预制柱，纵向钢筋的最小净距按梁的规定采用。

2. 柱中纵向钢筋的最小净距<u>不应</u>小于50mm，圆柱中的纵向钢筋不宜少于8根，<u>不应</u>少于6根，并宜按周边均匀布置。

3. 扩展基础（独立基础、条形基础）中底板的受力钢筋最小间距<u>不应</u>小于100mm。

4. 现浇混凝土楼、屋面板受力钢筋最小间距不宜小于70mm。

5. 筏形基础中的筏板上、下层受力钢筋的最小间距不宜小于150mm。

6. 托墙转换柱、托柱转换柱中的纵向钢筋最小间距<u>不应</u>小于80mm。

7. 混凝土灌注桩纵向钢筋的根数不应少于 6 根，且沿桩周边均匀布置，其净距不应小于 60mm。

8. 纵向受力钢筋采用机械连接接头时，接头宜错开，机械连接套筒的横向净距不宜小于 25mm。

7.8 抗震设计剪力墙底部加强部位范围的规定

抗震设计的剪力墙（或称抗震墙）均需设置底部加强区，其目的是保证剪力墙底部出现塑性铰后还具有足够的延性，地震发生时由于建筑的底部剪力较大，塑性铰会发生在底部，不采取必要的加强措施，在大震的情况下建筑底部会发生剪切破坏使建筑物整体倒塌，在国内外的历次地震中均有发生此类破坏的震害实例。因此，对可能出现塑性铰的部位加强抗震构造措施，提高其抗剪切破坏能力。当剪力墙的轴压比较大时，在墙端部设置约束边缘构件、限制单片剪力墙肢的高宽比、增大墙肢的水平和竖向分布钢筋的配筋率等作法，使其具有较大的塑性变形能力，来提高整个结构的抗地震倒塌能力。剪力墙底部被加强的部位称作"底部加强部位"。剪力墙的底部加强部位范围与墙肢的高度有关，为了安全，在设计时加强部位的高度范围要适当地扩大。现行的国家标准《建筑抗震设计规范》GB 50011 和行业标准《高层建筑混凝土结构技术规程》JGJ 3，对剪力墙底部加强部位的范围与上一版规范规定有很大的不同，施工图设计文件均会注明该范围，不需要施工企业计算。但是，施工前应对图纸认真熟悉，特别应注意该项目设防烈度、各部分（地上、地下）的抗震等级、底部嵌固部位、剪力墙的底部加强部位的范围、剪力墙约束边缘构件的设置范围等。剪力墙的抗震等级不同、部位不同、边缘构件的种类不同，抗震构造要求也不相同。如：一、二级抗震等级剪力墙底部加强部位范围的水平和竖向分布钢筋应错开搭接连接，根据剪力墙的轴压比设置约束边缘构件等。非抗震设计的剪力墙结构不设置底部加强部位。

高层建筑的剪力墙肢底部加强部位范围与底部嵌固部位位置有关，当地下室顶板作为上部结构的嵌固部位时，剪力墙肢高度应从地下室顶板算起，否则应延伸至嵌固部位。通常纯剪力墙结构地上与地下部分的墙厚变化不大，刚度比不能满足嵌固的要求，因此，地下室顶板不能作为上部结构的嵌固部位，应延伸至地下一层楼板处，剪力墙底部加强部位范围也应延伸至地下一层楼板。当地下室顶板可以作为上部结构的嵌固部位时，则不需要再向下延伸一层。对部分框支剪力墙、带裙房（高层与裙结构相连）的高层建筑、地上高度不大于 24m 的剪力墙结构，底部加强部位的范围计算方法及构造要求的加强范围层数是不同的。剪力墙底部加强部位在抗震中是结构的重要部位和关键部位，在设计和施工时都应认真对待。

处理措施

1. 剪力墙底部加强部位的范围均从地下室顶板算起。

280

2. 普通剪力墙结构高度大于 24m 时，底部加强部位的高度取底部两层和墙肢总高度的 1/10 两者较大值，见图 7.8-1 普通剪力墙底部加强部位高度。

3. 剪力墙结构高度不大于 24m 时，底部加强部位高度取底部一层。

4. 部分框支剪力墙结构中的剪力墙，取框支层加框支层以上两层及落地剪力墙总高度的 1/10 两者较大值，见图 7.8-2 框支剪力墙底部加强部位高度。

5. 结构整体计算嵌固端位于地下一层的楼板或以下时，剪力墙底部加强部位应延伸至嵌固端。

6. 带裙房的高层建筑中高层部分剪力墙底部加强部位的高度，应从裙房屋面向上延伸一层，见图 7.8-3 带裙房高层剪力墙底部加强部位高度。

7. 上部结构的计算嵌固部位不在地下室顶板时，加强区部位延伸至地下一层或计算的嵌固层楼板处，见图 7.8-4 剪力墙底部加强部位向下延伸。

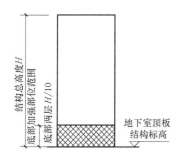

图 7.8-1　普通剪力墙底部加强部位高度

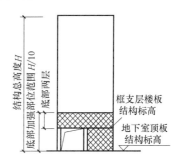

图 7.8-2　框支剪力墙底部加强部位高度

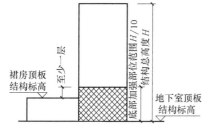

图 7.8-3　带裙房高层剪力墙底部加强部位高度

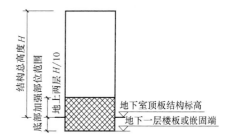

图 7.8-4　剪力墙底部加强部位向下延伸

7.9　如何区别框架柱、剪力墙端柱、异形柱、剪力墙、短肢剪力墙、剪力墙的小墙肢等竖向构件概念

在现浇混凝土多、高层建筑中，对竖向构件名称定义的理解影响到构件的构造处理措施，特别是在抗震设计的结构中，不同构件的抗震构造措施不相同，正确理解竖向构件的名称定义可避免构造处理措施采用不正确而影响结构的安全。结构构件除需要正确地计算分析外，还应采取相应的构造措施来保证结构的可靠性，构造措施通常是在结构整体分析假定中需要忽略的内容、无法通过计算确定的构造做法和根据工程实践经验证明是有效而

采取的处理措施等。因此，在工程的建设活动中除应"重计算"也要"重构造"，两手都要硬才能真正保证结构的安全可靠和耐久性。竖向构件名称定义的概念与其在建筑中设置的位置、构件的长度、截面长边与短边的比值等有关。

框架柱是一个独立的竖向构件，它在平面上需与框架梁相连，抗震设计时节点区及节点核心区应采取相应的抗震构造措施，如：柱端箍筋需加密、纵向受力钢筋在柱端不应采用绑扎搭接连接等。其截面长边与短边的比值也需控制在一定的范围内。当柱的净高与截面长边的比值不大于 4 时称为框架短柱，不大于 2 时称为框架超短柱，短柱和超短柱为防止在地震作用下发生剪切破坏，需要采取更严格的抗震构造措施，如：箍筋沿柱全高加密、在柱内设置核心柱、设置型钢等措施。

剪力墙端柱不是一个独立的竖向构件，这种竖向构件只在剪力墙结构及框架-剪力墙结构中才设置，端柱与剪力墙端部相连形成带边框的剪力墙，端柱的截面尺寸与同层的框架柱基本相同，并需要与相连的剪力墙截面宽度满足一定的比例关系，才能对剪力墙形成约束，才可以作为剪力墙的水平方向的支座，剪力墙水平分布钢筋可以在端柱内锚固。由于它与同层的框架柱截面尺寸相差不大，因此它既是框架柱也是剪力墙的边缘构件，抗震构造措施要同时符合框架柱和剪力墙边缘构件两者最严格的要求。

扶壁柱是在剪力中部设置的非独立构件，它既是剪力墙的一部分同时也是一种柱，其截面尺寸及长边与短边的比值也应符合柱的要求。一般会设置在剪力墙的平面外跨度较大梁下处作为梁的支座，当梁纵向受力钢筋在墙内的锚固长度不足，或者竖向荷载较大在墙内设置暗柱不能满足承载力的要求时，为保证剪力墙平面外的稳定等原因而设置的，在剪力墙两侧的楼板不在同一结构标高时，按错层结构的处理要求也需要设置扶壁柱，防止该处的剪力墙形成低矮墙，是地震作用时防止发生剪力破坏的构造做法。扶壁柱的纵向配筋是按计算配置的，抗震构造措施应按框架柱的规定，有时还需要箍筋沿柱高度箍筋全高加密。

剪力墙中的暗柱通常是设置在剪力墙内部的非独立竖向构件，其厚度同剪力墙，在墙的转角处、墙上有较大集中荷载处、在楼层设置垂直墙的楼面梁等处会设置，暗柱纵向钢筋除满足计算结果配置外还应按构造要求配置，且需要配置箍筋。墙上有较大集中荷载处的暗柱最大长边尺寸不宜大于其上部梁宽加两倍的墙厚，当暗柱上的集中荷载较大时在暗柱内配置的纵向钢筋不能满足强度要求则需要设置型钢，如筒体结构的核心筒在楼层处设置了楼面梁处的墙内暗柱等。在施工图设计文件中，抗震设计的剪力墙端部设置了与墙同宽的边缘构件，不应按暗柱标注，也不能理解为是剪力墙的端柱，它不能作为剪力墙的水平支座，不能按暗柱采取构造措施，应根据边缘构件的性质采取相应的构造措施。因此要准确地理解剪力墙边缘构件与剪力墙中暗柱的区别。

异形柱是独立的竖向构件，它通常与楼层的梁组成异形柱框架结构体系，在规则的结构平面及多层建筑中采用较多，构件的截面形状是不规则的，以 T 形、L 形、十字形居多，异形柱的宽度有最小尺寸要求，长边与短边的比值应符合柱的要求，异形柱不应与短肢剪力墙概念混淆。抗震设计的异形柱框架结构体系，它的抗震构造措施比普通框架结构要求更严格，不能按现行国家标准设计系列图集 11G101、11G329 中的详图节点构造做法，应采用符合异形柱框架结构的相应行业标准及相应的国家或地方标准设计图集采用。

剪力墙是当前多、高层建筑中普遍采用的竖向抗侧力构件，它具有侧向刚度大、水平变形小、竖向承载力高、建筑的整体稳定性好等优点，在高层住宅建筑中采用纯剪力墙结构体系，可以使室内无外凸构件，更方便家具的布置和利用空间。抗震设计时在框架结构中设置一定数量的剪力墙，可以形成框架-剪力墙结构体系，由剪力墙承担大部分或全部地震剪力，使整体结构在地震作用时形成多道抗震防线，而剪力墙可以作为第一道防线，在偶遇地震、罕遇地震作用下发生破坏后，框架部分作为第二道防线还具有一定的抗侧力能力，比纯剪力墙和纯框架结构体系的安全度更高，可以减少在罕遇地震作用下的倒塌破坏。由于剪力墙的这些特点，因此在抗震设计的板柱结构（无梁楼盖）体系中，当层数较多时也需设置一定数量的剪力墙作为抗侧力构件。剪力墙的厚度通常是根据层高、部位、轴压比和稳定等要求确定，在抗震设计时墙的长度不能太长，各段墙肢的高度与长度的比值不宜太小，尽量避免形成低矮墙，单片剪力墙承担的地震剪力不能太多，防止发生剪切破坏和剪力墙承担地震作用不均匀。墙肢的端部需根据抗震等级、所在部位及轴压比等因素而设置不同性质的边缘构件。

短肢剪力墙也是剪力墙，只是当墙截面的高度与厚度的比值较小时而定义的，抗震设计时其构造处理措施更严格，不能理解为一般意义的剪力墙。在墙厚度不大的多、高层建筑中的剪力墙因使用功能等要求在墙肢上开洞后会形成短肢剪力墙。开洞后的剪力墙长度与墙厚比值在一定范围内才可以称为短肢剪力墙。当剪力墙有翼缘墙时，按各墙肢的长度与厚度的最大比值来确定是否属短肢剪力墙。由于短肢剪力墙沿高度可能会在多个楼层墙肢出现反弯点，受力特点又接近异形柱，且要承担较大的轴力和剪力，因此在建筑中布置较多短肢剪力墙时，房屋的最大适用高度根据不同的地震设防烈度应适当降低。短肢剪力墙的抗震性能较差，在地震设防地区的应用并不多，从抗震安全的角度出发，高层住宅建筑一般不宜布置较多的短肢剪力墙，不应采用全部为短肢剪力墙的结构体系，并对短肢剪力墙采取更严格的抗震构造做法和抗震处理措施。如：对短肢剪力墙底部加强部位的最小厚度要求，最大轴压比的限制、全部竖向分布钢筋的最小配筋率要求等。截面长度与厚度稍大的短肢剪力墙端部也会设置边缘构件。施工图设计文件中通常不会标注短肢剪力墙（"平法"中无短肢剪力墙的编号规定），而是在设计时结构工程师考虑其作用，施工的技术人员应了解短肢剪力墙的概念、受力特点和特殊的构造要求，并在施工中应重点关注。

剪力墙中小墙肢一般是指在墙肢内相邻开洞后剩下的实墙，其截面高度与墙厚的比值很小，但它不能认为是短肢剪力墙，设计时需按框架柱考虑。剪力墙和柱在荷载作用下均会受压和受弯，其压弯的破坏状体及计算原理基本相同，但是柱截面与墙截面的配筋计算方法不相同，截面的配筋构造也各不相同，为了方便剪力墙设置边缘构件和分布钢筋，因此需要设定短肢剪力墙与小墙肢的分界点，现行的《高规》规定的分界点与上一版《高规》不相同。小墙肢的截面设计需要按框架柱进行，并配置箍筋，抗震设计时需要沿墙肢竖向高度箍筋全高加密。

处理措施

1. 独立的竖向构件截面长边与短边的比值不大于 4 时为柱。

2. 端柱是与剪力墙端部相连并符合柱平面尺寸比值要求的非独立竖向构件，其截面宽度不小于剪力墙厚度的 2 倍，截面高度不小于宽度称为剪力墙端柱。

3. 异形柱为截面形状为 T 形、L 形和十字形，厚度不小于 200mm，截面高度与宽度的比值不大于 4 的独立竖向构件。

4. 剪力墙为截面的长度与宽度之比不小于 8 的墙肢且长度不宜大于 8m。

5. 短肢剪力墙为截面宽度不大于 300mm，各墙肢的截面长度与宽度之比的最大值不小于 4 且不大于 8 的墙肢。

6. 墙肢的截面长度与宽度之比不大于 4 的剪力墙，为剪力墙中的小墙肢，需按框架柱设计。

7.10 抗震等级为特一级构件的构造处理措施

抗震设计的钢筋混凝土结构均应在设计文件的总说明中注明结构各部分的抗震等级，有地下室的高层建筑地下一层的抗震等级同地上一层，地下二层及以下可逐层降低，但不能低于四级。抗震等级的确定是根据规定的设防烈度、结构类型、房屋的高度等因素确定的，根据确定后的抗震等级在设计和施工时采用相应的整体计算、不同的抗震措施和抗震构造措施，抗震等级的不同可以体现在对结构整体抗震性能或构件的要求严格程度不同。比抗震等级为一级更高的是抗震等级特一级，在设计时特一级抗震等级的混凝土构件除应符合一级混凝土构件的所有设计要求外，在结构计算和构造上有更高的要求，如部分构件的内力应乘以不同的增大系数，部分构件的配筋率也要增大等。抗震措施比抗震一级要求更高、更严格，对承载能力、变形能力及抗震的延性性能也提出了更高要求，在结构关键部位及重要的构件有时还有对宜选用材料的规定。在实际工程中定位特一级抗震等级多是 7 度以上设防的 B 级高度的高层建筑、复杂的高层建筑、混合结构的高层建筑、超限超高的高层建筑等，对于重要性程度较高或结构体系多重复杂的工程也有可能定为特一级。根据现行《高规》的规定，在抗震设防为 9 度地区不允许设计混凝土框架结构、部分框支剪力墙结构和板柱-剪力墙结构的高层建筑，因此，高层建筑中没有抗震设防为 9 度的特一级抗震等级的框架、部分框支剪力墙、板柱-剪力墙结构体系。

特一级抗震等级在结构设计时，是在一级抗震等级的基础上对相应的内力均有不同程度的提高，构件最小配筋率及构造配筋比一级要求得更高，如：框架梁、柱端的弯矩和剪力均需乘大于 1 的增大系数，剪力墙的墙肢水平和竖向分布钢筋配筋率、边缘构件中纵向钢筋最小配筋率等均需提高。这些设计成果均都反映在施工图的设计文件中。当前几乎所有设计单位的混凝土结构施工图设计文件均采用的"平法"制图规则及表达方式，在相应的国家标准设计图集的详图构造中，并无有关特一级抗震等级的构造做法，各构件中内力的增大、配筋率的增大等设计要求均体现在设计文件中了，若无特殊注明或要求时，均可按一级抗震等级的构造做法施工。

处理措施

1. 设计文件无特殊要求时，施工时应按一级抗震等级的构造做法施工。如梁、柱箍筋的加密区范围、受力钢筋的锚固长度、钢筋的连接构造要求等。

2. 框支剪力墙中的落地剪力墙底部加强区边缘构件中若配置型钢时，型钢宜在底部加强区向上、向下各延伸一层。

3. 剪力墙结构中的连梁构造做法同一级抗震等级。

7.11 混凝土结构耐久性基本要求处理措施

混凝土结构的可靠性的保证是由其安全性、适用性和耐久性组成的，混凝土结构设计分为承载能力极限状态计算和正常使用极限状态验算，混凝土结构的耐久性是按正常使用极限状态控制的，耐久性设计是工程设计中较重要的内容，在施工图设计文件中均会提出对混凝土构件耐久性的基本要求。耐久性极限状态的特点是随时间的发展因材料的劣化而引起性能的减低，主要表现为：混凝土结构的表面出现钢筋锈蚀膨胀裂缝、可见的酥裂和粉化等耐久性损伤，进一步发展会引起构件承载力的减低，甚至发生破坏。结构在规定的设计使用年限内，正常的维护下应具有足够的耐久性能。所谓足够的耐久性能，系指结构在规定的工作环境中和预期内，其材料性能的恶化不至于导致结构出现不可接受的失效率。从建筑工程的角度来讲，足够的耐久性能是指在正常维护条件下，结构能够正常使用到规定的设计使用年限。

混凝土结构的耐久性设计与使用年限有关，不同的使用年限均有不同的要求。目前大量的工程项目均按设计使用年限为 50 年设计的，在现行《混凝土结构设计规范》GB 50010 中规定了相应的耐久性基本要求。影响耐久性的外因是结构所处的环境，内因是混凝土材料的质量，主要包括混凝土的水胶比、强度等级、氯离子含量和碱含量等。近些年来混凝土的胶凝材料不仅只是水泥，加入了多种不同的掺合料，掺合料的加入可以减少水泥的用量并增加混凝土的和易性，如粉煤灰等工业废料，这样就会使有效的胶凝材料的不确定性很大。现行《混凝土结构设计规范》GB 50010 不再用"水灰比"而改为"水胶比"来控制胶凝材料的总量。混凝土强度等级要求是反映密实度影响耐久性的要求，而不是在不同环境等级中保证混凝土最低强度等级的要求，此项要求有时在施工图设计文件中不一定标注，而是设计者需要考虑的问题。控制混凝土中氯离子含量是为防止钢筋的电化学腐蚀，钢筋的锈蚀会使钢筋有效截面积逐渐减小，造成构件的承载力减低甚至破坏，因此它是影响混凝土结构耐久性最严重的问题，应严格控制氯离子的含量，严格限制含氯化物的外加剂，在混凝土的配合比中不应采用海砂作为混凝土的细骨料。控制混凝土碱含量是防止碱骨料反应，发生碱骨料反应的充分条件是混凝土中有较高的碱含量，骨料有较高的活性并且有水的参与，因此在潮湿环境中应严格限制碱含量，碱骨料反应是从混凝土的内部开始发生，并且是一个长期的过程，往往是工程建成后若干年才会显现，当混凝土表面出现了开裂，基本已是严重到很难修复的地步了。由于混凝土的碱骨料反应与骨料的碱活性、水的参与有关，因此当结构使用年限是 50 年的混凝土中骨料使用的是非碱活性、室内的干燥环境和无侵蚀性静水环境中，如：在一类环境可不限制混凝土中的碱含量。而设计使用年限为 100 年的建筑结构，在一类环境中也应对碱含量有更严格的要求。

混凝土保护层厚度也影响结构的耐久性，混凝土的碳化、脱钝、开裂等原因均会使最外侧钢筋发生锈蚀。对于梁、柱、杆类构件最外侧钢筋一般是箍筋，而对于板、墙、壳等平面构件是分布钢筋或受力钢筋，箍筋的锈蚀会使混凝土构件沿箍筋环向开裂，墙、板、壳分布钢筋及受力钢筋的锈蚀，除了会引起混凝土表面顺钢筋方向的裂缝外，还会造成保护层的成片剥落而影响建筑的正常使用。施工图设计文件应对不同混凝土构件、环境类别提出最小保护层厚度且不小于纵向受力钢筋直径的要求，不仅是为了保证握裹层混凝土对钢筋的锚固作用，也是保证在设计使用年限内钢筋不发生锈蚀的最低要求。考虑到混凝土碳化速度的影响，当设计使用年限较长的结构，保护层厚度还应适当加大。冷加工钢筋和细直径钢筋对锈蚀比较敏感，若作为受力钢筋在构件中使用时（如楼板、墙、壳等），宜相应提高耐久性要求，细直径钢筋可作为分布钢筋或不考虑作为主要受力的构造钢筋使用。

在严寒和寒冷地区的某些环境类别中，混凝土应使用引气剂并注意相应的工艺要求，引气剂可以在混凝土中产生大量均匀的微小封闭气孔，能有效地缓解混凝土内部结冰造成的材料破坏。国际上一些发达国家的标准对各种冻融环境下混凝土均规定使用引气剂，我国在这方面的研究和工程实际经验较少，按照现行《混凝土结构设计规范》GB 50010 的规定，在严寒和寒冷地区的某些环境下需要在混凝土中使用引气剂。其最大水胶比需适当提高，最低混凝土强度等级也可适当降低。

对于不良环境或对耐久性有特殊要求的混凝土结构构件，在设计和施工中还需要提出有针对性的保护措施。对某些重要的混凝土结构构件保护层及表面的特殊防护，是提高耐久性的有效措施；预应力构件的预应力钢筋直径较细，对腐蚀很敏感且破坏后果很严重，因此应对预应力钢筋、连接器、锚夹具等易受到腐蚀的部位采取有效的防护措施；对有抗渗要求的混凝土结构和在严寒及寒冷地区潮湿环境中的混凝土结构，应提高其相应的抗渗、抗冻性能，有利于混凝土的耐久性，可参考现行《水工混凝土结构设计规范》DL/T 5057 中相应的规定；露天环境中的悬挑板应在上表面采取有效的防护措施，否则宜采用悬挑梁-板式结构，若在露天环境中悬挑构件的上表面不附加防护层，当上部受力钢筋锈蚀后会影响结构的安全及承载力；对会发生钢筋严重腐蚀的恶劣环境中的混凝土构件，应规定提高耐久性的附加措施，如：在混凝土中采用阻锈剂、采用环氧树脂涂层或其他涂层的钢筋、采用阴极保护等措施，对某些恶劣环境中无法避免材料的性能劣化时，也可以采用可更换构件的方法；对于更恶劣的环境（海水环境、直接接触除冰盐的环境及有严重侵蚀的环境），现行《混凝土结构设计规范》GB 50010 中没有具体的防护规定，可参考现行的国家推荐标准《混凝土结构耐久性设计规范》GB/T 50476，四类环境可参考现行国家行业标准《港口工程混凝土结构设计规范》JGJ 267，五类环境可参考现行的国家标准《工业建筑防腐设计规范》GB 50046。

当前在建设工程中的混凝土结构材料均为商品混凝土，在大型工程和重要工程中为保证有足够的耐久性，设计和施工有关的技术人员应与混凝土供应商的材料工程师共同确定原材料的具体技术要求。混凝土结构的耐久性与施工期间不同环境中的养护要求有较大关系，现场混凝土构件的施工养护方法和养护时间等还需要考虑诸多因素的影响。混凝土结构的耐久性很大程度上还与混凝土施工期间的养护质量、钢筋保护层厚度的施工误差有关，我国现行的施工规范很少考虑结构长期耐久性的需要，施工时应提出耐久性施工养护及保护层厚度的质量验收要求，可参考中国土木工程学会标准《混凝土结构耐久性设计与施工指南》CCES01。

混凝土结构耐久性的破坏是一个长期的过程，往往是工程建成后若干年才会逐步出现，使人们对此类影响不会很重视，设计和施工技术人员在结构的验算时应需特别注意是否满足相应的要求；施工图设计文件中除应注明使用年限内的维护要求，使用者应按设计的使用功能正常使用外，还应遵守不能随意改变建筑的使用功能和使用环境类别，特别是如果改变了使用环境或比原设计活荷载大时，应咨询原设计单位的结构工程师是否允许作这样的改变，并且在规定的设计使用年限内定期检查、维修或更换有关构件和部件。如果能做到以上相关要求，建筑结构的使用年限是可以延长的。

处理措施

1. 对结构混凝土材料的要求：

1）设计使用年限为 50 年的结构混凝土耐久性基本要求，在一～三类环境等级中应符合表 7.11 规定的有关规定。

2）设计使用年限为 100 年的结构混凝土在一类环境等级中应符合下列规定：

（1）钢筋混凝土结构的最低混凝土强度等级为 C30，预应力混凝土结构混凝土最低强度等级为 C40。

（2）混凝土中的最大氯离子含量为 0.06％。

（3）宜使用非碱活性骨料，当使用碱活性骨料时，混凝土中最大碱含量为 3.0kg/m^3。

3）设计使用年限为 100 年的结构混凝土在二、三类环境等级中应采取专门的有效措施。

结构混凝土材料的耐久性基本要求

表 7.11

环境类别	最大水胶比	最低强度等级	最大氯离子含量(%)	最大碱含量(kg/m³)
一	0.60	C20	0.30	不限制
二 a	0.55	C25	0.20	
二 b	0.50(0.55)	C30(25)	0.15	3.0
三 a	0.45(0.50)	C35(30)	0.15	
三 b	0.40	C40	0.10	

注：1. 氯离子含量是指其占胶凝材料总量的百分比；

2. 预应力构件混凝土中的最大氯离子含量为 0.06%，其最低混凝土强度等级宜按表中的规定提高两个等级；

3. 素混凝土构件的水胶比及最低混凝土强度等级的要求可适当放松；

4. 有可靠施工经验时，二类环境中的最低混凝土强度等级可降低一级；

5. 处于严寒和寒冷地区二 b、三 a 类环境中的混凝土应使用引气剂，并可采用括号内的有关参数；

6. 当使用非碱活性骨料时，对混凝土中的碱含量可不作限制。

2. 混凝土保护层最小厚度的要求：

1) 设计使用年限为 50 年的混凝土结构最外层钢筋的保护层最小厚度，在一～三类环境等级中应符合现行《混凝土结构设计规范》GB 50010 相应的规定。

2) 设计使用年限为 100 年的混凝土结构最外层钢筋的保护层最小厚度，在一～三类环境等级中应不小于设计使用年限为 50 年时的 1.4 倍。

3) 当采取有效的表面防护措施时，混凝土保护层厚度可以适当减小。

3. 需要采取加强耐久性措施的混凝土结构和构件：

1) 预应力混凝土结构中的预应力钢筋，应根据具体情况采取表面防护、孔道灌浆、加大保护层厚度等措施，外露的锚固端应采取封锚和混凝土表面处理等有效措施。

2) 严寒及寒冷地区的潮湿环境中，混凝土结构应满足抗冻要求，混凝土抗冻等级应符合有关标准的要求。

3) 有抗渗要求的混凝土结构，混凝土的抗渗等级应符合有关标准的要求。

4) 处于二、三类环境等级中的悬臂构件，宜采用悬臂梁-板式的结构形式，在其表面增设防护层。

5) 处于二、三类环境等级中的混凝土构件，其表面的预埋件、吊钩、连接件等金属部件应采取可靠的防锈措施，其防护要求见现行《混凝土结构设计规范》GB 50010 相应的规定。

6) 处于三类环境等级中的混凝土结构构件，可采用阻锈剂、环氧树脂涂层钢筋或其他具有耐腐蚀的钢筋、采取阴极保护措施或采用可更换的构件等措施。

7) 环境类别为四、五类的混凝土结构，其耐久性应符合有关标准的要求。

4. 施工的有关要求：

1) 对混凝土的供应商应提出不同环境等级的耐久性基本要求，并要求供应商提供相应的参数，检查是否符合设计文件及有关标准的规定。

2) 整理好有关耐久性验收时需要的数据，在结构验收时提供给相关的验收部门核查。

3）施工过程中应按有关规定确定施工养护方法和养护时间。

5.使用者在设计使用年限内应遵守的要求：

1）不应改变设计的使用功能、环境类别，不大于设计时的使用荷载标准值。

2）建立定期检测、维修制度。

3）按期更换设计规定更换的混凝土构件。

4）混凝土构件表面的防护层，应按规定维护或更换。

5）结构出现可见的耐久性缺陷时，应及时进行处理。

7.12 正确判定混凝土结构环境类别

为保证混凝土结构的耐久性达到规定的设计使用年限，工程设计时应作耐久性设计。影响混凝土耐久性因素除使用年限、材料的内因，其外因是直接与混凝土结构表面接触的局部环境。在工程建设过程中如何正确地确定混凝土的环境类别，是工程技术人员进行耐久性设计较重要的工作。现行《混凝土结构设计规范》GB 50010 对环境类别进行了较详细的分类，设计和施工时应根据具体工程的实际情况确定适当环境类别。当同一结构中的不同构件或同一结构中的不同部位表面局部环境类别不同时，应按不同的耐久性设计分别考虑。

一类环境是指在仅有正常的大气（二氧化碳、氧气等）和温度、湿度作用，不存在冻融、氯化物和其他化学腐蚀物质影响的环境。环境对结构的腐蚀主要是由于混凝土的碳化引起的钢筋锈蚀，民用建筑在设计使用年限内不需要大修，各部分的结构构件设计使用年限应与主体结构相同。

二类环境是指室内潮湿环境和干湿交替环境，主要包括室外露天、地下水浸润、水位变化的环境，由于水和氧的反复作用，引起钢筋的锈蚀和混凝土材料的劣化。

非严寒和非寒冷地区与严寒和寒冷地区的区别，主要是在于有无冰冻及冻融循环现象。现行国家标准《民用建筑热工设计规范》GB 50176 对严寒和寒冷地区的定义有具体的规定：严寒地区：最冷月平均温度低于或等于$-10℃$，平均温度低于或等于$5℃$的天数不少于 145 天的地区；寒冷地区：最冷月平均温度高于$-10℃$、低于或等于 $0℃$，平均温度低于或等于 $5℃$ 的天数不少 90 天且少于 145 天的地区。也可以参考该规范的附录采用。各地可根据当地气象台的气象参数确定所属气候区域，也可以根据现行行业标准《建筑气象参数标准》JGJ 35 提供的参数确定气候区域。

冻融环境主要会引起混凝土的冻蚀，当混凝土构件中含水较高时，冻融循环会引起混凝土表面和内部冻蚀和损伤，因此在冰冻地区与雨水、水接触的露天混凝土构件应考虑冻融问题，反复的冻融会造成混凝土的损伤，间接的会加速钢筋的锈蚀。

海水、海洋环境是较恶劣的氯化物环境，混凝土构件在海水中或盐雾中，氯离子可以从混凝土的表面不断的渗透到混凝土的内部，在钢筋的表面积累到一定的浓度后，引发钢筋的锈蚀，钢筋锈蚀后体积膨胀，造成混凝土表面开裂并使裂缝宽度不断加大，形成钢筋进一步锈蚀的恶性循环，钢筋的有效截面面积不断的减小，造成构件的承载能力下降甚至失效。氯离子引起钢筋锈蚀的程度要比混凝土碳化引起的钢筋锈蚀严重得多，是耐久性的重点问题。

受人为或自然的侵蚀物质影响的环境，通常是指受到化学物质腐蚀的环境，主要是指混凝土结构构件在水、土中的硫酸盐、酸等化学物质，以及大气中的硫化物、氮氧化物等对混凝土化学作用的环境，同时也有盐结晶等物理作用所引起破坏的环境。此类环境为耐久性更恶劣的环境，现行《混凝土结构设计规范》GB 50010 未将较恶劣、恶劣环境详细的划分，工程中遇到此类环境可参考现行国家行业标准《港口工程混凝土结构设计规范》JGJ 267、现行国家标准《工业建筑防腐蚀设计规范》GB 50046 等。

在工程中正确地确定环境类别是耐久性设计很重要的内容，在施工图设计文件中应根据本工程的具体情况说明各部分的环境类别，不应将规范规定的条款抄写在设计总说明中，让施工企业判断环境类别，此种做法不可取。环境类别确定的不正确会造成耐久性设计的失败，不能达到设计规定的使用年限，过早的出现混凝土结构构件不应发生的承载能力降低和失效。如：地上的室内环境不一定都是一类环境，大型的厨房、卫生间，室内游泳池和浴室等属潮湿环境应定为二 a 类，在严寒和寒冷地区的室外结构暴露的环境应为二 b 类。如：雨篷、挑檐、天沟等。

处理措施

1. 施工图设计文件应分别注明混凝土构件所处的环境类别。

2. 施工时应根据设计文件注明的构件环境类别，满足耐久性的基本要求并保证混凝土保护层的最大负误差不大于施工验收规范的规定。

3. 四、五类环境的详细划分，参考现行国家标准、行业标准的有关规定。

4. 混凝土结构的暴露环境类别按表 7.12 划分。

混凝土结构的环境类别   表 7.12

环境类别	条 件
一	室内干燥环境；无侵蚀性静水浸没环境
二 a	室内潮湿环境；非严寒和非寒冷地区的露天环境； 非严寒和非寒冷地区与无侵蚀性的水或土壤直接接触的环境； 严寒和寒冷地区的冰冻线以下与无侵蚀性的水或土壤直接接触的环境
二 b	干湿交替环境；水位频繁变动环境；严寒和寒冷地区的露天环境； 严寒和寒冷地区的冰冻线以上与无侵蚀性的水或土壤直接接触的环境
三 a	严寒和寒冷地区冬季水位变动区环境； 受除冰盐影响环境；海风环境
三 b	盐渍土环境；受除冰盐作用环境；海岸环境
四	海水环境
五	受人为或自然的侵蚀物质影响的环境

7.13 混凝土结构中预埋件处理措施

在混凝土结构中为了构件的连接、设备的安装及外装修的等原因，需要在混凝土结构施工时设置预埋件，预埋件通常由锚板和锚筋组成，锚筋一般采用光圆钢筋或带肋钢筋，光圆钢筋端部应设置180°弯钩，当预埋件受力较大时，锚筋也可采用型钢。预埋件锚板宜采用Q235、Q345级钢材，锚板的厚度应按计算确定且不宜小于锚筋直径的60%，受拉和受弯的预埋件锚板厚度还应大于锚筋间距的1/8倍。锚筋应采用HRB400或HPB300级钢筋，不应采用冷加工钢筋。预埋件受力直线锚固钢筋直径不宜小于8mm，也不宜大于25mm，直锚钢筋的数量不宜少于4根，且不宜多于4排；预埋件钢板与锚筋的焊接应根据锚筋的直径不同而采用不同的焊接方式。受拉锚筋在混凝土构件中的锚固长度应按受拉钢筋的最小锚固长度确定，受剪和受压直锚钢筋的锚固长度除按计算确定外还应不小于15d（d为直锚钢筋的直径），当无法满足锚固长度要求时应采取其他有效措施。预埋件的埋设位置应使锚筋位于构件外层主筋内侧。为保证预埋件在构件中的准确位置，锚板尺寸宜采用负公差，可在锚板四角各钻一个直径为4mm的孔，方便预埋件在模板上的固定。

抗震设计的预埋件，应比非抗震设计的预埋件增加锚板厚度、锚筋的长度，并应在靠在锚板处的锚筋上附加一道封闭箍筋。地震对建筑结构是反复作用的，根据试验表明，预埋件锚筋的受剪承载力降低约20%，预埋件不宜设置在柱端、梁端的塑性铰可能发生的部位，若不能避免时应采取有效措施。在锚板附近附加封闭箍筋的目的是起到约束混凝土并保证受剪承载力的作用。

处理措施

1. 预埋件锚筋的中心至锚板边缘的距离不应小于2d（d为锚筋的直径）和20mm。

2. 对受拉和受弯预埋件的锚筋间距b、b_1和锚筋至构件边缘的距离c、c_1，均不应小于3d（d为锚筋的直径）和45mm；对受剪预埋件的锚筋间距b、b_1不应大于300mm，且b_1不应小于6d和70mm；锚筋至构件边缘的距离c_1不应小于6d和70mm，b、c均不应小于3d和45mm，见图7.13-1预埋件锚筋的配置作法。

3. 当梁端预埋件受剪锚筋距构件边缘的纵向距离不满足要求时，可设置附加钢筋加强，附加钢筋的直径不小于锚筋直径的0.8倍，长度不小于35倍附加钢筋直径，见图7.13-2梁端受剪锚筋边距不足时的构造措施。

4. 直锚钢筋与锚板应采用T形焊接，当锚筋直径不大于20mm时宜采用压力埋弧焊；当锚筋直径大于20mm时宜采用穿孔塞焊。采用手工焊时，焊缝高度不宜小于6mm，且对HPB300级钢筋不宜小于0.5d，对其他钢筋不宜小于0.6d（d为锚筋的直径），见图7.13-3直锚钢筋的焊接作法。

5. 当锚筋锚固长度不能满足要求时，非抗震及不直接承受动力荷载的情况下，可在锚筋的端部设置135°弯钩，在混凝土内的直线段投影长度不小于 $0.6l_a$；也可以在直锚钢筋的端部加焊钢板，其技术、形式的要求同机械锚固的要求，见图7.13-4锚筋端部作法。

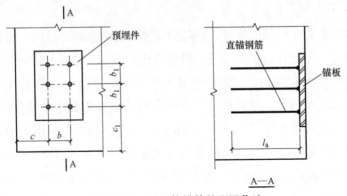

图 7.13-1 预埋件锚筋的配置作法

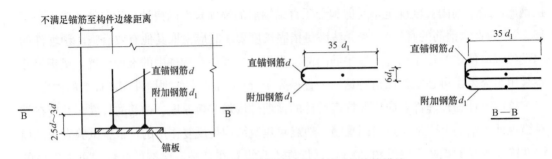

图 7.13-2 梁端受剪锚筋边距不足时的构造措施

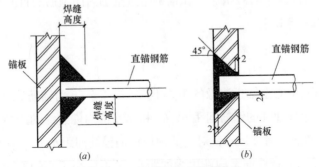

图 7.13-3 直锚钢筋的焊接作法

（a）周边角焊缝；（b）穿孔塞焊

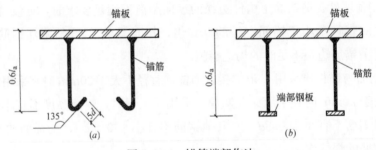

图 7.13-4 锚筋端部作法

（a）锚筋端部弯钩；（b）锚筋端部加焊钢板

6. 直锚或弯折锚筋与扁钢板或角钢采用搭接电弧焊时，应采用双面焊缝。锚筋可先做成直线，在构件内安装后在将其弯折成折线，弯折点应避开焊缝其距离不小于 $2d$ 和 30mm；当锚筋为光圆钢筋时，端部的 $180°$ 弯钩宜在扁钢或角钢的平面内，见图 7.13-5 锚筋与扁钢或角钢的搭接焊接作法。

7. 有抗震设防要求的预埋件，锚筋直径应按计算确定且比非抗震计算结果增大 25%，锚筋长度增大 10%。在靠近锚板的锚筋根部 $2.5d\sim3.0d$ 处设置一根直径不小于 10mm 的封闭箍筋，见图 7.12-6 直锚筋抗震附加箍筋构造作法；当锚固长度不能满足要求时，可采用端部弯钩或端部焊钢板等措施，作法同图 7.13-3，但锚筋在混凝土内的投影长度不小于 $0.7l_a$；

8. 抗震设计的预埋件设置位置不能避开可能发生塑性铰处的部位时，宜采用夹板式预埋件，锚筋可采用钢筋也可以采用型钢，见图 7.13-7 夹板预埋件的作法。

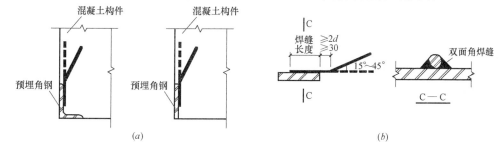

图 7.13-5 锚筋与扁钢或角钢的搭接焊接作法

（a）预埋件埋设做法；（b）锚筋弯折及焊接作法

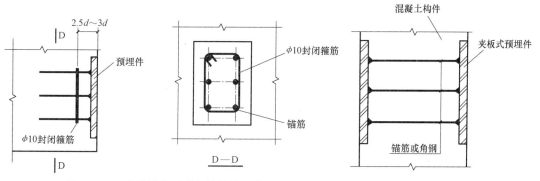

图 7.13-6 直锚筋抗震附加箍筋构造作法   图 7.13-7 夹板预埋件的作法

7.14 抗震设计混凝土结构中构造柱处理措施

混凝土构造柱在抗震设计的砌体结构中经常需要采用，其设置的主要目的是约束砌体、增强结构的整体性及延性，在地震作用下有足够的稳定性和抗倒塌能力。抗震设计的现浇混凝土结构中当采用砌体填充墙、维护墙时，为保证在地震作用下墙体的整体稳定性及抗倒塌能力，也需要在墙体的不同位置设置混凝土构造柱。构造柱顾名思义是按构造要求设置的构件，不需要在结构的整体分析时考虑其参与承受荷载和地震作用，因此对材料的强度要求不需要很高，其构造要求也不需要按受力构件构造要求处理；为使混凝土构造柱与砌体墙能很好地结合并共同工作，要求在施工时与构造柱相连的砌体应预留马牙槎，并在砌体完成后再浇筑混凝土。

在现浇混凝土结构中的砌体墙及构造柱不是承重构件，不能将墙体中的混凝土构造柱作为水平构件的支座，构造柱是自承重墙的一部分，不能作为单独的竖向受力构件考虑，为防止构造柱传递竖向荷载，每层构造柱竖向钢筋可伸入上层构件中锚固或连接，混凝土应与上层结构脱开一定高度的缝隙，避免上层荷载通过构造柱传递到下层构件上，特别是悬臂梁上的构造柱，避免改变悬臂梁的原始设计受力状态。

当主体结构无地下室时，一层墙体中的构造柱竖向钢筋不需要单独设置构造柱的基础，外围护墙的构造柱中的竖向钢筋可锚固在室外地面以下的圈梁内或伸至室外地面以下500mm即可；内隔墙中的构造柱竖向钢筋可锚固在室内地面以下500mm。抗震设计屋面女儿墙为砌体时，在建筑的出入口处及女儿墙高度不小于500mm时，也应设置与砌体连接的构造柱及女儿墙的压顶。在门、窗洞口处根据洞口的尺寸设置不同截面的构造柱。构造柱截面宽度宜与砌体墙宽相同，截面高度一般不小于180mm。砌体填充墙为小型混凝土空心砌块时，可利用芯柱替代混凝土构造柱，但轻集料空心砌块的芯柱不宜替代相应部位的构造柱。

处理措施

1. 填充墙端部应设置混凝土构造柱，填充墙转角处宜设置混凝土构造柱；构造柱的间距不宜大于20倍墙厚及4000mm较小值。

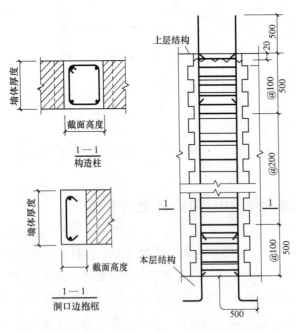

图 7.14　混凝土构造柱构造作法

2. 洞口宽度小于2100mm时，在洞口两侧根据砖的模数设置截面高度为100～120mm混凝土抱框（单排钢筋构造柱）。洞口宽度不小于2100mm时，在洞口两侧构造柱的截面高度不小于180mm。

3. 混凝土构造柱的竖向钢筋在上、下主体结构内的锚固长度不小于500mm，钢筋直径不宜小于10mm，竖向钢筋的间距不宜大于400mm。

4. 混凝土构造柱顶部与主体结构的梁（板）应预留不小于20mm的缝隙，可用硅酮胶或其他弹性密封材料封堵。

5. 竖向钢筋可采用绑扎搭接连

接，搭接长度不小于 30d。采用焊接连接的焊缝长度不小 10d（单面焊缝）。

6. 箍筋应采用封闭式 135°弯钩后的直线段不小于 5d，箍筋直径不宜小于 5mm。一般部位的箍筋间距宜采用@200，在楼层上下 500mm 范围内间距宜采用@100，见图 7.14 混凝土构造柱构造作法。

7.15 混凝土结构砌体填充墙抗震处理措施

抗震设计混凝土结构中的隔墙和围护墙一般宜采用轻质材料的墙体，它可以减轻建筑的自重且减小地震作用。这些墙体一般分为非砌筑装配式的带龙骨各种面材墙体、成品墙板等和砌筑式的非承重墙体。但并非所有的隔墙及围护墙均适合使用非砌筑式的墙体。砌筑式墙体的强度不需要很高，一般在构造上要求砖、砌块和砌筑砂浆应满足最低强度等级要求。但是砌筑式墙体在平面内的刚度较大，通常是嵌砌在竖向承重构件间，在设计整体抗震计算时通常不考虑其刚度对抗震验算时的影响，因此在整体抗震分析时根据不同的连接方式，对结构的整体自振周期进行折减。设计时平面布置应遵守对称和均匀的原则，以减小砌体墙刚度不对称而产生对结构的整体扭转的不利影响。

自承重隔墙及围护墙应考虑墙体自身的稳定问题，抗震设计时应考虑与主体结构采用钢筋可靠的拉结，特别是在层高较高的公共建筑中，还应根据墙体的高度在中部结合门窗的过梁采取与主体结构连接且沿墙全长贯通的配筋混凝土水平系梁或圈梁等措施。施工期间应注意墙体的稳定性，设计时应验算其高厚比，保证在正常使用和施工期间均能保证墙体的平面外稳定。墙体顶部与主体结构的梁或板应有可靠的连接方式，当墙体与主体结构两侧柔性连接时墙体上部与主体结构也必须紧密结合。墙体与主体结构一般有刚性连接或柔性连接两种方式，设计时可根据计算假定和使用要求选用任何一种方式，抗震设计时通常宜采用柔性连接，以减少嵌砌在主体竖向构件间的墙体对周期的不利影响。若墙体顶部不需要砌筑到上层结构的底部时，如带形孔洞或带形窗下墙，墙顶部应设置混凝土水平系梁或圈梁。并应注意由于墙顶部未与上部结构相连而形成的框架短柱对抗震十分不利，设计时应按框架短柱采取相应的处理措施。施工时也不应自行将墙体不砌至上部结构的底部，如有些公共建筑的工程为节省材料，将墙体仅砌筑到吊顶内一定高度，并未砌筑到设计规定的上层结构的底面并可靠的连接，这种做法是很危险和不安全的，会影响墙体的稳定性也会使相连的框架柱形成短柱。在历次震害中可以看到，由于隔墙砌筑而形成的框架短柱剪切破坏非常严重甚至倒塌。未发生倒塌的灾后和也很难修复且无再加固改造的价值。

砌筑式墙体与主体结构拉结的钢筋若采用预理，很难保证在设计位置上，特别是砌体材料的模数不相同，预理拉结钢筋的位置更无法准确。当前在工程中通常采用的方法是"化学植筋"，并与墙内拉结钢筋搭接，植筋钢筋直径及牌号应与拉结钢筋相同，植筋在结构内的锚固长度应按抗拉标准强度计算，搭接的长度应按受拉钢筋考虑。拉结钢筋必须与砌筑砂浆紧密结合才能起到拉结墙体的作用，实心砌块和普通砖基本能满足要求，但某些空心砌块或空心砖的壁厚较薄，砌筑砂浆无法与拉结钢筋很好地结合，也不能保证一定的保护层厚度，因此应采取有效的措施来保证。对于在空心砌体墙内设置配筋混凝土带或圈梁时，也应采取措施保证其钢筋的保护层厚度满足相应的要求，可采用设置封底的作法保证砌筑砂浆对拉结钢筋的锚固。

处理措施

1. 实心块体的强度等级不宜低于 MU2.5，空心块体的强度等级不宜低于 MU3.5，砌筑砂浆的强度等级不应低于 M5。混凝土加气块强度等级不宜低于 A2.5，并采用专用砌筑和抹灰砂浆。

2. 填充墙应沿全高每隔 500mm～600mm 设置 2Φ6 拉结钢筋（实心墙体厚度＞300mm 时设置 3Φ6），空心砌块墙体宜采用 2Φ6 与平面内 Φ4 点焊的钢筋网片。拉结钢筋伸入墙内的长度，抗震设防为 6、7 度时宜沿墙全长贯通，8、9 度时应全长贯通。拉结钢筋为光圆钢筋时端部应做 180°弯钩。

3. 墙高度超过 4m 时，在墙体半高处宜设置与主体结构相连且沿墙全长贯通配筋混凝土带或圈梁，混凝土强度等级不应低于 C20。墙顶应与上部结构密切结合，墙长不大于 5m 时可采用斜砖顶紧砌筑，大于 5m 时墙顶与上部结构应有可靠拉结。墙体内水平系梁及圈梁剖面作法见图 7.15-1 配筋混凝土带及圈梁剖面。

4. 与构造柱相连的墙体应设置马牙槎（采用大马牙槎或小马牙槎无特殊规定），墙内的拉结钢筋应在构造柱内贯通。

5. 墙内拉结钢筋采用绑扎搭接连接时，应在平面内搭接且搭接长度不小于 $1.2l_a$，见图 7.15-2 拉结钢筋绑扎搭接连接作法。

6. 空心砌块的混凝土芯柱混凝土强度等级不应低于 Cb20。空心砌块砌体拉结钢筋网片及配筋混凝土带、圈梁宜采用封底作法，见图 7.15-3 空心砌块封底作法。

7. 砌体填充墙与主体结构采用柔性连接时，与竖向构件宜脱开 20mm 左右缝隙，拉结钢筋不应断开。脱开的缝隙可采用聚氨酯发泡材料填充，并采用硅酮胶或其他弹性材料密封处理，见图 7.15-2。

8. 楼梯间、人流通道两侧填充墙，应采用钢丝网砂浆面层加强。钢丝网片应不小于 Φ4@150，砂浆强度等级不低于 M5。钢丝网保护层厚度不宜小于 15mm。

图 7.15-1 配筋混凝土带及圈梁剖面
(a) 配筋混凝土带；(b) 混凝土圈梁

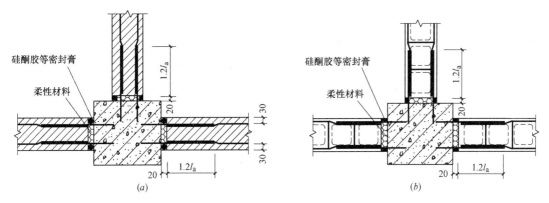

图 7.15-2　拉结钢筋绑扎搭接连接作法

（a）实心砖砌体；（b）空心砌块砌体

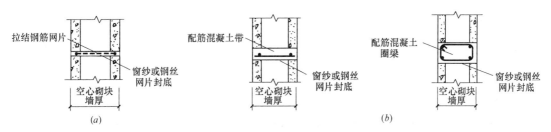

图 7.15-3　空心砌块封底作法

（a）拉结钢筋网片层；（b）配筋混凝土带或圈梁底

7.16　大体积混凝土设计、施工处理措施

大体积混凝土一般是指混凝土结构物的实体最小尺寸不小于 1m 的大量混凝土，或者预计会因混凝土中胶凝材料水化引起温度变化和收缩而导致有害裂缝的混凝土构件。在建筑工程中虽然结构的厚度和分块体积并不大，但是由于在设计和施工中忽略了控制温度和抗裂措施，导致这类结构出现裂缝，影响结构的正常使用和耐久性。对需要控制温度和采取抗裂措施的混凝土结构也称为具有大体积混凝土性质的混凝土结构。现代建筑工程中常涉及大体积混凝土的施工，如高层建筑的筏板基础、较大设备基础、高层建筑的厚板转换层楼板（非抗震设计及抗震设防烈度为 6 度时可以在地面以上转换，7、8 度时只能在地下转换）、厚墙等。超长的结构（超出现行《混凝土结构设计规范》GB 50010 中设置伸缩缝最大长度要求）也需要按大体积混凝土采取一定的处理措施。

大体积混凝土主要的问题是裂缝的问题，大体积混凝土内出现的裂缝按深度的不同一般分为三种情况：贯穿式裂缝、深层裂缝和表面裂缝，贯穿式裂缝由于在结构的整个断面贯通，将会破坏结构的安全性、整体性和稳定性其危害较严重，而深层裂缝根据裂缝在结构断面的深度不同，对结构的整体性和安全性也有一定程度的危害，表面裂缝主要对结构的耐久性有一定的危害。

大体积混凝土裂缝产生的主要原因有：

1. 水泥的水化热：是大体积混凝土容易产生裂缝的主要原因，混凝土中的水泥在水化过程会产生大量的水化热，水化热聚集在结构内部不易散失，使混凝土内部的温度升高，当混凝土的内部与表面温差过大时，就会产生温度应力和温度变形，当混凝土的抗拉强度不足以抵抗该温度应力时，便开始产生温度裂缝。一般认为混凝土的内外温差大于25℃时，就会在结构的表面产生温度裂缝。

2. 外界的温度变化：在混凝土结构施工期间，外部的气温变化时影响混凝土结构开裂的重大原因，混凝土中的水分在混凝土硬化期间会大量的散发，内部的温度较高并伴有大量的热量需要散发出来，若外界温度下降尤其是骤降，结构的表面温度与环境温度相差较大时，会产生温差应力，造成大体积混凝土出现裂缝。因此控制混凝土表面温度与环境温差，也是防止裂缝的重要措施。一般认为当温差大于20℃时，就会在结构的表面产生温度裂缝。

3. 混凝土结构的外部约束条件：当大体积混凝土的外部对其约束时，混凝土在硬化期间的变形受到约束就会产生裂缝。如基础混凝土浇筑时早期的水化热升温较快，混凝土发生的膨胀变形会受到地基、模板和已有的混凝土约束，在温度下降时会产生较大的拉应力，超过混凝土的抗拉强度就会出现垂直裂缝。在直接与岩石浇筑在一起的筏板混凝土基础由于弹性模量相差较大，岩石对混凝土有一定的约束作用，应尽量降低这种约束采取相应的构造做法，在其他大体积混凝土的施工中也应采取减少对混凝土外部约束的处理措施。

4. 混凝土的收缩变形：混凝土在生产过程中需要大量的水，只有较少的水是水泥在水化过程中必需的，而大量的水在蒸发期间使混凝土的体积收缩，这也是产生裂缝的一个原因。混凝土的收缩变形不受外部约束条件的影响。在施工过程中应防止混凝土中水分快速的蒸发，应在加强养护。

影响大体积混凝土有害裂缝的因素有很多，如何防止在施工中出现有害裂缝，是大体积混凝土施工中的关键技术问题，解决此类问题需要设计和施工方均应采取有效的预防措施。我国大体积混凝土的施工中主要贯彻以防为主（保温、保湿）的措施。如：尽量减少水泥的水化热，在混凝土中掺加粉煤灰和外加剂等，推迟放热高峰时间的出现以60天混凝土的强度作为验收强度；在施工中加强保湿保温养护，要有足够的养护时间，使混凝土硬化过程中产生的温差应力小于混凝土本身的抗拉强度，避免混凝土产生贯穿性的有害裂缝；为确保结构的整体性可采用整体连续施工不留施工缝，目前国内大体积混凝土施工中普遍采用整体分层连续施工，或者推移式连续浇筑混凝土法。常被称为"全面分层、分段分层、斜面分层"等。采用分层分段法浇筑混凝土，分层振捣密实以使混凝土的水化热能尽快散失。还可采用二次振捣的方法，提高混凝土的密实度而提高抗裂能力，使上下两层混凝土在初凝前结合良好；做好测温工作，随时控制混凝土内的温度变化，及时调整保温及养护措施。

处理措施

1. 大体积混凝土的设计强度宜采用C25~C40，可采用混凝土60天或90天的强度作为评定及工程验收依据。

2. 平板式筏形基础的厚度大于2m时，应在板中间部位设置直径不小于12mm间距不大于300mm的双向钢筋网片。

3. 设计时宜采取减少大体积混凝土外部约束的措施，置于岩石类的筏形基础，宜在混凝土垫层上设置滑动层，尽量减少外部的约束。

4. 大体积混凝土的基础底板与地下室外墙连接的水平施工缝处，当有防水要求时。应采用钢板止水带处理措施。

5. 设置预留温度后浇带、变形缝、跳仓法施工的最大分块间距不宜大于40m。跳仓施工接缝处应通过计算确定配筋量并加强构造措施。

6. 大体积混凝土工程的施工宜采用整体分层连续浇筑或推移式连续浇筑施工。每层混凝土的浇筑厚度宜为300~500mm。

7. 大体积混凝土中的细骨料宜采用中砂，细度模数宜大于2.3，含泥量不应大于3%；粗骨料的粒径不宜大于31.5mm，含泥量不应大于1%；水胶比不宜大于0.50；浇筑前的混凝土坍落度不宜大于160mm；混凝土有抗渗指标要求时，采用的水泥中铝酸三钙含量不宜大于8%。

8. 混凝土保湿养护的持续时间不得少于14天，保持混凝土构件表面湿润。

9. 混凝土浇筑体的里表温差不宜大于25℃；表面与大气温差不宜大于20℃。

10. 保温覆盖层应分层拆除，当混凝土表面温度与环境温度的最大温差小于20℃时，可全部拆除；大体积混凝土不宜长期暴露在自然环境中，地下结构拆模后应及时回填土，地上结构应尽早进行装饰。

7.17　预制构件吊环处理措施

根据建筑的节能、减耗、环保的要求及建筑产业化和工业化的发展，将有更多的建筑工程量转化到工厂制作和生产，部分结构构件作为工厂化生产的预制产品运输到现场安装和连接。由于预制构件的脱模、翻身、运输、安装等均需要吊装，因此在预制构件中需要设置用于吊装的相应配件，通常这些配件的形式为内埋式螺母、内埋式吊杆、预留吊装孔等，也可以采用预埋吊环的方式。在工程中为了节约材料和方便施工避免外露金属件引起耐久性的问题，预制构件的吊装方式宜优先选用内埋式螺母、内埋式吊杆、预留吊装孔。根据国内外的施工经验，采用这些吊装方式比传统的预埋吊环施工方便、吊装可靠，也不会造成耐久性的问题。内埋式的吊具已有专门的技术和配套产品，可根据工程的实际情况选用，当然在构件上也可以采用预埋吊环的方式。在建筑的电梯间设置的检修吊钩通常均是采用预埋吊环方式，根据现行《混凝土结构设计规范》GB 50010 的规定，吊环应选用 HPB300 级钢筋。根据我国建筑用钢筋的标准修订，及《混凝土结构设计规范》GB 50010—2010 的 2015 年局部修订规定，HPB300 级钢筋的最大直径为 14mm，对于较重的构件和吊重不能满足强度要求，当吊环所需的直径大于 14mm 时，应选用 Q235B 圆钢。其材料性能应符合现行国家标准《碳素结构钢》GB/T 700 的规定。

吊环的强度设计值应除以综合安全系数，在生产、吊装、运输、堆放和安装等过程中应考虑各种分项系数。通常考虑的系数为：

1）构件自重荷载分项系数取为 1.2；

2）吸附作用引起的超载系数取为 1.2；

3）钢筋弯折后的应力集中对强度的折减系数取为 1.4；

4）动力系数取为 1.5；

5）钢丝绳角度对吊环承载力的影响系数取为 1.4。在设计中吊环的直径选用只需要将吊重或荷载的标准值被规定的钢筋拉应力除即可。

处理措施

1. 吊环直径不大于 14mm 时可采用 HPB300 级钢筋，大于该直径时应采用 Q235B 圆钢，也可以均采用 Q235B 圆钢。

2. 验算吊环的应力时应采用荷载的标准值，每个吊环按两个截面计算；对 HPB300 钢筋，吊环应力不应大于 $65N/mm^2$；对 Q235B 圆钢，吊环应力不应大于 $50N/mm^2$。

3. 吊环锚入混凝土中的深度不应小于 $30d$，端部应做 180°弯钩，弯钩后的直线段长度不小于 $3d$ 并应焊接或绑扎在钢筋骨架上，d 为吊环钢筋或圆钢的直径，见图 7.17 吊环预埋构造作法。

4. 当在一个构件上设有 4 个吊环时，应按 3 个吊环进行计算。

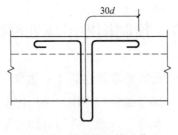

图 7.17　吊环预埋构造作法

参 考 文 献

［1］ 混凝土结构设计规范（GB 50010—2010）. 北京：中国建筑工业出版社. 2011.

［2］ 建筑抗震设计规范（GB 50011—2010）. 北京：中国建筑工业出版社. 2010.

［3］ 建筑地基基础设计规范（GB 50007—2011）. 北京：中国建筑工业出版社. 2012.

［4］ 人民防空地下室设计规范（GB 50038—2005）.（限内部发行）北京：2005.

［5］ 大体积混凝土施工规范（GB 50496—2009）. 北京：中国计划出版社. 2009.

［6］ 混凝土结构工程施工规范（GB 50666—2011）. 北京：中国建筑工业出版社. 2012.

［7］ 高层建筑混凝土结构技术规程（JGJ 3—2010）. 北京：中国建筑工业出版社. 2011.

［8］ 建筑桩基技术规范（JGJ 94—2008）. 北京：中国建筑工业出版社. 2008.

［9］ 高层建筑筏形与箱形基础技术规范（JGJ 6—2011）. 北京：中国建筑工业出版社. 2011.

［10］ 混凝土异形柱结构技术规程（JGJ 107—2010）. 北京：中国建筑工业出版社. 2010.

［11］ 钢筋机械连接技术规程（JGJ 149—2006）. 北京：中国建筑工业出版社. 2006.

［12］ 陈雪光. 现浇混凝土结构构造措施施工指导. 北京：中国建筑工业出版社. 2010.

［13］ 中国有色工程有限公司. 混凝土结构构造手册（第四版）. 北京：中国建筑工业出版社. 2012.

［14］ 全国民用建筑工程设计技术措施（2009 年版）（混凝土结构）. 北京：中国计划出版社. 2012.